高等工程流体力学

赵　琴　主编

科 学 出 版 社
北　京

内 容 简 介

本书是在本科工程流体力学（水力学）基础上的深入拓展，适合少学时高等流体力学等相关课程的教学。全书共 8 章，包括张量和场论的基础知识、流体力学的基础知识、流体力学的基本方程、流体的旋涡运动、势流理论、纳维-斯托克斯方程的解、不可压缩层流边界层、不可压缩流体的湍流运动。文字力求深入浅出，注重联系工程实际，尽量避免抽象的理论推导。

本书可作为能源与动力、机械、化工、水利、环境等相关专业的低年级研究生和高年级本科生教材，也可供相关专业的教师和工程技术人员参考。

图书在版编目（CIP）数据

高等工程流体力学/赵琴主编. —北京：科学出版社，2021.7（2022.11 重印）

ISBN 978-7-03-068873-6

Ⅰ. ①高… Ⅱ. ①赵… Ⅲ. ①工程力学－流体力学－高等学校－教材 Ⅳ. ①TB126

中国版本图书馆 CIP 数据核字（2021）第 100494 号

责任编辑：郑述方 / 责任校对：王 瑞
责任印制：罗 科 / 封面设计：墨创文化

科 学 出 版 社 出版
北京东黄城根北街 16 号
邮政编码：100717
http://www.sciencep.com
四川煤田地质制图印刷厂印刷
科学出版社发行 各地新华书店经销
*
2021 年 7 月第 一 版 开本：787×1092 1/16
2022 年 11 月第二次印刷 印张：16 1/2
字数：385 000

定价：78.00 元

（如有印装质量问题，我社负责调换）

《高等工程流体力学》编委会

主　编： 赵　琴

副主编： 杜　海　李正贵

编委会成员： 刘小兵　李秋实　江启峰　杨小林

前　言

高等流体力学是动力工程及工程热物理专业一级学科（工程热物理、热能工程、动力机械及工程、流体机械及工程、制冷及低温工程等）及相近学科（水利工程，供热、供燃气、通风及空调工程，环境工程等）的重要专业基础课程，可为学生后续专业课程的学习、科研课题的研究及工程实际问题的处理奠定理论基础。

由于流体力学部分概念比较抽象，流体运动又很复杂，而现有的流体力学教材多偏重数学推导，理论性强，在课时偏少的情况下，工科专业学生不容易理解，学习难度较大。作者长期教授本科生和研究生的流体力学课程，根据多年教学经验编写本书，希望具备一定流体力学（水力学）基础的工科专业学生通过学习本书拓宽知识面，能较轻松地掌握更深入的流体力学知识。

西华大学的动力工程及工程热物理是四川省首批“双一流”建设支持学科，能源与动力工程是国家级特色专业，列入省级卓越工程师培养计划。作者结合学科背景及培养要求，吸收国内外优秀教材和专著的精华编写本书。全书共八章，文字力求深入浅出，注重联系工程实际，尽量减少复杂的理论推导。第 1 章主要介绍贯穿全书的流体力学的数学语言“张量”和“场论”；第 2 章是对流体力学基础知识的回顾，并有所深入；第 3 章介绍流体力学的基本方程，这部分内容是求解流体力学问题的依据和基础；第 4 章和第 5 章分别对流体有旋运动和无旋运动展开详尽的讲解；第 6～8 章介绍黏性不可压缩流动，分别为纳维-斯托克斯方程的解、层流边界层和湍流运动。

本书第 1～6 章由西华大学能源与动力工程学院赵琴副教授编写，第 7 章由西华大学能源与动力工程学院杜海副教授编写，第 8 章由流体及动力机械教育部重点实验室李正贵教授编写。

由于作者水平有限，书中难免存在疏漏和不足之处，恳请读者和同行专家批评指正。

赵　琴

2019 年 8 月

目　　录

第 1 章　张量和场论的基础知识

流体力学方程常用矢量和张量的符号来表达，其书写高度简练，物理意义鲜明。此外，流体力学中的一些重要物理量，如应力、应变等本身就是张量。本章主要介绍张量和场论的基础知识。

1.1　矢量与矢性函数

1.1.1　矢量

矢量（vector）指既有大小又有方向，且遵守一定运算法则的量，又称为向量，如力、速度、加速度等。几何中的有向线段就是一个直观的矢量，如 $\overrightarrow{AB}$，其中 A 为起点，B 为终点，箭头的方向表示矢量的方向；线段 AB 的长度，即矢量的大小，称为矢量的模，记为 $\left|\overrightarrow{AB}\right|$。两矢量相等指长度相等，方向相同。

数学上的矢量，可以在空间中任意平移，称为自由矢量。一般在符号上加单箭头或用黑体符号表示自由矢量，如 $\vec{a}$ 或 $\boldsymbol{a}$，自由矢量可以划分为如下几种。

常矢：模和方向都不变的矢量。

变矢：模和方向同时改变或其中之一改变的矢量。

单位矢量：模为 1 的矢量。

零矢量：模等于零的矢量。零矢量的方向不定，一切零矢量相等。

在 xyz 坐标系中，矢量 $\boldsymbol{a}$ 可以写为

$$\boldsymbol{a} = a_x\boldsymbol{i} + a_y\boldsymbol{j} + a_z\boldsymbol{k} \tag{1-1}$$

式中，$\boldsymbol{i}$、$\boldsymbol{j}$、$\boldsymbol{k}$ 分别表示 x、y、z 轴正向的单位矢量，称为基本单位矢量；a_x、a_y、a_z 分别表示矢量 $\boldsymbol{a}$ 在 x、y、z 轴上的投影长度。

矢量 $\boldsymbol{a}$ 的模为

$$|\boldsymbol{a}| = \sqrt{a_x^2 + a_y^2 + a_z^2} \tag{1-2}$$

直角坐标系中，单位矢量 $\boldsymbol{n}$ 为

$$\boldsymbol{n} = \frac{a_x}{|\boldsymbol{a}|}\boldsymbol{i} + \frac{a_y}{|\boldsymbol{a}|}\boldsymbol{j} + \frac{a_z}{|\boldsymbol{a}|}\boldsymbol{k} = \cos\alpha\boldsymbol{i} + \cos\beta\boldsymbol{j} + \cos\gamma\boldsymbol{k} \tag{1-3}$$

式中，α、β、γ 分别表示矢量 $\boldsymbol{n}$ 与三个坐标轴之间的夹角。

$$\cos\alpha = \frac{a_x}{|\boldsymbol{a}|} = \cos(\boldsymbol{n}, \boldsymbol{x}), \qquad \cos\beta = \frac{a_y}{|\boldsymbol{a}|} = \cos(\boldsymbol{n}, \boldsymbol{y}), \qquad \cos\gamma = \frac{a_z}{|\boldsymbol{a}|} = \cos(\boldsymbol{n}, \boldsymbol{z})$$

1.1.2　矢量的运算

按平行四边形法则进行两个矢量的加（减）运算，同一空间中两个矢量的加（减）后得到的仍是该空间的矢量。图 1-1 为矢量 $\boldsymbol{a}$ 和 $\boldsymbol{b}$ 的平行四边形运算法则，设有两矢量，$\boldsymbol{a}=a_x\boldsymbol{i}+a_y\boldsymbol{j}+a_z\boldsymbol{k}$ 和 $\boldsymbol{b}=b_x\boldsymbol{i}+b_y\boldsymbol{j}+b_z\boldsymbol{k}$，其加、减运算分别为

$$\boldsymbol{a}+\boldsymbol{b}=(a_x+b_x)\boldsymbol{i}+(a_y+b_y)\boldsymbol{j}+(a_z+b_z)\boldsymbol{k} \tag{1-4}$$

$$\boldsymbol{a}-\boldsymbol{b}=(a_x-b_x)\boldsymbol{i}+(a_y-b_y)\boldsymbol{j}+(a_z-b_z)\boldsymbol{k} \tag{1-5}$$

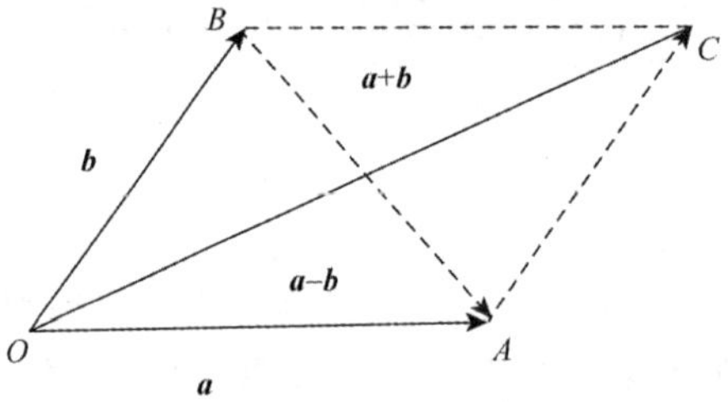

图 1-1　矢量的平行四边形运算法则

两矢量的乘法分为点积和叉积两种：

$$\boldsymbol{a}\cdot\boldsymbol{b}=a_xb_x+a_yb_y+a_zb_z \tag{1-6}$$

$$\boldsymbol{a}\times\boldsymbol{b}=\begin{vmatrix}\boldsymbol{i} & \boldsymbol{j} & \boldsymbol{k}\\ a_x & a_y & a_z\\ b_x & b_y & b_z\end{vmatrix}=(a_yb_z-a_zb_y)\boldsymbol{i}+(a_zb_x-a_xb_z)\boldsymbol{j}+(a_xb_y-a_yb_x)\boldsymbol{k} \tag{1-7}$$

1.1.3　矢性函数

1. 矢性函数的定义

有数性变量 t 和变矢 $\boldsymbol{a}$，如果对于 t 在某个范围 G 内的每一个数值，$\boldsymbol{a}$ 都以一个确定的矢量和它对应，则 $\boldsymbol{a}$ 为数性变量 t 的矢性函数（vector function），记作

$$\boldsymbol{a}=\boldsymbol{a}(t) \tag{1-8}$$

其在直角坐标的展开式为

$$\boldsymbol{a}(t)=a_x(t)\boldsymbol{i}+a_y(t)\boldsymbol{j}+a_z(t)\boldsymbol{k} \tag{1-9}$$

如图 1-2 所示，从坐标原点出发，向空间点 M（x，y，z）引出的有向线段称为该点的位置矢量或矢径，用 $\boldsymbol{r}$ 表示：

$$\boldsymbol{r}=x\boldsymbol{i}+y\boldsymbol{j}+z\boldsymbol{k} \tag{1-10}$$

矢性函数 $\boldsymbol{a}(t)$ 的起点取在坐标原点，在终点 M（x，y，z）处描绘出一条曲线 l，该曲线称为矢性函数 $\boldsymbol{a}(t)$ 的矢端曲线，曲线 l 的参数方程为

$$\begin{cases} x = a_x(t) \\ y = a_y(t) \\ z = a_z(t) \end{cases}$$

曲线 l 的矢量方程为 $\boldsymbol{r}(t) = a_x(t)\boldsymbol{i} + a_y(t)\boldsymbol{j} + a_z(t)\boldsymbol{k}$ 。

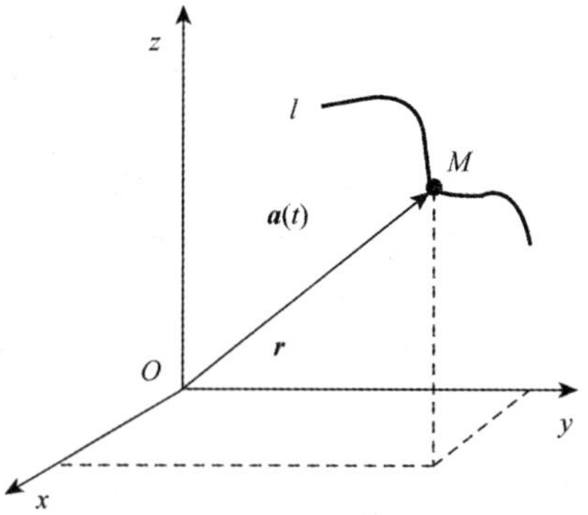

图 1-2　矢径和矢端曲线

2. 矢性函数的微分和积分

矢性函数 $\boldsymbol{a}(t)$ 的导数定义为

$$\frac{\mathrm{d}\boldsymbol{a}}{\mathrm{d}t} = \lim_{\Delta t \to 0} \frac{\boldsymbol{a}(t+\Delta t) - \boldsymbol{a}(t)}{\Delta t}$$

在直角坐标系中，有

$$\begin{aligned} \frac{\mathrm{d}\boldsymbol{a}}{\mathrm{d}t} &= \lim_{\Delta t \to 0} \frac{\Delta \boldsymbol{a}}{\Delta t} = \lim_{\Delta t \to 0} \frac{\Delta a_x}{\Delta t}\boldsymbol{i} + \lim_{\Delta t \to 0} \frac{\Delta a_y}{\Delta t}\boldsymbol{j} + \lim_{\Delta t \to 0} \frac{\Delta a_z}{\Delta t}\boldsymbol{k} \\ &= \frac{\mathrm{d}a_x}{\mathrm{d}t}\boldsymbol{i} + \frac{\mathrm{d}a_y}{\mathrm{d}t}\boldsymbol{j} + \frac{\mathrm{d}a_z}{\mathrm{d}t}\boldsymbol{k} \end{aligned} \tag{1-11a}$$

或

$$\boldsymbol{a}'(t) = a_x'(t)\boldsymbol{i} + a_y'(t)\boldsymbol{j} + a_z'(t)\boldsymbol{k} \tag{1-11b}$$

因此，矢性函数 $\boldsymbol{a}(t)$ 的微分可写作

$$\mathrm{d}\boldsymbol{a} = \boldsymbol{a}'(t)\mathrm{d}t \tag{1-12}$$

在直角坐标系中，有

$$\mathrm{d}\boldsymbol{a} = \mathrm{d}a_x\boldsymbol{i} + \mathrm{d}a_y\boldsymbol{j} + \mathrm{d}a_z\boldsymbol{k} = a_x'(t)\mathrm{d}t\boldsymbol{i} + a_y'(t)\mathrm{d}t\boldsymbol{j} + a_z'(t)\mathrm{d}t\boldsymbol{k} \tag{1-13}$$

若 $\boldsymbol{b}(t)$ 是 $\boldsymbol{a}(t)$ 的原函数，矢量微分方程为

$$\frac{\mathrm{d}\boldsymbol{b}(t)}{\mathrm{d}t} = \boldsymbol{a}(t) \tag{1-14}$$

式（1-14）的解如式（1-15）所示：

$$\int \boldsymbol{a}(t)\mathrm{d}t = \boldsymbol{b}(t) + \boldsymbol{c} \tag{1-15}$$

式中，$\boldsymbol{c}$ 为任意常矢量。

式（1-15）称为矢性函数 $\boldsymbol{a}(t)$ 的不定积分。

若 $\boldsymbol{b}(t)$ 是连续矢性函数 $\boldsymbol{a}(t)$ 在区间[t_1，t_2]上的一个原函数，则有

$$\int_{t_1}^{t_2} \boldsymbol{a}(t)\mathrm{d}t = \boldsymbol{b}(t_2) - \boldsymbol{b}(t_1) \tag{1-16}$$

式（1-16）称为矢性函数 $\boldsymbol{a}(t)$ 的定积分。

1.2 场论基础

场是指物理量的空间分布情况，分为数量场（或标量场）和矢量场（或向量场）。若场中各点的物理量的值不随时间变化，则称为定常场（或稳态场），否则称为非定常场（或非稳态场）。

数量场中，由物理量取相同值的点组成的曲面称为等值面或等位面，如等温面。在二维情况下，等值面为等值线或等位线。矢量场中，曲线上的每一点处的切线方向与该点的矢量方向相同，这样的曲线称为矢量线，如流场中的流线、旋涡场中的涡线等。

矢量线上任意点 M（x，y，z）的矢径为 $\boldsymbol{r} = x\boldsymbol{i} + y\boldsymbol{j} + z\boldsymbol{k}$，其微分为 $\mathrm{d}\boldsymbol{r} = \mathrm{d}x\boldsymbol{i} + \mathrm{d}y\boldsymbol{j} + \mathrm{d}z\boldsymbol{k}$，按矢量线的定义，$\mathrm{d}\boldsymbol{r}$ 在点 M 处与矢量线相切。点 M 处的场矢量为 $\boldsymbol{a} = a_x\boldsymbol{i} + a_y\boldsymbol{j} + a_z\boldsymbol{k}$，依据 $\mathrm{d}\boldsymbol{r}$ 和 $\boldsymbol{a}$ 共线，可以得到

$$\frac{\mathrm{d}x}{a_x} = \frac{\mathrm{d}y}{a_y} = \frac{\mathrm{d}z}{a_z} \tag{1-17}$$

1.2.1 方向导数和梯度

如图 1-3 所示，在给定一标量场 $\varphi(x,y,z,t)$，在 $t = t_0$ 时刻，在场内取一点 M，过 M 点作任意方向曲线 $\boldsymbol{s}$，并在 $\boldsymbol{s}$ 曲线上 M 点的领域内取 M' 点，则 φ 在 M 点沿曲线 $\boldsymbol{s}$ 的方向导数（directional derivative）为

$$\frac{\partial \varphi}{\partial s} = \lim_{MM' \to 0} \frac{\varphi(M') - \varphi(M)}{MM'} = \frac{\partial \varphi}{\partial x}\cos\alpha + \frac{\partial \varphi}{\partial y}\cos\beta + \frac{\partial \varphi}{\partial z}\cos\gamma \tag{1-18}$$

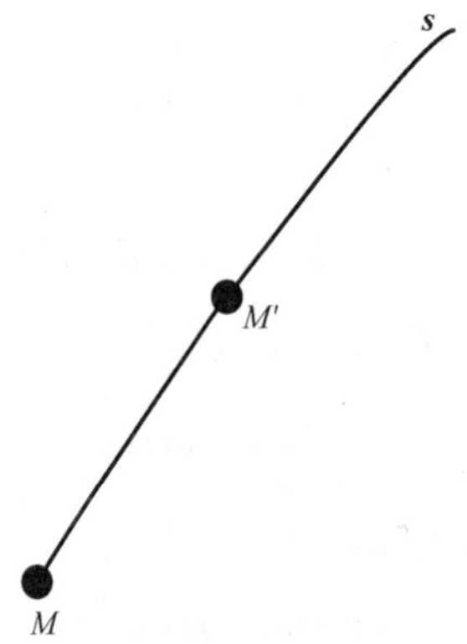

图 1-3　沿曲线 $\boldsymbol{s}$ 的方向导数

过 M 点可以有无穷多个方向，函数 φ 沿其中哪个方向的变化率最大？最大的变化率是多少？这引出了梯度（gradient）的概念。

$$\begin{aligned}\frac{\partial\varphi}{\partial \boldsymbol{s}}&=\frac{\partial\varphi}{\partial x}\cos\alpha+\frac{\partial\varphi}{\partial y}\cos\beta+\frac{\partial\varphi}{\partial z}\cos\gamma\\&=\left(\frac{\partial\varphi}{\partial x}\boldsymbol{i}+\frac{\partial\varphi}{\partial y}\boldsymbol{j}+\frac{\partial\varphi}{\partial z}\boldsymbol{k}\right)\cdot(\cos\alpha\boldsymbol{i}+\cos\beta\boldsymbol{j}+\cos\gamma\boldsymbol{k})\\&=\boldsymbol{G}\cdot\boldsymbol{s}_0=|\boldsymbol{G}|\cos(\boldsymbol{G},\boldsymbol{s}_0)\end{aligned}$$

$\boldsymbol{s}_0=\cos\alpha\boldsymbol{i}+\cos\beta\boldsymbol{j}+\cos\gamma\boldsymbol{k}$，为 $\boldsymbol{s}$ 曲线上的单位矢量。$\boldsymbol{G}$ 在曲线 $\boldsymbol{s}_0$ 的投影表示 M 点的函数 φ 在该方向上的方向导数，当单位矢量 $\boldsymbol{s}_0$ 和 $\boldsymbol{G}$ 的方向一致，即 $\cos(\boldsymbol{G},\boldsymbol{s}_0)=1$ 时，方向导数最大，最大值为 $|\boldsymbol{G}|$，因此矢量 $\boldsymbol{G}$ 的方向就是函数 φ 变化率最大的方向，其模 $|\boldsymbol{G}|$ 就是最大变化率的数值。将 $\boldsymbol{G}$ 称作函数 φ 在给定点处的梯度，记作 $\mathrm{grad}\varphi$，即

$$\mathrm{grad}\varphi=\boldsymbol{G} \tag{1-19}$$

直角坐标系中，有

$$\mathrm{grad}\varphi=\frac{\partial\varphi}{\partial x}\boldsymbol{i}+\frac{\partial\varphi}{\partial y}\boldsymbol{j}+\frac{\partial\varphi}{\partial z}\boldsymbol{k} \tag{1-20}$$

图 1-4 中，M 点处的函数 φ 在过该点的等值线的法线方向 $\boldsymbol{n}$ 上的变化最快，其梯度为

$$\mathrm{grad}\varphi=\frac{\partial\varphi}{\partial n}\boldsymbol{n} \tag{1-21}$$

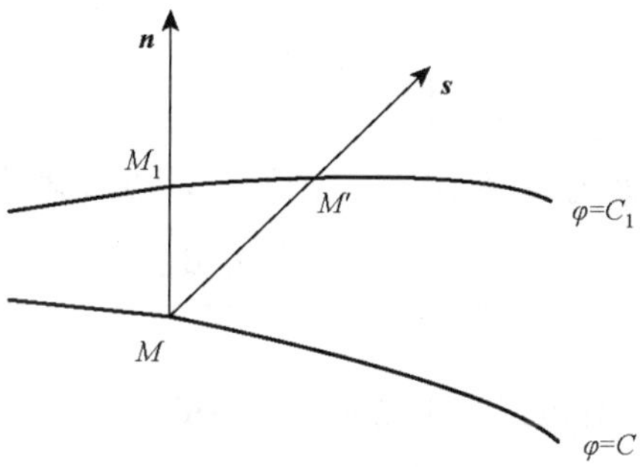

图 1-4　M 点处函数 φ 的梯度

梯度的性质如下。

（1）梯度 $\mathrm{grad}\varphi$ 描述场内任意点领域内函数 φ 的变化情况，是标量场不均匀的量度。

（2）梯度 $\mathrm{grad}\varphi$ 的方向与过该点的等值线的法线方向重合，且指向 φ 增大的方向。

（3）梯度 $\mathrm{grad}\varphi$ 在任一方向上的投影等于沿该方向的方向导数。

1.2.2　通量和散度

如图 1-5 所示，在一矢量场 $\boldsymbol{a}(x,y,z,t)$ 中任取一曲面 A，$\mathrm{d}A$ 为曲面上的微元面，M 为

d$\boldsymbol{A}$ 面内一点，$\boldsymbol{n}$ 为曲面 A 在 M 点的外法线方向的单位矢量，则矢量 $\boldsymbol{a}$ 通过曲面 A 的通量（flux）为

$$\begin{aligned}\iint_A \boldsymbol{a}\cdot \mathrm{d}\boldsymbol{A} &= \iint_A \boldsymbol{a}\cdot \boldsymbol{n}\mathrm{d}A = \iint_A a_n \mathrm{d}A \\ &= \iint_A \left[a_x\cos(\boldsymbol{n},\boldsymbol{x}) + a_y\cos(\boldsymbol{n},\boldsymbol{y}) + a_z\cos(\boldsymbol{n},\boldsymbol{z})\right]\mathrm{d}A \\ &= \iint_A (a_x\mathrm{d}y\mathrm{d}z + a_y\mathrm{d}x\mathrm{d}z + a_z\mathrm{d}x\mathrm{d}y)\end{aligned} \tag{1-22}$$

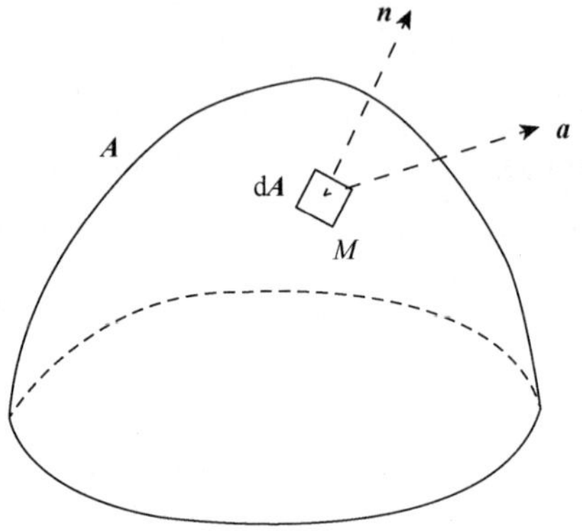

图 1-5　矢量通过曲面的通量

当曲面 A 封闭时，设 A 包围的体积为 V，M 为体积 V 内任意一点，将矢量 $\boldsymbol{a}$ 通过曲面 A 的通量除以体积 V，并令 V 向 M 点无限收缩，即

$$\lim_{V\to 0}\frac{\oiint_A \boldsymbol{a}\cdot \mathrm{d}\boldsymbol{A}}{V}$$

将其定义为矢量 $\boldsymbol{a}$ 在 M 点处的散度（divergence），以 div$\boldsymbol{a}$ 表示，有

$$\mathrm{div}\boldsymbol{a} = \lim_{V\to 0}\frac{\oiint_A \boldsymbol{a}\cdot \mathrm{d}\boldsymbol{A}}{V} \tag{1-23}$$

散度表示场中某一点处通量对体积的变化率，是标量。

在直角坐标系中，有

$$\mathrm{div}\boldsymbol{a} = \frac{\partial a_x}{\partial x} + \frac{\partial a_y}{\partial y} + \frac{\partial a_z}{\partial z} \tag{1-24}$$

利用高斯公式，得

$$\oiint_A \boldsymbol{a}\cdot \mathrm{d}\boldsymbol{A} = \iiint_V \mathrm{div}\boldsymbol{a}\mathrm{d}V \tag{1-25}$$

当 div$\boldsymbol{a}$=0 时，矢量场 $\boldsymbol{a}$ 为无源场。

无源场的性质如下。

（1）矢量 $\boldsymbol{a}$ 通过矢量管任一截面上的通量相等。

（2）矢量管不能在场内发生或终止，一般只能延伸到无穷，或靠在区域的边界上，或自成封闭管路。

（3）无源矢量 $\boldsymbol{a}$ 经过张于一已知封闭曲线上的所有曲面 $\boldsymbol{A}$ 上的通量均相同，即通量只依赖封闭曲线而与所张曲面 $\boldsymbol{A}$ 的形状无关。

1.2.3　环量与旋度

给定一矢量场 $\boldsymbol{a}(x,y,z,t)$ ，在场内取一有向曲线 $\boldsymbol{s}$，则矢量沿曲线的积分为

$$\int_s \boldsymbol{a}\cdot \mathrm{d}\boldsymbol{s}=\int_s (a_x \mathrm{d}x+a_y \mathrm{d}y+a_z \mathrm{d}z) \tag{1-26}$$

式（1-26）称为 $\boldsymbol{a}$ 沿曲线 $\boldsymbol{s}$ 的环量（circulation），若 $\boldsymbol{s}$ 是封闭曲线，则有

$$\oint_s \boldsymbol{a}\cdot \mathrm{d}\boldsymbol{s}=\oint_s (a_x \mathrm{d}x+a_y \mathrm{d}y+a_z \mathrm{d}z) \tag{1-27}$$

式（1-27）称为 $\boldsymbol{a}$ 沿封闭曲线 $\boldsymbol{s}$ 的环量。

如图 1-6 所示，在场内任意取一点 M，在 M 领域内取封闭曲线 $\boldsymbol{s}$，张于 $\boldsymbol{s}$ 上的曲面为 $\boldsymbol{A}$，矢量 $\boldsymbol{a}$ 沿封闭曲线 $\boldsymbol{s}$ 的环量除以曲面面积 A，并令 $\boldsymbol{s}$ 向 M 点收缩，得到极限 $\lim\limits_{A\to 0}\dfrac{\oint_s \boldsymbol{a}\cdot \mathrm{d}\mathbf{s}}{A}$，将其定义为 M 点处矢量 $\boldsymbol{a}$ 的旋度（rotation），即

$$\mathrm{rot}\boldsymbol{a}=\lim_{A\to 0}\frac{\oint_s \boldsymbol{a}\cdot \mathrm{d}\mathbf{s}}{A} \tag{1-28}$$

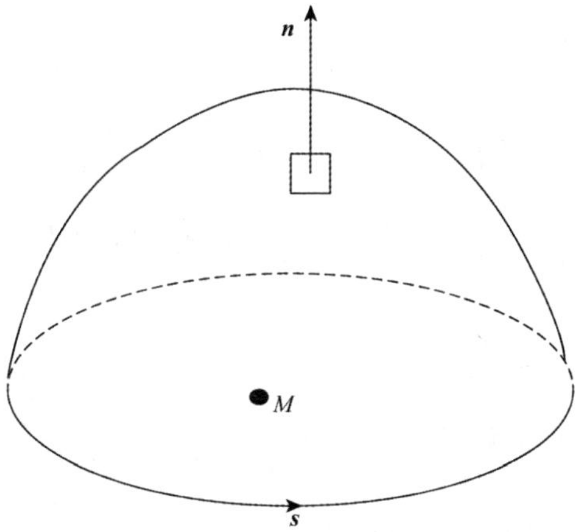

图 1-6　旋度推导示意图

直角坐标系中，有

$$\mathrm{rot}\boldsymbol{a}=\begin{vmatrix} \boldsymbol{i} & \boldsymbol{j} & \boldsymbol{k} \\ \dfrac{\partial}{\partial x} & \dfrac{\partial}{\partial y} & \dfrac{\partial}{\partial z} \\ a_x & a_y & a_z \end{vmatrix}=\left(\frac{\partial a_z}{\partial y}-\frac{\partial a_y}{\partial z}\right)\boldsymbol{i}+\left(\frac{\partial a_x}{\partial z}-\frac{\partial a_z}{\partial x}\right)\boldsymbol{j}+\left(\frac{\partial a_y}{\partial x}-\frac{\partial a_x}{\partial y}\right)\boldsymbol{k} \tag{1-29}$$

由斯托克斯公式得

$$\oint_s \boldsymbol{a}\cdot \mathrm{d}\boldsymbol{s}=\iint_A \mathrm{rot}\boldsymbol{a}\cdot \mathrm{d}\boldsymbol{A} \tag{1-30}$$

rot$\boldsymbol{a}$=0 的矢量场称为无旋场。无旋场和位势场等价，即若 $\boldsymbol{a}$ 是位势场 $\boldsymbol{a}=\mathrm{grad}\varphi$，则 $\boldsymbol{a}$ 必为无旋场，即 rot$\boldsymbol{a}$=0。反之，若 rot$\boldsymbol{a}$=0，则有 $\boldsymbol{a}=\mathrm{grad}\varphi$。

1.2.4　哈密顿算子

哈密顿算子是矢量分析中一个非常重要的微分算子，并能简化方程的书写，在直角坐标系中的表达式为

$$\nabla=\frac{\partial}{\partial x}\boldsymbol{i}+\frac{\partial}{\partial y}\boldsymbol{j}+\frac{\partial}{\partial z}\boldsymbol{k} \tag{1-31}$$

∇ 有矢量和微分的双重性质，一方面它是一个矢量，在运算时可以利用矢量分析中的所有法则；另一方面，它又是个微分算子，可以按微分法则进行运算，但必须注意它只对 ∇ 右边的量起微分作用。

前面的梯度、散度和旋度都可以用 ∇ 表示，有

$$\mathrm{grad}\varphi=\nabla\varphi,\qquad \mathrm{div}a=\nabla\cdot\boldsymbol{a},\qquad \mathrm{rot}a=\nabla\times\boldsymbol{a}$$

直角坐标系中，有

$$\nabla\varphi=\frac{\partial\varphi}{\partial x}\boldsymbol{i}+\frac{\partial\varphi}{\partial y}\boldsymbol{j}+\frac{\partial\varphi}{\partial z}\boldsymbol{k} \tag{1-32}$$

$$\nabla\cdot\boldsymbol{a}=\frac{\partial a_x}{\partial x}+\frac{\partial a_y}{\partial y}+\frac{\partial a_z}{\partial z} \tag{1-33}$$

$$\nabla\times\boldsymbol{a}=\begin{vmatrix}\boldsymbol{i} & \boldsymbol{j} & \boldsymbol{k}\\ \dfrac{\partial}{\partial x} & \dfrac{\partial}{\partial y} & \dfrac{\partial}{\partial z}\\ a_x & a_y & a_z\end{vmatrix}=\left(\frac{\partial a_z}{\partial y}-\frac{\partial a_y}{\partial z}\right)\boldsymbol{i}+\left(\frac{\partial a_x}{\partial z}-\frac{\partial a_z}{\partial x}\right)\boldsymbol{j}+\left(\frac{\partial a_y}{\partial x}-\frac{\partial a_x}{\partial y}\right)\boldsymbol{k} \tag{1-34}$$

此外，流体力学中还常用到如下计算：

$$\nabla\cdot\nabla=\nabla^2=\Delta=\frac{\partial^2}{\partial x^2}+\frac{\partial^2}{\partial y^2}+\frac{\partial^2}{\partial z^2} \tag{1-35}$$

式中，Δ 称为拉普拉斯算子（Laplacian）。

$$\Delta\varphi=\frac{\partial^2\varphi}{\partial x^2}+\frac{\partial^2\varphi}{\partial y^2}+\frac{\partial^2\varphi}{\partial z^2} \tag{1-36}$$

1.2.5　基本运算公式

1. 矢量公式

$$\boldsymbol{a}\cdot\boldsymbol{b}=\boldsymbol{b}\cdot\boldsymbol{a}$$

$$\boldsymbol{a}\times\boldsymbol{b}=-\boldsymbol{b}\times\boldsymbol{a}$$
$$\lambda(\boldsymbol{a}\cdot\boldsymbol{b})=(\lambda\boldsymbol{a})\cdot\boldsymbol{b}=\boldsymbol{a}\cdot(\lambda\boldsymbol{b})$$
$$\lambda(\boldsymbol{a}\times\boldsymbol{b})=(\lambda\boldsymbol{a})\times\boldsymbol{b}=\boldsymbol{a}\times(\lambda\boldsymbol{b})$$
$$\boldsymbol{a}\cdot(\boldsymbol{b}+\boldsymbol{c})=\boldsymbol{a}\cdot\boldsymbol{b}+\boldsymbol{a}\cdot\boldsymbol{c}$$
$$\boldsymbol{a}\times(\boldsymbol{b}+\boldsymbol{c})=\boldsymbol{a}\times\boldsymbol{b}+\boldsymbol{a}\times\boldsymbol{c}$$
$$(\boldsymbol{c}\cdot\boldsymbol{a})\boldsymbol{b}=(\boldsymbol{a}\cdot\boldsymbol{c})\boldsymbol{b}=\boldsymbol{b}(\boldsymbol{a}\cdot\boldsymbol{c})=\boldsymbol{b}(\boldsymbol{c}\cdot\boldsymbol{a})$$
$$\boldsymbol{a}\cdot(\boldsymbol{a}\times\boldsymbol{b})=\boldsymbol{b}\cdot(\boldsymbol{a}\times\boldsymbol{a})=0$$
$$\cos(\boldsymbol{a},\boldsymbol{b})=\frac{\boldsymbol{a}\cdot\boldsymbol{b}}{|\boldsymbol{a}|\cdot|\boldsymbol{b}|}$$
$$\boldsymbol{a}\cdot(\boldsymbol{b}\times\boldsymbol{c})=\boldsymbol{c}\cdot(\boldsymbol{a}\times\boldsymbol{b})=\boldsymbol{b}\cdot(\boldsymbol{c}\times\boldsymbol{a})$$
$$\boldsymbol{a}\cdot\boldsymbol{a}=|\boldsymbol{a}|^2$$
$$\boldsymbol{a}\times(\boldsymbol{b}\times\boldsymbol{c})=(\boldsymbol{a}\cdot\boldsymbol{c})\boldsymbol{b}-(\boldsymbol{a}\cdot\boldsymbol{b})\boldsymbol{c}$$

2. 微分公式

$$\nabla(\varphi+\psi)=\nabla\varphi+\nabla\psi$$
$$\nabla(\varphi\psi)=\varphi\nabla\psi+\psi\nabla\varphi$$
$$\nabla F(\varphi)=F'(\varphi)\nabla\varphi$$
$$\nabla\varphi(r)=\varphi'(r)\frac{\boldsymbol{r}}{r}$$
$$\nabla\cdot(\boldsymbol{a}+\boldsymbol{b})=\nabla\cdot\boldsymbol{a}+\nabla\cdot\boldsymbol{b}$$
$$\nabla\cdot(\varphi\boldsymbol{a})=\varphi\nabla\cdot\boldsymbol{a}+\nabla\varphi\cdot\boldsymbol{a}$$
$$\nabla\cdot(\boldsymbol{a}\times\boldsymbol{b})=\boldsymbol{b}\cdot\nabla\times\boldsymbol{a}-\boldsymbol{a}\cdot\nabla\times\boldsymbol{b}$$
$$\nabla\times(\boldsymbol{a}+\boldsymbol{b})=\nabla\times\boldsymbol{a}+\nabla\times\boldsymbol{b}$$
$$\nabla\times(\varphi\boldsymbol{a})=\varphi\nabla\times\boldsymbol{a}+\nabla\varphi\times\boldsymbol{a}$$
$$\nabla\times(\boldsymbol{a}\times\boldsymbol{b})=(\boldsymbol{b}\cdot\nabla)\boldsymbol{a}-(\boldsymbol{a}\cdot\nabla)\boldsymbol{b}+\boldsymbol{a}\nabla\cdot\boldsymbol{b}-\boldsymbol{b}\nabla\cdot\boldsymbol{a}$$
$$\nabla(\boldsymbol{a}\cdot\boldsymbol{b})=(\boldsymbol{b}\cdot\nabla)\boldsymbol{a}+(\boldsymbol{a}\cdot\nabla)\boldsymbol{b}+\boldsymbol{b}\times(\nabla\times\boldsymbol{a})+\boldsymbol{a}\times(\nabla\times\boldsymbol{b})$$
$$\nabla\left(\frac{a^2}{2}\right)=(\boldsymbol{a}\cdot\nabla)\boldsymbol{a}+\boldsymbol{a}\times(\nabla\times\boldsymbol{a})$$
$$\nabla\cdot(\nabla\varphi)=\nabla^2\varphi=\Delta\varphi$$
$$\nabla\times(\nabla\varphi)=0$$
$$\nabla\cdot(\nabla\times\boldsymbol{a})=0$$
$$\nabla\times(\nabla\times\boldsymbol{a})=\nabla(\nabla\cdot\boldsymbol{a})-\Delta\boldsymbol{a}$$
$$\nabla\cdot(\varphi\nabla\psi)=\varphi\nabla\psi+\nabla\varphi\cdot\nabla\psi$$
$$\Delta(\varphi\psi)=\psi\Delta\varphi+\varphi\Delta\psi+2\nabla\varphi\cdot\nabla\psi$$

3. 积分公式

$$\iiint_V\nabla\varphi\mathrm{d}V=\iint_A\boldsymbol{n}\varphi\mathrm{d}A$$

$$\iiint_V \nabla \cdot \boldsymbol{a} \mathrm{d}V = \iint_A \boldsymbol{n} \cdot \boldsymbol{a} \mathrm{d}A$$

$$\iiint_V \nabla \times \boldsymbol{a} \mathrm{d}V = \iint_A \boldsymbol{n} \times \boldsymbol{a} \mathrm{d}A$$

$$\iiint_V (\boldsymbol{m} \cdot \nabla)\boldsymbol{a} \mathrm{d}V = \iint_A (\boldsymbol{m} \cdot \boldsymbol{n})\boldsymbol{a} \mathrm{d}A \quad (\boldsymbol{m}\text{ 为常矢量})$$

$$\iiint_V \Delta\varphi \mathrm{d}V = \iint_A \frac{\partial \varphi}{\partial n} \mathrm{d}A = \iint_A (\boldsymbol{n} \cdot \nabla\varphi) \mathrm{d}A$$

$$\iiint_V \Delta\boldsymbol{a} \mathrm{d}V = \iint_A \frac{\partial \boldsymbol{a}}{\partial n} \mathrm{d}A = \iint_A (\boldsymbol{n} \cdot \nabla)\boldsymbol{a} \mathrm{d}A$$

格林第一公式：

$$\iiint_V (\varphi\Delta\psi + \nabla\varphi \cdot \nabla\psi) \mathrm{d}V = \iint_A \varphi \frac{\partial \psi}{\partial n} \mathrm{d}A \quad (\text{体积 } V \text{ 是单连通域})$$

$$\iiint_V (\psi\Delta\varphi + \nabla\varphi \cdot \nabla\psi) \mathrm{d}V = \iint_A \psi \frac{\partial \varphi}{\partial n} \mathrm{d}A \quad (\text{体积 } V \text{ 是单连通域})$$

格林第二公式：

$$\iiint_V (\varphi\Delta\psi - \nabla\varphi \cdot \nabla\psi) \mathrm{d}V = \iint_A \left(\varphi \frac{\partial \psi}{\partial n} - \psi \frac{\partial \varphi}{\partial n} \right) \mathrm{d}A \quad (\text{体积 } V \text{ 是单连通域})$$

$$\iiint_V (\nabla\varphi)^2 \mathrm{d}V = \iint_A \varphi \frac{\partial \varphi}{\partial n} \mathrm{d}A \quad (\text{体积 } V \text{ 是单连通域})$$

1.3　张量基础知识

流体力学中的物理量，按其维数可划分为以下几种。

（1）标量（scalar）：一维的量，用一个数量及单位表示。

（2）矢量（vector）：三维的量，必须由某一空间坐标系的 3 个坐标轴的分量表示。

（3）张量（tensor）：二阶张量是一个九维的量。

流体力学中用张量表示方程式，可以简化推导，表述清晰。在笛卡儿坐标系中定义的张量称为笛卡儿张量，在任意曲线坐标系定义的张量称为普遍张量。笛卡儿坐标系就是直角坐标系和斜角坐标系的统称，相交于原点的两条数轴，构成了平面放射坐标系，如两条数轴上的度量单位相等，则称此放射坐标系为笛卡儿坐标系。两条数轴互相垂直的笛卡儿坐标系，称为笛卡儿直角坐标系，否则称为笛卡儿斜角坐标系。本书只涉及笛卡儿张量。

张量的阶数和分量数之间的关系如下。

标量：0 阶张量，有 $3^0 = 1$ 个分量。

矢量：1 阶张量，有 $3^1 = 3$ 个分量。

n 阶张量有 3^n 个分量。

1.3.1　张量表示法

将直角坐标系的坐标 x、y、z，记作 x_1、x_2、x_3，然后统一用 x_i（$i = 1,2,3$）表示，

直角坐标系中的单位矢量 $\boldsymbol{i}$、$\boldsymbol{j}$、$\boldsymbol{k}$ 分别用 $\boldsymbol{e}_1$ 、$\boldsymbol{e}_2$ 、$\boldsymbol{e}_3$ 表示。张量采用“符号＋指标”形式，如 a_i 、$\dfrac{\partial\varphi}{\partial x_i}(i=1,2,3)$等为自由指标。$a_i$ 为 1 阶张量，a_{ij} 为 2 阶张量，a_{ijk} 为 3 阶张量。

1. 约定求和法则

为书写简便，约定在同一项中如有两个自由指标相同时，则表示要对这个指标从 1 到 3 求和：

$$a_i\boldsymbol{e}_i=a_1\boldsymbol{e}_1+a_2\boldsymbol{e}_2+a_3\boldsymbol{e}_3=\boldsymbol{a}$$

$$a_ib_i=a_1b_1+a_2b_2+a_3b_3$$

$$\frac{\partial a_i}{\partial x_i}=\frac{\partial a_1}{\partial x_1}+\frac{\partial a_2}{\partial x_2}+\frac{\partial a_3}{\partial x_3}$$

$$\begin{aligned}(\boldsymbol{a}\cdot\nabla)\boldsymbol{b}&=a_j\frac{\partial b_i}{\partial x_j}\\&=\left(a_1\frac{\partial b_1}{\partial x_1}+a_2\frac{\partial b_1}{\partial x_2}+a_3\frac{\partial b_1}{\partial x_3}\right)\boldsymbol{i}+\left(a_1\frac{\partial b_2}{\partial x_1}+a_2\frac{\partial b_2}{\partial x_2}+a_3\frac{\partial b_2}{\partial x_3}\right)\boldsymbol{j}\\&\quad+\left(a_1\frac{\partial b_3}{\partial x_1}+a_2\frac{\partial b_3}{\partial x_2}+a_3\frac{\partial b_3}{\partial x_3}\right)\boldsymbol{k}\end{aligned}$$

$$\Delta\boldsymbol{a}=\nabla^2\boldsymbol{a}=\nabla\cdot\nabla\boldsymbol{a}=\frac{\partial^2a_j}{\partial x_i\partial x_i}$$

上述表示求和的重复指标称为哑标。

2. 克罗内克符号 δ_{ij}

δ_{ij} 表示任意两个正交单位矢量点积，定义为

$$\delta_{ij}=\boldsymbol{e}_i\cdot\boldsymbol{e}_j=\begin{cases}1 & (i=j)\\0 & (i\neq j)\end{cases}\tag{1-37}$$

关于 δ_{ij} 的运算关系式如下。

（1）$\delta_{ij}=\delta_{ji}$，下标可交换。

（2）$\delta_{jj}=\delta_{11}+\delta_{22}+\delta_{33}=3$

（3）$\begin{cases}\delta_{1n}b_n=\delta_{11}b_1+\delta_{12}b_2+\delta_{13}b_3=b_1\\\delta_{2n}b_n=\delta_{21}b_1+\delta_{22}b_2+\delta_{23}b_3=b_2\\\delta_{3n}b_n=\delta_{31}b_1+\delta_{32}b_2+\delta_{33}b_3=b_3\end{cases}$ 或 $\delta_{in}b_n=b_i$

（4）$\begin{cases}\delta_{1n}B_{nj}=\delta_{11}B_{1j}+\delta_{12}B_{2j}+\delta_{13}B_{3j}=B_{1j}\\\delta_{2n}B_{nj}=\delta_{21}B_{1j}+\delta_{22}B_{2j}+\delta_{23}B_{3j}=B_{2j}\\\delta_{3n}B_{nj}=\delta_{31}B_{1j}+\delta_{32}B_{2j}+\delta_{33}B_{3j}=B_{3j}\end{cases}$ 或 $\delta_{in}B_{nj}=B_{ij}$

可见，δ_{ij} 能起到改换指标的作用。

3. 置换符号 ε_{ijk}

置换符号表示任意两个正交单位矢量的叉积，即

$$\boldsymbol{e}_i \times \boldsymbol{e}_j = \varepsilon_{ijk}\boldsymbol{e}_k$$

$$\varepsilon_{ijk}=\begin{cases}0 & (i,j,k\text{中有相同值, 如}\varepsilon_{111},\ \varepsilon_{122},\ \varepsilon_{232},\ \cdots)\\ 1 & (i,j,k\text{按}1,2,3\text{偶排列, 如}\varepsilon_{123},\ \varepsilon_{231},\ \varepsilon_{312},\ \cdots)\\ -1 & (i,j,k\text{按}1,2,3\text{奇排列, 如}\varepsilon_{213},\ \varepsilon_{321},\ \varepsilon_{132},\ \cdots)\end{cases} \tag{1-38}$$

例如，$\boldsymbol{a}\times\boldsymbol{b}=\varepsilon_{ijk}\boldsymbol{e}_i a_j b_k$，$\boldsymbol{a}\cdot(\boldsymbol{b}\times\boldsymbol{c})=\varepsilon_{ijk}a_i b_j c_k$，$\nabla\times\boldsymbol{a}=\boldsymbol{e}_i\varepsilon_{ijk}\dfrac{\partial a_k}{\partial x_i}$。

1.3.2　几个特殊的张量

流体力学中，使用最多的是二阶张量，以下讨论二阶张量。

1. 对称张量

二阶张量$[\boldsymbol{A}]$，若其各分量 $A_{ij}=A_{ji}$，则该张量为对称张量，对称张量有 6 个独立分量。

2. 反对称张量

二阶张量$[\boldsymbol{B}]$，若其各分量 $B_{ij}=-B_{ji}$，则该张量为反对称张量。因为 $B_{21}=-B_{12}$，$B_{32}=-B_{23}$，$B_{13}=-B_{31}$，所以 B_{11}、B_{22}、B_{33} 均为零。

$$[\boldsymbol{B}]=\begin{bmatrix}B_{11} & B_{12} & B_{13}\\ B_{21} & B_{22} & B_{23}\\ B_{31} & B_{32} & B_{33}\end{bmatrix}=\begin{bmatrix}0 & B_{12} & B_{13}\\ -B_{12} & 0 & B_{23}\\ -B_{13} & -B_{23} & 0\end{bmatrix}=\begin{bmatrix}0 & -\omega_3 & \omega_2\\ \omega_3 & 0 & -\omega_1\\ -\omega_2 & \omega_1 & 0\end{bmatrix}$$

反对称张量只有 3 个独立的分量。

任意一个二阶张量可以唯一分解为一个对称张量和一个反对称张量之和，即

$$D_{ij}=\frac{1}{2}(D_{ij}+D_{ji})+\frac{1}{2}(D_{ij}-D_{ji}) \tag{1-39}$$

式中，$\dfrac{1}{2}(D_{ij}+D_{ji})=A_{ij}$，表示对称张量；$\dfrac{1}{2}(D_{ij}-D_{ji})=B_{ij}$，表示反对称张量。

3. 单位张量

δ_{ij} 为二阶单位张量，表示为

$$\delta_{ij}=\begin{bmatrix}1 & 0 & 0\\ 0 & 1 & 0\\ 0 & 0 & 1\end{bmatrix} \tag{1-40}$$

1.3.3　张量的代数运算

1. 张量相等

两张量各分量一一相等，即 $A_{ij}=B_{ij}$。

2. 张量相加减

同阶张量才能加减，张量的加减为对应各分量相加减，$A_{ij}\pm B_{ij}=C_{ij}$。

3. 张量数乘

张量数乘等于用数或标量乘以张量中所有分量，$B_{ij}=\lambda A_{ij}$。

4. 张量的点积

定义点积“·”为并矢中相邻单位矢量的点积，得到一个新的张量。

有矢量 $\boldsymbol{a}$ 和二阶张量$[\boldsymbol{B}]$：

$$\boldsymbol{a}=a_i\boldsymbol{e}_i\,,\qquad [\boldsymbol{B}]=B_{jk}\boldsymbol{e}_j\boldsymbol{e}_k$$

二阶张量与矢量的点积运算为左向点积，即

$$\begin{aligned}\boldsymbol{a}\cdot[\boldsymbol{B}]&=(a_i\boldsymbol{e}_i)\cdot B_{jk}\boldsymbol{e}_j\boldsymbol{e}_k=a_iB_{jk}(\boldsymbol{e}_i\cdot\boldsymbol{e}_j)\boldsymbol{e}_k\\&=a_iB_{jk}\delta_{ij}\boldsymbol{e}_k=a_iB_{ik}\boldsymbol{e}_k\end{aligned}\tag{1-41}$$

有

$$\boldsymbol{a}\cdot[\boldsymbol{B}]=\begin{bmatrix}a_1 & a_2 & a_3\end{bmatrix}\begin{bmatrix}B_{11} & B_{12} & B_{13}\\ B_{21} & B_{22} & B_{23}\\ B_{31} & B_{32} & B_{33}\end{bmatrix}\begin{bmatrix}\boldsymbol{e}_1\\ \boldsymbol{e}_2\\ \boldsymbol{e}_3\end{bmatrix}\tag{1-42}$$

同样也可以用矩阵运算表示矢量的右向点积$[\boldsymbol{B}]\cdot\boldsymbol{a}$，即

$$[\boldsymbol{B}]\cdot\boldsymbol{a}=\boldsymbol{e}_iB_{ij}a_j\tag{1-43}$$

一般情况下，$[\boldsymbol{B}]\cdot\boldsymbol{a}\neq\boldsymbol{a}\cdot[\boldsymbol{B}]$，只有$[\boldsymbol{B}]$是二阶张量时，有$[\boldsymbol{B}]\cdot\boldsymbol{a}=\boldsymbol{a}\cdot[\boldsymbol{B}]$。

反对称张量和矢量的右向点积等于两矢量的叉积，即

$$\begin{aligned}[\boldsymbol{B}]\cdot\boldsymbol{a}&=(\boldsymbol{e}_iB_{ij}\boldsymbol{e}_j)\cdot(a_k\boldsymbol{e}_k)=\boldsymbol{e}_iB_{ij}a_k\delta_{jk}=\boldsymbol{e}_iB_{ij}a_j\\&=\begin{bmatrix}\boldsymbol{e}_1 & \boldsymbol{e}_2 & \boldsymbol{e}_3\end{bmatrix}\begin{bmatrix}0 & -\omega_3 & \omega_2\\ \omega_3 & 0 & -\omega_1\\ -\omega_2 & \omega_1 & 0\end{bmatrix}\begin{bmatrix}a_1\\ a_2\\ a_3\end{bmatrix}\\&=\begin{bmatrix}\boldsymbol{e}_1 & \boldsymbol{e}_2 & \boldsymbol{e}_3\\ \omega_1 & \omega_2 & \omega_3\\ a_1 & a_2 & a_3\end{bmatrix}=\varepsilon_{ijk}\boldsymbol{e}_ia_j\omega_k=\boldsymbol{\omega}\times\boldsymbol{a}\end{aligned}\tag{1-44}$$

有二阶张量$[\boldsymbol{A}]$和$[\boldsymbol{B}]$：

$$[\boldsymbol{A}]=\boldsymbol{e}_iA_{ij}\boldsymbol{e}_j\,,\qquad [\boldsymbol{B}]=\boldsymbol{e}_mB_{mn}\boldsymbol{e}_n$$

二阶张量的点积运算为

$$[\boldsymbol{A}]\cdot[\boldsymbol{B}]=(\boldsymbol{e}_i A_{ij}\boldsymbol{e}_j)\cdot(\boldsymbol{e}_m B_{mn}\boldsymbol{e}_n)=A_{ij}B_{mn}\delta_{jm}\boldsymbol{e}_i\boldsymbol{e}_n$$
$$=A_{ij}B_{jn}\boldsymbol{e}_i\boldsymbol{e}_n=C_{in}\boldsymbol{e}_i\boldsymbol{e}_n=[C_{in}] \tag{1-45}$$

1.4　正交曲线坐标系

在许多实际问题中，利用曲线坐标，如柱坐标、球坐标等比直角坐标方便。

1.4.1　曲线坐标系

如图 1-7 所示，空间点的位置用 3 个有序数(q_1,q_2,q_3)表示，q_1、q_2、q_3称为空间点的曲线坐标，每个曲线坐标与直角坐标互为单值函数。

$$\begin{cases}q_1=q_1(x,y,z)\\ q_2=q_2(x,y,z)\\ q_3=q_3(x,y,z)\end{cases},\quad \begin{cases}x=x(q_1,q_2,q_3)\\ y=y(q_1,q_2,q_3)\\ z=z(q_1,q_2,q_3)\end{cases} \tag{1-46}$$

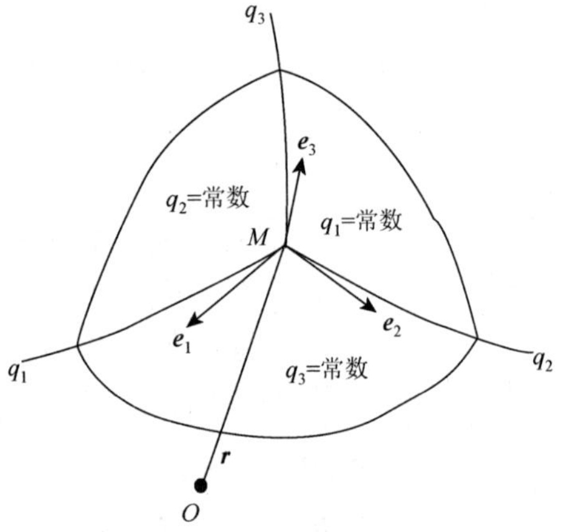

图 1-7　曲线坐标系

当q_1=c_1，q_2=c_2，q_3=c_3（其中c_1、c_2、c_3为常数）时，三个方程分别表示q_1、q_2、q_3的等值曲面；若c_1、c_2、c_3取不同数值，则得到三簇等值曲面，称为坐标曲面。

坐标曲面两两相交构成坐标曲线，如q_2=c_2和q_3=c_3相交构成的曲线，称为坐标曲线q_1或简称q_1曲线。

假定在空间任意一点M处，坐标曲线相互正交，这种坐标系称为正交曲线坐标系。分别用$\boldsymbol{e}_1$、$\boldsymbol{e}_2$、$\boldsymbol{e}_3$表示坐标曲线q_1、q_2、q_3上的切向单位矢量，分别指向q_1、q_2、q_3增大方向，且构成右手坐标系，如图 1-7 所示。

在曲线坐标系中，矢量$\boldsymbol{a}$表示为

$$\boldsymbol{a}=a_1\boldsymbol{e}_1+a_2\boldsymbol{e}_2+a_3\boldsymbol{e}_3$$

1.4.2　正交曲线坐标系中的弧微分

直角坐标系空间曲线的弧微分为 $\mathrm{d}\boldsymbol{s}=\sqrt{\mathrm{d}x^2+\mathrm{d}y^2+\mathrm{d}z^2}$，在坐标曲线 q_1 上，q_2、q_3 不变，只有 q_1 变化，有 $\mathrm{d}x=\dfrac{\partial x}{\partial q_1}\mathrm{d}q_1$，$\mathrm{d}y=\dfrac{\partial y}{\partial q_1}\mathrm{d}q_1$，$\mathrm{d}z=\dfrac{\partial z}{\partial q_1}\mathrm{d}q_1$。如果用 $\mathrm{d}s_1$ 表示坐标曲线 q_1 的弧微分，有

$$\mathrm{d}s_1=\sqrt{\left(\frac{\partial x}{\partial q_1}\right)^2+\left(\frac{\partial y}{\partial q_1}\right)^2+\left(\frac{\partial z}{\partial q_1}\right)^2}\,\mathrm{d}q_1$$

同理，坐标曲线 q_2 和 q_3 的弧微分分别为

$$\mathrm{d}s_2=\sqrt{\left(\frac{\partial x}{\partial q_2}\right)^2+\left(\frac{\partial y}{\partial q_2}\right)^2+\left(\frac{\partial z}{\partial q_2}\right)^2}\,\mathrm{d}q_2$$

$$\mathrm{d}s_3=\sqrt{\left(\frac{\partial x}{\partial q_3}\right)^2+\left(\frac{\partial y}{\partial q_3}\right)^2+\left(\frac{\partial z}{\partial q_3}\right)^2}\,\mathrm{d}q_3$$

令

$$H_i=\sqrt{\left(\frac{\partial x}{\partial q_i}\right)^2+\left(\frac{\partial y}{\partial q_i}\right)^2+\left(\frac{\partial z}{\partial q_i}\right)^2}\qquad（i=1,2,3）$$

则有

$$\begin{cases}\mathrm{d}s_1=H_1\mathrm{d}q_1\\ \mathrm{d}s_2=H_2\mathrm{d}q_2\ \text{或}\ \mathrm{d}s_i=H_i\mathrm{d}q_i\\ \mathrm{d}s_3=H_3\mathrm{d}q_3\end{cases}\tag{1-47}$$

式中，H_i 称为拉梅系数（Lame coefficient）。

正交曲线坐标中，由三对坐标曲面围成微元体积，可近似看成以 $\mathrm{d}s_1$、$\mathrm{d}s_2$、$\mathrm{d}s_3$ 为棱长的长方体，如图 1-8 所示，体积 $\mathrm{d}V=\mathrm{d}s_1\mathrm{d}s_2\mathrm{d}s_3=H_1H_2H_3\mathrm{d}q_1\mathrm{d}q_2\mathrm{d}q_3$。

同理，通过 M 点的三个坐标曲面面积分别为

$$\mathrm{d}A_{12}=\mathrm{d}s_1\mathrm{d}s_2=H_1H_2\mathrm{d}q_1\mathrm{d}q_2$$

$$\mathrm{d}A_{13}=\mathrm{d}s_1\mathrm{d}s_3=H_1H_3\mathrm{d}q_1\mathrm{d}q_3$$

$$\mathrm{d}A_{23}=\mathrm{d}s_2\mathrm{d}s_3=H_2H_3\mathrm{d}q_2\mathrm{d}q_3$$

弧微分为

$$\begin{aligned}\mathrm{d}\boldsymbol{s}^2&=\mathrm{d}s_1^2+\mathrm{d}s_2^2+\mathrm{d}s_3^2=H_1^2\mathrm{d}q_1^2+H_2^2\mathrm{d}q_2^2+H_3^2\mathrm{d}q_3^2\\&=\mathrm{d}x^2+\mathrm{d}y^2+\mathrm{d}z^2\end{aligned}\tag{1-48}$$

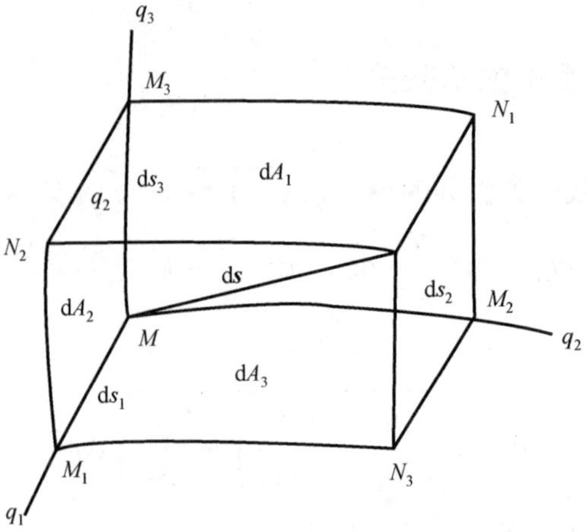

图 1-8　正交曲线坐标系中的微元体积

1.4.3　常见的正交曲线坐标系

最常见的正交曲线坐标系是柱坐标系（cylindrical coordinates）和球坐标系（spherical coordinates）。

1. 柱坐标系 (r,θ,z)

如图 1-9 所示，柱坐标系中的坐标及其相应坐标轴正向的切向单位矢量为

$$q_1 = r\,,\quad q_2 = \theta\,,\quad q_3 = z$$

$$\boldsymbol{e}_1 = \boldsymbol{e}_r\,,\quad \boldsymbol{e}_2 = \boldsymbol{e}_\theta\,,\quad \boldsymbol{e}_3 = \boldsymbol{e}_z$$

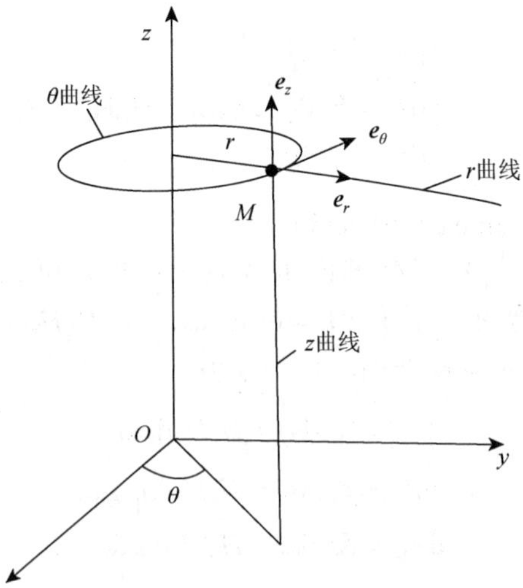

图 1-9　柱坐标系

1）坐标

r 为点 M 到 Oz 轴的距离，$0 \leqslant r < +\infty$。

θ 为过点 M 且以 Oz 轴为界的半平面与 xOz 平面之间的夹角，$0 \leqslant \theta < 2\pi$。

z 为直角坐标系中的 z 坐标，　$-\infty < z < +\infty$。

2）坐标面

$r = \mathrm{const}$，表示以 Oz 轴为轴的圆柱面。

$\theta = \mathrm{const}$，表示以 Oz 轴为界的半平面。

$z = \mathrm{const}$，表示平行于 xOy 平面的平面。

3）坐标曲线

r 曲线，即起点在 Oz 轴，且与 xOy 平面平行的射线。

θ 曲线，即圆心在 Oz 轴，且与 xOy 平面平行的圆周。

z 曲线，即与 Oz 轴平行的直线。

点 M 的直角坐标与其圆柱坐标间的关系为

$$x = r\cos\theta,\quad y = r\sin\theta,\quad z = z$$

$$r = \sqrt{x^2 + y^2},\quad \theta = \arctan\frac{y}{x},\quad z = z$$

4）拉梅系数

$$H_r = \left[\frac{\partial(r\cos\theta)}{\partial r}\right]^2 + \left[\frac{\partial(r\sin\theta)}{\partial r}\right]^2 + \left[\frac{\partial z}{\partial r}\right]^2 = 1$$

$$H_\theta = \left[\frac{\partial(r\cos\theta)}{\partial \theta}\right]^2 + \left[\frac{\partial(r\sin\theta)}{\partial \theta}\right]^2 + \left[\frac{\partial z}{\partial \theta}\right]^2 = r$$

$$H_z = \left[\frac{\partial(r\cos\theta)}{\partial z}\right]^2 + \left[\frac{\partial(r\sin\theta)}{\partial z}\right]^2 + \left[\frac{\partial z}{\partial z}\right]^2 = 1$$

$$\mathrm{d}V = H_r H_\theta H_z \mathrm{d}r\mathrm{d}\theta\mathrm{d}z = r\mathrm{d}r\mathrm{d}\theta\mathrm{d}z$$

2. 球坐标系

如图 1-10 所示，球坐标系中的坐标及其相应坐标轴正向的切向单位矢量为

$$q_1 = r,\quad q_2 = \theta,\quad q_3 = \varphi$$

$$\boldsymbol{e}_1 = \boldsymbol{e}_r,\quad \boldsymbol{e}_2 = \boldsymbol{e}_\theta,\quad \boldsymbol{e}_3 = \boldsymbol{e}_\varphi$$

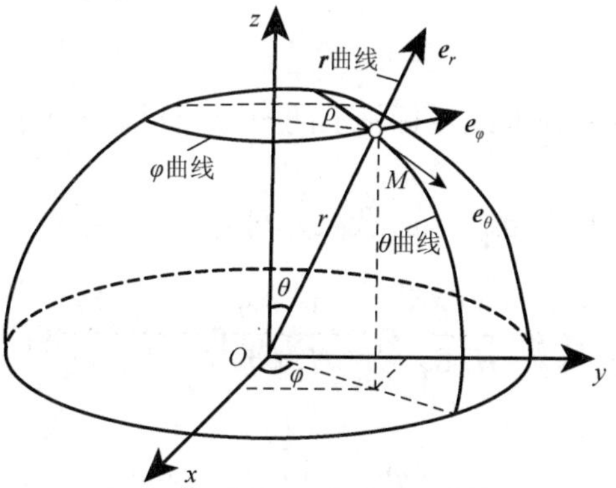

图 1-10　球坐标系

1）坐标

r 为点 M 到原点距离，$0 \leqslant r < +\infty$ 。

θ 为有向线段 $\overrightarrow{OM}$ 与 Oz 轴正向之间的夹角，$0 \leqslant \theta \leqslant \pi$ 。

φ 为过点 M 且以 Oz 轴为界的半平面与 xOz 平面之间的夹角，$0 \leqslant \varphi \leqslant 2\pi$ 。

2）坐标面

$r = \text{const}$ ，表示以原点 O 为中心的球面。

$\theta = \text{const}$ ，表示以 Oz 轴为轴的圆锥面。

$\varphi = \text{const}$ ，表示以 Oz 轴为界的半平面。

3）坐标曲线

r 曲线，即以原点 O 为起点的射线。

θ 曲线，即过点 M 的半圆弧。

φ 曲线，即圆心在 Oz 轴的圆周。

点 M 的直角坐标与其球坐标之间的关系为

$$x = r\sin\theta\cos\varphi, \quad y = r\sin\theta\sin\varphi, \quad z = r\cos\theta$$

$$r=\sqrt{x^2+y^2+z^2}, \quad \theta = \arccos\frac{z}{\sqrt{x^2+y^2+z^2}}, \quad \varphi = \arctan\frac{y}{x}$$

4）拉梅系数

$$H_r = \left[\frac{\partial(r\sin\theta\cos\varphi)}{\partial r}\right]^2 + \left[\frac{\partial(r\sin\theta\sin\varphi)}{\partial r}\right]^2 + \left[\frac{\partial(r\cos\theta)}{\partial r}\right]^2 = 1$$

$$H_\theta = \left[\frac{\partial(r\sin\theta\cos\varphi)}{\partial \theta}\right]^2 + \left[\frac{\partial(r\sin\theta\sin\varphi)}{\partial \theta}\right]^2 + \left[\frac{\partial(r\cos\theta)}{\partial \theta}\right]^2 = r$$

$$H_\varphi = \left[\frac{\partial(r\sin\theta\cos\varphi)}{\partial \varphi}\right]^2 + \left[\frac{\partial(r\sin\theta\sin\varphi)}{\partial \varphi}\right]^2 + \left[\frac{\partial(r\cos\theta)}{\partial \varphi}\right]^2 = r\sin\theta$$

$$\mathrm{d}V = H_r H_\varphi H_\theta \mathrm{d}r\mathrm{d}\varphi\mathrm{d}\theta = r^2\sin\theta\mathrm{d}r\mathrm{d}\varphi\mathrm{d}\theta$$

1.4.4 场论中的量在一般正交坐标曲线中的表达

1. 梯度表达式

根据梯度的性质，$\nabla\varphi$ 在曲线坐标轴上的投影分别是该方向的方向导数 $\frac{\partial\varphi}{\partial s_1}$ 、$\frac{\partial\varphi}{\partial s_2}$ 、$\frac{\partial\varphi}{\partial s_3}$ ，将式（1-47）中的 $\mathrm{d}s_1$ 、$\mathrm{d}s_2$ 、$\mathrm{d}s_3$ 代入，可得

$$\nabla\varphi = \frac{1}{H_1}\frac{\partial\varphi}{\partial q_1}\boldsymbol{e}_1 + \frac{1}{H_2}\frac{\partial\varphi}{\partial q_2}\boldsymbol{e}_2 + \frac{1}{H_3}\frac{\partial\varphi}{\partial q_3}\boldsymbol{e}_3$$

在柱坐标系中，有

$$\nabla\varphi = \frac{\partial\varphi}{\partial r}\boldsymbol{e}_r + \frac{1}{r}\frac{\partial\varphi}{\partial\theta}\boldsymbol{e}_\theta + \frac{\partial\varphi}{\partial z}\boldsymbol{e}_z$$

在球坐标系中，有

$$\nabla\varphi=\frac{\partial\varphi}{\partial r}\boldsymbol{e}_r+\frac{1}{r}\frac{\partial\varphi}{\partial\theta}\boldsymbol{e}_\theta+\frac{1}{r\sin\theta}\frac{\partial\varphi}{\partial\varphi}\boldsymbol{e}_\varphi$$

2. 散度的表达式

根据散度的定义，有

$$\nabla\cdot\boldsymbol{a}=\lim_{V\to0}\frac{\oiint_A a_n\mathrm{d}A}{V}$$

考虑体积 V 等于以 $\mathrm{d}s_1$、$\mathrm{d}s_2$、$\mathrm{d}s_3$ 为边的平行六面体体积 $\mathrm{d}V$，封闭曲面 $\boldsymbol{A}$ 相当于平行六面体的 6 个面，则矢量 $\boldsymbol{a}$ 经过该 6 个面的通量如下。

q_1 方向的通量为

$$\left[a_1\mathrm{d}s_2\mathrm{d}s_3+\frac{\partial(a_1\mathrm{d}s_2\mathrm{d}s_3)}{\partial q_1}\mathrm{d}q_1\right]-a_1\mathrm{d}s_2\mathrm{d}s_3=\frac{\partial(a_1\mathrm{d}s_2\mathrm{d}s_3)}{\partial q_1}\mathrm{d}q_1$$

$$=\frac{\partial\left(a_1H_2\mathrm{d}q_2H_3\mathrm{d}q_3\right)}{\partial q_1}\mathrm{d}q_1=\frac{\partial\left(a_1H_2H_3\right)}{\partial q_1}\mathrm{d}q_1\mathrm{d}q_2\mathrm{d}q_3$$

同理，q_2、q_3 方向的通量分别为 $\frac{\partial\left(a_2H_1H_3\right)}{\partial q_2}\mathrm{d}q_1\mathrm{d}q_2\mathrm{d}q_3$、$\frac{\partial\left(a_3H_1H_2\right)}{\partial q_3}\mathrm{d}q_1\mathrm{d}q_2\mathrm{d}q_3$。

经过 6 个面的总通量为

$$\oiint_A a_n\mathrm{d}A=\left[\frac{\partial\left(a_1H_2H_3\right)}{\partial q_1}+\frac{\partial\left(a_2H_1H_3\right)}{\partial q_2}+\frac{\partial\left(a_3H_1H_2\right)}{\partial q_3}\right]\mathrm{d}q_1\mathrm{d}q_2\mathrm{d}q_3$$

因为 $\mathrm{d}V=H_1H_2H_3\mathrm{d}q_1\mathrm{d}q_2\mathrm{d}q_3$，由散度的定义，得到 $\nabla\cdot\boldsymbol{a}$ 在曲线坐标中的表达式为

$$\nabla\cdot\boldsymbol{a}=\frac{1}{H_1H_2H_3}\left[\frac{\partial\left(a_1H_2H_3\right)}{\partial q_1}+\frac{\partial\left(a_2H_1H_3\right)}{\partial q_2}+\frac{\partial\left(a_3H_1H_2\right)}{\partial q_3}\right]$$

在柱坐标系中，有

$$\nabla\cdot\boldsymbol{a}=\frac{1}{r}\frac{\partial\left(ra_r\right)}{\partial r}+\frac{1}{r}\frac{\partial a_\theta}{\partial\theta}+\frac{\partial a_z}{\partial z}$$

在球坐标系中，有

$$\nabla\cdot\boldsymbol{a}=\frac{1}{r^2}\frac{\partial\left(r^2a_r\right)}{\partial r}+\frac{1}{r\sin\theta}\frac{\partial(\sin\theta a_\theta)}{\partial\theta}+\frac{1}{r\sin\theta}\frac{\partial a_\varphi}{\partial\varphi}$$

3. 旋度的表达式

这里直接给出旋度表达式：

$$\nabla\times\boldsymbol{a}=\frac{1}{H_2H_3}\left[\frac{\partial\left(a_3H_3\right)}{\partial q_2}-\frac{\partial\left(a_2H_2\right)}{\partial q_3}\right]\boldsymbol{e}_1+\frac{1}{H_3H_1}\left[\frac{\partial\left(a_1H_1\right)}{\partial q_3}-\frac{\partial\left(a_3H_3\right)}{\partial q_1}\right]\boldsymbol{e}_2$$

$$+\frac{1}{H_1H_2}\left[\frac{\partial\left(a_2H_2\right)}{\partial q_1}-\frac{\partial\left(a_1H_1\right)}{\partial q_2}\right]\boldsymbol{e}_3$$

或

$$\nabla\times\boldsymbol{a}=\frac{1}{H_1H_2H_3}\begin{vmatrix}H_1\boldsymbol{e}_1 & H_2\boldsymbol{e}_2 & H_3\boldsymbol{e}_3\\ \dfrac{\partial}{\partial q_1} & \dfrac{\partial}{\partial q_2} & \dfrac{\partial}{\partial q_3}\\ H_1a_1 & H_2a_2 & H_3a_3\end{vmatrix}$$

在柱坐标系中，有

$$\nabla\times\boldsymbol{a}=\left[\frac{1}{r}\frac{\partial a_z}{\partial\theta}-\frac{\partial a_\theta}{\partial z}\right]\boldsymbol{e}_r+\left[\frac{\partial a_r}{\partial z}-\frac{\partial a_z}{\partial r}\right]\boldsymbol{e}_\theta+\left[\frac{1}{r}\frac{\partial(ra_\theta)}{\partial r}-\frac{1}{r}\frac{\partial a_r}{\partial\theta}\right]\boldsymbol{e}_z$$

在球坐标系中，有

$$\nabla\times\boldsymbol{a}=\left[\frac{1}{r\sin\theta}\frac{\partial(\sin\theta a_\varphi)}{\partial\theta}-\frac{1}{r\sin\theta}\frac{\partial a_\theta}{\partial\varphi}\right]\boldsymbol{e}_r+\left[\frac{1}{r\sin\theta}\frac{\partial a_r}{\partial\varphi}-\frac{1}{r}\frac{\partial(ra_\varphi)}{\partial r}\right]\boldsymbol{e}_\theta+\left[\frac{1}{r}\frac{\partial(ra_\theta)}{\partial r}-\frac{1}{r}\frac{\partial a_r}{\partial\theta}\right]\boldsymbol{e}_\varphi$$

4. 拉普拉斯算子$\Delta\varphi$的表达式

$$\Delta\varphi=\frac{1}{H_1H_2H_3}\left[\frac{\partial}{\partial q_1}\left(\frac{H_2H_3}{H_1}\frac{\partial\varphi}{\partial q_1}\right)+\frac{\partial}{\partial q_2}\left(\frac{H_3H_1}{H_2}\frac{\partial\varphi}{\partial q_2}\right)+\frac{\partial}{\partial q_3}\left(\frac{H_1H_2}{H_3}\frac{\partial\varphi}{\partial q_3}\right)\right]$$

在柱坐标系中，有

$$\Delta\varphi=\frac{1}{r}\frac{\partial}{\partial r}\left(r\frac{\partial\varphi}{\partial r}\right)+\frac{1}{r^2}\frac{\partial^2\varphi}{\partial\theta^2}+\frac{\partial^2\varphi}{\partial z^2}$$

在球坐标系中，有

$$\Delta\varphi=\frac{1}{r^2}\frac{\partial}{\partial r}\left(r^2\frac{\partial\varphi}{\partial r}\right)+\frac{1}{r^2\sin\theta}\frac{\partial}{\partial\theta}\left(\sin\theta\frac{\partial\varphi}{\partial\theta}\right)+\frac{1}{r^2\sin^2\theta}\frac{\partial^2\varphi}{\partial\varphi^2}$$

曲线坐标系中的流体力学基本方程组可参考相关资料，这里不再列出。

第 2 章　流体力学的基础知识

2.1　描述流体运动的两种方法

以连续介质为基础的研究流体运动的方法分为拉格朗日（Lagrange）法和欧拉（Euler）法。拉格朗日法以流场中个别流体质点的运动作为研究出发点，从而进一步研究整个流体的运动，是质点系法的自然延伸。欧拉法以流体流过空间某点（或空间区域）时的运动特性为出发点，从而研究整个空间里流体的运动情况。

2.1.1　拉格朗日法

拉格朗日法也称为质点系法，基本思想：从某一时刻开始跟踪流体质点，记录质点的位置、速度、加速度及其他物理量的变化。标识和确认所有流体质点，然后记录每个质点在不同时刻的位置坐标，从而达到对整个流动行为的了解。设在 t_0 时刻，某一质点位于 (x_0,y_0,z_0)，约定用 (x_0,y_0,z_0) 作为该质点的标志，因此在 t 时刻，该质点的位置可表示为

$$\boldsymbol{r}=\boldsymbol{r}(r_0,t) \text{ 或 } \begin{cases} x=x(x_0,y_0,z_0,t) \\ y=y(x_0,y_0,z_0,t) \\ z=z(x_0,y_0,z_0,t) \end{cases} \tag{2-1}$$

将式（2-1）对时间求偏导数，可求得流体质点的速度 $\boldsymbol{v}$ 和加速度 $\boldsymbol{a}$。

$$\boldsymbol{v}=\frac{\partial \boldsymbol{r}(x_0,y_0,z_0 t)}{\partial t} \tag{2-2}$$

$$\boldsymbol{a}=\frac{\partial \boldsymbol{v}}{\partial t}=\frac{\partial^2 \boldsymbol{r}(x_0,y_0,z_0 t)}{\partial t^2} \tag{2-3}$$

其他物理量也是 x_0,y_0,z_0,t 的函数，表示为

$$\begin{cases} p=p(x_0,y_0,z_0,t) \\ \rho=\rho(x_0,y_0,z_0,t) \\ T=T(x_0,y_0,z_0,t) \end{cases}$$

式中，x_0,y_0,z_0,t 称为拉格朗日变量。

拉格朗日法实际上是理论力学中质点系法的直接延伸，区别在于在流体力学领域是指无数连续的质点系，而在理论力学领域是可数离散质点系。拉格朗日法概念清晰，便于物理定律的直接推广。但由于流体运动的复杂性，其数学求解较为困难。此外，在大多数工程实际问题中，并不关心每个质点的详细运动过程，而是关心各流动空间

点上运动参数的变化及相互关系，这种着眼于空间点的描述方法就是接下来要阐述的欧拉法。

2.1.2　欧拉法

欧拉法也称为空间点法或流场法，基本思想：研究运动特征量和其他物理量在流场中的分布及随时间的变化。欧拉提出不标识流体质点，改成标识流体区域的空间点，观察者相对于空间点不动，记录不同时刻不同质点通过固定空间点的质点速度值。欧拉法中，空间点的位置矢径 $\boldsymbol{r}(x,y,z,t)$ 是相对空间坐标固定不变的，与流体质点不发生关系。流体运动时，不同时刻会有不同质点占据，空间坐标 x,y,z 和时间 t 是相互独立的变量。

欧拉法中，速度矢量是描述流体运动的基本量，在 t 时刻，流过空间某一处流体质点的速度 $\boldsymbol{v}$ 表示为 $\boldsymbol{v}=\boldsymbol{v}(\boldsymbol{r},t)$。

在直角坐标系中，有

$$\boldsymbol{v}=\boldsymbol{v}(x,y,z,t)\ \text{或}\begin{cases}v_x=v_x(x,y,z,t)\\v_y=v_y(x,y,z,t)\\v_z=v_z(x,y,z,t)\end{cases}\tag{2-4}$$

式中，x,y,z,t 称为欧拉变量。

其他物理量可写为

$$\begin{cases}p=p(x,y,z,t)\\\rho=\rho(x,y,z,t)\\T=T(x,y,z,t)\end{cases}$$

运用欧拉法描述流体运动时，可用数学工具场论。在数学领域，把一个充满了某种物理量的空间称为场，流体流动所占据的空间称为流场。当流场中各点物理量的值不随时间变化时，流场称为定常场。若物理量不随 x,y,z 变化，则称为均匀场，否则，称为非均匀场。

用欧拉法描述流场时，观察者直接测量的是通过空间点的流体质点速度，那么如何在某一时段内跟踪任意一个流体质点，其运动的速度如何变化，怎样正确表达该质点在欧拉坐标系下的运动加速度呢？由此，欧拉提出了欧拉导数概念，在流体力学中也称为随体导数，下面以质点加速度为例进行说明。

一个质点 t 时刻在 M 处，速度为 $\boldsymbol{v}(M,t)$，$t+\Delta t$ 时刻质点在 M' 处，速度为 $\boldsymbol{v}\left(M',t+\Delta t\right)$，按照定义，其加速度等于质点速度对时间的变化率，即

$$\begin{aligned}\boldsymbol{a}&=\lim_{\Delta t\to 0}\frac{\boldsymbol{v}(M',t+\Delta t)-\boldsymbol{v}(M,t)}{\Delta t}\\&=\lim_{\Delta t\to 0}\frac{\left[\boldsymbol{v}(M',t+\Delta t)-\boldsymbol{v}(M',t)\right]+\left[\boldsymbol{v}(M',t)-\boldsymbol{v}(M,t)\right]}{\Delta t}\\&=\lim_{\Delta t\to 0}\frac{\boldsymbol{v}(M',t+\Delta t)-\boldsymbol{v}(M',t)}{\Delta t}+\lim_{\Delta t\to 0}\frac{\boldsymbol{v}(M',t)-\boldsymbol{v}(M,t)}{\Delta t}\end{aligned}\tag{2-5}$$

在直角坐标系中，有

$$
\begin{aligned}
\boldsymbol{a} &= \lim_{\Delta t \to 0} \frac{\boldsymbol{v}[x(t+\Delta t), y(t+\Delta t), z(t+\Delta t), t+\Delta t] - \boldsymbol{v}[x(t), y(t), z(t), t]}{\Delta t} \\
&= \frac{\partial \boldsymbol{v}}{\partial t} + \lim_{\Delta t \to 0}\left(\frac{\partial \boldsymbol{v}}{\partial x}\frac{\Delta x}{\Delta t} + \frac{\partial \boldsymbol{v}}{\partial y}\frac{\Delta y}{\Delta t} + \frac{\partial \boldsymbol{v}}{\partial z}\frac{\Delta z}{\Delta t}\right) \\
&= \frac{\partial \boldsymbol{v}}{\partial t} + v_x \frac{\partial \boldsymbol{v}}{\partial x} + v_y \frac{\partial \boldsymbol{v}}{\partial y} + v_z \frac{\partial \boldsymbol{v}}{\partial z}
\end{aligned} \tag{2-6a}
$$

或

$$\boldsymbol{a} = \frac{\partial \boldsymbol{v}}{\partial t} + (\boldsymbol{v} \cdot \nabla)\boldsymbol{v} \tag{2-6b}$$

$$a_i = \frac{\partial v_i}{\partial t} + v_j \frac{\partial v_i}{\partial x_j} \tag{2-6c}$$

各分量表达式为

$$
\begin{cases}
a_x = \dfrac{\mathrm{d}v_x}{\mathrm{d}t} = \dfrac{\partial v_x}{\partial t} + v_x \dfrac{\partial v_x}{\partial x} + v_y \dfrac{\partial v_x}{\partial y} + v_z \dfrac{\partial v_x}{\partial z} \\
a_y = \dfrac{\mathrm{d}v_y}{\mathrm{d}t} = \dfrac{\partial v_y}{\partial t} + v_x \dfrac{\partial v_y}{\partial x} + v_y \dfrac{\partial v_y}{\partial y} + v_z \dfrac{\partial v_y}{\partial z} \\
a_z = \dfrac{\mathrm{d}v_z}{\mathrm{d}t} = \dfrac{\partial v_z}{\partial t} + v_x \dfrac{\partial v_z}{\partial x} + v_y \dfrac{\partial v_z}{\partial y} + v_z \dfrac{\partial v_z}{\partial z}
\end{cases} \tag{2-6d}
$$

欧拉法中，质点加速度由两部分组成：第一部分 $\dfrac{\partial \boldsymbol{v}}{\partial t}$ 表示空间某一固定点上流体质点的速度对时间的变化率，称为时变加速度或当地加速度，它是由流场的非恒定性引起的；第二部分 $(\boldsymbol{v} \cdot \nabla)\boldsymbol{v}$ 表示由于流体质点空间位置变化而引起的速度变化率，称为位变加速度或迁移加速度，它是由流场的不均匀性引起的。

这里注意的是，总的加速度 $\dfrac{\mathrm{d}\boldsymbol{v}}{\mathrm{d}t}$ 表示在 t 时刻处于空间点 (x, y, z) 处的流体质点在运动到 $t + \Delta t$ 时刻位置的过程中的平均加速度；而当地项 $\dfrac{\partial \boldsymbol{v}}{\partial t}$ 表示这段时间内，因通过空间点 (x, y, z) 的不同流体质点的速度不同而构造出的加速度。因此，可以说 $\dfrac{\mathrm{d}\boldsymbol{v}}{\mathrm{d}t}$ 是真正的流体质点加速度，而 $\dfrac{\partial \boldsymbol{v}}{\partial t}$ 只代表空间点处速度的变化，并不是真正意义上的加速度。

在欧拉法中，表示质点的物理量随时间的变化率称为随体导数（或质点导数），将式（2-6b）扩展，得到随体导数的表达式为

$$\frac{DN}{Dt} = \frac{\partial N}{\partial t} + (\boldsymbol{v} \cdot \nabla)N \tag{2-7}$$

式中，N 为任意物理量，可以是标量或矢量；$\dfrac{\partial N}{\partial t}$ 为时变导数或当地导数；$(\boldsymbol{v} \cdot \nabla)N$ 为位变导数或迁移导数。

例如，密度随体导数 $\frac{\mathrm{d}\rho}{\mathrm{d}t}$ 展开为

$$\frac{\mathrm{d}\rho}{\mathrm{d}t}=\frac{\partial\rho}{\partial t}+\boldsymbol{v}\cdot\nabla\rho$$

$\frac{\mathrm{d}\rho}{\mathrm{d}t}$ 表示每个流体质点的密度在运动全过程的变化量，不可压缩流体的流体质点的密度不随时间变化，即 $\frac{\mathrm{d}\rho}{\mathrm{d}t}=0$，但密度不一定处处相等。只有 $\frac{\mathrm{d}\rho}{\mathrm{d}t}=0$ 和 $\nabla\rho=0$ 时，密度 ρ = 常数成立，此时流场为不可压缩均质流场。

在一般正交曲线坐标系中，有

$$\nabla=\boldsymbol{e}_1\frac{1}{H_1}\frac{\partial}{\partial q_1}+\boldsymbol{e}_2\frac{1}{H_2}\frac{\partial}{\partial q_2}+\boldsymbol{e}_3\frac{1}{H_3}\frac{\partial}{\partial q_3} \tag{2-8}$$

直角坐标系中，有

$$\frac{\mathrm{d}}{\mathrm{d}t}=\frac{\partial}{\partial t}+v_x\frac{\partial}{\partial x}+v_y\frac{\partial}{\partial y}+v_z\frac{\partial}{\partial z} \tag{2-9}$$

柱坐标系中，有

$$\frac{\mathrm{d}}{\mathrm{d}t}=\frac{\partial}{\partial t}+v_r\frac{\partial}{\partial r}+\frac{v_\theta}{r}\frac{\partial}{\partial\theta}+v_z\frac{\partial}{\partial z} \tag{2-10}$$

球坐标系中，有

$$\frac{\mathrm{d}}{\mathrm{d}t}=\frac{\partial}{\partial t}+v_r\frac{\partial}{\partial r}+v_\theta\frac{1}{r}\frac{\partial}{\partial\theta}+v_\varphi\frac{1}{r\sin\theta}\frac{\partial}{\partial\varphi} \tag{2-11}$$

通过上述分析可知，采用欧拉法描述流体运动通常比拉格朗日法更为优越，一方面，采用欧拉法可利用场论分析这一数学工具；另一方面，在解决工程问题时一般不需要知道每个质点的详细历史，因此欧拉法在流体力学的研究中得到了广泛的应用。当然，这并不意味着可以忽略拉格朗日法的应用价值。实际上，在欧拉法随体导数的表达式中，已用到了短时间追踪流体质点的拉格朗日观点。

2.1.3 系统和控制体

包含确定不变的物质的集合，称为系统，流体力学中的系统是指由确定的流体质点所组成的流体团。在流场中任取某一系统微元进行分析，对应于研究流体运动的拉格朗日方法，即在流场中任取一个有限大并随流体一起运动的封闭系统，系统的体积、形状和系统内流体的物理量都随流动而变，但流体不能穿越边界。

系统边界的特点如下。

（1）系统的边界面随流体一起运动，而且其形状和大小可随时间变化。

（2）系统的边界上没有质量交换，即没有流体流进或流出系统的边界。

（3）系统的边界上受到外界作用在系统上的表面力。

（4）系统的边界上可以有能量交换，即可以有能量流进或流出系统的边界。

控制体是指相对于坐标系而言固定不变的空间体积。控制体的边界称为控制面，占据控制体的流体质点随时间改变。选取控制体的方法对应于欧拉方法，即在流场中取一个固定的虚拟有限体为控制体，控制体的边界是虚拟的，流体连续不断地通过边界。

控制面的特点如下。

（1）控制体的边界相对于坐标系是固定不变的。

（2）控制面上可以有质量交换，即有流体流进或流出控制面。

（3）在控制面上有控制体以外的物体加在流体的力。

（4）控制面上可以有能量交换，即有能量流进或流出控制面。

2.1.4　迹线和流线

1. 迹线

迹线是指某一特定流体质点的运动过程的轨迹线，与拉格朗日法相关联。例如，在流动的水面上撒一些木屑，木屑随水流漂流的途径就是某一水点的迹线。再如，拍摄烟花时，用较长的曝光时间可以表示众多火星划出的美丽图案，形成这些图案的曲线就是迹线，如果曝光时间过短，拍摄到的就只是一些亮点而已。流场中所有的流体质点都有自己的迹线，迹线是流体运动的一种几何表示，可以用它来直观形象地分析流体的运动、描述质点的运动情况。迹线的微分方程为

$$\begin{cases} \mathrm{d}x = v_x(x_0, y_0, z_0, t)\mathrm{d}t \\ \mathrm{d}y = v_y(x_0, y_0, z_0, t)\mathrm{d}t \\ \mathrm{d}z = v_z(x_0, y_0, z_0, t)\mathrm{d}t \end{cases} \tag{2-12}$$

2. 流线

流线是指流场中某一时刻的一条曲线，该曲线上每一点的流体质点的速度矢量与该曲线相切。因此，流线是同一时刻，不同流体质点所组成的曲线。流线与欧拉法相关联，可以形象地给出流场的流动状态。通过流线可以清楚反映某时刻流场中各点的速度方向，由流线的疏密程度可以判断速度的大小。例如，在流动的水面上同时撒一大片木屑，这时可以看到这些木屑连成若干条曲线，每条曲线表示水点在同一时刻的流动方向，这就是流线。常用的观察气体流动的方法是在物体表面粘很多柔软的短丝线，当有气体流动时，带动这些丝线使之顺着流动方向，这些丝线就指示了当地气流的方向，将这些丝线连起来就能形成流线。

依据流线的定义，在流线上取一点，该点的速度矢量为 $\boldsymbol{v}$，包含该点的微元线段矢量为 $\mathrm{d}\boldsymbol{r}$，满足如下条件：

$$\boldsymbol{v} \times \mathrm{d}\boldsymbol{r} = 0 \tag{2-13}$$

在直角坐标系中，流线的微分方程写作

$$\frac{v_x}{\mathrm{d}x} = \frac{v_y}{\mathrm{d}y} = \frac{v_z}{\mathrm{d}z} \tag{2-14}$$

流线是反映流场瞬时流速方向的曲线，根据其定义，可知流线的性质如下。

（1）一般情况下不能相交、分叉、汇交、转折，流线只能是一条光滑的曲线。

（2）流线形状位置在非定常流动中是变化的。

（3）在定常流动中，流线迹线重合，而在非定常流动中，两者一般不重合。

当流动是定常时，对空间所有的点，任意时刻经过该点的流体质点速度都是相同的，这时流线的形状不变且与迹线重合。当流动是非定常时，经过空间同一点的不同质点的运动轨迹可以不同，即流线和迹线不同。图 2-1 显示了圆球在流体中运动时所产生的扰动情况。在任意瞬时，被扰动的流体质点的速度矢量连起来形成流线，这些流线从球的前部开始，到球的后部结束，如图 2-1（b）所示。如果研究其中某一个流体质点，则会发现质点并不是沿这些流线流动的，而是各自有它们的运动轨迹，图 2-1（c）中给出了其中一个流体质点的运动轨迹，也就是这个质点的迹线。

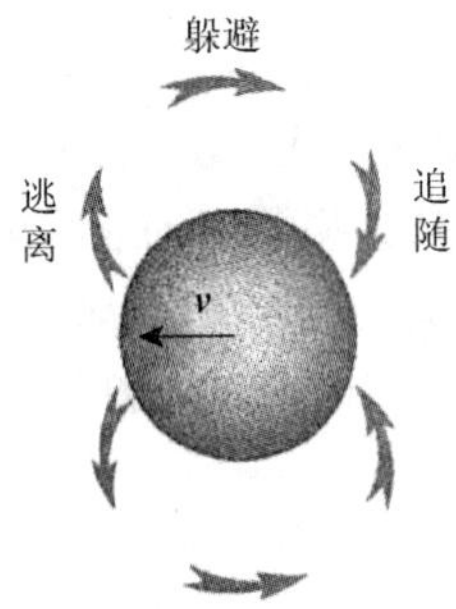

(a) 原来静止的流体在球经过时的运动形式

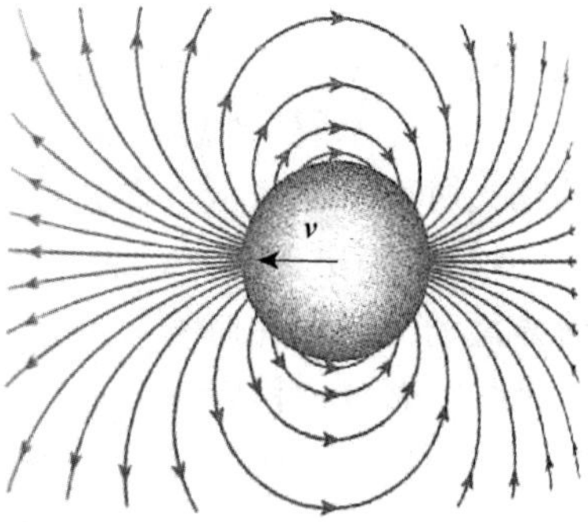

(b) 某一时刻的速度矢量和流线

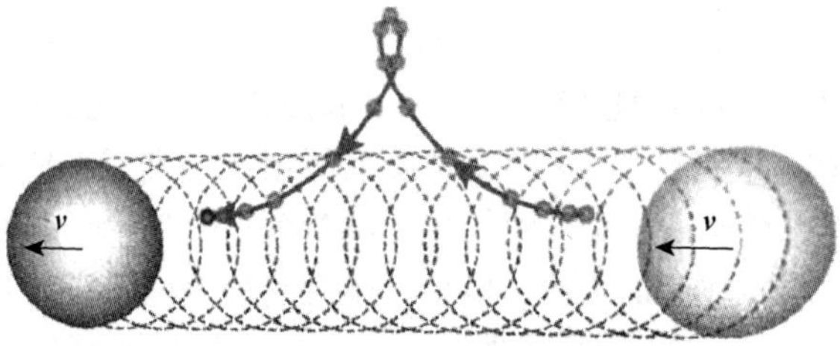

(c) 一段时间内某流体质点的位置变化及所形成的迹线

图 2-1　圆球通过静止流体时的流线和迹线

这里直接列出柱坐标系和球坐标系的迹线的微分方程：

$$\begin{cases} \dfrac{\mathrm{d}r}{v_r}=\dfrac{r\mathrm{d}\theta}{v_\theta}=\dfrac{\mathrm{d}z}{v_z}=\mathrm{d}t & （柱坐标系）\\ \dfrac{\mathrm{d}r}{v_r}=\dfrac{r\mathrm{d}\theta}{v_\theta}=\dfrac{r\sin\theta\mathrm{d}\varphi}{v_\varphi}=\mathrm{d}t & （球坐标系）\end{cases}$$

流线：

$$\begin{cases}\dfrac{\mathrm{d}r}{v_r}=\dfrac{r\mathrm{d}\theta}{v_\theta}=\dfrac{\mathrm{d}z}{v_z} & \text{（柱坐标系）}\\ \dfrac{\mathrm{d}r}{v_r}=\dfrac{r\mathrm{d}\theta}{v_\theta}=\dfrac{r\sin\theta\mathrm{d}\varphi}{v_\varphi} & \text{（球坐标系）}\end{cases}$$

2.1.5　两种方法的相互转换

欧拉法和拉格朗日法是从不同的观点出发描述流体运动的两种方法，因此对于同一流体运动，它们之间是可以相互转换的。

1.将拉格朗日变量转换成欧拉变量

将 $\phi=\phi(x_0,y_0,z_0,t)$ 转换成 $\phi=\phi(x,y,z,t)$，可以借助以下关系式：

$$\begin{cases}x=x(x_0,y_0,z_0,t)\\ y=y(x_0,y_0,z_0,t)\\ z=z(x_0,y_0,z_0,t)\end{cases}\tag{2-15}$$

当函数行列式 $\dfrac{\partial(x,y,z)}{\partial(x_0,y_0,z_0)}=\begin{vmatrix}\dfrac{\partial x}{\partial x_0} & \dfrac{\partial y}{\partial x_0} & \dfrac{\partial z}{\partial x_0}\\ \dfrac{\partial x}{\partial y_0} & \dfrac{\partial y}{\partial y_0} & \dfrac{\partial z}{\partial y_0}\\ \dfrac{\partial x}{\partial z_0} & \dfrac{\partial y}{\partial z_0} & \dfrac{\partial z}{\partial z_0}\end{vmatrix}$ 不等于零也不是无穷大时，x_0,y_0,z_0 有单值解，即

$$\begin{cases}x_0=x_0(x,y,z,t)\\ y_0=y_0(x,y,z,t)\\ z_0=z_0(x,y,z,t)\end{cases}\tag{2-16}$$

将式（2-16）解的反函数代入拉格朗日变量表示的式子就可以得到用欧拉变量表示的关系式。

2. 将欧拉变量转换成拉格朗日变量

将 $\phi=\phi(x,y,z,t)$ 转换成 $\phi=\phi(x_0,y_0,z_0,t)$，将如下关系式进行积分。

$$\begin{cases}\dfrac{\mathrm{d}x}{\mathrm{d}t}=v_x(x,y,z,t)\\ \dfrac{\mathrm{d}y}{\mathrm{d}t}=v_y(x,y,z,t)\\ \dfrac{\mathrm{d}z}{\mathrm{d}t}=v_z(x,y,z,t)\end{cases}$$

积分后得到

$$\begin{cases}x = x(c_1, c_2, c_3, t)\\ y = y(c_1, c_2, c_3, t)\\ z = z(c_1, c_2, c_3, t)\end{cases}$$

c_1, c_2, c_3 为积分常数，与 x_0, y_0, z_0 有关，有

$$\begin{cases}x = x(x_0, y_0, z_0, t)\\ y = y(x_0, y_0, z_0, t)\\ z = z(x_0, y_0, z_0, t)\end{cases} \tag{2-17}$$

将式（2-17）代入用欧拉变量表示的物理量，就可以得到用拉格朗日变量表示的物理量。

例 2.1　收缩通道内有一维定常不可压缩流动，设通道截面面积沿流动方向的变化规律为 $A(x) = \dfrac{A_0}{1 + x/l}$，其中 l 为通道长度，A_0 为通道进口处截面面积，v_0 为进口处的速度，试求分别以欧拉法和拉格朗日法表示的速度和加速度。

解：（1）不可压缩流体通过任意截面的体积流量相同，有

$$A_0 v_0 = A v_x$$

代入通道进口处截面面积沿流动方向的变化规律，得到欧拉法表示的速度公式：

$$v_x = \frac{A_0 v_0}{A} = v_0(1 + x/l)$$

加速度计算公式为

$$a_x = \frac{\partial v_x}{\partial t} + v_x \frac{\partial v_x}{\partial x} + v_y \frac{\partial v_x}{\partial y} + v_z \frac{\partial v_x}{\partial z}$$

将 $v_x = v_0(1 + x/l)$ 代入，得到

$$a_x = \frac{v_0^2}{l}\left(1 + \frac{x}{l}\right)$$

（2）用拉格朗日法描述质点的运动轨迹，有

$$\frac{\mathrm{d}x}{\mathrm{d}t} = v_0(1 + x/l)$$

分离变量，并积分，得

$$l\ln(1 + x/l) = v_0 \mathrm{d}t$$

整理得到

$$x = l\left[\exp\left(\frac{v_0 t}{l}\right) - 1\right]$$

对 t 求导即可得到拉格朗日法表示的速度公式：

$$v_x = v_0 \exp\left(\frac{v_0 t}{l}\right)$$

再对 t 求导即可得到拉格朗日法表示的加速度公式：

$$a_x = \frac{{v_0}^2}{l}\exp\left(\frac{v_0 t}{l}\right)$$

例 2.2　已知速度场$v_x = x+t$，$v_y = -y+t$，求解如下几项：（1）一般的迹线方程，令$t=0$时的坐标值为x_0, y_0；（2）在$t=1$时过点（1,2）的质点的轨迹；（3）在$t=1$时过点（1,2）的流线；（4）用拉格朗日变量表示的速度分布。

解：（1）利用迹线方程，得

$$\begin{cases} \dfrac{\mathrm{d}x}{\mathrm{d}t} = x+t \\ \dfrac{\mathrm{d}y}{\mathrm{d}t} = -y+t \end{cases}$$

求解得

$$\begin{cases} x = c_1 \mathrm{e}^t - t - 1 \\ y = c_2 \mathrm{e}^{-t} + t - 1 \end{cases}$$

$t=0$时，$x=x_0$，$y=y_0$，可得

$$c_1 = x_0 + 1 , \quad c_2 = y_0 + 1$$

迹线方程为

$$\begin{cases} x = (x_0+1)\mathrm{e}^t - t - 1 \\ y = (y_0+1)\mathrm{e}^{-t} + t - 1 \end{cases}$$

（2）$t=1$时，有$x=1$，$y=2$，代入迹线方程，定出标识该质点的拉格朗日变量为$x_0 = \dfrac{3}{\mathrm{e}} - 1$，$y_0 = 2\mathrm{e} - 1$，因此过点（1,2）的质点的轨迹为

$$\begin{cases} x = 3\mathrm{e}^{t-1} - t - 1 \\ y = 2\mathrm{e}^{-t+1} + t - 1 \end{cases}$$

（3）将速度代入流线方程，有

$$\frac{\mathrm{d}x}{x+t} = \frac{\mathrm{d}y}{-y+t}$$

积分得

$$\ln(x+t) = -\ln(y-t) + \ln C$$

即

$$(x+t)(y-t) = C$$

$t=1$时，$x=1$，$y=2$，代入得到$C=2$。

因此，流线方程可写为$(x+1)(y-1)=2$。

（4）求用拉格朗日变量表示的速度分布的两种途径。

第一种：直接对迹线方程求导，得
$$\begin{cases} v_x = \dfrac{\partial x}{\partial t} = (x_0+1)\mathrm{e}^t - 1 \\ v_y = \dfrac{\partial y}{\partial t} = -(y_0+1)\mathrm{e}^{-t} + 1 \end{cases}$$

第二种：把迹线方程当作一种变换，直接代入欧拉变量表示的速度分布即可，得

$$\begin{cases} v_x = x + t = (x_0 + 1)e^t - t - 1 + t = (x_0 + 1)e^t - 1 \\ v_y = -y + t = -(y_0 + 1)e^{-t} - t + 1 + t = -(y_0 + 1)e^{-t} - 1 \end{cases}$$

2.2　流体微团运动分析

由理论力学的知识可知，任何一个刚体的运动都可以分解为平移和转动。而流体运动比刚体复杂，因为除了平移和转动以外还有线变形和剪切变形（角变形），图 2-2 所示为流体微团的四种运动形式。

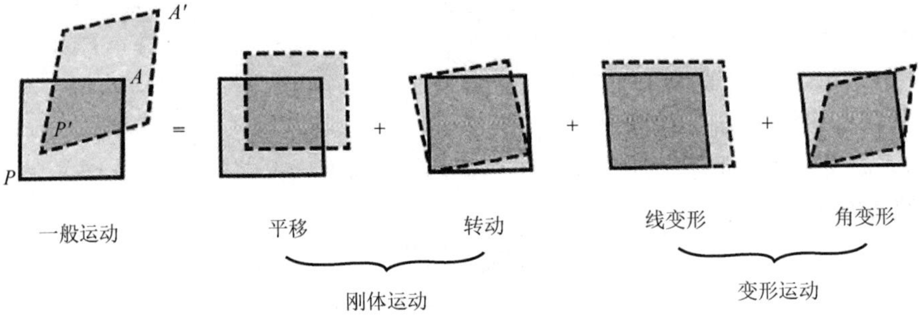

图 2-2　流体微团一般运动的分解

2.2.1　亥姆霍兹速度分解

流体微团与流体质点是两个不同的概念。连续介质概念中的流体质点是可以忽略线性尺度效应（如膨胀、变形、转动等）的最小单元，而流体微团是由大量流体质点所组成的具有线性尺度效应的微小流体团。

图 2-3 所示为一个流体微团，在同一时刻时，M_0 点处速度为 $\boldsymbol{v}_0$，M 在 M_0 点的邻域内，其速度为 $\boldsymbol{v}$，由泰勒级数展开式得

$$\boldsymbol{v}=\boldsymbol{v}_0+\frac{\partial \boldsymbol{v}}{\partial x}\delta x+\frac{\partial \boldsymbol{v}}{\partial y}\delta y+\frac{\partial \boldsymbol{v}}{\partial z}\delta z \text{ 或 } v_i=v_{0i}+\frac{\partial v_i}{\partial x_j}\delta x_j \tag{2-18}$$

式中，$\frac{\partial v_i}{\partial x_j}$ 是一个二阶张量。

$\frac{\partial v_i}{\partial x_j}$ 可分解成对称张量和反对称张量，即

$$\frac{\partial v_i}{\partial x_j}=\frac{1}{2}\left(\frac{\partial v_i}{\partial x_j}+\frac{\partial v_j}{\partial x_i}\right)+\frac{1}{2}\left(\frac{\partial v_i}{\partial x_j}-\frac{\partial v_j}{\partial x_i}\right) \tag{2-19}$$

式（2-19）的右边第一项用 ε_{ij} 表示，称为变形速率张量，即

$$\varepsilon_{ij}=\frac{1}{2}\left(\frac{\partial v_i}{\partial x_j}+\frac{\partial v_j}{\partial x_i}\right) \tag{2-20}$$

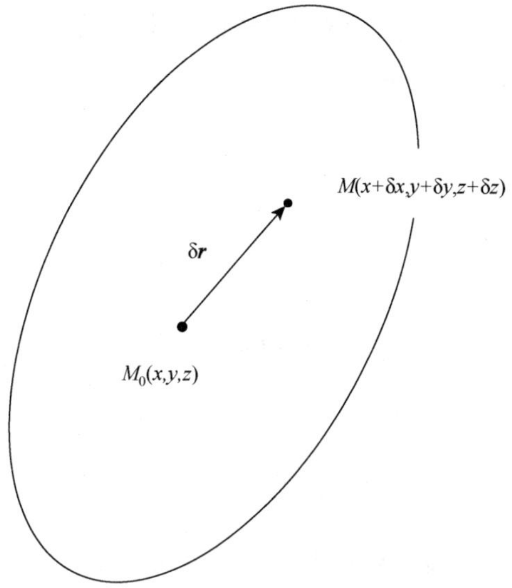

图 2-3　流体微团内相邻两质点的速度关系

在直角坐标系下展开，可得

$$\varepsilon_{ij}=\begin{bmatrix}\varepsilon_{xx}&\varepsilon_{xy}&\varepsilon_{xz}\\\varepsilon_{yx}&\varepsilon_{yy}&\varepsilon_{yz}\\\varepsilon_{zx}&\varepsilon_{zy}&\varepsilon_{zz}\end{bmatrix}=\begin{bmatrix}\dfrac{\partial v_x}{\partial x}&\dfrac{1}{2}\left(\dfrac{\partial v_x}{\partial y}+\dfrac{\partial v_y}{\partial x}\right)&\dfrac{1}{2}\left(\dfrac{\partial v_x}{\partial z}+\dfrac{\partial v_z}{\partial x}\right)\\\dfrac{1}{2}\left(\dfrac{\partial v_y}{\partial x}+\dfrac{\partial v_x}{\partial y}\right)&\dfrac{\partial v_y}{\partial y}&\dfrac{1}{2}\left(\dfrac{\partial v_y}{\partial z}+\dfrac{\partial v_z}{\partial y}\right)\\\dfrac{1}{2}\left(\dfrac{\partial v_z}{\partial x}+\dfrac{\partial v_x}{\partial z}\right)&\dfrac{1}{2}\left(\dfrac{\partial v_z}{\partial y}+\dfrac{\partial v_y}{\partial z}\right)&\dfrac{\partial v_z}{\partial z}\end{bmatrix}$$

式中，$\varepsilon_{xx}=\dfrac{\partial v_x}{\partial x}$，$\varepsilon_{yy}=\dfrac{\partial v_y}{\partial y}$，$\varepsilon_{zz}=\dfrac{\partial v_z}{\partial z}$，称为线变形速率；$\varepsilon_{xy}=\varepsilon_{yx}=\dfrac{1}{2}\left(\dfrac{\partial v_x}{\partial y}+\dfrac{\partial v_y}{\partial x}\right)$，$\varepsilon_{yz}=\varepsilon_{zy}=\dfrac{1}{2}\left(\dfrac{\partial v_y}{\partial z}+\dfrac{\partial v_z}{\partial y}\right)$，$\varepsilon_{zx}=\varepsilon_{xz}=\dfrac{1}{2}\left(\dfrac{\partial v_z}{\partial x}+\dfrac{\partial v_x}{\partial z}\right)$，称为剪切变形速率。

式（2-19）的右边第二项用 a_{ij} 表示，即

$$a_{ij}=\frac{1}{2}\left(\frac{\partial v_i}{\partial x_j}-\frac{\partial v_j}{\partial x_i}\right) \tag{2-21}$$

在直角坐标系下展开，可得

$$a_{ij}=\begin{bmatrix}0&\dfrac{1}{2}\left(\dfrac{\partial v_x}{\partial y}-\dfrac{\partial v_y}{\partial x}\right)&\dfrac{1}{2}\left(\dfrac{\partial v_x}{\partial z}-\dfrac{\partial v_z}{\partial x}\right)\\\dfrac{1}{2}\left(\dfrac{\partial v_y}{\partial x}-\dfrac{\partial v_x}{\partial y}\right)&0&\dfrac{1}{2}\left(\dfrac{\partial v_y}{\partial z}-\dfrac{\partial v_z}{\partial y}\right)\\\dfrac{1}{2}\left(\dfrac{\partial v_z}{\partial x}-\dfrac{\partial v_x}{\partial z}\right)&\dfrac{1}{2}\left(\dfrac{\partial v_z}{\partial y}-\dfrac{\partial v_y}{\partial z}\right)&0\end{bmatrix}=\begin{bmatrix}0&-\omega_z&\omega_y\\\omega_z&0&-\omega_x\\-\omega_y&\omega_x&0\end{bmatrix}$$

可见，$a_{ij}=-a_{ji}$，是一反对称张量，只有 3 个独立分量，其对应的物理量表示流体微团的旋转角速度，即 $\boldsymbol{\omega}=\omega_x\boldsymbol{i}+\omega_y\boldsymbol{j}+\omega_z\boldsymbol{k}$。

因此，式（2-19）可以写作

$$\frac{\partial v_i}{\partial x_j}=\varepsilon_{ij}+a_{ij}$$

式（2-18）可以表示为

$$v_i=v_0+\varepsilon_{ij}\delta x_j+a_{ij}\delta x_j \tag{2-22}$$

或

$$\boldsymbol{v}=\boldsymbol{v}_0+[\boldsymbol{\varepsilon}]\cdot\delta\boldsymbol{r}+\left(\frac{1}{2}\nabla\times\boldsymbol{v}\right)\times\delta\boldsymbol{r} \tag{2-23}$$

式（2-23）是亥姆霍兹速度分解定理的一般形式，可以解释为：M_0点邻域内的 M 点处流体质点的速度可以分成三部分，即与 M_0点相同的平移速度、由流体变形在 M 点引起的速度和绕 M_0点旋转在 M 点引起的速度。因此，流场中任意点的速度，一般可认为是由平移、变形（包括线变形和剪切变形）和转动三部分组成的。该定理的意义在于，它把流体的变形运动和转动运动从一般运动中分离出来，这对研究流体的运动规律是非常重要的。因而，当研究流体受力时，其作用面上的表面力与流体的变形速率直接相关。当流体无旋流动时，可应用势流理论去研究流体的运动。

2.2.2　速度分解的物理意义

下面分析式（2-23）中各项的物理意义。以 xOy 平面上的流动为例，速度矢量在 z 轴的投影 $v_z=0$，在恒定流动的欧拉表达式中，速度在 x、y 轴上的投影 v_x、v_y 只是平面坐标 x、y 的函数。因此，$\varepsilon_{zz}=\varepsilon_{yz}=\varepsilon_{zy}=\varepsilon_{xz}=\varepsilon_{zx}=\omega_x=\omega_y=0$，简化为

$$\begin{cases}v'_x=v_x+\varepsilon_{xx}\mathrm{d}x+\varepsilon_{xy}\mathrm{d}y-\omega_z\mathrm{d}y\\ v'_y=v_y+\varepsilon_{yx}\mathrm{d}x+\varepsilon_{yy}\mathrm{d}y+\omega_z\mathrm{d}x\end{cases} \tag{2-24}$$

在 xOy 平面上取一各边与坐标轴平行的矩形流体微团，通过分析这一平面矩形流体微团的运动从而可以认识式（2-24）中各项的物理意义。

1. 平移运动

图 2-4（a）中，平面矩形流体微团四个顶点 A、B、C、D 的坐标分别为（x，y）、（$x+\mathrm{d}x$，y）、（$x+\mathrm{d}x$，$y+\mathrm{d}y$）、（x，$y+\mathrm{d}y$）。A 点处流体质点速度在 x、y 轴的投影分别为 v_x、v_y，假设式（2-24）中 $\varepsilon_{xx}=\varepsilon_{yy}=\varepsilon_{xy}=\varepsilon_{yx}=\omega_z=0$，则可改写为

$$\begin{cases}v'_x=v_x\\ v'_y=v_y\end{cases} \tag{2-25}$$

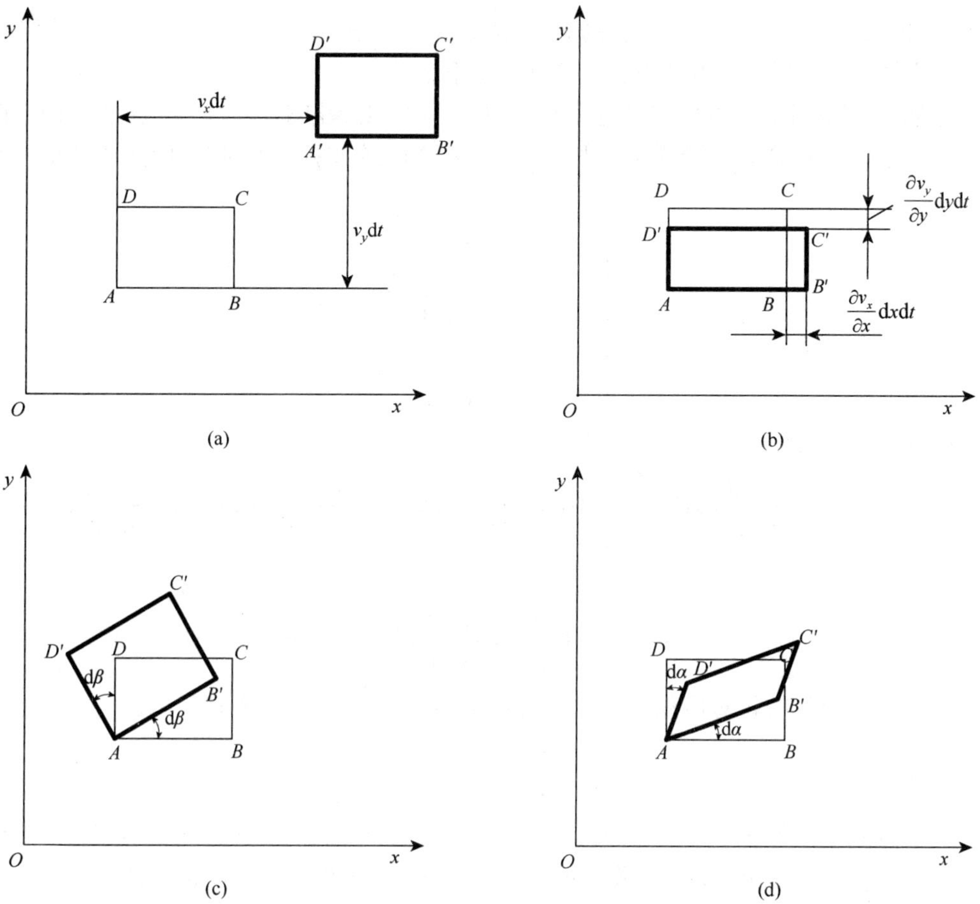

图 2-4　平面流体微团速度分解

这表明，矩形流体微团中任一流体质点与 A 点处流体质点的运动速度完全相等，流体微团像刚体一样在自身平面做平移运动。

2. 线变形运动

由于平面上 B 点与 A 点的 x、y 坐标差分别为 dx 和 0，由泰勒级数展开，B 点处流体质点速度在 x 轴上的投影 v_x' 可以用 A 点处的投影值 v_x 及其导数表示：

$$v_x' = v_x + \frac{\partial v_x}{\partial x}\mathrm{d}x + \frac{\partial v_x}{\partial y}\mathrm{d}y = v_x + \varepsilon_{xx}\mathrm{d}x$$

经过 dt 时间段，A 处流体质点向右产生水平位移 $v_x\mathrm{d}t$ （假设 $v_x > 0$），B 处流体质点水平右移 $v_x'\mathrm{d}t = (v_x + \varepsilon_{xx}\mathrm{d}x)\mathrm{d}t$，两质点在水平方向距离由原来的 d$x$ 变成 $\mathrm{d}x + \varepsilon_{xx}\mathrm{d}x\mathrm{d}t$，水平距离的改变量为 $\varepsilon_{xx}\mathrm{d}x\mathrm{d}t$ 。那么，在单位时间、单位距离上两流体质点水平距离的改变量为 ε_{xx}，这就是 ε_{xx} 项的物理意义。同样可以说明，ε_{yy} 是垂直方向上两流体质点在单位时间、单位距离上距离的改变量。如果 ε_{xx} 和 ε_{yy} 都不等于 0，原矩形 $ABCD$ 的长边与短边都

将随时间伸长或缩短，变成一个新的矩形 $AB'C'D'$，如图 2-4（b）所示。矩形边的伸缩变形称为流体线变形运动，刚体不存在这种线变形运动。

线变形速率表示微元线段在单位时间内的相对伸长量或压缩量，如过点 A 作一微元直角六面体，其线段 δx、δy、δz 分别平行于 x、y、z 轴，则三个坐标轴方向上的线变形速率分别为

$$\begin{cases} \varepsilon_{xx} = \dfrac{\partial v_x}{\partial x} = \dfrac{1}{\delta x}\dfrac{\mathrm{d}}{\mathrm{d}t}(\delta x) \\ \varepsilon_{yy} = \dfrac{\partial v_y}{\partial y} = \dfrac{1}{\delta y}\dfrac{\mathrm{d}}{\mathrm{d}t}(\delta y) \\ \varepsilon_{zz} = \dfrac{\partial v_z}{\partial z} = \dfrac{1}{\delta z}\dfrac{\mathrm{d}}{\mathrm{d}t}(\delta z) \end{cases}$$

将以上三式相加，得到

$$\varepsilon_{xx} + \varepsilon_{yy} + \varepsilon_{zz} = \frac{1}{\delta x}\frac{\mathrm{d}}{\mathrm{d}t}(\delta x) + \frac{1}{\delta y}\frac{\mathrm{d}}{\mathrm{d}t}(\delta y) + \frac{1}{\delta z}\frac{\mathrm{d}}{\mathrm{d}t}(\delta z) = \frac{1}{\delta x\delta y\delta z}\frac{\mathrm{d}}{\mathrm{d}t}(\delta x\delta y\delta z) = \frac{1}{\delta V}\frac{\mathrm{d}}{\mathrm{d}t}(\delta V)$$

所以

$$\frac{\partial v_x}{\partial x} + \frac{\partial v_y}{\partial y} + \frac{\partial v_z}{\partial z} = \frac{1}{\delta V}\frac{\mathrm{d}}{\mathrm{d}t}(\delta V) = \nabla \cdot \boldsymbol{v}$$

式中，$\nabla \cdot \boldsymbol{v}$ 为流体的相对体积膨胀率，当 $\nabla \cdot \boldsymbol{v} = 0$ 时，表示流体不可压缩。

3. 旋转运动

设 A 点处的流体质点静止，即 $v_x = v_y = 0$，令 $\varepsilon_{xx} = \varepsilon_{yy} = 0$，即流体无线变形运动，再假定 $\varepsilon_{xy} = \varepsilon_{yx} = 0$，由式（2-24）得，$B$ 点处流体质点 $v_x' = 0$，$v_y' = \omega_z \mathrm{d}x$，即 B 点处流体质点向上运动；在类似假设下，可以得到 D 处流体质点 $v_x' = -\omega_z \mathrm{d}y$，$v_y' = 0$，质点 D 向左运动（假设 $\omega_z > 0$）。或者说，AB 和 AD 以相同的角速度 ω_z 绕 A 点同向旋转，因此流体微团以这一角速度绕 A 点逆时针旋转，如图 2-4（c）所示，这种运动与刚体作绕轴旋转的方式一致。

设 A 点处流体质点静止，即 $v_x = v_y = 0$，同时假定 $\varepsilon_{xx} = \varepsilon_{yy} = \omega_z = 0$，即流体微团没有发生线变形，也未绕 A 点旋转。由式（2-24）可得，流体质点 B 点的 $v_x' = 0$，$v_y' = \varepsilon_{yx}\mathrm{d}x$，即质点 B 向上运动（假设 $\varepsilon_{yx} > 0$）；D 点流体质点 $v_x' = \varepsilon_{xy}\mathrm{d}y$，$v_y' = 0$，$D$ 点处流体质点向右运动（因为 $\varepsilon_{xy} = \varepsilon_{yx} > 0$），使原平面矩形微团 $ABCD$ 变成一个平行四边形 $AB'C'D'$，如图 2-4（d）所示。流体微团的这一运动称为剪切变形运动，这种运动也是流体特有的，刚体不可能出现。剪切变形运动也称为角变形运动，应该注意的是角变形速率是剪切变形速率的 2 倍。

前面分析了平面流体微团的变形形式，即除平移和旋转外，还可能发生线变形和角变形（剪切变形）运动，这些运动实际是同时发生的。可以将上述平面分析推广到空间，式（2-23）中各项物理意义在分析中得到了说明。

例 2.3 设平面剪切流动的速度分布为 $v_x = ay$，$v_y = v_z = 0$，其中 a 为常数且 $a>0$。求

解以下几项：（1）流体微团的旋转角速度$\boldsymbol{\omega}$；（2）变形速率张量ε_{ij}；（3）旋转速率张量a_{ij}。

解：（1）流体微团的旋转角速度

$$\boldsymbol{\omega}=\frac{1}{2}\nabla\times\boldsymbol{v}=\frac{1}{2}\begin{bmatrix}\boldsymbol{i} & \boldsymbol{j} & \boldsymbol{k}\\ \dfrac{\partial}{\partial x} & \dfrac{\partial}{\partial y} & \dfrac{\partial}{\partial z}\\ ay & 0 & 0\end{bmatrix}=-\frac{a}{2}\boldsymbol{k}$$

（2）变形速率张量

$$\varepsilon_{ij}=\begin{bmatrix}0 & a/2 & 0\\ a/2 & 0 & 0\\ 0 & 0 & 0\end{bmatrix}$$

（3）旋转速率张量

$$a_{ij}=\begin{bmatrix}0 & a/2 & 0\\ -a/2 & 0 & 0\\ 0 & 0 & 0\end{bmatrix}$$

2.3　旋涡运动的基本概念

空间点的旋转角速度矢量$\boldsymbol{\omega}$在 x、y、z 坐标轴上的投影分别是ω_x、ω_y、ω_z，如果一个流动区域内处处都是零矢量，即$\omega_x=\omega_y=\omega_z=0$，则有下列关系式：

$$\begin{cases}\dfrac{\partial v_z}{\partial y}=\dfrac{\partial v_y}{\partial z}\\ \dfrac{\partial v_x}{\partial z}=\dfrac{\partial v_z}{\partial x}\\ \dfrac{\partial v_y}{\partial x}=\dfrac{\partial v_x}{\partial y}\end{cases} \tag{2-26}$$

这一区域内的流动称为无旋或有势流，否则流动是有旋的，有旋流动与无旋流动性质有较大差别。值得注意的是，流动是有旋还是无旋与流动的宏观流线或迹线是否弯曲无关。因此，判定流动有旋无旋的根据是速度旋度$\nabla\times\boldsymbol{v}$或旋转角速度是否为零。

2.3.1　涡量及涡通量

定义速度旋度$\nabla\times\boldsymbol{v}=\boldsymbol{\Omega}$，$\boldsymbol{\Omega}$称为涡量，有

$$\boldsymbol{\Omega}=\nabla\times\boldsymbol{v}=2\boldsymbol{\omega} \tag{2-27}$$

涡线是有旋流场中某一瞬时的一条曲线，曲线上各点处的涡量$\boldsymbol{\Omega}$或旋转角速度矢量$\boldsymbol{\omega}$都与这一曲线相切，如图 2-5 所示。

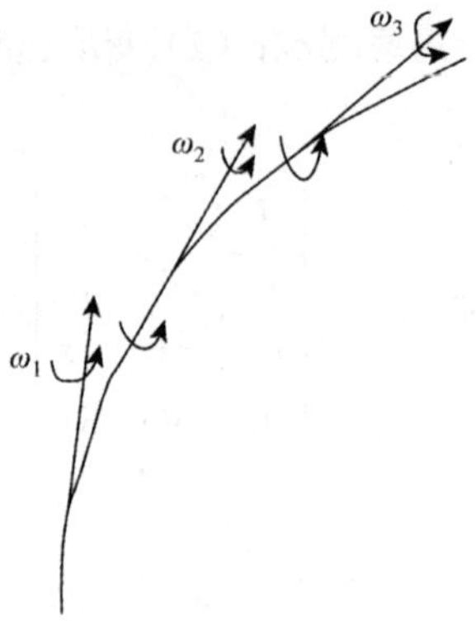

图 2-5　涡线

与流线方程类似，涡线方程可以表示为

$$\frac{\mathrm{d}x}{\omega_x}=\frac{\mathrm{d}y}{\omega_y}=\frac{\mathrm{d}z}{\omega_z} \text{或} \frac{\mathrm{d}x}{\Omega_x}=\frac{\mathrm{d}y}{\Omega_y}=\frac{\mathrm{d}z}{\Omega_z} \tag{2-28}$$

定常流动中，涡线形状不随时间变化。在有旋流场中取一非涡线的闭曲线，通过这一闭曲线上的每点处都有一个涡线，这些涡线形成了一个封闭管状曲面，称为涡管（图 2-6），定常流动的涡管不随时间变化。

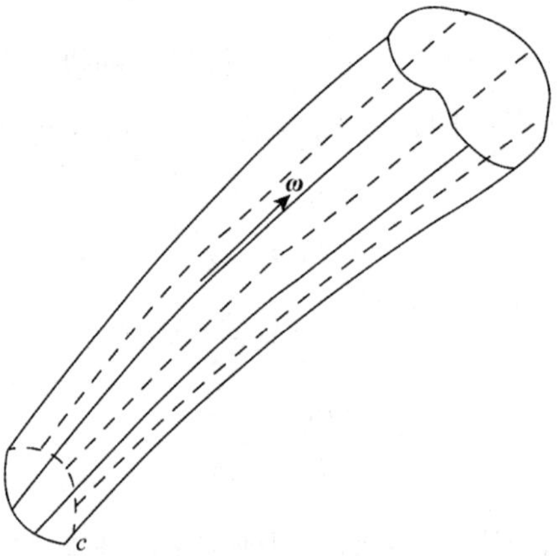

图 2-6　涡管

与涡管垂直的断面称为涡管断面，微小断面的涡管称为微元涡管。涡管内充满的做旋转运动的流体称为涡束，微元涡管中的涡束称为微元涡束。

涡通量是指通过任一曲面的涡量，如果把涡量比拟成速度矢量，则通过曲面的涡通量与流量相类似。设一曲面面积为 A，则通过该曲面的涡通量 J 为

$$J=\iint_A \boldsymbol{\Omega}\cdot\mathrm{d}\boldsymbol{A} \tag{2-29}$$

若曲面是封闭的，则由高斯定理可得

$$\iint_A \boldsymbol{\Omega}\cdot\mathrm{d}\boldsymbol{A}=\iiint_V \nabla\cdot\boldsymbol{\Omega}\mathrm{d}V=0 \tag{2-30}$$

式中，V 是由封闭曲面所包围的空间区域。

式（2-30）表明，通过有涡流场的任一封闭曲面的涡通量等于零。

2.3.2　速度环量及斯托克斯定理

在流场中作一封闭曲线 $\boldsymbol{s}$，速度 $\boldsymbol{v}$ 沿 $\boldsymbol{s}$ 的线积分，称为沿该封闭曲线的速度环量，即

$$\Gamma = \oint_s \boldsymbol{v} \cdot \mathrm{d}\boldsymbol{s} \tag{2-31}$$

速度环量与涡通量之间的关系由斯托克斯定理给出：沿封闭周线的速度环量等于该封闭周线内所有涡通量之和，即

$$\oint_s \boldsymbol{v} \cdot \mathrm{d}\boldsymbol{s} = \iint_A \boldsymbol{\Omega} \cdot \mathrm{d}\boldsymbol{A} \tag{2-32}$$

斯托克斯定理的证明如下：在流动平面上取一边长为 $\mathrm{d}x$、$\mathrm{d}y$ 的矩形，矩形的四边分别平行于 x、y 轴，如图 2-7 所示。

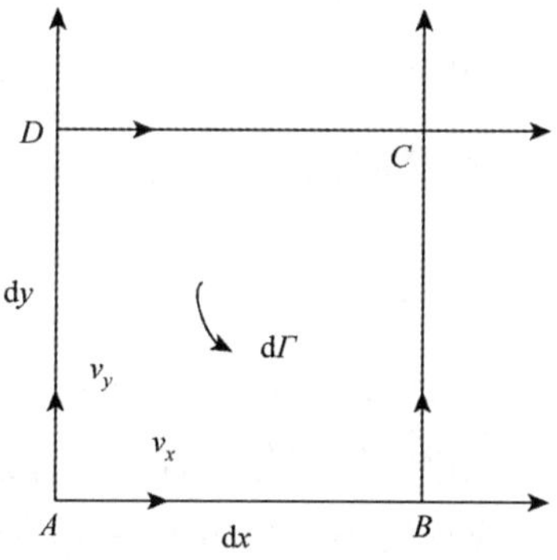

图 2-7　微元矩形边界速度环量

四边形四个顶点 A、B、C、D 的坐标分别为 (x,y)、$(x+\mathrm{d}x,y)$、$(x+\mathrm{d}x,y+\mathrm{d}y)$、$(x,y+\mathrm{d}y)$。$A$ 点处流体质点速度矢量的两个分量分别为 v_x、v_y，由二元函数的泰勒级数展开，其余三点处的速度分量如下。

B 点：

$$v_x + \frac{\partial v_x}{\partial x}\mathrm{d}x, \quad v_y + \frac{\partial v_y}{\partial x}\mathrm{d}x$$

C 点：

$$v_x + \frac{\partial v_x}{\partial x}\mathrm{d}x + \frac{\partial v_x}{\partial y}\mathrm{d}y, \quad v_y + \frac{\partial v_y}{\partial x}\mathrm{d}x + \frac{\partial v_y}{\partial y}\mathrm{d}y$$

D 点：

$$v_x + \frac{\partial v_x}{\partial y}\mathrm{d}y, \quad v_y + \frac{\partial v_y}{\partial y}\mathrm{d}y$$

将每边两端点上的速度投影的平均值作为这一边上各点的速度投影值，AB 边上各点水平方向速度 $v_{xAB}=\frac{1}{2}\left(2v_x+\frac{\partial v_x}{\partial x}\mathrm{d}x\right)$，$BC$ 边上各点垂直方向速度 $v_{yBC}=\frac{1}{2}\left(2v_y+2\frac{\partial v_y}{\partial x}\mathrm{d}x+\frac{\partial v_y}{\partial y}\mathrm{d}y\right)$，$CD$ 边上各点水平方向速度 $v_{xCD}=\frac{1}{2}\left(2v_x+2\frac{\partial v_x}{\partial y}\mathrm{d}y+\frac{\partial v_x}{\partial x}\mathrm{d}x\right)$，$DA$ 边上各点垂直方向速度 $v_{yDA}=\frac{1}{2}\left(2v_y+\frac{\partial v_y}{\partial y}\mathrm{d}y\right)$。

沿四边形边界逆时针方向的速度环量为

$$\begin{aligned}\mathrm{d}\Gamma &=\int_{AB}v_{xAB}\mathrm{d}x+\int_{BC}v_{yBC}\mathrm{d}y-\int_{CD}v_{xCD}\mathrm{d}x-\int_{DA}v_{yDA}\mathrm{d}y\\&=\frac{1}{2}\left(2v_x+\frac{\partial v_x}{\partial x}\mathrm{d}x\right)\mathrm{d}x+\frac{1}{2}\left(2v_y+2\frac{\partial v_y}{\partial x}\mathrm{d}x+\frac{\partial v_y}{\partial y}\mathrm{d}y\right)\mathrm{d}y\\&\quad-\frac{1}{2}\left(2v_x+2\frac{\partial v_x}{\partial y}\mathrm{d}y+\frac{\partial v_x}{\partial x}\mathrm{d}x\right)\mathrm{d}x-\frac{1}{2}\left(2v_y+\frac{\partial v_y}{\partial y}\mathrm{d}y\right)\mathrm{d}y\\&=\left(\frac{\partial v_y}{\partial x}-\frac{\partial v_x}{\partial y}\right)\mathrm{d}x\mathrm{d}y\end{aligned}$$

在 xOy 平面流动中，任意点处的旋转角速度矢量的两个投影 $\omega_x=\omega_y=0$，$\omega_z=\frac{1}{2}\left(\frac{\partial v_y}{\partial x}-\frac{\partial v_x}{\partial y}\right)$，在微元矩形内，各点处 ω_z 相等，$\left(\frac{\partial v_y}{\partial x}-\frac{\partial v_x}{\partial y}\right)\mathrm{d}x\mathrm{d}y$ 正是通过微元矩形面的涡通量。因此，沿微元矩形边界的速度环量等于通过该微元矩形面的涡通量。

在有限大的平面区域中，可以用两组互相垂直的平行线将区域划分成若干微元矩形，然后在每个微元矩形中应用斯托克斯定理并将结果相加，如图 2-8 所示。环量相加时，应注意沿两个相邻微元矩形的公共边的速度环量会相互抵消，剩余的正是沿外封闭曲线的速度环量，该环量等于通过各微元矩形面的通量总和，即

$$\Gamma_K=\iint_A \Omega_n \mathrm{d}A \tag{2-33}$$

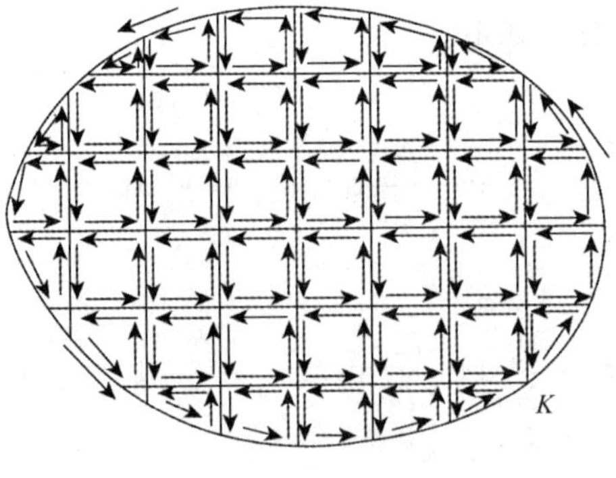

图 2-8　有限单连通区域的斯托克斯定理

式（2-33）就是平面上的有限单连通区域的斯托克斯定理的表达式，它说明沿包围平

面上有限单连通区域的封闭周线的速度环量等于通过该区域的涡通量。

可将斯托克斯定理推广至空间单连通区域，而对于复连通区域，则需要做一些变换。例如，封闭周线内有一固体物（如叶片），如图 2-9 所示。将区域在 AB 处切开，可将复连通域变成单连通区域，其速度环量为

$$\Gamma_{ABK_2B'A'K_1A} = \Gamma_{AB} + \Gamma_{BK_2B'} + \Gamma_{B'A'} + \Gamma_{A'K_1A}$$

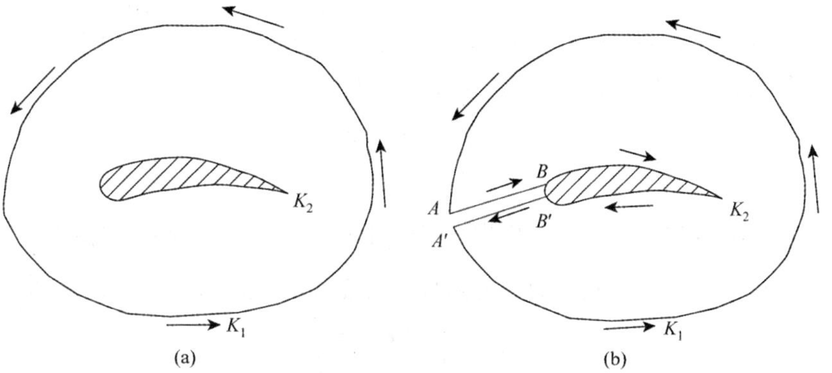

图 2-9　将复连通区域转换为单连通区域

沿线段 AB 和 $A'B'$的切向速度线积分大小相等，方向相反，故 $\Gamma_{AB} + \Gamma_{B'A'} = 0$，而沿内周线的速度环量 $\Gamma_{BK_2B'} = -\Gamma_{K_2}$，沿外周线的速度环量 $\Gamma_{A'K_1A} = \Gamma_{K_1}$。根据斯托克斯定理，有

$$\Gamma_{K_1} - \Gamma_{K_2} = \iint_A \Omega_n \mathrm{d}A$$

如果在外周线内有多个内周线，则可改写为

$$\Gamma_{K_1} - \sum \Gamma_{K_2} = \iint_A \Omega_n \mathrm{d}A \tag{2-34}$$

因此，复连通区域的斯托克斯定理可以描述为：通过复连通区域的涡通量等于沿这个区域的外周线的速度环量与所有内周线的速度环量的总和之差。

2.3.3　旋涡的运动学性质

由于 $\nabla \cdot \boldsymbol{\Omega} = \nabla \cdot (\nabla \times \boldsymbol{v}) = 0$，可见涡量场是无源场，根据无源场的性质，旋涡的运动学性质如下。

（1）同一时刻，涡管任一断面上的涡通量相等。

（2）涡管不能在流体中发生或终止，一般只能在流体中自行封闭，形成涡环，或首尾在边界或延伸至无穷远。

上述性质与力无关，适用于理想流体，同时也适用于黏性流体。

2.4　应 力 张 量

2.4.1　质量力与表面力

作用在流体上的力分为质量力和表面力。其中，质量力也称为体积力，是指作用在流体的每个质点上的非接触性力，包括重力、电磁力等。表面力，也称为面积力，是指作用在流体表面通过接触才能起作用的力，如液体和气体的分界面上的压力等。

单位质量力表示总质量力的空间分布密度，即

$$\boldsymbol{f}=\lim_{\Delta m\to 0}\frac{\Delta \boldsymbol{F}}{\Delta m}=\frac{1}{\rho}\frac{\mathrm{d}\boldsymbol{F}}{\mathrm{d}V} \tag{2-35}$$

式中，$\boldsymbol{F}$ 为体积 V 内的总质量力。作用在有限体积 V 的质量力为 $\iiint_V \boldsymbol{f}\rho \mathrm{d}V$。

同样，表面力也可以用其表面上力的分布密度或应力表示，如图 2-10 所示，即

$$\boldsymbol{\tau}=\lim_{\Delta A\to 0}\frac{\Delta \boldsymbol{T}}{\Delta A}=\frac{\mathrm{d}\boldsymbol{T}}{\mathrm{d}A} \tag{2-36}$$

式中，$\boldsymbol{T}$ 为总表面力。

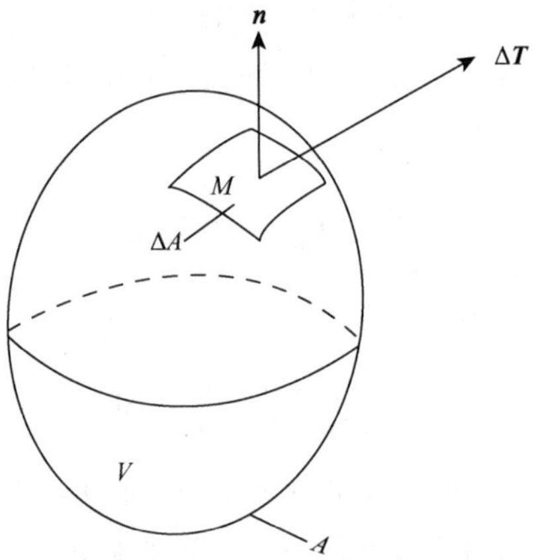

图 2-10　作用在流体上的力

对于静止流体，表面应力只有沿作用面内法线方向的法向应力（压强），其大小与作用面方位无关，即静止流体中某一点各方向的压强相等，只是空间坐标的函数。对于运动的理想流体，忽略其黏性，不存在切应力，也只有压强，大小同样与作用面方位无关。

但对于运动的黏性流体，压强与应力同时存在，应力大小和方向与空间点的位置和作用面的方位都有关，即表示黏性流体的应力需要两个方向：一是作用面的法线方向，二是应力本身的方向。

作用面的法线方向确定方式：若微元面 dA 是封闭曲面的一部分，则取其外法线方向作为 dA 的正方向；若微元面 dA 所处的曲面不封闭，则可规定某一法线方向为正方向。

作用在 dA 正向的应力用 $\boldsymbol{\tau}_n$ 表示，反向应力用 $\boldsymbol{\tau}_{-n}$ 表示，如图 2-11 所示，有

$$\boldsymbol{\tau}_n = -\boldsymbol{\tau}_{-n} \tag{2-37}$$

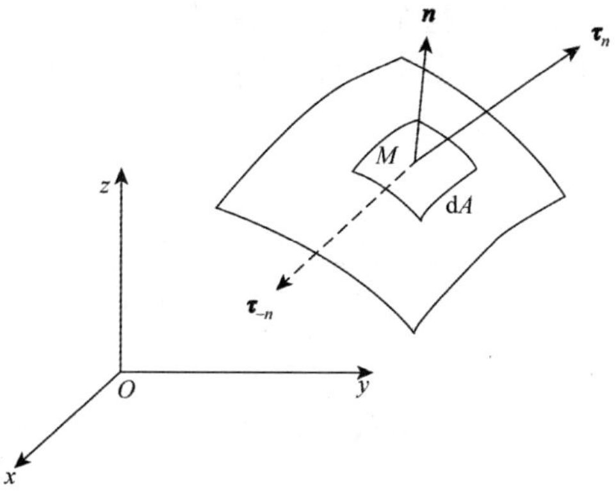

图 2-11　作用面两侧的应力

也就是说，作用面两侧的应力大小相等，方向相反。

2.4.2　应力张量

在直角坐标系中，取一微元四面体 $MABC$ 进行表面应力分析，如图 2-12 所示。3 个正交面的外法线方向与坐标轴方向相反，因此作用在其上的应力的下角标以负值表示，即 $\boldsymbol{\tau}_{-x}$、$\boldsymbol{\tau}_{-y}$、$\boldsymbol{\tau}_{-z}$。斜面 ABC 的应力 $\boldsymbol{\tau}_n$ 在 3 个坐标轴的投影分别用 τ_{nx}、τ_{ny}、τ_{nz} 表示，这里应力 $\boldsymbol{\tau}_n$ 的分量有两个角标：第一个表示应力分量作用面的法线方向；第二个表示应力分量的投影方向。同理，其他三个面的应力也可以分解。

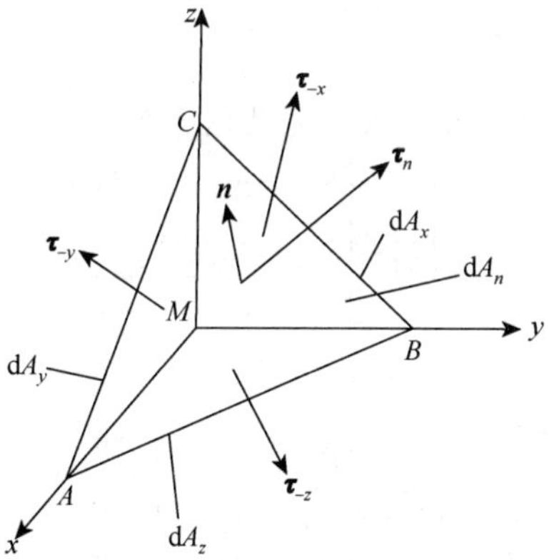

图 2-12　微元四面体的表面应力分析

微元四面体的受力情况如下。

四个表面力：$\boldsymbol{\tau}_{-x}\mathrm{d}A_x$、$\boldsymbol{\tau}_{-y}\mathrm{d}A_y$、$\boldsymbol{\tau}_{-z}\mathrm{d}A_z$、$\boldsymbol{\tau}_n\mathrm{d}A_n$。

质量力：$\boldsymbol{f}\rho \mathrm{d}V$（不包括惯性力的质量力）。

惯性力：$-\rho \mathrm{d}V\dfrac{\mathrm{d}\boldsymbol{v}}{\mathrm{d}t}$。

由达朗贝尔原理可知，微元体处在受力平衡状态，由于质量力、惯性力是三阶微量，表面力是二阶微量，这里略去高阶微量，得到表面力平衡关系式：

$$\boldsymbol{\tau}_{-x}\mathrm{d}A_x+\boldsymbol{\tau}_{-y}\mathrm{d}A_y+\boldsymbol{\tau}_{-z}\mathrm{d}A_z+\boldsymbol{\tau}_n\mathrm{d}A_n=0 \tag{2-38}$$

即

$$\boldsymbol{\tau}_n=\boldsymbol{\tau}_x\frac{\mathrm{d}A_x}{\mathrm{d}A_n}+\boldsymbol{\tau}_y\frac{\mathrm{d}A_y}{\mathrm{d}A_n}+\boldsymbol{\tau}_z\frac{\mathrm{d}A_z}{\mathrm{d}A_n} \tag{2-39}$$

因为

$$\frac{\mathrm{d}A_x}{\mathrm{d}A_n}=\cos(\boldsymbol{n},\boldsymbol{x})=n_x\,,\qquad \frac{\mathrm{d}A_y}{\mathrm{d}A_n}=\cos(\boldsymbol{n},\boldsymbol{y})=n_y\,,\qquad \frac{\mathrm{d}A_z}{\mathrm{d}A_n}=\cos(\boldsymbol{n},\boldsymbol{z})=n_z$$

所以

$$\boldsymbol{\tau}_n=n_x\boldsymbol{\tau}_x+n_y\boldsymbol{\tau}_y+n_z\boldsymbol{\tau}_z \tag{2-40}$$

同时，有

$$\begin{cases}\boldsymbol{\tau}_x=\tau_{xx}\boldsymbol{i}+\tau_{xy}\boldsymbol{j}+\tau_{xz}\boldsymbol{k}\\ \boldsymbol{\tau}_y=\tau_{yx}\boldsymbol{i}+\tau_{yy}\boldsymbol{j}+\tau_{yz}\boldsymbol{k}\\ \boldsymbol{\tau}_z=\tau_{zx}\boldsymbol{i}+\tau_{zy}\boldsymbol{j}+\tau_{zz}\boldsymbol{k}\end{cases} \tag{2-41}$$

将式（2-41）代入式（2-40），得到

$$\begin{cases}\tau_{nx}=n_x\tau_{xx}+n_y\tau_{yx}+n_z\tau_{zx}\\ \tau_{ny}=n_x\tau_{xy}+n_y\tau_{yy}+n_z\tau_{zy}\\ \tau_{nz}=n_x\tau_{xz}+n_y\tau_{yz}+n_z\tau_{zz}\end{cases} \tag{2-42}$$

式（2-42）表明，当微元体向点 M 收缩时，任意法线方向为 $\boldsymbol{n}$ 的微元面上的应力 $\boldsymbol{\tau}_n$ 可用相交于点 M 的三个相互垂直的微元面上的应力 $\boldsymbol{\tau}_x$、$\boldsymbol{\tau}_y$、$\boldsymbol{\tau}_z$ 线性表示，而 $\boldsymbol{\tau}_x$、$\boldsymbol{\tau}_y$、$\boldsymbol{\tau}_z$ 只与 M 点坐标和时间 t 相关，而与 $\boldsymbol{n}$ 无关，因此这 3 个矢量可以组合为

$$[\boldsymbol{\tau}]=\begin{bmatrix}\tau_{xx} & \tau_{xy} & \tau_{xz}\\ \tau_{yx} & \tau_{yy} & \tau_{yz}\\ \tau_{zx} & \tau_{zy} & \tau_{zz}\end{bmatrix} \tag{2-43a}$$

或

$$[\boldsymbol{\tau}]=\begin{bmatrix}p_{xx} & \tau_{xy} & \tau_{xz}\\ \tau_{yx} & p_{yy} & \tau_{yz}\\ \tau_{zx} & \tau_{zy} & p_{zz}\end{bmatrix} \tag{2-43b}$$

式中，$[\boldsymbol{\tau}]$ 称为应力张量。

由此，式（2-40）还可写为

$$\boldsymbol{\tau}_n=\boldsymbol{n}\cdot[\boldsymbol{\tau}] \tag{2-44}$$

$[\tau]$是一个二阶张量，有 9 个分量，对角线分量是法向分量，非对角线分量是切向分量。应力张量$[\tau]$是对称张量，独立分量只有 6 个，可用力矩平衡原理来证明切应力分量两两相等。如图 2-13 所示，在直角坐标系中取一个微元直角六面体，中心 M 点的应力张量为$[\tau]$，6 个表面上的应力可用 M 点的应力进行泰勒级数展开得到。

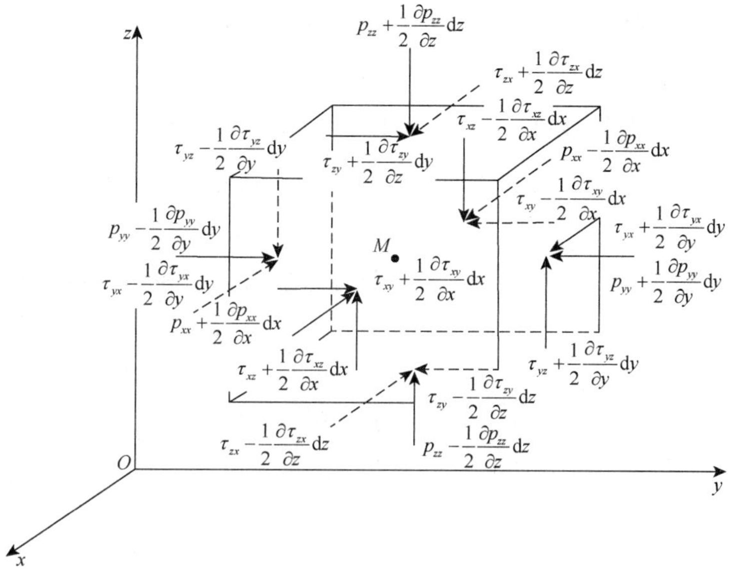

图 2-13　微元直角六面体的应力分析

将合力对通过前后表面中心的 x 轴取矩，方程为

$$\left[\left(\tau_{yz}+\frac{1}{2}\frac{\partial\tau_{yz}}{\partial y}\frac{\mathrm{d}y}{2}\right)\mathrm{d}x\mathrm{d}z+\left(\tau_{yz}-\frac{1}{2}\frac{\partial\tau_{yz}}{\partial y}\frac{\mathrm{d}y}{2}\right)\mathrm{d}x\mathrm{d}z\right]\frac{\mathrm{d}y}{2}$$
$$=\left[\left(\tau_{zy}+\frac{1}{2}\frac{\partial\tau_{zy}}{\partial z}\frac{\mathrm{d}z}{2}\right)\mathrm{d}x\mathrm{d}y+\left(\tau_{zy}-\frac{1}{2}\frac{\partial\tau_{zy}}{\partial z}\frac{\mathrm{d}z}{2}\right)\mathrm{d}x\mathrm{d}y\right]\frac{\mathrm{d}z}{2}$$

化简，得

$$\tau_{yz}=\tau_{zy}$$

同理可得

$$\tau_{xz}=\tau_{zx}，\quad \tau_{xy}=\tau_{yx}$$

由于二阶对称张量的 3 个法向应力张量之和 $p_{xx}+p_{yy}+p_{zz}$ 与坐标系的选择无关，因此定义平均压强 p_{m} 为

$$p_{\mathrm{m}}=-\frac{1}{3}\left(p_{xx}+p_{yy}+p_{zz}\right) \tag{2-45}$$

式中，“－”是压强的方向沿作用面的内法线方向。

这里要注意平均压强 p_{m} 和热力学压强 p 的关系。对于不可压缩流体，$p_{\mathrm{m}}=p$。对于可压缩流体，由于$\nabla\cdot\boldsymbol{v}\neq 0$，体积膨胀压缩，将引起 p_{m} 变化，即

$$p_{\mathrm{m}} = p - \mu' \nabla \cdot \boldsymbol{v} \tag{2-46}$$

式中，μ' 为第二黏性系数，反映的是流体因收缩或膨胀发生体积变化时所引起的内耗。

2.4.3　理想流体和静止流体的应力张量

理想流体和静止流体的共同特点是切应力等于 0，应力张量中只有对角线分量不为 0，即

$$\tau_{nx}=n_x\tau_{xx}\text{，}\quad \tau_{ny}=n_y\tau_{yy}\text{，}\quad \tau_{nz}=n_z\tau_{zz}$$

因为$\boldsymbol{\tau}_n=\tau_{nn}$，将其投影到三个坐标轴上，则有

$$\tau_{nx}=n_x\tau_{nn}\text{，}\ \tau_{ny}=n_y\tau_{nn}\text{，}\ \tau_{nz}=n_z\tau_{nn}$$

比较可得，$\tau_{xx}=\tau_{yy}=\tau_{zz}=\tau_{nn}$。

由于理想或静止流体在同一点不同方向的法向应力相等，可令 $\tau_{nn}=-p$，所以 $\boldsymbol{\tau}_n=-p\boldsymbol{n}$，即

$$[\boldsymbol{\tau}]=\begin{bmatrix} -p & 0 & 0 \\ 0 & -p & 0 \\ 0 & 0 & -p \end{bmatrix}=-p\delta_{ij} \tag{2-47}$$

例 2.4　平面 $x+3y+z=1$ 上某点的应力张量可以表示为$[\boldsymbol{\tau}]=\begin{bmatrix} 0 & 1 & 2 \\ 1 & 2 & 0 \\ 2 & 0 & 1 \end{bmatrix}$，求该点处流体作用于上述平面外侧（远离原点一侧）的应力矢量及其法向和切向分量。

解：令 $F(x,y,z)=x+3y+z-1=0$，则平面 $x+3y+z=1$ 的外法线方向的单位矢量为

$$\boldsymbol{n}=\frac{\nabla F}{|\nabla F|}=\frac{\boldsymbol{i}+3\boldsymbol{j}+\boldsymbol{k}}{\sqrt{1+3^2+1}}=\frac{1}{\sqrt{11}}(\boldsymbol{i}+3\boldsymbol{j}+\boldsymbol{k})$$

由式（2-44）可得，应力矢量为

$$\boldsymbol{\tau}_n=\boldsymbol{n}\cdot[\boldsymbol{\tau}]=\frac{1}{\sqrt{11}}(1,3,1)\begin{bmatrix} 0 & 1 & 2 \\ 1 & 2 & 0 \\ 2 & 0 & 1 \end{bmatrix}=\frac{1}{\sqrt{11}}(5,7,3)$$

应力矢量的法向分量为

$$\tau_{nn}=\boldsymbol{n}\cdot\boldsymbol{\tau}_n=\frac{1}{\sqrt{11}}(1,3,1)\begin{bmatrix} \frac{5}{\sqrt{11}} \\ \frac{7}{\sqrt{11}} \\ \frac{3}{\sqrt{11}} \end{bmatrix}=\frac{1}{11}(5+21+3)=\frac{29}{11}$$

应力矢量的切向分量为

$$\tau_{nt}=\sqrt{\left|\boldsymbol{\tau}_n\right|^2-\tau_{nn}^2}=\sqrt{\frac{5^2+7^2+3^2}{11}-\left(\frac{29}{11}\right)^2}=\frac{6\sqrt{2}}{11}$$

2.5　本 构 方 程

将应力与变形速率，或应力张量与变形速率张量之间的函数关系称为本构方程（constitutive equation）。在弹性力学中这种关系表现为菲克定律，即弹性固体中的应力与应变成正比。在流体力学中，应力与应变也存在某种本构关系。斯托克斯在推导本构方程时，是基于以下假设进行的。

（1）切应力与剪切变形速率成正比。

（2）剪切变形速率等于 0 时，切应力即为 0。

（3）应力与变形速率的关系是各向同性的，即与坐标系的选取无关。

牛顿内摩擦定律描述了层流运动时流体切应力与剪切变形速率之间的关系：

$$\tau=\mu\frac{\mathrm{d}v_x}{\mathrm{d}y}$$

三维运动条件下，剪切变形速率为

$$\varepsilon_{xy}=\varepsilon_{yx}=\mu\left(\frac{\partial v_x}{\partial y}+\frac{\partial v_y}{\partial x}\right)$$

依据切应力与剪切变形速率成正比的假设，有

$$\tau_{xy}=2\mu\varepsilon_{xy}$$

同理，有

$$\varepsilon_{xz}=\varepsilon_{zx}=2\mu\varepsilon_{xz}=\mu\left(\frac{\partial v_z}{\partial x}+\frac{\partial v_x}{\partial z}\right),\quad \varepsilon_{yz}=\varepsilon_{zy}=2\mu\varepsilon_{yz}=\mu\left(\frac{\partial v_y}{\partial z}+\frac{\partial v_z}{\partial y}\right)$$

写成张量式，有

$$\tau_{ij}=2\mu\varepsilon_{ij}\quad(i\neq j)\tag{2-48}$$

式（2-48）可以反映切应力与剪切变形速率之间的关系。

当流体静止时，变形速率为 0，流体中的应力就是流体静压强。由式（2-47）可得

$$[\boldsymbol{\tau}]=-p\delta_{ij}=-p[\boldsymbol{I}]\tag{2-49}$$

式中，$[\boldsymbol{I}]=\begin{bmatrix}1&0&0\\0&1&0\\0&0&1\end{bmatrix}$。

在上述假设条件下，将应力与变形速率之间的关系写为线性形式，即

$$[\boldsymbol{\tau}]=a[\boldsymbol{\varepsilon}]+b[\boldsymbol{I}]\tag{2-50}$$

式中，系数 a 取决于流体的物理性质，由式（2-48）判断出 $a=2\mu$，代入式（2-50）得到

$$[\boldsymbol{\tau}]=2\mu[\boldsymbol{\varepsilon}]+b[\boldsymbol{I}]\tag{2-51}$$

要保持式（2-51）的线性关系，坐标系的变化不应影响系数 b 的大小。因此，b 只能由 $[\boldsymbol{\tau}]$ 和 $[\boldsymbol{\varepsilon}]$ 的线性不变量确定。将式（2-51）中的对角线分量线性相加，可得

$$p_{xx}+p_{yy}+p_{zz}=2\mu\left(\varepsilon_{xx}+\varepsilon_{yy}+\varepsilon_{zz}\right)+3b$$

即

$$b=\frac{1}{3}\left(p_{xx}+p_{yy}+p_{zz}\right)-\frac{2}{3}\mu\left(\varepsilon_{xx}+\varepsilon_{yy}+\varepsilon_{zz}\right)$$

由于 $p_{\mathrm{m}}=-\frac{1}{3}\left(p_{xx}+p_{yy}+p_{zz}\right)$ 和 $p_{\mathrm{m}}=p-\mu'\nabla\cdot\boldsymbol{v}$，得到

$$b=-p+\mu'\nabla\cdot\boldsymbol{v}-\frac{2}{3}\mu\left(\varepsilon_{xx}+\varepsilon_{yy}+\varepsilon_{zz}\right)$$

又因为 $\varepsilon_{xx}+\varepsilon_{yy}+\varepsilon_{zz}=\nabla\cdot\boldsymbol{v}$，有

$$b=-p+\mu'\nabla\cdot\boldsymbol{v}-\frac{2}{3}\mu\nabla\cdot\boldsymbol{v} \tag{2-52}$$

将式（2-52）代入式（2-51），得到本构方程的一般形式为

$$[\boldsymbol{\tau}]=2\mu[\boldsymbol{\varepsilon}]-\left(p+\frac{2}{3}\mu\nabla\cdot\boldsymbol{v}-\mu'\nabla\cdot\boldsymbol{v}\right)[\boldsymbol{I}] \tag{2-53}$$

令 $\mu'-\frac{2}{3}\mu=\lambda$，则式（2-53）改写为

$$[\boldsymbol{\tau}]=2\mu[\boldsymbol{\varepsilon}]-(p-\lambda\nabla\cdot\boldsymbol{v})[\boldsymbol{I}] \tag{2-54}$$

当第二黏性系数 $\mu'=0$ 时，有

$$[\boldsymbol{\tau}]=2\mu[\boldsymbol{\varepsilon}]-\left(p+\frac{2}{3}\mu\nabla\cdot\boldsymbol{v}\right)[\boldsymbol{I}] \tag{2-55}$$

式（2-53）～式（2-55）称为本构方程或广义牛顿内摩擦定律，凡是遵守广义牛顿内摩擦定律的流体称为牛顿流体；反之，为非牛顿流体。

将式（2-55）写成应力张量与变形速率分量之间的关系式，有

$$\tau_{ij}=\begin{cases}-p+2\mu\dfrac{\partial v_i}{\partial x_j}-\dfrac{2}{3}\mu\nabla\cdot\boldsymbol{v} & (i=j)\\ \mu\left(\dfrac{\partial v_i}{\partial x_j}+\dfrac{\partial v_j}{\partial x_i}\right) & (i\neq j)\end{cases} \tag{2-56}$$

对于不可压缩流体，有

$$\tau_{ij}=\begin{cases}-p+2\mu\dfrac{\partial v_i}{\partial x_j} & (i=j)\\ \mu\left(\dfrac{\partial v_i}{\partial x_j}+\dfrac{\partial v_j}{\partial x_i}\right) & (i\neq j)\end{cases} \tag{2-57}$$

在直角坐标系下，式（2-56）可写为

$$\begin{cases} \tau_{xx} = -p + 2\mu \dfrac{\partial v_x}{\partial x} - \dfrac{2}{3}\mu \nabla \cdot \boldsymbol{v} \\ \tau_{yy} = -p + 2\mu \dfrac{\partial v_y}{\partial y} - \dfrac{2}{3}\mu \nabla \cdot \boldsymbol{v} \\ \tau_{zz} = -p + 2\mu \dfrac{\partial v_z}{\partial z} - \dfrac{2}{3}\mu \nabla \cdot \boldsymbol{v} \\ \tau_{xy} = \tau_{yx} = \mu \left(\dfrac{\partial v_y}{\partial x} + \dfrac{\partial v_x}{\partial y} \right) \\ \tau_{yz} = \tau_{zy} = \mu \left(\dfrac{\partial v_y}{\partial z} + \dfrac{\partial v_z}{\partial y} \right) \\ \tau_{zx} = \tau_{xz} = \mu \left(\dfrac{\partial v_x}{\partial z} + \dfrac{\partial v_z}{\partial x} \right) \end{cases} \tag{2-58}$$

在柱坐标下，式（2-56）可写为

$$\begin{cases} \tau_{rr} = -p + 2\mu \dfrac{\partial v_r}{\partial r} - \dfrac{2}{3}\mu \nabla \cdot \boldsymbol{v} \\ \tau_{\theta\theta} = -p + 2\mu \left(\dfrac{1}{r}\dfrac{\partial v_\theta}{\partial \theta} + \dfrac{v_r}{r} \right) - \dfrac{2}{3}\mu \nabla \cdot \boldsymbol{v} \\ \tau_{zz} = -p + 2\mu \dfrac{\partial v_z}{\partial z} - \dfrac{2}{3}\mu \nabla \cdot \boldsymbol{v} \\ \tau_{r\theta} = \tau_{\theta r} = \mu \left(\dfrac{1}{r}\dfrac{\partial v_r}{\partial \theta} + \dfrac{\partial v_\theta}{\partial r} - \dfrac{v_\theta}{r} \right) \\ \tau_{\theta z} = \tau_{z\theta} = \mu \left(\dfrac{\partial v_\theta}{\partial z} + \dfrac{\partial v_z}{r\partial \theta} \right) \\ \tau_{zr} = \tau_{rz} = \mu \left(\dfrac{\partial v_z}{\partial r} + \dfrac{\partial v_r}{\partial z} \right) \end{cases} \tag{2-59}$$

在球坐标下，式（2-56）可写为

$$\begin{cases} \tau_{rr} = -p + 2\mu \dfrac{\partial v_r}{\partial r} - \dfrac{2}{3}\mu \nabla \cdot \boldsymbol{v} \\ \tau_{\theta\theta} = -p + 2\mu \left(\dfrac{1}{r}\dfrac{\partial v_\theta}{\partial \theta} + \dfrac{v_r}{r} \right) - \dfrac{2}{3}\mu \nabla \cdot \boldsymbol{v} \\ \tau_{\varphi\varphi} = -p + 2\mu \left(\dfrac{1}{\sin\theta}\dfrac{\partial v_\varphi}{\partial \varphi} + \dfrac{v_r}{r} + \dfrac{v_\theta \cot\theta}{r} \right) - \dfrac{2}{3}\mu \nabla \cdot \boldsymbol{v} \\ \tau_{r\theta} = \tau_{\theta r} = \mu \left(\dfrac{1}{r}\dfrac{\partial v_r}{\partial \theta} + \dfrac{\partial v_\theta}{\partial r} - \dfrac{v_\theta}{r} \right) \\ \tau_{\theta\varphi} = \tau_{\varphi\theta} = \mu \left(\dfrac{1}{r\sin\theta}\dfrac{\partial v_\theta}{\partial \varphi} + \dfrac{\partial v_\varphi}{r\partial \theta} - \dfrac{v_\varphi \cot\theta}{r} \right) \\ \tau_{\varphi r} = \tau_{r\varphi} = \mu \left(\dfrac{\partial v_\varphi}{\partial r} + \dfrac{1}{r\sin\theta}\dfrac{\partial v_r}{\partial \varphi} - \dfrac{v_\varphi}{r} \right) \end{cases} \tag{2-60}$$

习　题

2.1　已知用拉格朗日变量表示的速度分布为$v_x=(x_0+2)e^t-2$，$v_y=(y_0+2)e^t-2$，且$t=0$时，$x=x_0$，$y=y_0$。求：(1) $t=3$时的质点分布；(2) x_0=2，y_0=2 质点的运动规律；(3) 质点加速度。

2.2　在任意时刻 t，流体质点的位置是$x=5t^2$，其迹线为双曲线$xy=25$。求质点速度和加速度在 x 轴和 y 轴方向的分量大小。

2.3　已知流动速度场$v_x=x^2t$，$v_y=yt^2$，$v_z=xz$，求$t=1$通过点（1,3,2）的流体质点的速度及加速度。

2.4　已知欧拉变量表示的速度场$v_x=-x$，$v_y=y$，初始时刻$t=0$时，$x=x_0$，$y=y_0$，求用拉格朗日变量表示的速度和加速度。

2.5　有一流场，其速度分布为$v_x=-ky$，$v_y=kx$，$v_z=0$，求其流线方程。

2.6　已知流动速度场$v_x=x(1+2t)$，$v_y=y$，$v_z=0$，求：(1) $t=0$时通过点（1, 1）的流体质点的迹线；(2) $t=0$时通过点（1, 1）的流线。

2.7　已知流动速度场$v_x=-2x$，$v_y=2y(1+t)^{-1}$，$v_z=2zt(1+t)^{-1}$，求：(1) $t=0$时通过点（1, 1, 1）的流线；(2) $t=0$时通过点（1, 1, 1）的流体质点的迹线。

2.8　求流动速度场$v_x=\dfrac{cx}{x^2+y^2}$，$v_y=\dfrac{cy}{x^2+y^2}$，$v_z=0$的柱坐标形式，并写出其流线和迹线方程，其中 c 为常数。

2.9　已知流体质点（x_0,y_0,z_0）的空间位置随时间的变化规律为

$$x=x_0,\qquad y=y_0-x_0(e^{-2t}-1),\qquad z=z_0+x_0(e^{-3t}-1)$$

求以下各项：(1) 速度的欧拉表达式；(2) 加速度的拉格朗日和欧拉表达式；(3) 过点（1, 1, 1）的流线及 $t=0$ 时在$(x_0,y_0,z_0)=(1, 1, 1)$处的流体质点的迹线；(4) 速度的散度、旋度；(5) 变形速率张量和旋转速率张量。

2.10　已知流动速度场$v_x=-(\omega/h)yz$，$v_y=(\omega/h)xz$，$v_z=0$，其中ω和 h 是常数。求以下各项：(1) 速度梯度张量各分量；(2) 变形速率张量各分量；(3) 旋转角速度矢量。

2.11　已知流动速变场$v_x=16x^2+y$，$v_y=z^2y$，$v_z=2zx^2+2zy^2$，求：(1) 沿下面给出的封闭曲线积分求速度环量，$0\leqslant x\leqslant 10$，$y=0$；$x=10$，$0\leqslant y\leqslant 5$；$0\leqslant x\leqslant 10$，$y=5$；$x=0$，$0\leqslant y\leqslant 5$；(2) 求涡量$\boldsymbol{\Omega}$，然后求$\int_A \boldsymbol{\Omega}\cdot\boldsymbol{n}\mathrm{d}A$，其中 A 是 (1) 中给出的矩形面积，$\boldsymbol{n}$ 是此面积的外法线单位矢量。

2.12　已知流动速变场$v_x=3x+y$，$v_y=2x-3y$，求绕圆$(x-1)^2+(y-6)^2=4$的速度环量。

2.13　已知流动速度场$v_x=cx+2\omega_0 y+v_{x0}$，$v_y=cy+v_{y0}$，计算涡量及变形速率张量各分量。

2.14　已知 P 点的应力张量为 $[\boldsymbol{\tau}]=\begin{bmatrix}7 & 0 & -2\\ 0 & 5 & 0\\ -2 & 0 & 4\end{bmatrix}$，求以下各项：（1）在 P 点与法线单位矢量 $\boldsymbol{n}=\frac{2}{3}\boldsymbol{i}-\frac{2}{3}\boldsymbol{j}+\frac{1}{3}\boldsymbol{k}$ 垂直的平面上的应力矢量；（2）应力矢量在法线方向的分量。

2.15　已知一流场中的应力分布为

$$\tau_{xx}=3x^2+4xy-8y^2,\quad \tau_{xy}=-x^2/2-6xy-2y^2$$

$$\tau_{yy}=2x^2+xy+3y^2,\quad \tau_{xz}=\tau_{yz}=\tau_{zz}=0$$

求平面 $x+3y+z+1=0$ 上点 $(1,-1,1)$ 处的应力矢量及其在平面的法向和切向分量。

2.16　设绕圆球流动的速度和压强分布分别为

$$\begin{cases} v_r(r,\theta)=U\left(1-\dfrac{3a}{2r}+\dfrac{a^3}{2r^3}\right)\cos\theta \\ v_\theta(r,\theta)=-U\left(1-\dfrac{3a}{4r}-\dfrac{a^3}{4r^3}\right)\sin\theta \\ p(r,\theta)=p_0-\dfrac{3}{2}\mu U\cos\theta\dfrac{a}{r^2} \end{cases}$$

式中，U、p_0 为常数；a 为圆球半径。求圆球表面上的应力。

2.17　设流动速度场 $v_x=yzt$，$v_y=zxt$，$v_z=0$，如果速度以 m/s 计，流体动力黏度 $\mu=0.01\text{Pa}\cdot\text{s}$，求各切应力。

2.18　设流动速度场 $v_x=2y+3z$，$v_y=3z+x$，$v_z=2x+4y$，如果速度以 m/s 计，流体动力黏度 $\mu=0.008\text{Pa}\cdot\text{s}$，求应力张量的切向分量。

2.19　如题 2.19 图所示，已知平面黏性不可压缩流体沿流道横截面的速度分布为 $v_x=v_{x,\max}\left[1-\left(\dfrac{y}{b}\right)^2\right]$，其中 b 为流道半宽度，$v_{x,\max}$ 为流道中的最大速度。试求以下各项：（1）黏性切应力分布；（2）$y=b/2$ 处的应力张量。

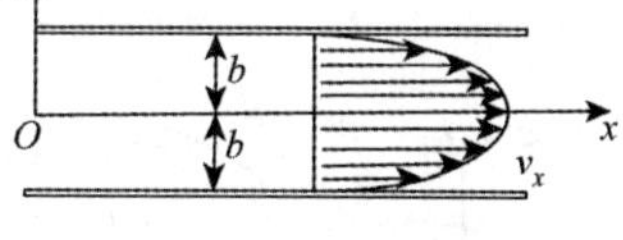

题 2.19 图

2.20　设有黏性流体经过一平板的表面，已知平板附近的速度分布为 $v_x=v_0\sin\dfrac{\pi y}{2a}$（$v_0$、$a$ 为常数，y 为至平板的距离），$v_y=0$，$v_z=0$，求平板上的变形速率及应力。

第 3 章　流体力学的基本方程

流体力学的基本方程包括连续性方程、运动方程和能量方程，它们是质量守恒定律、动量定律及能量守恒定律在流体运动中的应用。本章依据上述基本定律推导出流体力学的基本方程，在推导基本方程之前，首先将流体系统物理量的随体导数转换成适合控制体形式的雷诺输运定理。

3.1　雷诺输运定理

基本的物理定律总是适用于系统的，为了推导流体力学的基本方程，需要研究流体在空间的运动，即要把适用于流体系统的定律用于控制体，所以需要求解系统的有关物理量在欧拉空间运动中对时间的全导数。将流体系统内物理量的随体导数转换为适合于控制体的形式，称为雷诺输运定理。

取一个由确定质点组成的流体团，所具有的物理量 N 为

$$N = \iiint_{V_s} \phi \mathrm{d}V_s \tag{3-1}$$

式中，ϕ 为单位体积的流体所包含的物理量；V_s 为系统体积。

为了区分系统体积和控制体体积，用 V 表示控制体体积。下面计算系统内 N 的导数 $\dfrac{\mathrm{d}}{\mathrm{d}t}\iiint_{V_s} \phi \mathrm{d}V_s$。

在 t 时刻，取系统体积 $V_s(t)$，其表面积为 $A_s(t)$，同时，所占据的空间为控制体的体积 V，表面积为 A。经过时间 δt 后，系统形状和位置均改变，其体积为 $V_s(t+\delta t)$，表面积为 $A_s(t+\delta t)$，如图 3-1 所示。将 V_s 分解：$V_1 + V_2 = V_s(t)$，$V_2 + V_3 = V_s(t+\delta t)$。

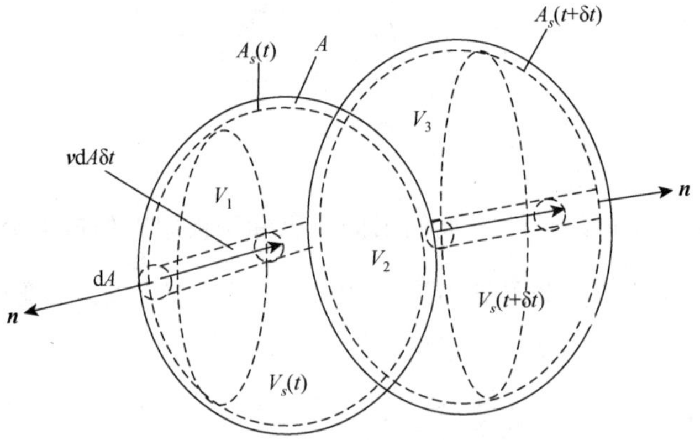

图 3-1　推导雷诺输运定理用图

根据导数的定义，有

$$\frac{\mathrm{d}}{\mathrm{d}t}\iiint_{V_s}\phi\mathrm{d}V_s=\lim_{\delta t\to 0}\frac{\iiint_{V_s(t+\delta t)}\phi(\boldsymbol{r},t+\delta t)\mathrm{d}V_s-\iiint_{V_s(t)}\phi(\boldsymbol{r},t)\mathrm{d}V_s}{\delta t}$$

$$=\lim_{\delta t\to 0}\frac{\iiint_{V_2+V_3}\phi(\boldsymbol{r},t+\delta t)\mathrm{d}V_s-\iiint_{V_1+V_2}\phi(\boldsymbol{r},t)\mathrm{d}V_s}{\delta t}\pm\lim_{\delta t\to 0}\frac{\iiint_{V_1}\phi(\boldsymbol{r},t+\delta t)\mathrm{d}V_s}{\delta t}$$

$$=\underbrace{\lim_{\delta t\to 0}\frac{\iiint_{V_1+V_2}[\phi(\boldsymbol{r},t+\delta t)-\phi(\boldsymbol{r},t)]\mathrm{d}V_s}{\delta t}}_{\text{I}}+\underbrace{\lim_{\delta t\to 0}\frac{\iiint_{V_3}\phi(\boldsymbol{r},t+\delta t)\mathrm{d}V_s-\iiint_{V_1}\phi(\boldsymbol{r},t+\delta t)\mathrm{d}V_s}{\delta t}}_{\text{II}}$$

当 $\delta t\to 0$ 时，Ⅰ项表示控制体内物理量随时间变化率，即

$$\lim_{\delta t\to 0}\frac{\iiint_{V_1+V_2}[\phi(\boldsymbol{r},t+\delta t)-\phi(\boldsymbol{r},t)]\mathrm{d}V_s}{\delta t}=\iiint_V\frac{\partial\phi}{\partial t}\mathrm{d}V \tag{3-2}$$

由图3-1可知，$\iiint_{V_3}\phi(\boldsymbol{r},t+\delta t)\mathrm{d}V_s$ 表示在 δt 时间内流出控制体的流体所具有的物理量；$\iiint_{V_1}\phi(\boldsymbol{r},t+\delta t)\mathrm{d}V_s$ 表示在 δt 时间内流入控制体的流体所具有的物理量。

因此，$\delta t\to 0$ 时，Ⅱ项表示单位时间内流过封闭曲面 A 的净通量，即

$$\lim_{\delta t\to 0}\frac{\iiint_{V_3}\phi(\boldsymbol{r},t+\delta t)\mathrm{d}V_s-\iiint_{V_1}\phi(\boldsymbol{r},t+\delta t)\mathrm{d}V_s}{\delta t}=\oiint_A\phi\boldsymbol{v}\cdot\boldsymbol{n}\mathrm{d}A \tag{3-3}$$

将式（3-2）和式（3-3）代入式（3-1），得到

$$\frac{\mathrm{d}}{\mathrm{d}t}\iiint_{V_s}\phi\mathrm{d}V_s=\iiint_V\frac{\partial\phi}{\partial t}\mathrm{d}V+\oiint_A\phi\boldsymbol{v}\cdot\boldsymbol{n}\mathrm{d}A \tag{3-4}$$

式（3-4）即雷诺运输定理，将系统内物理量的随体导数转换为适合于控制体的计算公式，其物理意义可以解释为：系统内物理量 N 的时间变化率等于控制体内物理量的时间变化率与单位时间流过控制面的净通量之和。

当流动为定常流时，$\frac{\partial\phi}{\partial t}=0$，式（3-4）可以简化为

$$\frac{\mathrm{d}}{\mathrm{d}t}\iiint_{V_s}\phi\mathrm{d}V_s=\oiint_A\phi\boldsymbol{v}\cdot\boldsymbol{n}\mathrm{d}A \tag{3-5}$$

由式（3-5）可知，定常流动时，系统物理量的随体导数只与通过控制面的流体有关，而与控制体内流动无关。

3.2　连续性方程

连续性方程是质量守恒定律对运动流体的应用，不涉及力的作用，因此无论是理想流体还是黏性流体均适用。

3.2.1 积分形式的连续性方程

由质量守恒定律可知，流场中任意一个流体系统在运动过程中，其包含的质量保持不变，即

$$\frac{\mathrm{d}m}{\mathrm{d}t}=\frac{\mathrm{d}}{\mathrm{d}t}\iiint_{V_s}\rho\mathrm{d}V_s=0$$

由雷诺输运定理[式（3-4）]，得到

$$\iiint_V\frac{\partial\rho}{\partial t}\mathrm{d}V+\oiint_A\rho\boldsymbol{v}\cdot\boldsymbol{n}\mathrm{d}A=0 \tag{3-6}$$

式（3-6）为积分形式的连续性方程，表示单位时间净流出控制体的流体质量 $\oiint_A\rho\boldsymbol{v}\cdot\boldsymbol{n}\mathrm{d}A$ 等于控制体内流体质量的减少量 $\left(-\iiint_V\frac{\partial\rho}{\partial t}\mathrm{d}V\right)$。

对于定常流动，$\frac{\partial\rho}{\partial t}=0$，所以有 $\oiint_A\rho\boldsymbol{v}\cdot\boldsymbol{n}\mathrm{d}A=0$，即单位时间流出控制体的流体质量与流进质量相等。

对于一维定常流动，连续性方程可以写成更为实用的形式，即

$$\rho_1\bar{\boldsymbol{v}}_1A_1=\rho_2\bar{\boldsymbol{v}}_2A_2 \tag{3-7}$$

式中，下标 1 和 2 代表沿流向的不同断面；$\bar{\boldsymbol{v}}_1$、$\bar{\boldsymbol{v}}_2$ 为断面平均流速，即对于一维定常流动，任意断面处的质量流量相等。

当流动不可压缩时，连续性方程可写成更为简单的形式：$\bar{\boldsymbol{v}}_1A_1=\bar{\boldsymbol{v}}_2A_2$，即沿流向任意断面的体积流量相等，流速与断面面积成反比。

积分形式的连续性方程只在求解一维流动问题的时候才有意义，求解二维或三维问题时，多使用微分形式的连续性方程。直接对积分形式方程进行变换可以得到微分形式的连续性方程，还可以对微元控制体应用质量守恒定律得到微分形式的连续性方程。这里采用两种方法推导微分形式的连续性方程。

3.2.2 微分形式的连续性方程

由高斯公式得

$$\oiint_A\rho\boldsymbol{v}\cdot\boldsymbol{n}\mathrm{d}A=\iiint_V\nabla\cdot(\rho\boldsymbol{v})\mathrm{d}V$$

将其代入式（3-6），有

$$\iiint_V\left[\frac{\partial\rho}{\partial t}+\nabla\cdot(\rho\boldsymbol{v})\right]\mathrm{d}V=0$$

考虑控制体体积 V 的任意性，有

$$\frac{\partial\rho}{\partial t}+\nabla\cdot(\rho\boldsymbol{v})=0 \tag{3-8a}$$

或

$$\frac{\mathrm{d}\rho}{\mathrm{d}t}+\rho\nabla\cdot\boldsymbol{v}=0 \tag{3-8b}$$

张量形式为

$$\frac{\partial\rho}{\partial t}+\frac{\partial(\rho v_i)}{\partial x_i}=0 \tag{3-8c}$$

或

$$\frac{\mathrm{d}\rho}{\mathrm{d}t}+\rho\frac{\partial v_i}{\partial x_i}=0 \tag{3-8d}$$

在直角坐标系中，连续性方程可写作

$$\frac{\partial\rho}{\partial t}+\frac{\partial(\rho v_x)}{\partial x}+\frac{\partial(\rho v_y)}{\partial y}+\frac{\partial(\rho v_z)}{\partial z}=0 \tag{3-9a}$$

或

$$\frac{\mathrm{d}\rho}{\mathrm{d}t}+\rho\left(\frac{\partial v_x}{\partial x}+\frac{\partial v_y}{\partial y}+\frac{\partial v_z}{\partial z}\right)=0 \tag{3-9b}$$

讨论以下两个问题。

（1）$\frac{\mathrm{d}\rho}{\mathrm{d}t}+\rho\nabla\cdot\boldsymbol{v}=0$ 改写为 $\frac{1}{\rho}\frac{\mathrm{d}\rho}{\mathrm{d}t}=-\nabla\cdot\boldsymbol{v}$，等式左边表示流体微团密度的相对变化率，右边表示流体微团的相对体积膨胀率。当密度增大时，体积减小，所以密度的相对变化率等于负的体积膨胀率。

（2）$\frac{\partial\rho}{\partial t}+\nabla\cdot(\rho\boldsymbol{v})=0$ 表示单位体积内的流体质量变化率与净流出单位体积的流体质量流量之和等于零。

柱坐标系和球坐标系的连续性方程分别写为

$$\frac{\partial\rho}{\partial t}+\frac{1}{r}\frac{\partial(\rho v_r r)}{\partial r}+\frac{1}{r}\frac{\partial(\rho v_\theta)}{\partial\theta}+\frac{\partial(\rho v_z)}{\partial z}=0$$

$$\frac{\partial\rho}{\partial t}+\frac{1}{r^2}\frac{\partial(\rho v_r r^2)}{\partial r}+\frac{1}{r\sin\theta}\frac{\partial(\rho v_\theta\sin\theta)}{\partial\theta}+\frac{1}{r\sin\theta}\frac{\partial(\rho v_\varphi)}{\partial\varphi}=0$$

特殊情况的连续性方程如下。

定常流动时，有

$$\nabla\cdot(\rho\boldsymbol{v})=0 \tag{3-10a}$$

或

$$\frac{\partial(\rho v_i)}{\partial x_i}=0 \tag{3-10b}$$

对于不可压缩流体运动，因为 $\frac{\mathrm{d}\rho}{\mathrm{d}t}=0$，所以有

$$\nabla\cdot\boldsymbol{v}=0 \tag{3-11a}$$

或

$$\frac{\partial v_i}{\partial x_i}=0 \tag{3-11b}$$

式（3-11）表明，对于控制体内的不可压缩流动，在单位时间内流进和流出控制体的流体体积是相等的。由于速度的散度$\nabla\cdot\boldsymbol{v}=0$，不可压缩流体的速度场为无源场。

微分形式的连续性方程还可以用微元直角六面体进行推导。如图 3-2 所示，在流场中任取微元直角六面体 *ABCDEFGH* 作为控制体，其边长为 dx、dy、dz，分别平行于 x、y、z 轴。设流体在该六面体形心 $O'(x, y, z)$处的密度为ρ，速度$\boldsymbol{v}=v_x\boldsymbol{i}+v_y\boldsymbol{j}+v_z\boldsymbol{k}$。根据泰勒级数展开，并略去二阶以上的无穷小量，可得 x 轴方向的速度和密度变化。

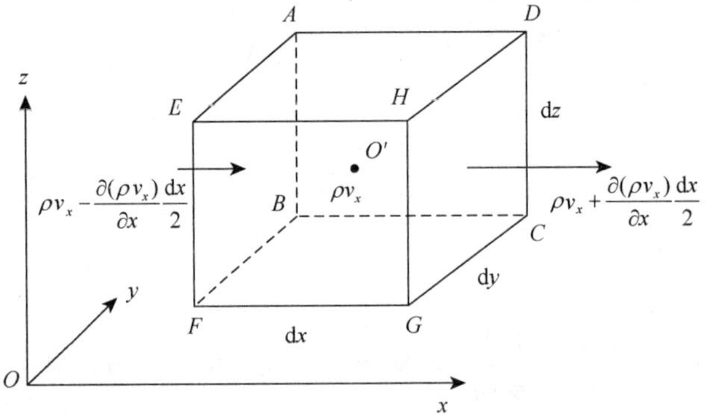

图 3-2　连续性微分方程的推导

在 x 轴方向，单位时间流进与流出控制体的流体质量差为

$$\Delta m_x=\left[\rho v_x-\frac{\partial(\rho v_x)}{\partial x}\frac{\mathrm{d}x}{2}\right]\mathrm{d}y\mathrm{d}z-\left[\rho v_x+\frac{\partial(\rho v_x)}{\partial x}\frac{\mathrm{d}x}{2}\right]\mathrm{d}y\mathrm{d}z=-\frac{\partial(\rho v_x)}{\partial x}\mathrm{d}x\mathrm{d}y\mathrm{d}z$$

同理，在 y、z 轴方向，单位时间流进与流出控制体的流体质量差分别为

$$\Delta m_y=-\frac{\partial(\rho v_y)}{\partial y}\mathrm{d}x\mathrm{d}y\mathrm{d}z$$

$$\Delta m_z=-\frac{\partial(\rho v_z)}{\partial z}\mathrm{d}x\mathrm{d}y\mathrm{d}z$$

单位时间流进与流出控制体的总质量差为

$$\Delta m_x+\Delta m_y+\Delta m_z=-\left[\frac{\partial(\rho v_x)}{\partial x}+\frac{\partial(\rho v_y)}{\partial y}+\frac{\partial(\rho v_z)}{\partial z}\right]\mathrm{d}x\mathrm{d}y\mathrm{d}z$$

流体连续地充满整个控制体，而控制体的体积又固定不变，所以流进与流出控制体的总质量差只可能引起控制体内流体密度的变化。由密度变化引起的单位时间控制体内流体的质量变化为

$$\left(\rho+\frac{\partial\rho}{\partial t}\right)\mathrm{d}x\mathrm{d}y\mathrm{d}z-\rho\mathrm{d}x\mathrm{d}y\mathrm{d}z=\frac{\partial\rho}{\partial t}\mathrm{d}x\mathrm{d}y\mathrm{d}z$$

根据质量守恒定律，单位时间流进与流出控制体的总质量差，必等于单位时间控制体内流体的质量变化，即

$$-\left[\frac{\partial(\rho v_x)}{\partial x}+\frac{\partial(\rho v_y)}{\partial y}+\frac{\partial(\rho v_z)}{\partial z}\right]\mathrm{d}x\mathrm{d}y\mathrm{d}z=\frac{\partial\rho}{\partial t}\mathrm{d}x\mathrm{d}y\mathrm{d}z$$

化简得

$$\frac{\partial\rho}{\partial t}+\frac{\partial(\rho v_x)}{\partial x}+\frac{\partial(\rho v_y)}{\partial y}+\frac{\partial(\rho v_z)}{\partial z}=0 \tag{3-12}$$

3.3　运 动 方 程

运动方程是动量定理在流体运动中的体现，也称为动量方程。推导方程的思路如下：先依据系统的动量定理，结合雷诺输运定理，推导出适用于控制体的积分形式的动量方程，然后应用高斯公式，推导出微分形式的柯西运动方程和纳维-斯托克斯（Navier-Stokes，N-S）方程。

3.3.1　积分形式的运动方程

取一个流体系统 V_s，其边界面为 A_s，如图 3-3 所示。作用在该系统内单位质量流体上的质量力为 $\boldsymbol{f}$，作用在单位界面上的表面力为 $\boldsymbol{\tau}_n$，则作用于系统的合外力为 $\iiint_{V_s}\rho\boldsymbol{f}\mathrm{d}V_s+\oiint_{A_s}\boldsymbol{\tau}_n\mathrm{d}A_s$，系统内流体的动量为 $\iiint_{V_s}\rho\boldsymbol{v}\mathrm{d}V_s$。依据系统的动量定理，系统的动量变化率等于作用于该系统的合外力，即

$$\frac{\mathrm{d}}{\mathrm{d}t}\iiint_{V_s}\boldsymbol{v}\rho\mathrm{d}V_s=\iiint_{V_s}\rho\boldsymbol{f}\mathrm{d}V_s+\oiint_{A_s}\boldsymbol{\tau}_n\mathrm{d}A_s$$

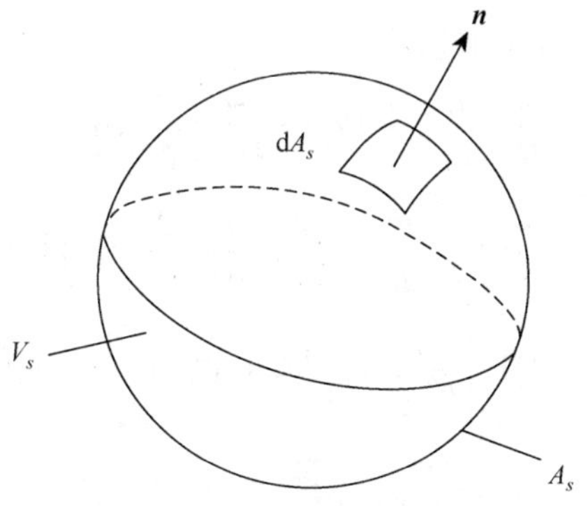

图 3-3　流体系统

由雷诺输运定理，令 $\rho\boldsymbol{v}=\phi$，$V_s=V$，$A_s=A$，得

$$\iiint_V \frac{\partial(\rho \boldsymbol{v})}{\partial t}\mathrm{d}V + \oiint_A \rho \boldsymbol{v}(\boldsymbol{v}\cdot\boldsymbol{n})\mathrm{d}A = \iiint_V \rho \boldsymbol{f}\mathrm{d}V + \oiint_A \boldsymbol{\tau}_n \mathrm{d}A \tag{3-13}$$

式（3-13）为积分形式的运动方程，表明单位时间内控制体的动量变化率与流过控制面的动量净通量之和，等于作用在控制体内流体上的质量力与作用在控制面上表面力的合力。

对于定常流动，$\dfrac{\partial(\rho \boldsymbol{v})}{\partial t}=0$，有

$$\oiint_A \rho \boldsymbol{v}(\boldsymbol{v}\cdot\boldsymbol{n})\mathrm{d}A = \iiint_V \rho \boldsymbol{f}\mathrm{d}V + \oiint_A \boldsymbol{\tau}_n \mathrm{d}A \tag{3-14}$$

式（3-14）表明，作用在控制体内流体上的质量力与作用在控制面上表面力的合力，等于单位时间流出和流进控制体的动量差。

如果是一维定常流动，动量方程可以写作

$$\sum \boldsymbol{F} = \int_{A_2} \rho_2 \boldsymbol{v}_2 \boldsymbol{v}_2 \mathrm{d}A_2 - \int_{A_2} \rho_1 \boldsymbol{v}_1 \boldsymbol{v}_1 \mathrm{d}A_1 = \beta_2 \rho_2 \bar{\boldsymbol{v}}_2 A_2 - \beta_1 \rho_1 \bar{\boldsymbol{v}}_1 A_1 \tag{3-15}$$

式中，$\bar{\boldsymbol{v}}_1$、$\bar{\boldsymbol{v}}_2$分别为沿流向断面 1、2 的平均流速；β_1、β_2分别为断面 1、2 的动量修正系数，$\beta=\dfrac{\int_A \rho \boldsymbol{v}^2 \mathrm{d}A}{\rho \bar{\boldsymbol{v}}^2 A}$。

对于不可压缩均质流体的一维定常流动，动量方程可简化为

$$\sum \boldsymbol{F} = \rho Q\left(\beta_2 \bar{\boldsymbol{v}}_2 - \beta_1 \bar{\boldsymbol{v}}_1\right)$$

一维定常流动的动量方程用途很广，大量实际流动的问题都可以用其求解，如弯管受力、分岔管受力、射流冲击力等，只要这些流动的进出口可以看作一维流动即可。对于进出口处流动比较复杂，不能得到平均流速的流动，或者那些没有明确进出口的流动，如果要进一步明确流场中具体位置的性质与受力的关系，就需要使用微分形式的方程。

3.3.2　柯西方程

将系统的动量变化率作做下变形：

$$\begin{aligned}\frac{\mathrm{d}}{\mathrm{d}t}\iiint_{V_s} \rho \boldsymbol{v}\mathrm{d}V_s &= \iiint_{V_s} \frac{\mathrm{d}}{\mathrm{d}t}\left(\rho \boldsymbol{v}\mathrm{d}V_s\right) = \iiint_{V_s}\left[\frac{\mathrm{d}}{\mathrm{d}t}(\rho \boldsymbol{v})\mathrm{d}V_s + \rho \boldsymbol{v}\frac{\mathrm{d}}{\mathrm{d}t}(\mathrm{d}V_s)\right] \\ &= \iiint_{V_s}\left[\rho\frac{\mathrm{d}\boldsymbol{v}}{\mathrm{d}t} + \boldsymbol{v}\frac{\mathrm{d}\rho}{\mathrm{d}t} + \frac{\rho \boldsymbol{v}}{\mathrm{d}V_s}\frac{\mathrm{d}}{\mathrm{d}t}(\mathrm{d}V_s)\right]\mathrm{d}V_s \\ &= \iiint_{V_s}\left[\rho\frac{\mathrm{d}\boldsymbol{v}}{\mathrm{d}t} + \boldsymbol{v}\left(\frac{\mathrm{d}\rho}{\mathrm{d}t} + \rho\nabla\cdot\boldsymbol{v}\right)\right]\mathrm{d}V_s = \iiint_{V_s} \rho\frac{\mathrm{d}\boldsymbol{v}}{\mathrm{d}t}\mathrm{d}V_s\end{aligned} \tag{3-16}$$

因此，依据动量定理，有

$$\iiint_{V_s} \rho\frac{\mathrm{d}\boldsymbol{v}}{\mathrm{d}t}\mathrm{d}V_s = \iiint_{V_s} \rho \boldsymbol{f}\mathrm{d}V_s + \oiint_{A_s} \boldsymbol{\tau}_n \mathrm{d}A_s \tag{3-17}$$

对式（3-17）等号右边第二项运用高斯公式，有

$$\oiint_{A_s}\boldsymbol{\tau}_n \mathrm{d}A_s = \oiint_{A_s}\boldsymbol{n}\cdot[\boldsymbol{\tau}]\mathrm{d}A_s = \iiint_{V_s}\nabla\cdot[\boldsymbol{\tau}]\mathrm{d}V_s \tag{3-18}$$

将式（3-18）代入式（3-17），得到

$$\iiint_{V_s}\left(\rho\frac{\mathrm{d}\boldsymbol{v}}{\mathrm{d}t}-\rho\boldsymbol{f}-\nabla\cdot[\boldsymbol{\tau}]\right)\mathrm{d}V_s = 0 \tag{3-19}$$

由于被积函数的连续性和系统的任意性，被积函数应等于 0，即

$$\rho\frac{\mathrm{d}\boldsymbol{v}}{\mathrm{d}t}-\rho\boldsymbol{f}-\nabla\cdot[\boldsymbol{\tau}]=0 \tag{3-20a}$$

式中，$\nabla\cdot[\boldsymbol{\tau}]=\boldsymbol{e}_k\frac{\partial}{\partial x_k}\cdot\left(\boldsymbol{e}_i\tau_{ij}\boldsymbol{e}_j\right)=\delta_{ki}\frac{\partial\tau_{ij}}{\partial x_k}\boldsymbol{e}_j=\frac{\partial\tau_{ij}}{\partial x_i}\boldsymbol{e}_j$。

式（3-20a）写成张量形式，为

$$\rho\frac{\mathrm{d}v_j}{\mathrm{d}t}=\rho f_j+\frac{\partial\tau_{ij}}{\partial x_i} \tag{3-20b}$$

式中，$\rho\frac{\mathrm{d}v_j}{\mathrm{d}t}$ 表示单位体积流体的动量变化率；ρf_j 表示单位体积流体的质量力；$\frac{\partial\tau_{ij}}{\partial x_i}$ 表示单位体积流体的表面力。

直角坐标系中，式（3-20b）的展开式为

$$\begin{cases}\rho\left(\dfrac{\partial v_x}{\partial t}+v_x\dfrac{\partial v_x}{\partial x}+v_y\dfrac{\partial v_x}{\partial y}+v_z\dfrac{\partial v_x}{\partial z}\right)=\rho f_x+\dfrac{\partial\tau_{xx}}{\partial x}+\dfrac{\partial\tau_{yx}}{\partial y}+\dfrac{\partial\tau_{zx}}{\partial z}\\ \rho\left(\dfrac{\partial v_y}{\partial t}+v_x\dfrac{\partial v_y}{\partial x}+v_y\dfrac{\partial v_y}{\partial y}+v_z\dfrac{\partial v_y}{\partial z}\right)=\rho f_y+\dfrac{\partial\tau_{xy}}{\partial x}+\dfrac{\partial\tau_{yy}}{\partial y}+\dfrac{\partial\tau_{yz}}{\partial z}\\ \rho\left(\dfrac{\partial v_z}{\partial t}+v_x\dfrac{\partial v_z}{\partial x}+v_y\dfrac{\partial v_z}{\partial y}+v_z\dfrac{\partial v_z}{\partial z}\right)=\rho f_z+\dfrac{\partial\tau_{xz}}{\partial x}+\dfrac{\partial\tau_{yz}}{\partial y}+\dfrac{\partial\tau_{zz}}{\partial z}\end{cases} \tag{3-20c}$$

式（3-20）为用应力表示的微分形式的运动方程，称为柯西方程。

3.3.3　纳维-斯托克斯方程

将本构方程（2-53）代入式（3-20a），得到

$$\begin{aligned}\rho\frac{\mathrm{d}\boldsymbol{v}}{\mathrm{d}t}&=\rho\boldsymbol{f}+\nabla\cdot\left\{2\mu[\boldsymbol{\varepsilon}]-\left(p+\frac{2}{3}\mu\nabla\cdot\boldsymbol{v}-\mu'\nabla\cdot\boldsymbol{v}\right)[\boldsymbol{I}]\right\}\\&=\rho\boldsymbol{f}-\nabla p+\nabla\cdot\left(2\mu[\boldsymbol{\varepsilon}]\right)-\nabla\left(\frac{2}{3}\mu\nabla\cdot\boldsymbol{v}\right)+\nabla\left(\mu'\nabla\cdot\boldsymbol{v}\right)\end{aligned} \tag{3-21}$$

式中，$\nabla\cdot\left(2\mu[\boldsymbol{\varepsilon}]\right)=2\mu\nabla\cdot[\boldsymbol{\varepsilon}]=2\mu\boldsymbol{e}_k\frac{\partial}{\partial x_k}\cdot(\boldsymbol{e}_i\varepsilon_{ij}\boldsymbol{e}_j)=2\mu\frac{\partial\varepsilon_{ij}}{\partial x_i}\boldsymbol{e}_j=\mu\frac{\partial}{\partial x_i}\left(\frac{\partial v_j}{\partial x_i}+\frac{\partial v_i}{\partial x_j}\right)\boldsymbol{e}_j$

$=\mu\left(\frac{\partial^2 v_j}{\partial x_i\partial x_i}+\frac{\partial^2 v_i}{\partial x_i\partial x_j}\right)\boldsymbol{e}_j=\mu\nabla^2\boldsymbol{v}+\mu\nabla\left(\nabla\cdot\boldsymbol{v}\right)$。

当第二黏性系数 $\mu'=0$ 时，式（3-21）可写作

$$\frac{\mathrm{d}\boldsymbol{v}}{\mathrm{d}t}=\boldsymbol{f}-\frac{1}{\rho}\nabla p+\nu\nabla^2\boldsymbol{v}+\frac{1}{3}\nu\nabla\left(\nabla\cdot\boldsymbol{v}\right) \tag{3-22}$$

式中，∇^2 为拉普拉斯算子；$\dfrac{\mathrm{d}\boldsymbol{v}}{\mathrm{d}t}$ 为单位质量流体的惯性力；$\boldsymbol{f}$ 为单位质量流体的质量力；$-\dfrac{1}{\rho}\nabla p$ 为单位质量流体的压差力；$\nu\nabla^2\boldsymbol{v}+\dfrac{1}{3}\nu\nabla\left(\nabla\cdot\boldsymbol{v}\right)$ 为单位质量流体的黏性力。

对于不可压缩流动，$\nabla\cdot\boldsymbol{v}=0$，得

$$\frac{\mathrm{d}\boldsymbol{v}}{\mathrm{d}t}=\boldsymbol{f}-\frac{1}{\rho}\nabla p+\nu\nabla^2\boldsymbol{v} \tag{3-23a}$$

用张量可以表示为

$$\frac{\mathrm{d}v_i}{\mathrm{d}t}=f_i-\frac{1}{\rho}\frac{\partial p}{\partial x_i}+\nu\frac{\partial^2 v_i}{\partial x_j\partial x_j} \tag{3-23b}$$

直角坐标的分量式为

$$\begin{cases}\dfrac{\mathrm{d}v_x}{\mathrm{d}t}=f_x-\dfrac{1}{\rho}\dfrac{\partial p}{\partial x}+\nu\left(\dfrac{\partial^2 v_x}{\partial x^2}+\dfrac{\partial^2 v_x}{\partial y^2}+\dfrac{\partial^2 v_x}{\partial z^2}\right)\\ \dfrac{\mathrm{d}v_y}{\mathrm{d}t}=f_y-\dfrac{1}{\rho}\dfrac{\partial p}{\partial y}+\nu\left(\dfrac{\partial^2 v_y}{\partial x^2}+\dfrac{\partial^2 v_y}{\partial y^2}+\dfrac{\partial^2 v_y}{\partial z^2}\right)\\ \dfrac{\mathrm{d}v_z}{\mathrm{d}t}=f_z-\dfrac{1}{\rho}\dfrac{\partial p}{\partial z}+\nu\left(\dfrac{\partial^2 v_z}{\partial x^2}+\dfrac{\partial^2 v_z}{\partial y^2}+\dfrac{\partial^2 v_z}{\partial z^2}\right)\end{cases} \tag{3-23c}$$

式（3-33）为不可压缩黏性流体的运动微分方程式，即纳维-斯托克斯方程。

3.3.4　葛罗米柯-兰姆方程

将式（3-23a）中的加速度变形，有

$$\frac{\mathrm{d}\boldsymbol{v}}{\mathrm{d}t}=\frac{\partial\boldsymbol{v}}{\partial t}+(\boldsymbol{v}\cdot\nabla)\boldsymbol{v}$$

由场论中的运算公式 $(\boldsymbol{v}\cdot\nabla)\boldsymbol{v}=\nabla\left(\dfrac{v^2}{2}\right)+(\nabla\times\boldsymbol{v})\times\boldsymbol{v}$，可得

$$\rho\left[\frac{\partial\boldsymbol{v}}{\partial t}+\nabla\left(\frac{v^2}{2}\right)+\left(\nabla\times\boldsymbol{v}\right)\times\boldsymbol{v}\right]=\rho\boldsymbol{f}-\nabla p+\mu\nabla^2\boldsymbol{v} \tag{3-24}$$

式（3-24）为葛罗米柯-兰姆形式的运动方程，从该方程能直接看出流动是否有旋，若无旋（$\nabla\times\boldsymbol{v}=0$），方程可以直接简化。

3.3.5　相对运动的运动方程

在分析旋转式流体机械中的流体运动时，会涉及流体的相对运动，此时往往采用固

连于旋转轴上的运动坐标系，该坐标系做旋转运动，需要写出在运动坐标系下的流体运动方程。

流体的绝对速度 $\boldsymbol{v}$ 可以分解为相对速度 $\boldsymbol{v}_r$ 和牵连速度 $\boldsymbol{v}_e$，即

$$\boldsymbol{v}=\boldsymbol{v}_r+\boldsymbol{v}_e \tag{3-25}$$

其中，牵连速度 $\boldsymbol{v}_e$ 可写作

$$\boldsymbol{v}_e=\boldsymbol{v}_0+\boldsymbol{\omega}\times\boldsymbol{r} \tag{3-26}$$

式中，$\boldsymbol{v}_0$ 为运动坐标系中某点 O 的平移速度；$\boldsymbol{\omega}$ 为该点的旋转角速度；$\boldsymbol{r}$ 为流体质点到点 O 的矢径。

绝对加速度 $\boldsymbol{a}$ 的分解形式如下：

$$\boldsymbol{a}=\boldsymbol{a}_r+\boldsymbol{a}_e+\boldsymbol{a}_c \tag{3-27}$$

式中，$\boldsymbol{a}_r$ 为相对加速度；$\boldsymbol{a}_e$ 为牵连加速度；$\boldsymbol{a}_c$ 为科里奥利加速度。

$$\boldsymbol{a}_e=\frac{\mathrm{d}\boldsymbol{v}_e}{\mathrm{d}t}=\frac{\mathrm{d}\boldsymbol{v}_0}{\mathrm{d}t}+\frac{\mathrm{d}\boldsymbol{\omega}}{\mathrm{d}t}\times\boldsymbol{r}+\boldsymbol{\omega}\times(\boldsymbol{\omega}\times\boldsymbol{r})$$

$$\boldsymbol{a}_c=2\boldsymbol{\omega}\times(\boldsymbol{\omega}\times\boldsymbol{v}_r)$$

当点 O 为叶轮的转轴，且叶轮匀速旋转时，$\boldsymbol{a}_e=-\boldsymbol{\omega}^2\boldsymbol{r}$，得到流体的加速度为

$$\frac{\mathrm{d}\boldsymbol{v}}{\mathrm{d}t}=\frac{\mathrm{d}\boldsymbol{v}_r}{\mathrm{d}t}-\boldsymbol{\omega}^2\boldsymbol{r}+2\boldsymbol{\omega}\times\left(\boldsymbol{\omega}\times\boldsymbol{v}_r\right) \tag{3-28}$$

将式（3-28）代入式（3-20a），得到

$$\frac{\mathrm{d}\boldsymbol{v}_r}{\mathrm{d}t}=\boldsymbol{f}+\frac{1}{\rho}\nabla\cdot[\boldsymbol{\tau}]+\boldsymbol{\omega}^2\boldsymbol{r}-2\boldsymbol{\omega}\times(\boldsymbol{\omega}\times\boldsymbol{v}_r) \tag{3-29}$$

式（3-29）为流体相对于等角速度旋转的坐标系的运动方程。

3.3.6　伯努利方程

理想流体的运动微分方程为

$$\frac{\mathrm{d}\boldsymbol{v}}{\mathrm{d}t}=\boldsymbol{f}-\frac{1}{\rho}\nabla p \tag{3-30}$$

式（3-30）也称为欧拉运动微分方程。沿 z 轴的一维定常流动的欧拉方程写为

$$v_z\frac{\mathrm{d}v_z}{\mathrm{d}z}=f_z-\frac{1}{\rho}\frac{\mathrm{d}p}{\mathrm{d}z}$$

当质量力只有重力时，且取向 z 轴为正方向时，用 v 取代 v_z，可写为

$$g\mathrm{d}z+\frac{\mathrm{d}p}{\rho}+v\mathrm{d}v=0$$

当流动不可压时，积分得到

$$zg+\frac{p}{\rho}+\frac{v^2}{2}=C \tag{3-31}$$

式（3-31）即伯努利方程，描述了流体在运动过程中的机械能守恒。从推导过程中可以发现伯努利方程的适用条件是沿流线、定常、无黏、不可压。

对于气体，通常重力相对于惯性力和压差力很小，所以一般都可以忽略，即气体的伯努利方程为

$$\frac{p}{\rho}+\frac{v^2}{2}=C \tag{3-32}$$

当气流在满足伯努利方程的限定条件下减速时，所有动能的减少全部转化为压强势能，引起压强的升高。当气流速度减小到零时，压强达到最大值，这个压强是气体能达到的最大压强，称为总压，也称为滞止压强，定义为

$$p_t = p+\frac{\rho v^2}{2}$$

气体的伯努利方程描述了气体在流动过程中，只要保证定常、无黏、不可压，总压就保持不变。

对于可压缩流动，保证其他 3 个条件（沿流线、定常、无黏），并加入与外界绝热的条件，就可以推导出伯努利方程。在无黏且和外界无热量交换的条件下，流动是等熵的（k 为气体的等熵指数），等熵过程方程为

$$\frac{p}{\rho^k}=C$$

将等熵过程方程代入式（3-32），经变换可得同一流线上任意两点，有

$$\frac{k}{k-1}\frac{p_1}{\rho_1}\left[\left(\frac{p_2}{p_1}\right)^{\frac{k-1}{k}}-1\right]+\frac{v_2^2-v_1^2}{2}=0$$

根据完全气体的状态方程 $p=\rho RT$，可得

$$\frac{k}{k-1}RT_1\left[\left(\frac{p_2}{p_1}\right)^{\frac{k-1}{k}}-1\right]+\frac{v_2^2-v_1^2}{2}=0 \tag{3-33}$$

式（3-33）称为可压缩流动的伯努利方程，它是伯努利方程的扩展。注意到这个公式中有温度，也就是说有内能的影响，因此可压缩流动的伯努利方程不再遵守机械能守恒。

由等熵过程方程和完全气体的状态方程，得到

$$\left(\frac{p_2}{p_1}\right)^{\frac{k-1}{k}}=\frac{T_2}{T_1}$$

再结合等压比热容公式 $C_p=\frac{k}{k-1}R$，式（3-33）可以改写为

$$C_p\left(T_2-T_1\right)+\frac{v_2^2-v_1^2}{2}=0$$

因为等压比热容与温度的乘积为焓，即 $C_pT=h$，所以可写作 $h+\frac{v^2}{2}=C$，即流动过程中焓与动能之和保持不变。

采用内能与焓的关系式 $h=e+\dfrac{p}{\rho}$，有

$$e+\frac{p}{\rho}+\frac{v^2}{2}=C \tag{3-34}$$

式中，e 为单位质量流体的内能。

对比不可压缩流动的伯努利方程（3-31），可以看到式（3-34）多出了内能项，这表明可压缩流动的伯努利方程表示的是流体的总能量（内能和机械能）守恒。

3.4　能 量 方 程

将能量守恒定律用于运动流体，可得到能量方程。推导过程与前面类似，先依据系统的能量守恒关系，结合雷诺输运定理，推导出积分形式的能量方程，然后将其变形得到微分形式的能量方程。

3.4.1　积分形式的能量方程

流体运动过程中伴随着机械能与内能之间的相互转换，所以需要从能量的守恒和转换角度考虑。流体系统可近似为一个处于平衡状态的热力学系统，由于流体处于持续的流动中，应考虑流体瞬时总能量即内能与动能之和的变化。用热力学第一定律表述：处于流动中的一个流体系统的总能量的变化率等于外力对该系统的做功功率和外界对该系统的传热功率之和。

流体系统的总能量为 $\iiint_{V_s}\rho\left(e+\dfrac{v^2}{2}\right)\mathrm{d}V_s$，其中 e 为单位质量流体的内能，$\dfrac{v^2}{2}$ 为单位质量流体的动能。外力做功功率为 $\iiint_{V_s}\rho\boldsymbol{f}\cdot\boldsymbol{v}\mathrm{d}V_s+\oiint_{A_s}\boldsymbol{\tau}_n\cdot\boldsymbol{v}\mathrm{d}A_s$。

由傅里叶定律，单位时间通过系统表面导热方式传递给流体系统的热量为 $k\dfrac{\partial T}{\partial n}\mathrm{d}A_s$，单位时间由于辐射或其他原因传递给单位质量流体的热量为 q，因此外界对系统的传热功率为 $\oiint_{A_s}k\dfrac{\partial T}{\partial n}\mathrm{d}A_s+\iiint_{V_s}\rho q\mathrm{d}V_s$。

因此，能量方程为

$$\frac{\mathrm{d}}{\mathrm{d}t}\iiint_{V_s}\rho\left(e+\frac{v^2}{2}\right)\mathrm{d}V_s=\iiint_{V_s}\rho\boldsymbol{f}\cdot\boldsymbol{v}\mathrm{d}V_s+\oiint_{A_s}\boldsymbol{\tau}_n\cdot\boldsymbol{v}\mathrm{d}A_s+\oiint_{A_s}k\frac{\partial T}{\partial n}\mathrm{d}A_s+\iiint_{V_s}\rho q\mathrm{d}V_s \tag{3-35}$$

由雷诺输运定理，令 $A_s=A$，$V_s=V$，$\phi=\rho\left(e+\dfrac{v^2}{2}\right)$，得到

$$\begin{aligned}&\iiint_V\frac{\partial}{\partial t}\left[\rho\left(e+\frac{v^2}{2}\right)\right]\mathrm{d}V+\oiint_A\rho\left(e+\frac{v^2}{2}\right)v_n\mathrm{d}A\\&=\iiint_V\rho\boldsymbol{f}\cdot\boldsymbol{v}\mathrm{d}V+\oiint_A\boldsymbol{\tau}_n\cdot\boldsymbol{v}\mathrm{d}A+\oiint_A k\frac{\partial T}{\partial n}\mathrm{d}A+\iiint_V\rho q\mathrm{d}V\end{aligned} \tag{3-36}$$

式（3-36）为积分形式的能量方程。

流动定常时，有

$$\oiint_A \rho\left(e+\frac{v^2}{2}\right)v_n\mathrm{d}A=\iiint_V \rho \boldsymbol{f}\cdot\boldsymbol{v}\mathrm{d}V+\oiint_A \boldsymbol{\tau}_n\cdot\boldsymbol{v}\mathrm{d}A+\oiint_A k\frac{\partial T}{\partial n}\mathrm{d}A+\iiint_V \rho q\mathrm{d}V$$

3.4.2 微分形式的能量方程

1. 总能量方程

如同式（3-16），总能量的变化率可写为

$$\frac{\mathrm{d}}{\mathrm{d}t}\iiint_{V_s}\rho\left(e+\frac{v^2}{2}\right)\mathrm{d}V_s=\iiint_{V_s}\rho\frac{\mathrm{d}}{\mathrm{d}t}\left(e+\frac{v^2}{2}\right)\mathrm{d}V_s$$

利用高斯公式，将式（3-35）中的面积分转换成体积分，即

$$\oiint_{A_s}\boldsymbol{\tau}_n\cdot\boldsymbol{v}\mathrm{d}A_s=\oiint_{A_s}\boldsymbol{n}\cdot[\boldsymbol{\tau}]\cdot\boldsymbol{v}\mathrm{d}A_s=\oiint_{A_s}\boldsymbol{n}\cdot([\boldsymbol{\tau}]\cdot\boldsymbol{v})\mathrm{d}A_s=\iiint_{V_s}\nabla\cdot([\boldsymbol{\tau}]\cdot\boldsymbol{v})\mathrm{d}V_s$$

$$\oiint_{A_s}k\frac{\partial T}{\partial n}\mathrm{d}A_s=\oiint_{A_s}k(\nabla T)\cdot\boldsymbol{n}\mathrm{d}A_s=\iiint_{V_s}\nabla\cdot(k\nabla T)\mathrm{d}V_s$$

将其代入式（3-35）得到

$$\iiint_{V_s}\rho\frac{\mathrm{d}\left(e+\frac{v^2}{2}\right)}{\mathrm{d}t}\mathrm{d}V_s=\iiint_{V_s}\rho\boldsymbol{f}\cdot\boldsymbol{v}\mathrm{d}V_s+\iiint_{V_s}\nabla\cdot([\boldsymbol{\tau}]\cdot\boldsymbol{v})\mathrm{d}V_s+\iiint_{V_s}\nabla\cdot(k\nabla T)\mathrm{d}V_s+\iiint_{V_s}\rho q\mathrm{d}V_s \tag{3-37}$$

由于被积函数的连续性和系统体积的任意性，有

$$\rho\frac{\mathrm{d}\left(e+\frac{v^2}{2}\right)}{\mathrm{d}t}=\rho\boldsymbol{f}\cdot\boldsymbol{v}+\nabla\cdot([\boldsymbol{\tau}]\cdot\boldsymbol{v})+\nabla\cdot(k\nabla T)+\rho q \tag{3-38}$$

或

$$\rho\frac{\mathrm{d}e}{\mathrm{d}t}+\rho\frac{\mathrm{d}}{\mathrm{d}t}\left(\frac{v_iv_i}{2}\right)=\rho f_iv_i+\frac{\partial}{\partial x_i}(\tau_{ij}v_j)+\frac{\partial}{\partial x_i}\left(k\frac{\partial T}{\partial x_i}\right)+\rho q \tag{3-39}$$

式中，$\rho\frac{\mathrm{d}e}{\mathrm{d}t}$为单位体积流体内能的随体导数；$\rho\frac{\mathrm{d}}{\mathrm{d}t}\left(\frac{v_iv_i}{2}\right)$为单位体积流体动能的随体导数；$\rho f_iv_i$为质量力对单位体积流体做功的功率；$\frac{\partial}{\partial x_i}(\tau_{ij}v_j)$为表面力对单位体积流体做功的功率；$\frac{\partial}{\partial x_i}\left(k\frac{\partial T}{\partial x_i}\right)$为单位时间内由于导热传递给单位体积的热量；$\rho q$为单位时间、单位体积内由其他方式增加的热量。

式（3-38）和式（3-39）为微分形式的总能量方程。

2. 动能方程

表面力做功为

$$\nabla\cdot([\boldsymbol{\tau}]\cdot\boldsymbol{v})=\frac{\partial}{\partial x_i}\left(\tau_{ij}v_j\right)=v_j\frac{\partial\tau_{ij}}{\partial x_i}+\tau_{ij}\frac{\partial v_j}{\partial x_i}=v_j\frac{\partial\tau_{ij}}{\partial x_i}+\tau_{ij}\varepsilon_{ij}=\boldsymbol{v}\left(\nabla\cdot[\boldsymbol{\tau}]\right)+[\boldsymbol{\tau}]:[\boldsymbol{\varepsilon}]$$

表面力所做的功可以分解成两部分：$\boldsymbol{v}\left(\nabla\cdot[\boldsymbol{\tau}]\right)$为表面力改变做功，$[\boldsymbol{\tau}]:[\boldsymbol{\varepsilon}]$为流体变形时表面力做功，代入式（3-38），得到

$$\rho\frac{\mathrm{d}e}{\mathrm{d}t}+\rho\frac{\mathrm{d}}{\mathrm{d}t}\left(\frac{v^2}{2}\right)=\rho\boldsymbol{f}\cdot\boldsymbol{v}+\boldsymbol{v}\left(\nabla\cdot[\boldsymbol{\tau}]\right)+[\boldsymbol{\tau}]:[\boldsymbol{\varepsilon}]+\nabla\cdot\left(k\nabla T\right)+\rho q \tag{3-40}$$

将式（3-40）中内能和动能的随体导数分开，导出与动能的随体导数有关的做功项。将式（3-20a）两边分别乘以速度$\boldsymbol{v}$，得

$$\rho\boldsymbol{v}\cdot\frac{\mathrm{d}\boldsymbol{v}}{\mathrm{d}t}=\rho\boldsymbol{f}\cdot\boldsymbol{v}+\boldsymbol{v}\cdot\left(\nabla\cdot[\boldsymbol{\tau}]\right) \tag{3-41a}$$

或

$$\rho\frac{\mathrm{d}}{\mathrm{d}t}\left(\frac{v_iv_i}{2}\right)=\rho f_iv_i+v_j\frac{\partial\tau_{ij}}{\partial x_i} \tag{3-41b}$$

式（3-41b）表明，动能的随体导数等于单位时间的质量力做功和表面力改变做功之和。

3. 内能（热力学能）方程

将式（3-41a）代入式（3-40），可得

$$\rho\frac{\mathrm{d}e}{\mathrm{d}t}=[\boldsymbol{\tau}]:[\boldsymbol{\varepsilon}]+\nabla\cdot\left(k\nabla T\right)+\rho q \tag{3-42a}$$

或

$$\rho\frac{\mathrm{d}e}{\mathrm{d}t}=\tau_{ij}\varepsilon_{ij}+\frac{\partial}{\partial x_i}\left(k\frac{\partial T}{\partial x_i}\right)+\rho q \tag{3-42b}$$

式（3-42b）表明，内能的随体导数等于单位时间内流体变形时表面力做功、导热及由其他方式传入的热量之和。现分析$[\boldsymbol{\tau}]:[\boldsymbol{\varepsilon}]$，依据本构方程有

$$[\boldsymbol{\tau}]:[\boldsymbol{\varepsilon}]=\tau_{ij}\varepsilon_{ij}=2\mu\varepsilon_{ij}\varepsilon_{ij}+\lambda(\nabla\cdot\boldsymbol{v})^2-p\nabla\cdot\boldsymbol{v} \tag{3-43}$$

可见，流体变形时表面力做功由两部分组成：$-p\nabla\cdot\boldsymbol{v}$表示流体变形时压强$p$所做的功；$2\mu\varepsilon_{ij}\varepsilon_{ij}+\lambda(\nabla\cdot\boldsymbol{v})^2$表示流体变形时黏性应力所做的功，即流体由于黏性在发生变形时所耗损的机械能，这部分能量全部转化为热能，是一个不可逆过程，将其记为

$$\varPhi=2\mu\varepsilon_{ij}\varepsilon_{ij}+\lambda(\nabla\cdot\boldsymbol{v})^2 \tag{3-44}$$

式中，$\varPhi$称为耗散函数，反映单位体积流体的动能黏性耗散率。

当$\mu'\approx 0$时，$\lambda=-\dfrac{2}{3}\mu$，在直角坐标系中展开$\varPhi$，有

$$\varPhi=2\mu\left(\varepsilon_{xx}^2+\varepsilon_{yy}^2+\varepsilon_{zz}^2+2\varepsilon_{xy}^2+2\varepsilon_{xz}^2+2\varepsilon_{yz}^2\right)-\frac{2}{3}\mu\left(\varepsilon_{xx}+\varepsilon_{yy}+\varepsilon_{zz}\right)^2 \tag{3-45}$$

将耗散函数代入式（3-42a），最终得到热力学能（内能）方程为

$$\rho\frac{\mathrm{d}e}{\mathrm{d}t}=-p\nabla\cdot\boldsymbol{v}+\Phi+\nabla\cdot\left(k\nabla T\right)+\rho q \tag{3-46}$$

式（3-46）表明，单位时间、单位体积内的流体热力学能的变化率等于压强做功、外加热量和由于黏性而耗散的机械能之和。

在对式（3-46）的推导过程中，可归纳总结如下。

（1）将势能表示为做功的形式，则流体的能量包含内能和动能两项。

（2）质量力只引起流体动能的变化，不影响内能。

（3）与外界的换热只引起内能的变化，不影响动能。

（4）压强通过膨胀与收缩引起流体动能与内能之间的转化，即膨胀功和压缩功，这种转化是可逆的。

（5）流体微团平移时，压强和黏性力都只影响流体的动能。

（6）流体做变形运动时，黏性力导致流体的动能不可逆地转化为内能。

对于理想流体，没有黏性，即没有机械能损耗，耗散函数 $\Phi=0$；如果流体没有任何变形，同样，$\Phi=0$。上述情况下，热力学能方程可写作

$$\rho\frac{\mathrm{d}e}{\mathrm{d}t}=-p\nabla\cdot\boldsymbol{v}+\nabla\cdot(k\nabla T)+\rho q \tag{3-47}$$

可将式（3-46）用熵 s 或焓 h 表示，推导如下：

$$p\nabla\cdot\boldsymbol{v}=-\frac{p}{\rho}\frac{\mathrm{d}\rho}{\mathrm{d}t}=p\rho\frac{\mathrm{d}}{\mathrm{d}t}\left(\frac{1}{\rho}\right)$$

代入式（3-46），得

$$\rho\left[\frac{\mathrm{d}e}{\mathrm{d}t}+p\frac{\mathrm{d}}{\mathrm{d}t}\left(\frac{1}{\rho}\right)\right]=\Phi+\nabla\cdot(k\nabla T)+\rho q$$

由热力学方程

$$T\frac{\mathrm{d}s}{\mathrm{d}t}=\frac{\mathrm{d}e}{\mathrm{d}t}+p\frac{\mathrm{d}}{\mathrm{d}t}\left(\frac{1}{\rho}\right)$$

或

$$\frac{\mathrm{d}h}{\mathrm{d}t}=\frac{\mathrm{d}e}{\mathrm{d}t}+p\frac{\mathrm{d}}{\mathrm{d}t}\left(\frac{1}{\rho}\right)+\frac{1}{\rho}\frac{\mathrm{d}p}{\mathrm{d}t}$$

得到

$$\rho T\frac{\mathrm{d}s}{\mathrm{d}t}=\Phi+\nabla\cdot(k\nabla T)+\rho q \tag{3-48}$$

或

$$\rho\frac{\mathrm{d}h}{\mathrm{d}t}=\frac{\mathrm{d}p}{\mathrm{d}t}+\Phi+\nabla\cdot(k\nabla T)+\rho q \tag{3-49}$$

式（3-48）表明，由于黏性耗损的机械能和由于导热或其他方式传入的热量之和产生熵的变化。

对于大多数流体，可认为 $\mathrm{d}e = C_V \mathrm{d}T$ ， $\mathrm{d}h = C_p \mathrm{d}T$ 。这里的 C_V 为比定容热容，$C_V = \left(\dfrac{\partial e}{\partial T}\right)_V$ ； C_p 为比定压热容， $C_p = \left(\dfrac{\partial h}{\partial T}\right)_p$ 。当流体不可压时， $\nabla \cdot \boldsymbol{v}=0$ ， $C_V = C_p$ 。因此，式（3-48）和式（3-49）可分别写为

$$\rho C_V \frac{\mathrm{d}T}{\mathrm{d}t} = \varPhi + \nabla \cdot (k \nabla T) + \rho q \tag{3-50}$$

$$\rho C_p \frac{\mathrm{d}T}{\mathrm{d}t} = \frac{\mathrm{d}p}{\mathrm{d}t} + \varPhi + \nabla \cdot (k \nabla T) + \rho q \tag{3-51}$$

式中， C_V 、 C_p 、T 为常数。

而对于液体， $C_V \approx C_p$ ， $\dfrac{\mathrm{d}p}{\mathrm{d}t} \approx 0$ ，式（3-50）和式（3-51）是一样的。在直角坐标系下展开，得到

$$\begin{aligned}\frac{\mathrm{d}T}{\mathrm{d}t} = \frac{\mu}{\rho C_p}&\left[2\left(\frac{\partial v_x}{\partial x}\right)^2 + 2\left(\frac{\partial v_y}{\partial y}\right)^2 + 2\left(\frac{\partial v_z}{\partial z}\right)^2 + \left(\frac{\partial v_x}{\partial y} + \frac{\partial v_y}{\partial x}\right)^2 + \left(\frac{\partial v_y}{\partial z} + \frac{\partial v_z}{\partial y}\right)^2 + \left(\frac{\partial v_x}{\partial z} + \frac{\partial v_z}{\partial x}\right)^2\right] \\ &+ \frac{k}{\rho C_p}\left[\frac{\partial^2 T}{\partial x^2} + \frac{\partial^2 T}{\partial y^2} + \frac{\partial^2 T}{\partial z^2}\right] + \frac{q}{C_p}\end{aligned} \tag{3-52}$$

3.5　流体力学的基本方程组及定解条件

前面推导出来的连续性方程、运动方程和能量方程是描述流体运动的基本方程，利用本构方程将方程组封闭，加上定解条件，理论上可以对流动问题予以求解。

3.5.1　流体力学的基本方程组

流体力学的基本方程组包括连续性方程（3-8a）、运动方程（3-20a）、能量方程（3-46）、本构方程（2-53）和状态方程，即

$$\begin{cases}\dfrac{\partial \rho}{\partial t} + \nabla \cdot (\rho \boldsymbol{v}) = 0 \\ \rho \dfrac{\mathrm{d}\boldsymbol{v}}{\partial t} = \rho \boldsymbol{f} + \nabla \cdot [\boldsymbol{\tau}] \\ \rho \dfrac{\mathrm{d}e}{\partial t} = -p \nabla \cdot \boldsymbol{v} + \varPhi + \nabla \cdot (k \nabla T) + \rho q \\ [\boldsymbol{\tau}] = 2\mu[\boldsymbol{\varepsilon}] - \left(p + \dfrac{2}{3}\mu \nabla \cdot \boldsymbol{v} - \mu' \nabla \cdot \boldsymbol{v}\right)[\boldsymbol{I}] \\ p = p(\rho, T)\end{cases} \tag{3-53}$$

式（3-53）共 7 个方程式，未知量有 7 个，即 p、 ρ 、e、T 和 3 个速度分量 v_i 。其中，

$e = e(\rho, T)$，其他参数如 μ 、k 分别是压强和温度的函数，可由实验确定。如果是完全气体，则 $p = \rho RT$ ，$e = C_V T$。

在不同情况下，方程组可以化简，具体如下。

1）不可压缩黏性均质流体

对于不可压缩黏性均质流体，ρ 为常数，动力黏度 μ 和导热系数 k 均视为常数，$\mu' = 0$，基本方程组可写为

$$\begin{cases} \nabla \cdot \boldsymbol{v} = 0 \\ \rho \dfrac{\mathrm{d}\boldsymbol{v}}{\partial t} = \rho \boldsymbol{f} - \nabla p + \mu \nabla^2 \boldsymbol{v} \\ \rho C_V \dfrac{\mathrm{d}T}{\partial t} = \varPhi + \nabla \cdot (k \nabla T) + \rho q \end{cases} \tag{3-54}$$

方程组（3-54）共 5 个方程式，未知量 5 个，即 p、T 和 3 个速度分量 v_i。

2）理想可压缩流体

设气体为完全气体且绝热，补充完全气体的绝热过程方程，则基本方程组为

$$\begin{cases} \dfrac{\partial \rho}{\partial t} + \nabla \cdot (\rho \boldsymbol{v}) = 0 \\ \rho \dfrac{\mathrm{d}\boldsymbol{v}}{\partial t} = \rho \boldsymbol{f} - \nabla p \\ \dfrac{p}{\rho^k} = \text{常数} \end{cases} \tag{3-55}$$

方程组（3-55）共 5 个方程式，未知量 5 个，即 p、ρ 和 3 个速度分量 v_i。

3）理想不可压缩流体

对于理想不可压缩流体，$\nabla \cdot \boldsymbol{v} = 0$，$\rho$为常数，简化后的基本方程组为

$$\begin{cases} \nabla \cdot \boldsymbol{v} = 0 \\ \rho \dfrac{\mathrm{d}\boldsymbol{v}}{\partial t} = \rho \boldsymbol{f} - \nabla p \end{cases} \tag{3-56}$$

方程组（3-56）共 4 个方程式，未知量 4 个，即 p 和 3 个速度分量 v_i。

流体力学的基本方程组是偏微分形式，需联立求解，一般情况下理论解的求解很困难，往往采用数值求解方式得到其近似解。

3.5.2 定解条件

所有流体的运动都要满足基本方程组，但满足同一微分方程的流体运动可以有多种，为了使方程组得到唯一解，就必须要使得方程满足定解条件，即流动的初始条件和边界条件。

1. *初始条件*

初始条件是指方程组的解应满足初始时刻给定的函数值，即在 $t = t_0$ 时，有

$$\begin{cases} \boldsymbol{v} = \boldsymbol{v}(\boldsymbol{r},t_0) = \boldsymbol{v}_0(\boldsymbol{r}) \\ p = p(\boldsymbol{r},t_0) = p_0(\boldsymbol{r}) \\ T = T(\boldsymbol{r},t_0) = T_0(\boldsymbol{r}) \\ \rho = \rho(\boldsymbol{r},t_0) = \rho_0(\boldsymbol{r}) \end{cases} \tag{3-57}$$

对于定常流动，没有初始条件。

2. 边界条件

边界条件是指在运动流体的边界上方程组的解应满足的条件，边界条件随具体流动问题确定，一般可以分成三种情况：固体壁面边界、不同流体的分界面和流动的进出口边界。

1）固体壁面边界

当固体壁面不可渗透时，对于黏性流体，满足无滑移条件，即

$$\boldsymbol{v} = \boldsymbol{v}_{\mathrm{w}} \tag{3-58}$$

式中，$\boldsymbol{v}$、$\boldsymbol{v}_{\mathrm{w}}$ 分别为固体壁面处流体的速度和固体壁面的运动速度，当壁面静止时，$\boldsymbol{v}=0$。

对于理想流体，可存在滑移，满足不渗透条件，即

$$v_n = v_{\mathrm{w},n} \tag{3-59}$$

式中，下标 n 表示壁面的法线方向，当壁面静止时，$v_n = 0$。

此外，还有壁面的温度边界条件：

$$T = T_{\mathrm{w}} \text{ 或 } \left(-k\frac{\partial T}{\partial n}\right)_{\mathrm{w}} = q_{\mathrm{w}} \tag{3-60}$$

式中，T、T_{W} 分别为固体壁面处流体和固体壁面的温度；$\dfrac{\partial T}{\partial n}$ 为固体壁面外法线方向的温度梯度；q_{w} 为通过单位面积的热传导量。

2）不同流体的分界面

（1）液体与大气的分界面。

液体和大气的分界面，即自由液面。不考虑表面张力的情况下，液面上的压强 p 应与外界压强 p_0 相等。由于气体的密度和黏度较小，气体的运动一般不会对液体产生显著影响，认为壁面切应力为零，因此自由液面的边界条件可以写为

$$p = p_0 ,\quad \tau_0 = 0 \tag{3-61}$$

如果自由液面的形状未知，还需要补充一个自由液面的运动学边界条件：

$$\frac{\partial F}{\partial t} + \boldsymbol{v}_{\mathrm{f}} \cdot \nabla F = 0 \tag{3-62}$$

式中，$F(x,y,z,t) = 0$ 为自由面方程，是未知函数；$\boldsymbol{v}_{\mathrm{f}}$ 为自由液面上流体的速度。

（2）液液界面。

分界面两侧速度、温度连续，不考虑表面张力时，压强 p 也是连续的，即

$$\boldsymbol{v}_1 = \boldsymbol{v}_2 ,\quad T_1 = T_2 ,\quad p_1 = p_2 \tag{3-63}$$

式中，下标 1、2 表示两种不同的流体。

对于理想流体，切向速度和温度可以是间断的。

3）流动的进出口界面

（1）无界区域。

$$\boldsymbol{v}=\boldsymbol{v}_\infty, \quad p=p_\infty, \quad T=T_\infty, \quad \rho=\rho_\infty$$

（2）有界区域。

流体运动与流道进出口的速度、压强、温度有关，边界条件视具体流动情况而定。

例 3.1　图 3-4 所示为二维通道内的定常流动，进口截面速度分布均匀，设出口截面远离进口截面，在流体离开出口时已充分发展。试写出管道壁面及进出口截面的边界条件。

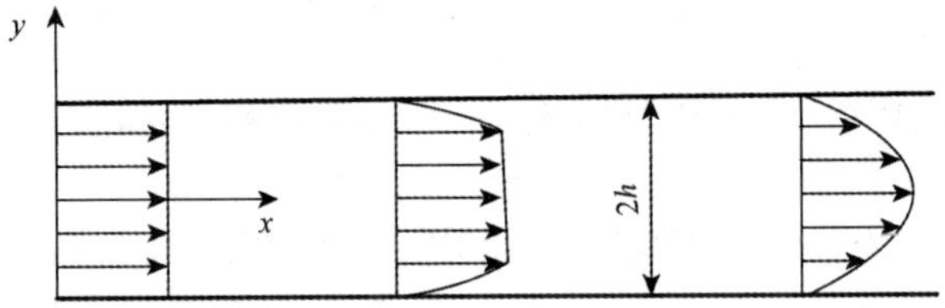

图 3-4　例 3.1 用图

解：求解区域包括进出口截面与管壁，在管壁处取无滑移条件，有

$$y=\pm h, \quad v_x=v_y=0$$

在通道进口处，有

$$x=0, \quad v_x=U_0, \quad v_y=0, \quad p=p_0$$

在通道出口处，有

$$x\to\infty, \quad \frac{\partial v_x}{\partial x}=0$$

例 3.2　分别写出均匀流绕固体圆球、圆球状液滴和圆球状气泡流动的边界条件，如图 3-5 所示，圆球半径为 a，来流速度为 U。

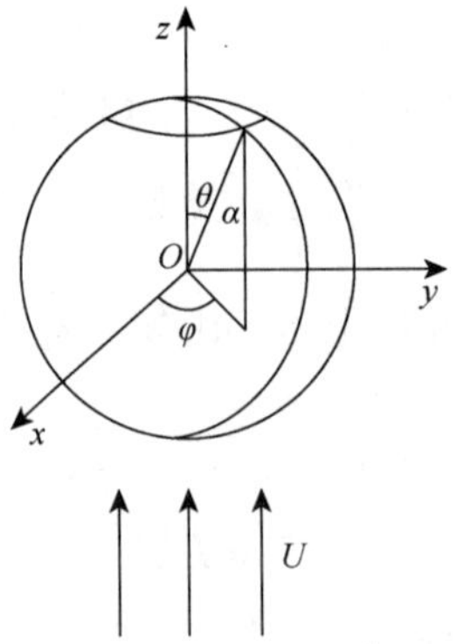

图 3-5　例 3.2 用图

解：由于任一通过 z 轴的平面上的流动都是相同的，只需要研究一个平面的流动即可，另外 $v_\varphi = 0$，流动为轴对称流动。

（1）绕流固体圆球时，有

$$r = a\,,\quad v_r = v_\theta = 0$$
$$r \to \infty\,,\quad v_r = U\cos\theta\,,\quad v_\theta = -U\sin\theta\,,\quad p = p_\infty$$

（2）绕圆球状液滴流动时需分别考虑液滴内、外两部分，应分别给出液滴内、外和界面上的边界条件，用 1、2 分别代表液滴内、外，有

$$r = 0\,,\quad v_r \text{和} v_\theta \text{为有限值}$$
$$r = a\,,\quad v_{r1} = v_{r2} = 0\,,\quad v_{\theta 1} = v_{\theta 2}\,,\quad \sigma_{r\theta 1} = \sigma_{r\theta 2}$$
$$r \to \infty\,,\quad v_{r2} = U\cos\theta\,,\quad v_{\theta 2} = -U\sin\theta\,,\quad p_2 = p_\infty$$

（3）绕流圆球状气泡时，只需考虑气泡外部流动即可，假设气体对液体只有压强作用而无黏性剪切作用，有

$$r = a\,,\quad v_r = 0\,,\quad \sigma_{r\theta} = 0$$
$$r \to \infty\,,\quad v_r = U\cos\theta\,,\quad v_\theta = -U\sin\theta\,,\quad p = p_\infty$$

习　题

3.1　利用直角坐标和圆柱坐标间的函数关系，从直角坐标系的连续性方程出发推导圆柱坐标系中的连续性方程。

3.2　利用直角坐标和球坐标间的函数关系，从直角坐标系的连续性方程出发推导球坐标系中的连续性方程。

3.3　已知一维速度场 $v_x = v_x(x,t)$，流体密度变化规律为 $\rho = \rho_0(2 - \cos\omega t)$，已知 $v_x(0,t) = U$，试确定 $v_x(x,t)$ 的表达式。

3.4　已知速度场 $v_x = \dfrac{x}{t_0 + t}$，$v_y = \dfrac{y}{t_0 + 2t}$，其中 t_0 为常数，利用连续性方程求密度场 $\rho(t)$，已知 $\rho(0) = \rho_0$。

3.5　已知某一不可压缩流动在 x 轴方向的速度分量为 $v_x = ax^2 + by$，z 轴方向速度分量为零，求 y 轴方向的速度分量，其中 a 和 b 均为常数，已知 $y = 0$ 处 $v_y = 0$。

3.6　已知流体质点在坐标原点上的速度为 0，且速度分量为 $v_x = 5x$，$v_y = -3y$，求能构成不可压缩流体运动的第三个速度分量 v_z。

3.7　已知速度场 $\boldsymbol{v} = (az - bz^2)\boldsymbol{i} + cz\boldsymbol{j}$，试求：(1) 切应力的表达式；(2) 压强梯度 ∇p。其中，忽略重力影响，流体的动力黏度为 μ。

3.8　证明方程 $\dfrac{\partial(\rho v_i)}{\partial t} + v_j \dfrac{\partial(\rho v_i v_j)}{\partial x_j} = \dfrac{\partial \tau_{ji}}{\partial x_j} + \rho f_i$ 可化简为 $\rho\dfrac{\partial v_i}{\partial t} + \rho v_j \dfrac{\partial (v_i v_j)}{\partial x_j} = \dfrac{\partial \tau_{ji}}{\partial x_j} + \rho f_i$。

3.9　利用焓定义式 $h=e+\dfrac{p}{\rho}$ 证明能量方程 $\rho\dfrac{\mathrm{d}e}{\mathrm{d}t}=-p\nabla\cdot\boldsymbol{v}+\nabla\cdot(k\nabla T)+\rho q$ 可表示为 $\rho\dfrac{\mathrm{d}h}{\mathrm{d}t}=\dfrac{\mathrm{d}p}{\mathrm{d}t}+\varPhi+\nabla\cdot(k\nabla T)+\rho q$ 。

3.10　两个无限大平板间不可压缩流体的速度呈线性分布，$v_x=\dfrac{y}{h}U$ 。由于黏性应力做功，部分机械能转化为内能，求流场内单位体积的内能变化率。忽略导热影响，流体密度可视为常数。

3.11　两个无限大平板间不可压缩流体的速度呈线性分布，$v_x=-\dfrac{1}{2\mu}\dfrac{\mathrm{d}p}{\mathrm{d}x}y(h-y)$ 。由于黏性应力做功，部分机械能转化为内能，求流场内单位体积的内能变化率，忽略导热影响，流体密度可视为常数。

3.12　设作用在黏性流体上的质量力可忽略，且仅考虑热传导，试证明质量守恒定律、动量守恒定律及能量守恒定律都可写为如下形式：

$$\frac{\partial \boldsymbol{B}}{\partial t}=-\operatorname{div}\boldsymbol{A}$$

3.13　如题 3.13 图所示，假定流动是对称的，写出常物性不可压缩流体流经一个二维突扩区域的稳态层流换热问题的基本方程组和边界条件。

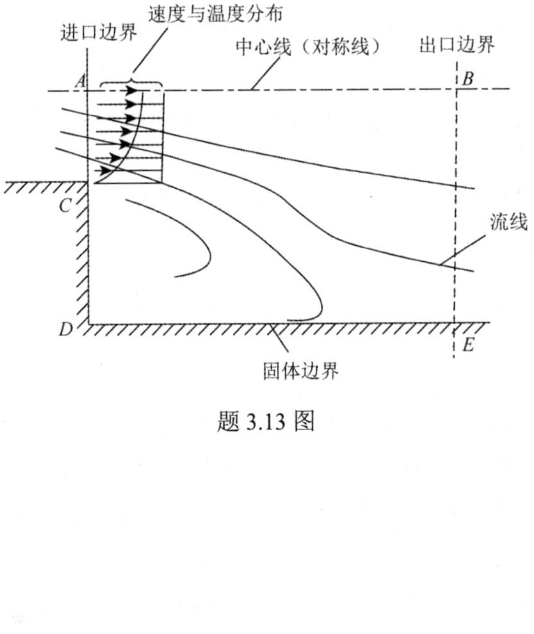

题 3.13 图

第 4 章　流体的旋涡运动

本章通过流体的旋涡运动，即旋涡动力学性质的研究，揭示旋涡的产生、发展和耗散的规律，并讨论由给定的旋涡场求解速度场的问题。

大多数的实际流体运动都是有旋的，有的有旋运动明显可见，如绕流物体尾部的旋涡、大气中的龙卷风等；在更多的情况下，肉眼难以观察流体运动的有旋性，如绕流物体时形成的边界层等。因此，研究流体旋涡运动的理论意义在于能够把握将流体运动近似为无旋运动的尺度，或者说研究在什么条件下可将流体运动近似按照无旋运动来处理，因为流体的无旋运动比有旋运动在数学上更容易解决。从工程实际来看，研究旋涡运动也有很多实际意义，例如，从运动的物体看，其尾部产生的旋涡会消耗能量，还会增大物体运动的不稳定性；叶轮机械的内流旋涡会降低其运行效率，这些都是旋涡的不利一面。但旋涡也存在有利的方面，例如，水利工程中设计消能措施将下泄水流的巨大动能消耗掉，以保证堤坝的安全，这就利用旋涡达到了消能的目的。

4.1　涡量场的运动学性质

4.1.1　旋涡运动的概念

对于空间点的旋转角速度矢量 $\boldsymbol{\omega}$，如果一个流动区域内 $\boldsymbol{\omega} \neq 0$，则流体做有旋运动。有旋运动可分为自由涡运动和强迫涡运动。水池排水口的旋涡、龙卷风和台风等大型旋涡，不需要外界提供力矩，是自由存在的，称为自由涡。图 4-1 为自由涡的速度分布和分解，表明自由涡的特点是切线速度与旋转半径成反比。自由涡除中心处的涡量无限大外，其他位置涡量为 0，也称为线涡。因此，对于自由涡形成的流场，除中心以外都是无旋的，中心处的流速无穷大，一般视为奇点处理。

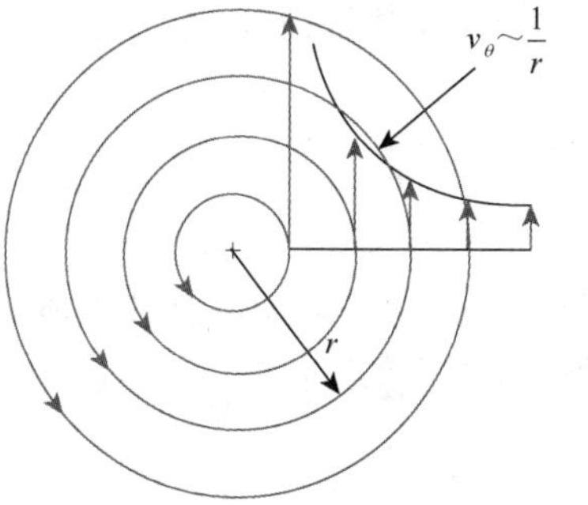

(a) 自由涡的速度分布

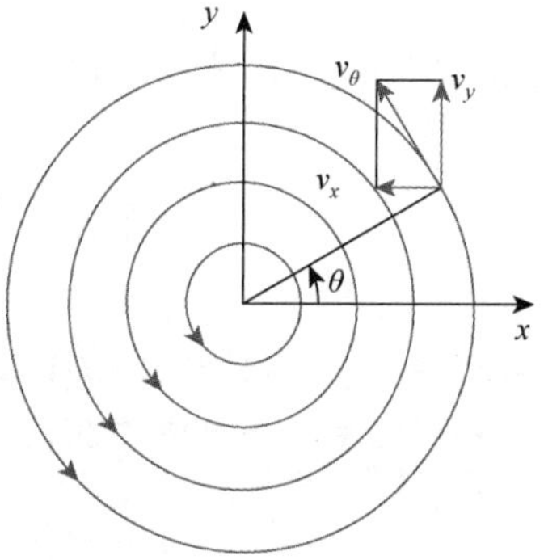

(b) 自由涡的速度分解

图 4-1　自由涡示意图

流体微团的旋转角速度在流动区域内处处相等的旋涡运动是强迫涡运动，流体的切线速度与旋转半径成正比。图 4-2 为两平板间的平行流动及流体微团转动，在流动平面内任一点的旋转角速度为

$$\omega_z = -\frac{1}{2}\frac{\partial u}{\partial y} \neq 0$$

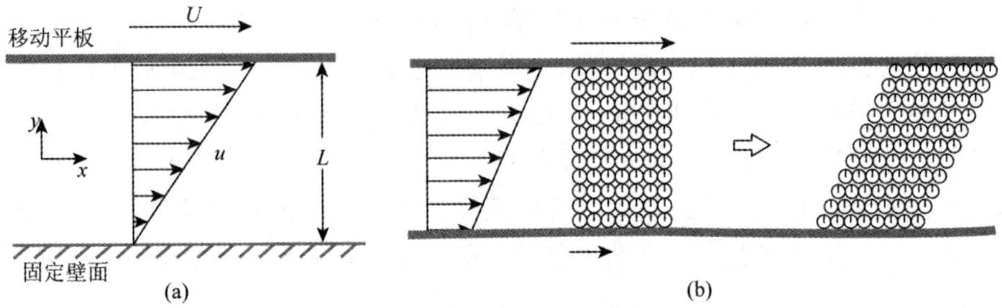

图 4-2　平板间的平行流动及流体微团转动

可见这是一种有旋流动，且流场中所有微团都是旋转的，经过一段时间后，各微团具有相同的旋转角速度。

通过分析可以得出，看起来没有旋涡的平行流动事实上可能是有旋流动；而看起来明显在旋转的旋涡则有可能是无旋流动。有旋还是无旋的判据是流体微团自身是否转动，与其运动轨迹无关。无论流体微团整体是做直线运动还是曲线运动，只要是平动，就是无旋运动。

4.1.2　旋涡的运动学性质

流体力学中通常采用涡量 $\boldsymbol{\Omega}$ 表示流体的旋转程度，定义 $\boldsymbol{\Omega}=\nabla\times\boldsymbol{v}$。由于 $\nabla\cdot\boldsymbol{\Omega}=\nabla\cdot(\nabla\times\boldsymbol{v})=0$，可见涡量场是无源场，根据无源场的性质，旋涡的运动学性质如下。

（1）同一时刻，涡管任一断面上的涡通量相等。

（2）涡管不能在流体中发生或终止，一般只能在流体中自行封闭形成涡环，或首尾始终于边界或延伸至无穷远。

上述性质与力无关，适用于理想流体，同时也适用于黏性流体。

4.2　涡量动力学方程

涡量动力学方程反映旋涡的随体变化规律，利用该方程可以说明黏性流体中旋涡的产生、发展和衰减现象。不可压缩黏性流体的运动微分方程如下：

$$\frac{\partial \boldsymbol{v}}{\partial t}+(\boldsymbol{v}\cdot\nabla)\boldsymbol{v}=\boldsymbol{f}-\frac{1}{\rho}\nabla p+\nu\nabla^2\boldsymbol{v}$$

式中，

$$(\boldsymbol{v}\cdot\nabla)\boldsymbol{v}=\nabla\left(\frac{v^2}{2}\right)-\boldsymbol{v}\times\boldsymbol{\Omega}$$

由于质量力有势，$\boldsymbol{f}=-\nabla G$，其中 G 为力的势函数，有

$$\frac{\partial\boldsymbol{v}}{\partial t}+\nabla\left(\frac{v^2}{2}\right)-\boldsymbol{v}\times\boldsymbol{\Omega}=-\nabla G-\frac{1}{\rho}\nabla p+\nu\nabla^2\boldsymbol{v} \tag{4-1}$$

式（4-1）两侧取旋度，有

$$\nabla\times\frac{\partial\boldsymbol{v}}{\partial t}+\nabla\times\nabla\left(\frac{v^2}{2}\right)-\nabla\times(\boldsymbol{v}\times\boldsymbol{\Omega})=-\nabla\times\nabla G-\frac{1}{\rho}\nabla\times\nabla p+\nu\nabla\times\nabla^2\boldsymbol{v}$$

因为

$$\nabla\times\nabla\left(\frac{v^2}{2}\right)=0,\quad \nabla\times p=0,\quad \nabla\times\nabla G=0$$

所以

$$\nabla\times\frac{\partial\boldsymbol{v}}{\partial t}-\nabla\times(\boldsymbol{v}\times\boldsymbol{\Omega})=\nu\nabla\times\nabla^2\boldsymbol{v} \tag{4-2}$$

又因为

$$\nabla\times\frac{\partial\boldsymbol{v}}{\partial t}=\frac{\partial}{\partial t}(\nabla\times\boldsymbol{v})=\frac{\partial\boldsymbol{\Omega}}{\partial t},\quad \nabla\times\nabla^2\boldsymbol{v}=\nabla^2(\nabla\times\boldsymbol{v})=\nabla^2\boldsymbol{\Omega}$$

$$\nabla\times(\boldsymbol{v}\times\boldsymbol{\Omega})=\boldsymbol{v}(\nabla\cdot\boldsymbol{\Omega})-\boldsymbol{\Omega}(\nabla\cdot\boldsymbol{v})-(\boldsymbol{v}\cdot\nabla)\boldsymbol{\Omega}+(\boldsymbol{\Omega}\cdot\nabla)\boldsymbol{v}=-(\boldsymbol{v}\cdot\nabla)\boldsymbol{\Omega}+(\boldsymbol{\Omega}\cdot\nabla)\boldsymbol{v}$$

得到涡量动力学方程，也称为亥姆霍兹（Helmholtz）方程，表述如下：

$$\frac{\partial\boldsymbol{\Omega}}{\partial t}+(\boldsymbol{v}\cdot\nabla)\boldsymbol{\Omega}=(\boldsymbol{\Omega}\cdot\nabla)\boldsymbol{v}+\nu\nabla^2\boldsymbol{\Omega} \tag{4-3a}$$

或

$$\frac{\mathrm{d}\boldsymbol{\Omega}}{\mathrm{d}t}=(\boldsymbol{\Omega}\cdot\nabla)\boldsymbol{v}+\nu\nabla^2\boldsymbol{\Omega} \tag{4-3b}$$

式中，$(\boldsymbol{\Omega}\cdot\nabla)\boldsymbol{v}=\boldsymbol{\Omega}\frac{\partial\boldsymbol{v}}{\partial s}=\boldsymbol{\Omega}\lim\limits_{\Delta s\to 0}\frac{\Delta\boldsymbol{v}}{\Delta s}$，表示涡线伸缩、扭曲导致的涡量变化。

如图 4-3 所示，将 $\Delta\boldsymbol{v}$ 分解成沿涡线方向的分量 Δv_s 和与涡线垂直方向的分量 Δv_n，$\lim\limits_{\Delta s\to 0}\frac{\Delta v_s}{\Delta s}$ 将使涡线拉伸或压缩，$\lim\limits_{\Delta s\to 0}\frac{\Delta v_n}{\Delta s}$ 将使涡线发生扭曲，$\nu\nabla^2\boldsymbol{\Omega}$ 表示由于黏性而导致的涡量变化。

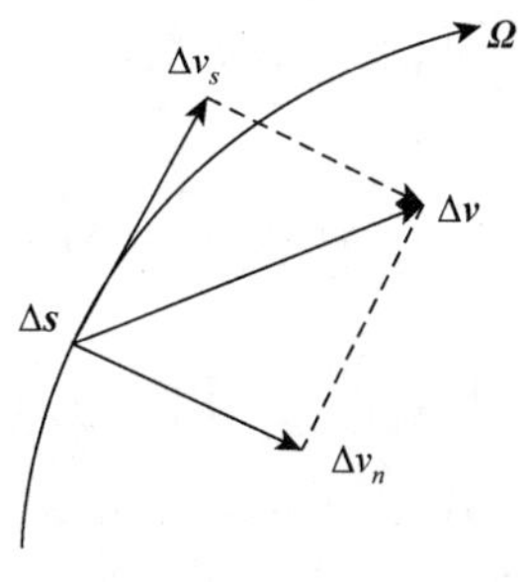

图 4-3　涡线的伸缩和扭曲

式（4-3）表明不可压缩黏性流体在有势质量力作用下的涡量变化与涡线的伸缩或扭曲和黏性应力有关，该方程可用于黏性流体旋涡扩散问题的讨论。

如果要全面考虑流体的压缩性、质量力和压强梯度的影响，涡量动力学方程可表述为

$$\frac{\mathrm{d}\boldsymbol{\Omega}}{\mathrm{d}t}=(\boldsymbol{\Omega}\cdot\nabla)\boldsymbol{v}-\boldsymbol{\Omega}(\nabla\cdot\boldsymbol{v})+\nabla\times\boldsymbol{f}-\nabla\times\left(\frac{1}{\rho}\nabla p\right)+\nu\nabla^2\boldsymbol{\Omega} \tag{4-4}$$

4.3　开尔文定理和拉格朗日定理

下面几个定理中要涉及流体线这一基本概念，流体线是指由相同流体质点组成的线状体。流体线随主流一起运动，其位置与形状均可能发生变化，但构成它的流体质点始终不变。后面提到的正压流体指密度仅随压强变化的流体，即 $\rho=\rho(p)$。

4.3.1　开尔文定理

叙述：对于理想、正压流体，在有势质量力的作用下，沿任一封闭流体线的速度环量在运动过程中保持不变。

证明：$t=t_0$ 时刻，取一封闭物质线 $\boldsymbol{s}$，并任取张于 $\boldsymbol{s}$ 上的流体面 A，则沿 $\boldsymbol{s}$ 的速度环量 $\Gamma=\oint_s \boldsymbol{v}\cdot\mathrm{d}\boldsymbol{s}$，有

$$\frac{\mathrm{d}\Gamma}{\mathrm{d}t}=\frac{\mathrm{d}}{\mathrm{d}t}\oint_s \boldsymbol{v}\cdot\mathrm{d}\boldsymbol{s}=\oint_s\left[\mathrm{d}\boldsymbol{s}\cdot\frac{\mathrm{d}\boldsymbol{v}}{\mathrm{d}t}+\boldsymbol{v}\cdot\frac{\mathrm{d}}{\mathrm{d}t}\mathrm{d}\boldsymbol{s}\right] \tag{4-5}$$

式中，$\oint_s \boldsymbol{v}\cdot\frac{\mathrm{d}}{\mathrm{d}t}(\mathrm{d}\boldsymbol{s})=\oint_s \boldsymbol{v}\cdot\mathrm{d}\boldsymbol{v}=\oint_s \mathrm{d}\left(\frac{v^2}{2}\right)=0$。

所以

$$\frac{\mathrm{d}\Gamma}{\mathrm{d}t}=\oint_s \frac{\mathrm{d}\boldsymbol{v}}{\mathrm{d}t}\cdot\mathrm{d}\boldsymbol{s}=\oint_s\left[\boldsymbol{f}-\frac{1}{\rho}\nabla p+\nu\nabla^2\boldsymbol{v}+\frac{\nu}{3}\nabla(\nabla\cdot\boldsymbol{v})\right]\cdot\mathrm{d}\boldsymbol{s} \tag{4-6}$$

当质量力有势时，$\oint_s \boldsymbol{f}\cdot\mathrm{d}\boldsymbol{s}=\oint_s -\nabla G\cdot\mathrm{d}\boldsymbol{s}=\oint_s -\mathrm{d}G=0$ $\left(注：\mathrm{d}\boldsymbol{s}\cdot\nabla=\mathrm{d}x\frac{\partial}{\partial x}+\mathrm{d}y\frac{\partial}{\partial y}+\mathrm{d}z\frac{\partial}{\partial z}\right)$。

对于正压流体，$\rho=\rho(p)$，$\frac{\mathrm{d}p}{\rho}$ 只是 p 的函数，定义 $\mathrm{d}p_f=\frac{\mathrm{d}p}{\rho}$，$p_f$ 为压强函数，有

$$\oint_s -\frac{1}{\rho}\nabla p\cdot\mathrm{d}\boldsymbol{s}=-\oint_s \frac{\mathrm{d}p}{\rho}=-\oint_s \mathrm{d}p_f=0$$

对于理想流体，$\nu=0$，有

$$\oint_s\left[\nu\nabla^2\boldsymbol{v}+\frac{\nu}{3}\nabla(\nabla\cdot\boldsymbol{v})\right]\cdot\mathrm{d}\boldsymbol{s}=0$$

因此，理想流体、正压且质量力有势时，$\dfrac{\mathrm{d}\Gamma}{\mathrm{d}t}=0$，即 Γ 等于常数。

4.3.2　拉格朗日定理

叙述：对于理想、正压且质量力有势的流体，若初始时刻流场内某部分流体无旋，则这部分流体在以前或以后任一时刻皆无旋；反之，若初始时刻流场内某部分流体有旋，则在以前或以后任一时刻皆有旋。

该定理是开尔文定理的推论，这里不做证明。

静止理想流体中，沿一闭曲线的速度环量显然为 0，各点处的旋转角速度矢量也显然是零矢量。流体开始运动后的任一时刻，沿相同流体质点构成的流线体的速度环量，根据开尔文定理，仍然是 0，由斯托克斯定理可知，以这一闭曲线为边界的任一曲面的涡通量也为 0，这一曲面上各处的旋转角速度矢量等于零矢量，流动仍然是无旋的。这说明，理想流体如果开始做无旋流动，流动将永远是有势的。

4.4　涡线及涡管强度保持性定理

4.4.1　涡线保持性定理

涡线保持性定理为亥姆霍兹第一定理：对于理想、正压、质量力有势的流体，在某时刻组成涡线的流体质点在以前或以后任一时刻也永远组成涡线。

证明：如图 4-4 所示，在 $t=t_0$ 时刻，流场中有一条由流体质点组成的涡线 $\boldsymbol{s}$，在以前或以后任何时刻，由这些相同的流体质点组成另一条涡线 $\boldsymbol{s}'$，只要证明了 $\boldsymbol{s}'$ 也是涡线，就证明了涡线保持性定理。

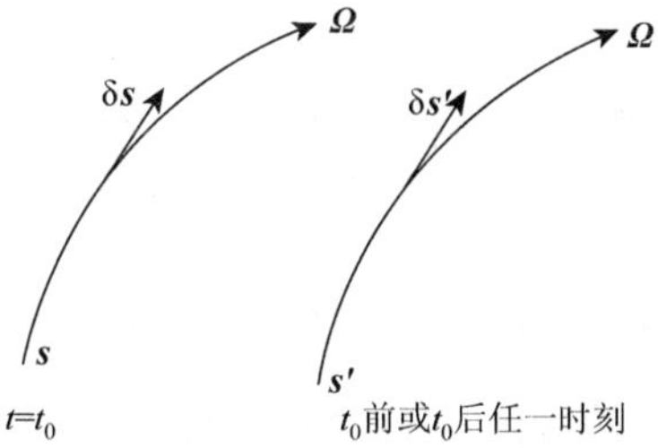

图 4-4　证明涡线保持性定理用图

由涡线的定义可知，$\delta\boldsymbol{s}\times\dfrac{\boldsymbol{\Omega}}{\rho}=0$，同样也有 $\delta\boldsymbol{s}'\times\dfrac{\boldsymbol{\Omega}'}{\rho}=0$，即需要证明

$$\frac{\mathrm{d}}{\mathrm{d}t}\left(\delta\boldsymbol{s}\times\frac{\boldsymbol{\Omega}}{\rho}\right)=0 \tag{4-7}$$

由于

$$\frac{\mathrm{d}}{\mathrm{d}t}\left(\delta\boldsymbol{s}\times\frac{\boldsymbol{\Omega}}{\rho}\right)=\delta\boldsymbol{s}\times\frac{\mathrm{d}}{\mathrm{d}t}\left(\frac{\boldsymbol{\Omega}}{\rho}\right)+\frac{\boldsymbol{\Omega}}{\rho}\times\frac{\mathrm{d}}{\mathrm{d}t}(\delta\boldsymbol{s}) \tag{4-8}$$

$$\frac{\mathrm{d}}{\mathrm{d}t}\left(\frac{\boldsymbol{\Omega}}{\rho}\right)=\frac{1}{\rho}\frac{\mathrm{d}\boldsymbol{\Omega}}{\mathrm{d}t}-\frac{\boldsymbol{\Omega}}{\rho^2}\frac{\mathrm{d}\rho}{\mathrm{d}t}$$

$$\frac{\mathrm{d}}{\mathrm{d}t}(\delta\boldsymbol{s})=\delta\boldsymbol{v}=\frac{\partial\boldsymbol{v}}{\partial x}\delta x+\frac{\partial\boldsymbol{v}}{\partial y}\delta y+\frac{\partial\boldsymbol{v}}{\partial z}\delta z=(\delta\boldsymbol{s}\cdot\nabla)\boldsymbol{v}$$

所以

$$\frac{\mathrm{d}}{\mathrm{d}t}\left(\delta\boldsymbol{s}\times\frac{\boldsymbol{\Omega}}{\rho}\right)=\delta\boldsymbol{s}\times\left(\frac{1}{\rho}\frac{\mathrm{d}\boldsymbol{\Omega}}{\mathrm{d}t}-\frac{\boldsymbol{\Omega}}{\rho^2}\frac{\mathrm{d}\rho}{\mathrm{d}t}\right)+\frac{\boldsymbol{\Omega}}{\rho}\times\left[(\delta\boldsymbol{s}\cdot\nabla)\boldsymbol{v}\right] \tag{4-9}$$

由涡量动力学方程，理想、正压、质量力有势的流体满足如下条件：

$$\frac{\mathrm{d}\boldsymbol{\Omega}}{\mathrm{d}t}+\boldsymbol{\Omega}(\nabla\cdot\boldsymbol{v})-(\boldsymbol{\Omega}\cdot\nabla)\boldsymbol{v}=0$$

由连续性方程可得，$\nabla\cdot\boldsymbol{v}=-\dfrac{1}{\rho}\dfrac{\mathrm{d}\rho}{\mathrm{d}t}$，代入得

$$\frac{1}{\rho}\frac{\mathrm{d}\boldsymbol{\Omega}}{\mathrm{d}t}-\frac{\boldsymbol{\Omega}}{\rho^2}\frac{\mathrm{d}\rho}{\mathrm{d}t}-\left(\frac{\boldsymbol{\Omega}}{\rho}\cdot\nabla\right)\boldsymbol{v}=0 \tag{4-10}$$

将式（4-10）代入式（4-9）中，得到

$$\begin{aligned}\frac{\mathrm{d}}{\mathrm{d}t}\left(\delta\boldsymbol{s}\times\frac{\boldsymbol{\Omega}}{\rho}\right)&=\delta\boldsymbol{s}\times\left[\left(\frac{\boldsymbol{\Omega}}{\rho}\cdot\nabla\right)\boldsymbol{v}\right]+\frac{\boldsymbol{\Omega}}{\rho}\times\left[(\delta\boldsymbol{s}\cdot\nabla)\boldsymbol{v}\right]\\&=-\frac{\boldsymbol{\Omega}}{\rho}\times\left[(\delta\boldsymbol{s}\cdot\nabla)\boldsymbol{v}\right]+\frac{\boldsymbol{\Omega}}{\rho}\times\left[(\delta\boldsymbol{s}\cdot\nabla)\boldsymbol{v}\right]=0\end{aligned}$$

证明了式（4-7），涡线保持性定理就得以证明。

由涡线保持性可以扩展至涡面、涡管。正压的理想流体质量力有势，组成涡面、涡管的流体质点将始终组成涡面、涡管。这一定理表明，涡管在流动中可以改变其位置与形状，但涡管内的流体质点不会变化。

涡面保持性证明：设在 $t=t_0$ 时刻，一涡面 A，其法线方向上 $\Omega_n=0$，即 $\iint_A\Omega_n\mathrm{d}A=0$，设在以后或以前的某一时刻，构成涡面 A 的质点构成一个新面 A'，由开尔文定理得，$\iint_{A'}\Omega_n\mathrm{d}A'=0$，$A'$面也是涡面。

涡管保持性证明：在图 4-5 的涡管表面取一封闭曲线 K，由于涡管表面上各处旋转角速度矢量与涡管表面相切而无与之正交的分量，通过封闭曲线 K 所围涡管表面的涡通量为 0，由斯托克斯定理可知，速度矢量沿这一封闭曲线的环量也为 0。到下一时刻，由开尔文定理可知，沿在新位置由相同流体质点构成的封闭曲线的环量不变化，仍然是 0。沿这一封闭曲线为边界的曲面的涡通量也将为 0，表明曲面上旋转角速度矢量没有与曲面正

交的分量，处于与曲面相切的位置，这一曲面仍然是涡管表面的一部分，即构成涡管表面的流体质点始终构成涡管表面。

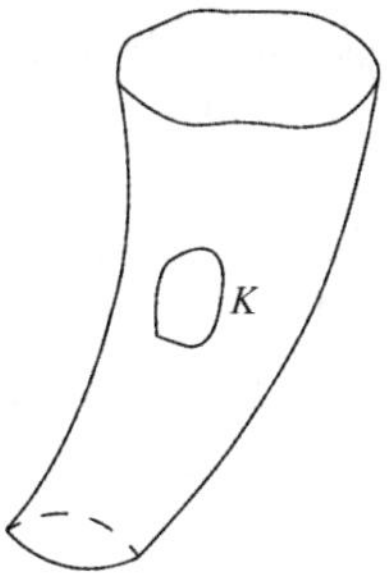

图 4-5　证明涡管保持性定理用图

4.4.2　涡管强度保持性定理

涡管强度保持性定理为亥姆霍兹第二定理：对于理想、正压、质量力有势流体，涡管强度在运动过程中保持不变。

这一定理可以证明如下：由旋涡的运动学性质（1）可知，在同一时刻，通过一涡管任一断面的涡通量不变，下面说明，这一常数也不随时间变化。在图 4-6 中，在涡管表面取一封闭曲线，速度矢量沿这一封闭曲线的环量是一确定值。到下一时刻，涡管运动到新位置，由开尔文定理可知，涡管壁上由相同流体质点构成的封闭曲线的环量是一个不变量，由斯托克斯定理可知，涡管前后位置内的涡通量也是常数，它们都等于这一不变的环量。

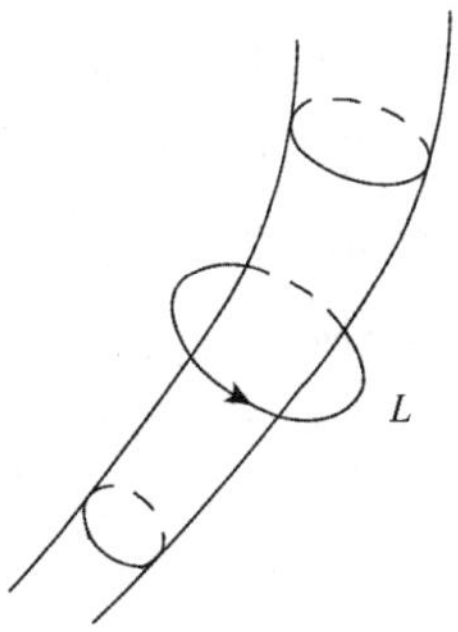

图 4-6　证明涡管强度保持性定理用图

旋涡不生不灭定理、涡线及涡管强度保持性定理，能全面地描述流体在理想、正压、质量力有势情况下旋涡的随体变化规律。归结起来，旋涡随体变化的最主要性质是具有保持性。流体的黏性会破坏旋涡的保持性，使其不再遵循不生不灭规律。例如，船舶行进时，其尾部产生的旋涡，以及河流桥墩后面产生的旋涡等，在黏性的作用下会随时间的推移而扩散并逐渐消失。

4.4.3　涡量的产生

旋涡的保持性要同时满足无黏、正压、质量力有势三个条件，有一个不满足，旋涡就不再遵循不生不灭及保持性规律。下面依次来看在这三个条件下是如何在流体内产生力矩，从而造成流体旋转状态改变的。

1. 黏性力产生涡量

如图 4-7 所示，当黏性流体绕机翼流动，经过固体壁面附近时，紧挨着壁面的流体被粘在壁面上，速度为零，距离壁面越远，流体的速度越大，在壁面附近的流场中任一点处的涡量为

$$\Omega_z = \frac{\partial v_y}{\partial x} - \frac{\partial v_x}{\partial y} = -\frac{\partial v_x}{\partial y} \neq 0$$

可见，机翼附近的有黏流动区域是有旋的。本来流体从前方流过来是无旋的，流经固体壁面，在附近是有旋流动。

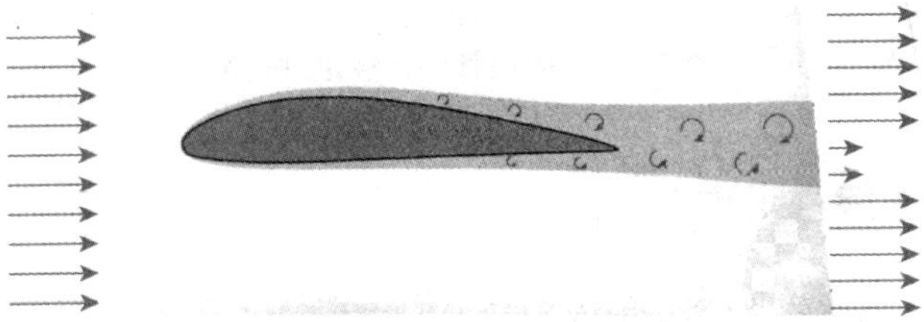

图 4-7　绕机翼的流动

在有些情况下，流场中没有壁面的存在，仍然会有涡量的产生。例如，两股速度方向相近但大小不同的流体相遇时，会产生一个剪切层，会有很强的剪切作用，从而产生涡量。如图 4-8 所示，飞机从静止开始加速时，在机翼尾缘处，机翼上下表面的流体相遇，上表面的气流速度快，下表面的气流速度慢，两股气流相遇会产生一个旋涡，称为机翼的起动涡。

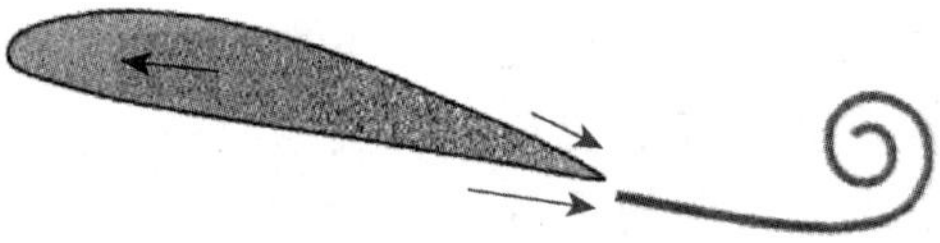

图 4-8　机翼的起动涡

2. 斜压流体产生涡量

如果流体的压强不仅是密度的函数，还和温度及组成成分有关，那么这种流体称为斜压流体。日常所见的流体一般都是斜压流体，如海水的密度与盐分有关，空气的密度与温度和湿度都有关等。因此，正压流体是一个理想化的模型。

斜压流体中的不平衡压差力可以产生力矩，使得流体内部产生涡量。图 4-9 所示为一种开窗时的自然对流现象。假设在窗户关闭时，室内和室外的空气都处于静止状态，室内的气温高于室外，在窗户中部有一个通气孔，保持此处内外压强相等。由于室外的空气温度低，密度大，因此在窗户下半部，室外的压强高于室内的，而在上半部，室外的压强小于室内。

设窗户中部的压强为 p_0，室内的空气密度为 ρ_1，室外的空气密度为 ρ_2，则在窗口附近，室内和室外的空气压强沿高度 z 的分布分别为

$$p_1 = p_0 + \rho_1 gz\,,\quad p_2 = p_0 + \rho_2 gz$$

压差沿高度的分布为

$$\Delta p = p_1 - p_2 = \left(\rho_1 - \rho_2\right) gz$$

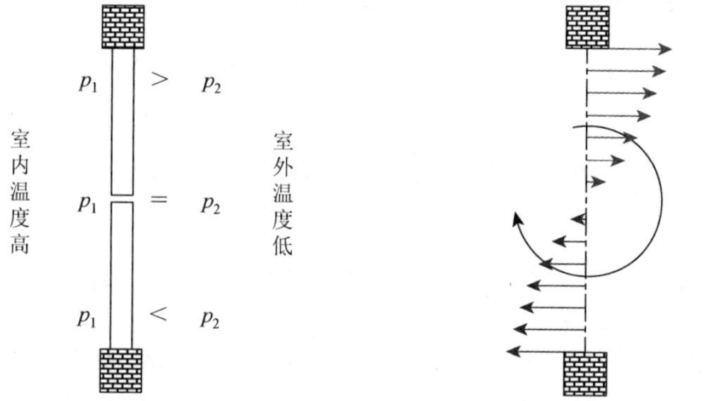

(a) 窗户关闭，室内外压强分布　　(b) 窗户开启，压差力产生涡量

图 4-9　室内外温差导致的斜压流体在窗口形成的有旋流动

当窗户突然打开时，下半部空气向内流动，上半部空气向外流动。根据伯努利方程压差估算流速，$v \propto (\Delta p)^{\frac{1}{2}}$，速度沿高度方向的关系为 $v \propto z^{\frac{1}{2}}$。

流动过程中产生涡量，涡量沿高度方向的分布为

$$\Omega = -\frac{\partial v}{\partial z} = -\frac{\partial\left(Cz^{\frac{1}{2}}\right)}{\partial z} = -\frac{C}{2} z^{-\frac{1}{2}}$$

3. *质量力无势产生涡量*

如果作用在物体上的力所做的功只与作用点的起始和终止位置有关，而与其作用点经过的路径无关，那么这种力称为有势力。可以定义势函数，用势能表示力所做的功。有势的质量力不会在流体中产生力矩，不会对涡量产生影响。在很多流动中，重力是唯一的质量力，而且重力是有势的。无势的质量力会产生力矩作用，在流体运动中最常见的无势力是科氏力。

科氏力，全称科里奥利力（Coriolis force），是对旋转体系中运动的质点相对于旋转体系产生的偏移的一种描述，来自物体运动所具有的惯性。科氏力的表达式为

$$\boldsymbol{F}_{\text{Coriolis}} = -2m(\boldsymbol{\omega} \times \boldsymbol{v}) \tag{4-11}$$

式中，$\boldsymbol{\omega}$ 为体系的旋转角速度；$\boldsymbol{v}$ 为质点相对于旋转体系的速度。

当以旋转坐标为参考系时，可能要考虑科氏力了。例如，地球表面的海洋环流和大气环流中有许多旋涡不断产生和耗散，由于地球是旋转的，而旋涡会跨过不同的纬度，科氏力在其中就会发生作用而影响涡量的分布。

例 4.1　设环绕地球的大气是干燥的，压强 p、温度 T 和密度 ρ 满足状态方程 $p = \rho RT$，大气为理想流体，考虑地球自转引起的科氏力，阐述环量的变化及涡流的情况。

解：理想流体的相对运动微分方程为

$$\frac{\mathrm{d}\boldsymbol{v}_{\mathrm{r}}}{\mathrm{d}t}=\boldsymbol{f}-\frac{1}{\rho}\nabla p+\omega_d{}^2\boldsymbol{r}-2\left(\boldsymbol{\omega}_d\times\boldsymbol{v}_{\mathrm{r}}\right)$$

式中，$\boldsymbol{\omega}_d$ 为地球自转角速度；$\boldsymbol{v}_{\mathrm{r}}$ 为流体的相对速度；$\boldsymbol{r}$ 为分析点到地球自转轴的距离。

设大气只受地心引力，则 $\boldsymbol{f}$ 有势。考虑牵连加速度 $\omega^2\boldsymbol{r}=\nabla\left(\dfrac{\omega^2r^2}{2}\right)$，有

$$\frac{\mathrm{d}\Gamma}{\mathrm{d}t}=\oint_s\frac{\mathrm{d}\boldsymbol{v}_{\mathrm{r}}}{\mathrm{d}t}\cdot\mathrm{d}\boldsymbol{s}=-\oint_s\frac{1}{\rho}\nabla p\cdot\mathrm{d}\boldsymbol{s}-2\oint_s(\boldsymbol{\omega}_d\times\boldsymbol{v}_{\mathrm{r}})\cdot\mathrm{d}\boldsymbol{s}$$

方程等号右边第一项 $-\oint_s\dfrac{1}{\rho}\nabla p\cdot\mathrm{d}\boldsymbol{s}=-\iint_A\left[\nabla\times\left(\dfrac{1}{\rho}\nabla p\right)\right]\cdot\boldsymbol{n}\mathrm{d}A=\iint_A\left[\dfrac{1}{\rho^2}(\nabla\rho\times\nabla p)\right]\cdot\boldsymbol{n}\mathrm{d}A$，表示非正压产生的贸易风。假定地球为圆球，则高度相同的球面压强相等，等压面是以地心为中心的球面。再看等密度面，由于太阳照射强度不一样，在同一高度，赤道要比北极温度高，因此沿球面从北极到赤道温度逐渐增高，根据状态方程并注意到同一球面上的压强相等，所以从北极到赤道密度逐渐减小，在同一半径上，赤道要比北极的密度小，等密度面从赤道开始向上倾斜至北极，如图 4-10 所示。等密度面和等压面的法向矢量 $\nabla\rho$ 和 ∇p 均指向其增大方向，有 $(\nabla\rho\times\nabla p)\cdot\boldsymbol{n}\mathrm{d}A>0$，所以 $\dfrac{\mathrm{d}\Gamma}{\mathrm{d}t}>0$。这表明随着时间的推移，将产生旋涡，出现逆时针方向的环量，即空气从底层由北纬至南纬，在赤道处上升，从上层流回北纬，然后再从北纬流下来。这种环量就是气象学中在赤道国家出现的贸易风。

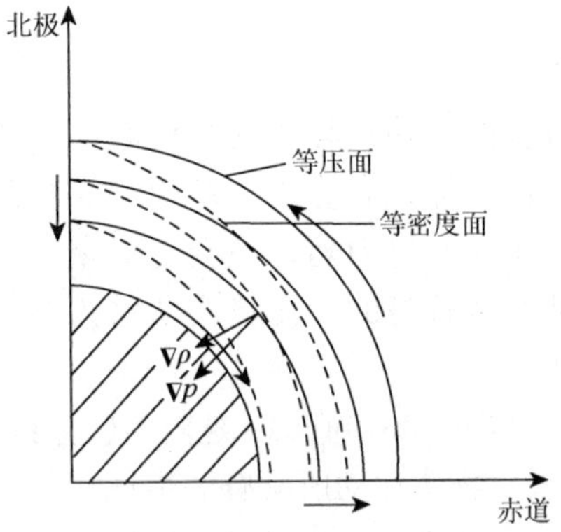

图 4-10　大气对流层的等密度面和等压面

方程等号右边第二项为科氏力的影响，如图 4-11 所示。由于 $(\boldsymbol{\omega}\times\boldsymbol{v}_{\mathrm{r}})\cdot\mathrm{d}\boldsymbol{s}<0$，有 $\dfrac{\mathrm{d}\Gamma}{\mathrm{d}t}<0$。随着时间的推移，$\Gamma$ 将减小，从而产生由东向西的顺时针涡流。因此，贸易风并不是严格地由北向南吹，而是由东北向西南吹。

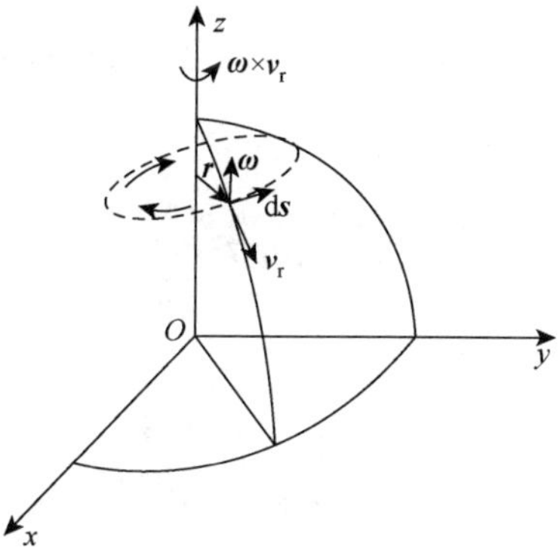

图 4-11　科氏力的影响示意图

4.5　黏性流体中的涡量扩散

大多数的黏性流体运动都是有旋的，而理想流体可有旋也可无旋。流体的黏性是旋涡产生、发展、衰减的主要因素。前面讨论了黏性对旋涡产生的影响，接下来分析黏性对旋涡发展过程的影响，即旋涡在黏性流体中的运动规律。下面以不可压缩黏性流体平面流动为例，研究旋涡的扩散和衰减情况。

初始强度为Γ_0的无限长直涡线或微元直涡管在黏性流体中，旋涡强度会衰减并扩散。现分析涡量随时间的变化规律，如图 4-12 所示。在理想流体中，由于没有黏性，涡管强度守恒，且不会向周围流体扩散，也不需要外加能量维持流体质点的圆周运动。而在黏性流体中，就需要有外加能量供给涡管，以保持其强度不变。假设在 $t=0$ 时，外加能量突然中断，分析涡管强度的扩散或衰减情况。

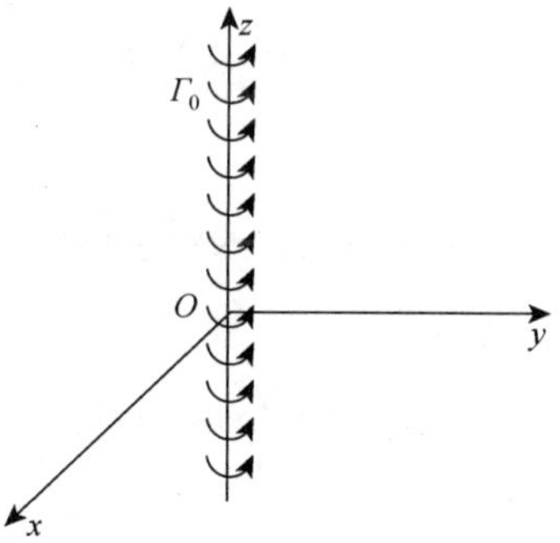

图 4-12　无限大空间中的直涡线

设流体不可压、质量力有势，涡量方程为式（4-3a），即

$$\frac{\partial \boldsymbol{\Omega}}{\partial t}+(\boldsymbol{v}\cdot\nabla)\boldsymbol{\Omega}=(\boldsymbol{\Omega}\cdot\nabla)\boldsymbol{v}+\nu\nabla^2\boldsymbol{\Omega}$$

因为涡管无限长，可将其视为 xOy 平面运动，依据流动特点，$v_r=0$，$v_z=0$，

$(v_\theta)_{t=0}=\dfrac{\Gamma_0}{2\pi r}$，$(v_\theta)_{t>0}=v_\theta(r,t)$，$\Omega_r=0$，$\Omega_\theta=0$，$\boldsymbol{\Omega}=\Omega_z\boldsymbol{k}$，另有 $\dfrac{\partial}{\partial z}=0$，$\dfrac{\partial}{\partial\theta}=0$，方程简化为

$$\frac{\partial\Omega_z}{\partial t}=\nu\nabla^2\Omega_z \tag{4-12}$$

或

$$\frac{\partial\Omega}{\partial t}=\frac{\nu}{r}\frac{\partial}{\partial r}\left(r\frac{\partial\Omega}{\partial r}\right) \tag{4-13}$$

定解条件：$t=0$，且 $r>0$ 时，$\Omega=0$；$t>0$，且 $r\to\infty$ 时，$\Omega=0$。

式（4-12）用相似变换法求解，相似变换法是指引入由变量组合成的相似变量，从而将偏微分方程转化为常微分方程来求解，在流体力学中应用较多。引入无量纲涡量函数 $F(\eta)$，并令 $\Omega=\dfrac{\Gamma_0}{\nu t}F(\eta)$ 和 $\eta=\dfrac{r^2}{\nu t}$，这里的 η 为无量纲自变量。

将 $F(\eta)$ 代入式（4-13），得到

$$F(\eta)+\eta F'(\eta)+4\left[F'(\eta)+\eta F''(\eta)\right]=0 \tag{4-14}$$

或

$$\frac{\mathrm{d}[F(\eta)+4F'(\eta)]}{F(\eta)+4F'(\eta)}+\frac{\mathrm{d}\eta}{\eta}=0 \tag{4-15}$$

解得

$$\eta\left[F'(\eta)+4F'(\eta)\right]=C_1$$

因为 $r\to\infty$，η 为有限值，所以 C_1 应为 0，有

$$F'(\eta)+4F'(\eta)=0$$

积分可得

$$F(\eta)=C_2\mathrm{e}^{-\frac{\eta}{4}}=C_2\mathrm{e}^{-\frac{r^2}{4\nu t}} \tag{4-16}$$

即

$$\Omega=C_2\frac{\Gamma_0}{\nu t}\mathrm{e}^{-\frac{r^2}{4\nu t}} \tag{4-17}$$

利用斯托克斯方程计算 C_2：

$$\Gamma=\oint_s\boldsymbol{v}\cdot\mathrm{d}\boldsymbol{s}=\iint_A\Omega\mathrm{d}A=\int_0^R C_2\frac{\Gamma_0}{\nu t}\mathrm{e}^{-\frac{r^2}{4\nu t}}2\pi r\mathrm{d}r=4\pi C_2\Gamma_0\left(1-\mathrm{e}^{-\frac{r^2}{4\nu t}}\right)$$

当 $t=0$ 时，$\Gamma=\Gamma_0$，所以 $C_2=\dfrac{1}{4\pi}$，从而得到涡量扩散方程为

$$\Omega=\frac{\Gamma_0}{4\pi\nu t}\mathrm{e}^{-\frac{r^2}{4\nu t}} \tag{4-18}$$

式中，Γ_0 为涡管的初始强度。

速度环量的变化规律为

$$\Gamma = \Gamma_0 \left(1 - \mathrm{e}^{-\frac{r^2}{4\nu t}}\right) \tag{4-19}$$

速度分布为

$$v = \frac{\Gamma}{2\pi r} = \frac{\Gamma_0}{2\pi r}\left(1 - \mathrm{e}^{-\frac{r^2}{4\nu t}}\right) \tag{4-20}$$

式（4-18）和式（4-19）表明，静止黏性流体中的涡线对周围流体起作用的瞬间（即初始时刻 $t = 0$），$r > 0$ 的流场各处涡量为 0；当 $t > 0$ 时，由于黏性作用，整个流场的流体被带动，涡量向外扩散。在 $r = 0$ 的中心处，涡量随时间增大而单调减小，即无外加能量时，涡线的旋涡强度逐渐衰减；在距中心距离 $r = a$ 处，涡量由初始的零值先增大后衰减，当 $t \to \infty$ 时，减小到零。涡量随 r、t 的变化规律如图 4-13 所示。

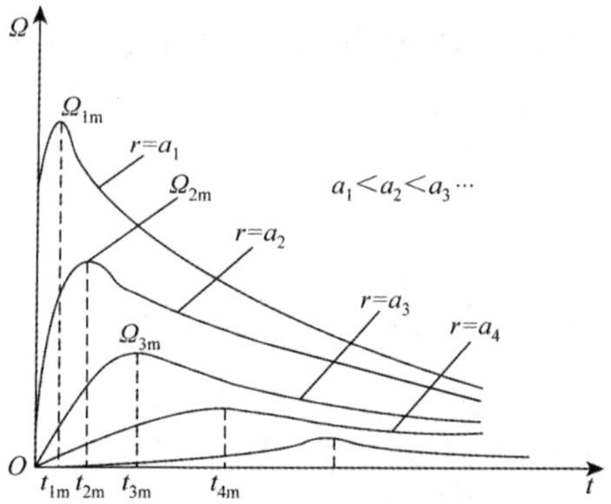

图 4-13　平面上不同半径处的涡量随时间的变化

4.6　诱导速度场

当旋涡集中在一有限区域而此区域以外流动无旋时，该旋涡场感应产生速度场，使得整个流场的流动状态发生变化，由旋涡感应产生的速度称为诱导速度。

如图 4-14 所示，旋涡集中在有限区域 V 内，速度 $\boldsymbol{v}$ 满足

$$\nabla \cdot \boldsymbol{v}=0 ,\quad \nabla \times \boldsymbol{v}=\boldsymbol{\Omega} \tag{4-21}$$

在区域外，速度 $\boldsymbol{v}$ 满足如下关系：

$$\nabla \cdot \boldsymbol{v}=0 ,\quad \nabla \times \boldsymbol{v}=0 \tag{4-22}$$

引入矢势函数 $\boldsymbol{A}$，由 $\nabla \cdot \boldsymbol{v}=0$，可知

$$\boldsymbol{v}=\nabla \times \boldsymbol{A} \tag{4-23}$$

即

$$\nabla\times\boldsymbol{v}=\nabla\times(\nabla\times\boldsymbol{A})=\boldsymbol{\Omega}$$

有

$$\nabla\times(\nabla\times\boldsymbol{A})=\nabla\cdot(\nabla\cdot\boldsymbol{A})-\nabla^2\boldsymbol{A}=\boldsymbol{\Omega} \tag{4-24}$$

假设$\nabla\cdot\boldsymbol{A}=0$，可以得到

$$\nabla^2\boldsymbol{A}=-\boldsymbol{\Omega} \tag{4-25}$$

式（4-25）为求解 $\boldsymbol{A}$ 的泊松方程，得到

$$\boldsymbol{A}=\frac{1}{4\pi}\iiint_V\frac{\boldsymbol{\Omega}(\xi,\eta,\zeta)}{s}\mathrm{d}V \tag{4-26}$$

因此，感应产生的诱导速度为

$$\boldsymbol{v}=\nabla\times\boldsymbol{A}=\frac{1}{4\pi}\nabla\times\iiint_V\frac{\boldsymbol{\Omega}(\xi,\eta,\zeta)}{s}\mathrm{d}V \tag{4-27}$$

式中，∇ 是对 x、y、z 取偏导的算子；$s=\sqrt{(x-\xi)^2+(y-\eta)^2+(z-\zeta)^2}$，为体积 V 内点 $M(\xi,\eta,\zeta)$ 到体积 V 以外点 $P(x,y,z)$ 的距离，式（4-27）表示在点 P 处感应产生的诱导速度。

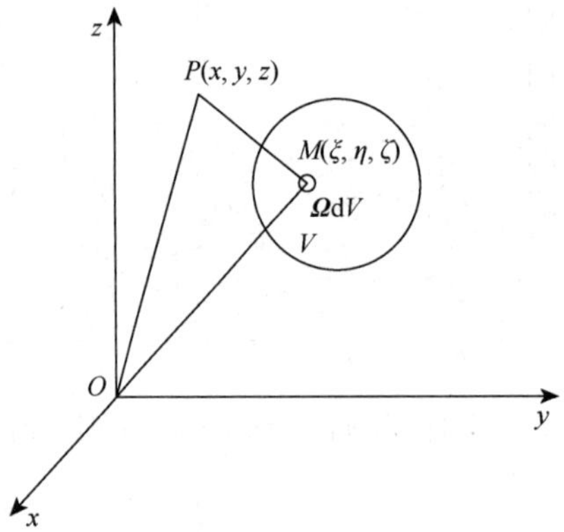

图 4-14　诱导速度推导

因为

$$\nabla\times\iiint_V\frac{\boldsymbol{\Omega}}{s}\mathrm{d}V=\iiint_V\nabla\times\frac{\boldsymbol{\Omega}}{s}\mathrm{d}V=\iiint_V\left[\left(\frac{1}{s}\nabla\times\boldsymbol{\Omega}\right)+\nabla\left(\frac{1}{s}\right)\times\boldsymbol{\Omega}\right]\mathrm{d}V$$

$$=-\iiint_V\frac{\nabla\boldsymbol{s}}{s^2}\times\boldsymbol{\Omega}\mathrm{d}V=-\iiint_V\frac{\boldsymbol{s}\times\boldsymbol{\Omega}}{s^3}\mathrm{d}V$$

因此，式（4-27）可以写为

$$\boldsymbol{v}=-\frac{1}{4\pi}\iiint_V\frac{\boldsymbol{s}\times\boldsymbol{\Omega}}{s^3}\mathrm{d}V \tag{4-28}$$

利用给定的涡量$\boldsymbol{\Omega}$，根据式（4-27）可以求解出诱导速度场。

现证明$\nabla\cdot\boldsymbol{A}=0$：

$$\nabla\cdot\boldsymbol{A}=\frac{1}{4\pi}\iiint_V\nabla\cdot\left(\frac{\boldsymbol{\Omega}}{s}\right)\mathrm{d}V=\frac{1}{4\pi}\iiint_V\left[\frac{1}{s}\nabla\cdot\boldsymbol{\Omega}+\boldsymbol{\Omega}\cdot\nabla\left(\frac{1}{s}\right)\right]\mathrm{d}V=\frac{1}{4\pi}\iiint_V\boldsymbol{\Omega}\cdot\nabla\left(\frac{1}{s}\right)\mathrm{d}V$$

由于

$$\nabla\left(\frac{1}{s}\right)=-\frac{\nabla s}{s^2},\quad \nabla'\left(\frac{1}{s}\right)=\frac{\nabla' s}{s^2}$$

可得

$$\nabla\left(\frac{1}{s}\right)=-\nabla'\left(\frac{1}{s}\right)$$

式中，∇' 表示对 ξ、η、ζ 取偏导数。

$$\nabla\cdot\boldsymbol{A}=-\frac{1}{4\pi}\iiint_V\boldsymbol{\Omega}'\cdot\nabla\left(\frac{1}{s}\right)\mathrm{d}V=-\frac{1}{4\pi}\iiint_V\left[\frac{1}{s}\nabla'\cdot\boldsymbol{\Omega}+\boldsymbol{\Omega}\cdot\nabla'\left(\frac{1}{s}\right)\right]\mathrm{d}V$$

注意，$\nabla'\cdot\boldsymbol{\Omega}=0$（旋度的散度等于 0），所以

$$\nabla\cdot\boldsymbol{A}=-\frac{1}{4\pi}\iiint_V\nabla'\cdot\left(\frac{\boldsymbol{\Omega}}{s}\right)\mathrm{d}V=-\frac{1}{4\pi}\iint_A\frac{\Omega_n}{s}\mathrm{d}A$$

因为在 V 外是无旋场，所以在界面上必有 $\Omega_n=0$，即 $\boldsymbol{A}$ 满足 $\nabla\cdot\boldsymbol{A}=0$ 。

得到结论：界面上涡量的法向分量 $\Omega_n=0$ 是 $\boldsymbol{A}=\frac{1}{4\pi}\iiint_V\frac{\boldsymbol{\Omega}(\xi,\eta,\zeta)}{s}\mathrm{d}V$ 存在的条件。

4.6.1　直涡线

在涡线上取 $\mathrm{d}\boldsymbol{l}$，截面面积为 A，其体积 $\mathrm{d}V=A\mathrm{d}l$，所含涡量为 $\boldsymbol{\Omega}\mathrm{d}V$，有

$$\boldsymbol{\Omega}\mathrm{d}V=\Omega A\mathrm{d}\boldsymbol{l}$$

令 $\lim\limits_{\substack{\Omega\to\infty\\A\to0}}\Omega A=\Gamma$，为一有限值，称为涡丝强度，有

$$\boldsymbol{\Omega}\mathrm{d}V=\Gamma\mathrm{d}\boldsymbol{l}$$

由式（4-28）可知，诱导速度为

$$\boldsymbol{v}=-\frac{1}{4\pi}\iiint_V\frac{\boldsymbol{s}\times\boldsymbol{\Omega}}{s^3}\mathrm{d}V=-\frac{\Gamma}{4\pi}\int_l\frac{\boldsymbol{s}\times\mathrm{d}\boldsymbol{l}}{s^3}\tag{4-29}$$

式（4-29）表明整根涡线感应产生的速度，称为毕奥–萨伐尔（Biot-Savart）公式，类似于电流感应磁场公式。

当涡线两端沿 z 轴无限延长时，如图 4-15 所示，$\mathrm{d}\boldsymbol{l}=\mathrm{d}l\boldsymbol{k}$（$\boldsymbol{k}$ 为 z 轴方向单位矢量），$\boldsymbol{s}=s\boldsymbol{e}_s$（$\boldsymbol{e}_s$ 为 $\boldsymbol{s}$ 方向的单位矢量），$\boldsymbol{s}\times\mathrm{d}\boldsymbol{l}=s\mathrm{d}l\sin\alpha\boldsymbol{e}_\theta$，这里 $\boldsymbol{e}_\theta$ 为 xOy 平面内 θ 方向的单位矢量，因此 M 点的诱导速度为

$$\boldsymbol{v}=\frac{\Gamma}{4\pi}\int_l\frac{\mathrm{d}l\sin\alpha}{s^2}\boldsymbol{e}_\theta\tag{4-30}$$

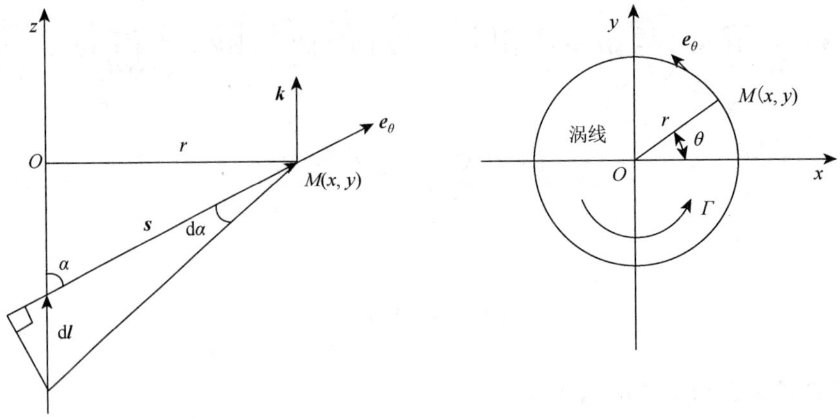

(a)　　(b)

图 4-15　直涡线的诱导速度

由于 $\mathrm{d}l\sin\alpha \approx s\mathrm{d}\alpha$，$s=\dfrac{r}{\sin\alpha}$，代入式（4-30），得到诱导速度为

$$\boldsymbol{v}=\frac{\Gamma}{4\pi}\int_0^{\pi}\frac{\sin\alpha}{r}\mathrm{d}\alpha\boldsymbol{e}_\theta=\frac{\Gamma}{4\pi r}(\cos 0-\cos\pi)=\frac{\Gamma}{2\pi r}\boldsymbol{e}_\theta \tag{4-31}$$

由式（4-31）可以看出，无限长直涡线的诱导速度场是平面运动，在平面上表现为一个点涡。

当涡线为有限长时，如图 4-16 所示，设涡线段两端到 P 点的连线夹角为 α_1 和 α_2，在 P 点处的诱导速度为

$$\boldsymbol{v}=\frac{\Gamma}{4\pi r}(\cos\alpha_1-\cos\alpha_2)\boldsymbol{e}_\theta \tag{4-32}$$

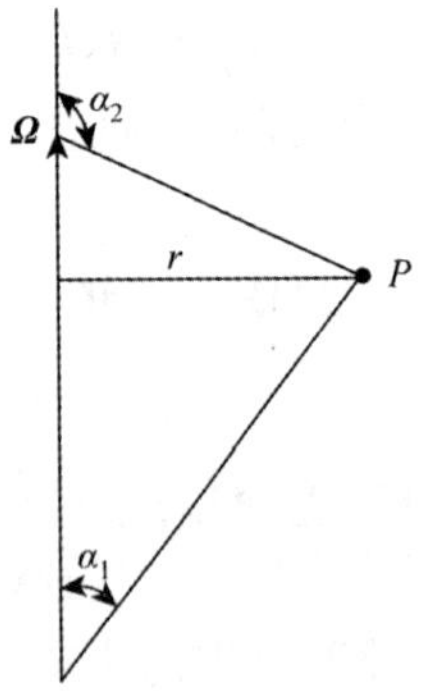

图 4-16　有限长直涡线

对于半无限长涡线，$\alpha_1=0$，$\alpha_2=\dfrac{\pi}{4}$，诱导速度为

$$\boldsymbol{v}=\frac{\Gamma}{4\pi r}\boldsymbol{e}_\theta \tag{4-33}$$

4.6.2　圆形涡线

1. 曲线涡丝

如图 4-17 所示，在曲线涡丝上取 O 点，过 O 点作自然坐标系 $Ox_1x_2x_3$，$\boldsymbol{e}_\tau$、$\boldsymbol{e}_n$、$\boldsymbol{e}_b$ 分别是沿涡丝切线、主法线、副法线方向的单位矢量。P 点是涡线法平面 x_2Ox_3 内一点，P 点到 O 点的距离为 ρ，涡丝的诱导速度为

$$\boldsymbol{v}=\frac{\Gamma}{2\pi\rho}(\boldsymbol{e}_b\cos\varphi-\boldsymbol{e}_n\sin\varphi)+\frac{k\Gamma}{4\pi}\boldsymbol{e}_b\ln\frac{L}{\rho}+\text{常矢量} \tag{4-34}$$

式中，k 为涡丝曲率；Γ 为涡丝强度。

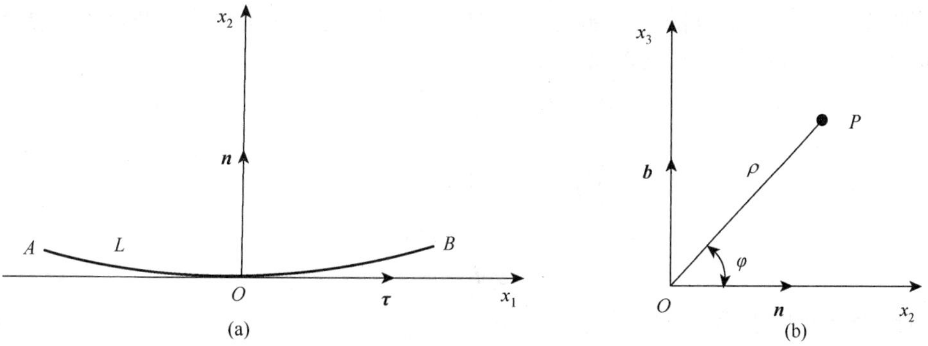

图 4-17　曲线涡丝

可见，诱导速度 $\boldsymbol{v}$ 由两部分组成。

（1）$\dfrac{\Gamma}{2\pi\rho}(\boldsymbol{e}_b\cos\varphi-\boldsymbol{e}_n\sin\varphi)$ 表示流体绕涡丝做周向旋转，而不改变涡丝的位置和形状。当 $\rho\to 0$ 时，这部分速度趋于无穷。

（2）$\dfrac{k\Gamma}{4\pi}\boldsymbol{e}_b\ln\dfrac{L}{\rho}$，当 $\rho\to 0$ 时，这部分速度也趋于无穷，但奇性较弱，它不使流体绕涡丝旋转，而使 O 点附近涡丝沿副法线方向 $\boldsymbol{b}$ 运动，反映了涡丝本身的自诱导作用。涡丝运动过程中将发生扭曲和拉伸，当 $k=0$ 时，直涡线丝本身不运动。

2. 圆形涡丝

在 xOy 平面有半径为 a 的涡丝，如图 4-18 所示，同时取柱坐标系 (r,θ,z)，两坐标系的关系为

$$x=r\cos\theta,\quad y=r\sin\theta$$

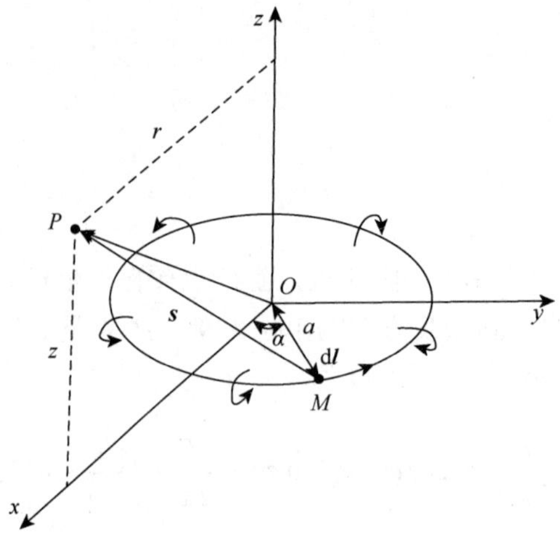

图 4-18 圆形涡丝

考虑到运动是轴对称的，且通过 z 轴所有平面上运动是相同的。在 θ=0 平面上取点 $P(r,0,z)$，在圆形涡丝上取点 $M(\xi,\eta,\zeta)$，有

$$\xi=a\cos\alpha\,,\quad \eta=a\sin\alpha\,,\quad \zeta=0$$

所以

$$\begin{aligned}\boldsymbol{s}&=\overrightarrow{MP}=\overrightarrow{OP}-\overrightarrow{OM}\\&=(r\boldsymbol{i}+z\boldsymbol{k})-(a\cos\alpha\boldsymbol{i}+a\sin\alpha\boldsymbol{j})\\&=(r-a\cos\alpha)\boldsymbol{i}-a\sin\alpha\boldsymbol{j}+z\boldsymbol{k}\end{aligned}\tag{4-35}$$

直线坐标和柱坐标单位矢量的关系为

$$\boldsymbol{i}=\cos\alpha\boldsymbol{e}_r-\sin\alpha\boldsymbol{e}_\theta\,,\quad \boldsymbol{j}=\sin\alpha\boldsymbol{e}_r+\cos\alpha\boldsymbol{e}_\theta\,,\quad \boldsymbol{k}=\boldsymbol{e}_z$$

所以

$$\boldsymbol{s}=(r-a\cos\alpha)\boldsymbol{e}_r-r\sin\alpha\boldsymbol{e}_\theta+z\boldsymbol{k}\tag{4-36}$$

图 4-18 中，M 点处 $\mathrm{d}\boldsymbol{l}=a\mathrm{d}\alpha\boldsymbol{e}_\theta$，有

$$\boldsymbol{s}\times\mathrm{d}\boldsymbol{l}=a(r\cos\alpha-a)\mathrm{d}\alpha\boldsymbol{k}-az\mathrm{d}\alpha\boldsymbol{e}_r\tag{4-37}$$

将式（4-37）代入式（4-29），有

$$\begin{aligned}\boldsymbol{v}&=-\frac{\Gamma}{4\pi}\int_l\frac{\boldsymbol{s}\times\mathrm{d}\boldsymbol{l}}{s^3}=\frac{\Gamma}{4\pi}\int_0^{2\pi}\frac{a(a-r\cos\alpha)\mathrm{d}\alpha\boldsymbol{k}+az\mathrm{d}\alpha\boldsymbol{e}_r}{s^3}\\&=\frac{\Gamma}{4\pi}\int_0^{2\pi}\frac{(a-r\cos\alpha)\boldsymbol{k}}{s^3}\mathrm{d}\alpha+\frac{\Gamma a}{4\pi}\int_0^{2\pi}\frac{z\boldsymbol{e}_r}{s^3}\mathrm{d}\alpha\end{aligned}\tag{4-38}$$

式中，$s=\sqrt{(r-a\cos\alpha)^2+(a\sin\alpha)^2+z^2}=\sqrt{r^2+a^2+z^2-2ra\cos\alpha}$。

式(4-38)表明，在涡丝附近的流体质点速度以 $\dfrac{1}{\rho}$ 阶次趋于无穷，圆形涡丝本身以 $\ln\rho$ 阶次的无穷大速度做垂直于自身平面的平动。

涡丝所在平面上，$z=0$，$v_r=0$，其速度方向平行于 Oz 轴，圆心 $r=0$，$s=a$,有

$$\boldsymbol{v}=\frac{\Gamma}{4\pi}\int_0^{2\pi}\frac{a^2\boldsymbol{k}}{a^3}\mathrm{d}\alpha=\frac{\Gamma}{2a}\boldsymbol{k} \tag{4-39}$$

对于横截面有限大小的涡环，有

$$\boldsymbol{v}=\frac{\Gamma}{4\pi a}\ln\frac{a}{r_0} \tag{4-40}$$

涡环穿行现象（图 4-19）：随着涡环半径 a 增大，涡环前进速度减小。如果两个涡环一前一后沿同一轴线运动，后涡环感应的速度场在前涡环上产生向外的速度分量，使前涡环的半径不断增大，前进速度则不断减小。与此同时，前涡环感应的速度场在后涡环上产生向内的径向速度分量，使后涡环半径不断减小，则前进速度不断增大，最终从前涡环中穿过，前后涡环易位。此过程不断重复，直至涡环能量耗尽。

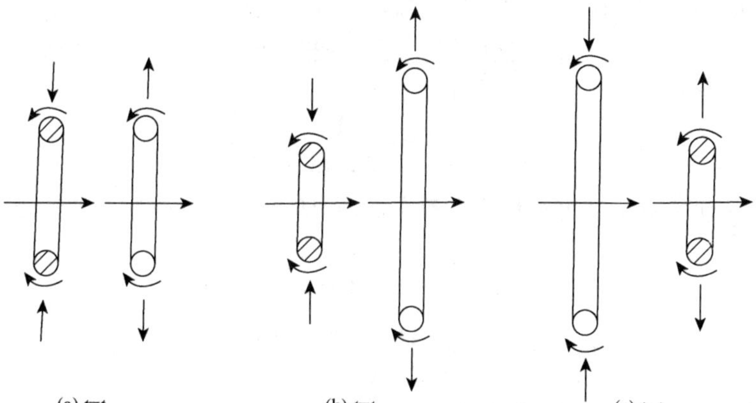

图 4-19　涡环穿行现象

4.6.3　涡层

在流体力学中，经常遇到切向速度在很薄的层内发生剧烈变化的现象。例如，流体中的平板在自身平面内突然起动，在平板附近的薄层内，流速从起动速度很快降为零，则在此薄层内流体处处有旋，涡量限于薄层内。切向速度剧烈变化的薄层，可视为一个曲面，该曲面称为涡层。在该曲面上切向速度发生间断，称切向速度间断面，如图 4-20 所示。因此，涡层和切向速度间断面是等价的。

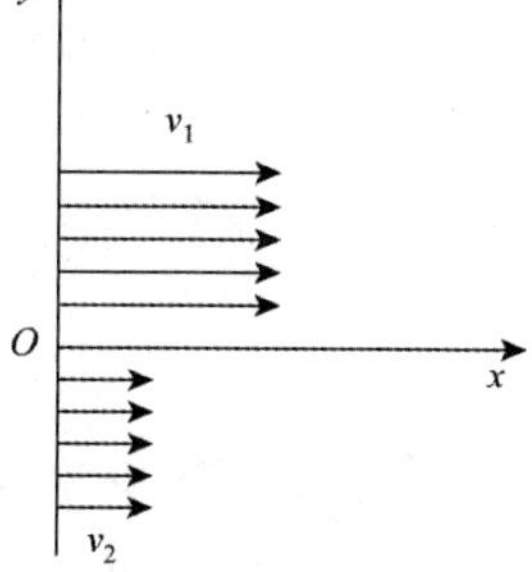

图 4-20　切向速度间断面

如图 4-21 所示，设想平面涡层由无限个长直涡丝一根一根地平行无间隔并列组合，所有涡丝均做逆时针旋转。涡层上部切向速度向左，下部切向速度向右。

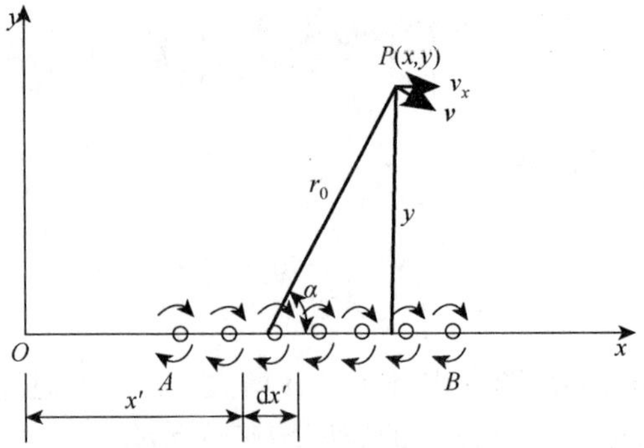

图 4-21　涡层的诱导速度

设单位长度的旋涡密度为$\gamma(x')$，则微小线段$\mathrm{d}x'$上的涡通量为

$$\mathrm{d}\varGamma=\gamma(x')\mathrm{d}x' \tag{4-41}$$

微小线段$\mathrm{d}x'$上的涡通量$\mathrm{d}\varGamma$对点P的x轴的诱导速度为

$$\begin{aligned}\mathrm{d}v_x&=\frac{\sin\alpha\mathrm{d}\varGamma}{2\pi r_0}=\frac{\gamma(x')}{2\pi}\frac{\sin\alpha\mathrm{d}x'}{r_0}\\&=\frac{\gamma(x')}{2\pi}\frac{y\mathrm{d}x'}{(x-x')^2+y^2}\end{aligned} \tag{4-42}$$

类似，可求出y轴方向的速度分量。在整个涡层AB上积分可得点P的诱导速度为

$$\begin{cases}v_x=\dfrac{1}{2\pi}\displaystyle\int_A^B\frac{\gamma(x')y\mathrm{d}x'}{(x-x')^2+y^2}\\v_y=-\dfrac{1}{2\pi}\displaystyle\int_A^B\frac{\gamma(x')(x-x')\mathrm{d}x'}{(x-x')^2+y^2}\end{cases} \tag{4-43}$$

若$\gamma(x')$为定值，且涡层沿x轴伸展到$\pm\infty$，在涡层表面的诱导速度为

$$\begin{cases}v_x=\dfrac{\gamma}{2\pi}\displaystyle\int_{-\infty}^{+\infty}\frac{y\mathrm{d}x'}{(x-x')^2+y^2}=\mp\frac{\gamma}{2}\\v_y=-\dfrac{\gamma}{2\pi}\displaystyle\int_{-\infty}^{+\infty}\frac{(x-x')\mathrm{d}x'}{(x-x')^2+y^2}=0\end{cases} \tag{4-44}$$

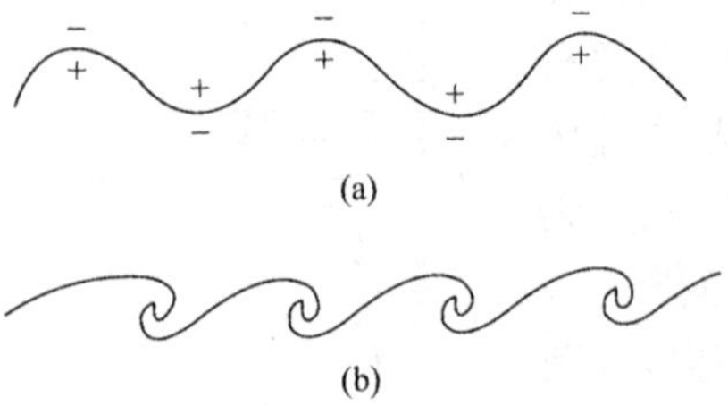

图 4-22　涡层的演变

由式（4-44）可以看到，由于γ为负值，在涡层上方其速度为正，下方为负，即当穿过涡层时，切向速度将产生间断（跃变）γ，而法向速度则是连续的。

上述涡层两部分的诱导速度大小相等、方向相反的结论并不是普遍成立的，例如，沿x轴正向速度不同的两层流体，其速度间断面就是涡层。

应该注意的是，涡层是不稳定的，有微小扰动，涡层就会变形，进而破裂形成旋涡。假设有一扰动使得涡层发生波动，如图 4-22（a）所示，则在涡层下凹处的上侧压强增大（“＋”），下侧压强减小（“–”）；而在涡层上凸处，压强变化正好相反。这种压强变化使得涡层下凹和上凸的趋势加剧，进而演变成图 4-22（b）所示的形状，涡层破裂。因此，速度间断面的变形、破裂是旋涡形成的原因之一。

习　题

4.1　已知速度场 $v_r = 0$，$v_\theta = arz$，$v_z = 0$，其中 a 为常数，求该流场的涡量分量。

4.2　证明质量力有势的理想流体流动中下式成立：

$$\frac{\mathrm{d}}{\mathrm{d}t}\left(\frac{\boldsymbol{\Omega}}{\rho}\right)=\left(\frac{\boldsymbol{\Omega}}{\rho}\cdot\nabla\right)\boldsymbol{v}+\frac{1}{\rho^3}\nabla\rho\times\nabla p$$

4.3　对于质量力有势、正压的无黏性流体，判断下列流动是否有旋。

（1）无穷远均匀来流绕流物体的流场；

（2）物体在静止流体中运动造成的流场；

（3）风吹过静止水面而引起的波动。

4.4　证明在单连通的无旋流场中，若液体边界面上每一点的法向速度为零，则在此区域内流体速度处处为零。

4.5　理想不可压缩流体在有势质量力作用下做定常运动，证明：流体做平面运动时，沿流线的涡量保持不变。

4.6　由涡通量的随体导数 $\frac{\mathrm{d}}{\mathrm{d}t}\iint \Omega_n \mathrm{d}A$ 出发，证明拉格朗日旋涡不生不灭定理。

4.7　若 Γ 为沿理想流体某一定质点所组成的封闭周线的速度环量，试证明在质量力有势的条件下有 $\frac{\mathrm{d}\Gamma}{\mathrm{d}t}=\oint_s p\mathrm{d}\left(\frac{1}{\rho}\right)$。

4.8　证明强度为 Γ、半径为 a 的圆形涡线在圆心处的感应速度值为 $\frac{\Gamma}{2a}$。

4.9　已知旋涡集中分布在有限体积 V 内，其涡量为 $\boldsymbol{\Omega}$，（1）推导由旋涡场感应的速度场公式；（2）如果 V 是布置在 z 轴上且两端无限延长的直涡线的体积，求感应速度场。

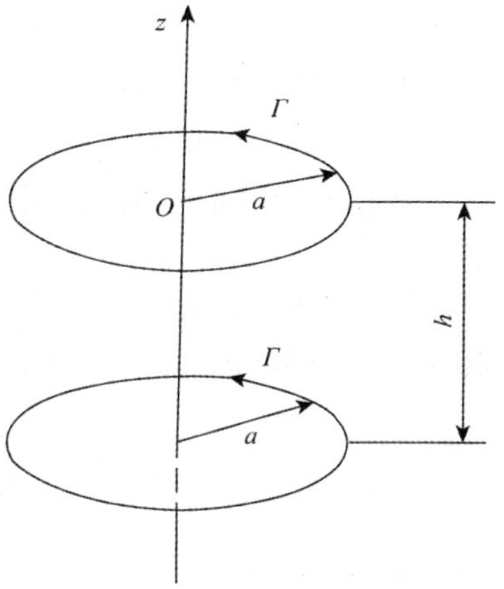

题 4.10 图

4.10　如题 4.10 图所示，两个同轴的圆形涡丝相距 h，半径均为 a，涡丝强度均为 Γ，求上部圆形涡丝中心点处的诱导速度。

第 5 章　势 流 理 论

实际流体都有黏性，由于黏性作用，流体的一部分机械能将不可逆转地转化为热能，同时使流体运动比较复杂。因此，在流体力学研究中，为了简化问题，引进了理想流体这一假设的流体模型，理想流体的黏度为零。在实际分析中，如果流体黏度很小，且质点间的相对速度较小时，可把这类流体看作理想流体。

理想流体做无旋运动时，可以用一个标量（速度势函数）来反映流场，可以简化流动问题的求解，这种方法就是势流法。本章探讨理想不可压缩流体无旋流动的势流理论。

5.1　有势流动的基本方程组及其性质

理想不可压缩流体的控制方程组由连续性方程和运动方程组成：

$$\begin{cases}\nabla\cdot\boldsymbol{v}=0\\ \dfrac{\partial\boldsymbol{v}}{\partial t}+(\nabla\cdot\boldsymbol{v})\boldsymbol{v}=\boldsymbol{f}-\dfrac{1}{\rho}\nabla p\end{cases}\tag{5-1}$$

初始条件：$t=t_0$ 时，$\boldsymbol{v}=v_0(x,y,z)$，$p=p_0(x,y,z)$。

边界条件：壁面处，$v_n=0$；无穷远处，$\boldsymbol{v}=v_\infty$；自由液面上，$p=p_0$。

由于式（5-1）是非线性偏微分方程组，且速度 $\boldsymbol{v}$ 和压强 p 相互耦合，方程组的求解很困难。

若流动无旋，$\boldsymbol{\Omega}=\nabla\times\boldsymbol{v}=0$，则必然存在速度势函数 φ，满足 $v=\nabla\varphi$。在直角坐标系中，速度势函数与速度分量的关系式为

$$\frac{\partial\varphi}{\partial x}=v_x,\quad \frac{\partial\varphi}{\partial y}=v_y,\quad \frac{\partial\varphi}{\partial z}=v_z\tag{5-2}$$

连续性方程改写为

$$\nabla^2\varphi=0\tag{5-3}$$

速度势函数满足拉普拉斯方程，该方程在数学上可解。拉普拉斯方程的解具有可叠加性，即若干个满足拉普拉斯方程的函数代数相加后所得的函数依然满足拉普拉斯方程。利用这一性质，可以先分析一些简单的势流，之后叠加可以得到较复杂的势流，在后面部分将予以详述。

在直角坐标系中，式（5-3）可写为

$$\frac{\partial^2\varphi}{\partial x^2}+\frac{\partial^2\varphi}{\partial y^2}+\frac{\partial^2\varphi}{\partial z^2}=0 \tag{5-4}$$

由于

$$(\boldsymbol{v}\cdot\nabla)\boldsymbol{v}=\nabla\left(\frac{\boldsymbol{v}^2}{2}\right)+(\boldsymbol{v}\times\nabla)\times\boldsymbol{v}=\nabla\left(\frac{\boldsymbol{v}^2}{2}\right)$$

则运动方程改写为

$$\frac{\partial v}{\partial t}+\nabla\left(\frac{\boldsymbol{v}^2}{2}\right)=\boldsymbol{f}-\frac{1}{\rho}\nabla p \tag{5-5}$$

当质量力只计重力时，在流场中任取一微元线段矢量 d$\boldsymbol{s}$，将式（5-5）两边同时乘以 d$\boldsymbol{s}$，再积分得

$$\frac{\partial\varphi}{\partial t}+\frac{v^2}{2}+\frac{p}{\rho}+gz=f(t) \tag{5-6}$$

式(5-6)称为拉格朗日积分，其中 $f(t)$ 是 t 的任意函数，对于某一瞬时时刻，$f(t)$ 在流场中取一定值。由式（5-3）求出速度势函数 φ 后，依据 $\boldsymbol{v}=\nabla\varphi$ 得到速度场，然后代入式（5-6）求出压强场。这就是重力作用下理想不可压缩流体无旋流动问题的求解思路，相比直接运用方程组（5-1）进行速度和压强的耦合求解容易得多。

重力作用下理想不可压缩流体无旋流动的基本方程组可表示为

$$\begin{cases}\nabla^2\varphi=0\\ \dfrac{\partial\varphi}{\partial t}+\dfrac{v^2}{2}+\dfrac{p}{\rho}+gz=f(t)\\ \boldsymbol{v}=\nabla\varphi\end{cases} \tag{5-7}$$

初始条件：$t=t_0$ 时，$\nabla\varphi=v_0(x,y,z)$，$p=p_0(x,y,z)$。

边界条件：壁面处，$\dfrac{\partial\varphi}{\partial n}=0$；无穷远处，$\nabla\varphi=v_\infty$；自由液面上，$p=p_0$。

比较式（5-1）和式（5-7），前者的未知量有 4 个，即 p、v_x、v_y、v_z；后者的未知量只有两个，即 p、φ，式（5-7）在数学上有很大的简化。

若流动定常，则式（5-6）可简化为

$$\frac{v^2}{2}+\frac{p}{\rho}+gz=C \tag{5-8}$$

式中，积分常数 C 在流场中取一定值。

式（5-8）为理想流体的伯努利方程，反映流动过程中的机械能守恒。

例 5.1 理想不可压缩流体均匀流绕流一无穷长直圆柱，如图 5-1 所示，已知来流速度为 v_∞、圆柱半径为 a、流体密度为 ρ，不计重力且没有环量，求绕流速度及柱面压强分布。

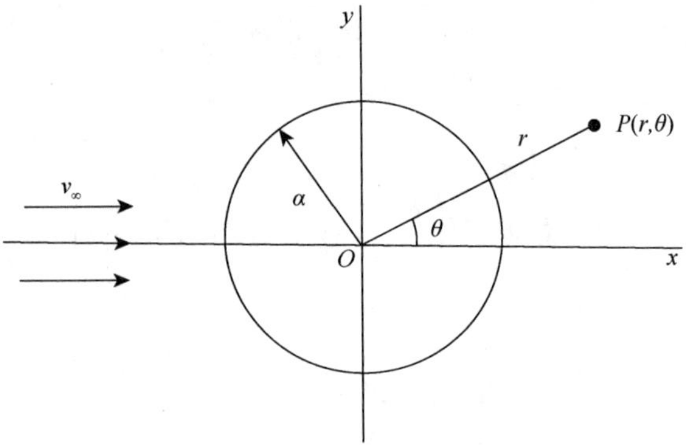

图 5-1　例 5.1 用图

解：由已知条件，流动视为无旋的平面绕流，采用极坐标系(r,θ)，连续性方程$\nabla^2\varphi=0$变换为：$\dfrac{\partial}{\partial r}\left(r\dfrac{\partial\varphi}{\partial r}\right)+\dfrac{1}{r}\dfrac{\partial^2\varphi}{\partial\theta^2}=0$。

边界条件：$r=a$时，$\dfrac{\partial\varphi}{\partial r}=0$；$r=\infty$时，$\dfrac{\partial\varphi}{\partial r}=v_\infty\cos\theta$。

利用分离变量法求φ：令$\varphi=f(r)g(\theta)$，因为$r=\infty$时，$\dfrac{\partial\varphi}{\partial r}=f'(r)g(\theta)=v_\infty\cos\theta$，得到$g(\theta)=\cos\theta$，所以$\varphi=f(r)\cos\theta$。

拉普拉斯方程变换为常微分方程：

$$f''(r)+\frac{1}{r}f'(r)-\frac{1}{r^2}f(r)=0$$

边界条件：$r=a$时，$f'(r)=0$；$r=\infty$时，$f'(r)=v_\infty$

其通解为

$$f(r)=C_1r+C_2\frac{1}{r}$$

代入边界条件，得到

$$C_1=v_\infty,\quad C_2=v_\infty a^2$$

所以

$$f(r)=v_\infty\left(r+\frac{a^2}{r}\right)$$

有

$$\varphi=v_\infty\left(r+\frac{a^2}{r}\right)\cos\theta$$

流场的速度分布为

$$v_r=\frac{\partial\varphi}{\partial r}=v_\infty\left(1-\frac{a^2}{r^2}\right)\cos\theta,\quad v_\theta=\frac{1}{r}\frac{\partial\varphi}{\partial\theta}=-v_\infty\left(1+\frac{a^2}{r^2}\right)\sin\theta$$

柱面上的速度为

$$v_r = 0, \quad v_\theta = -2v_\infty \sin\theta$$

由伯努利方程 $\frac{v^2}{2}+\frac{p}{\rho}=C$ 得到柱面上的压强为 $p_{\mathrm{w}}=p_\infty+\frac{1}{2}\rho\left(v_\infty^2-v_\theta^2\right)=p_\infty+\frac{1}{2}\rho v_\infty^2\left(1-4\sin^2\theta\right)$。

5.2 速度势函数和流函数

5.2.1 速度势函数及其性质

前面已提到，流动无旋时，必然存在速度势函数 φ，可由拉普拉斯方程 $\nabla^2\varphi=0$ 求解，进而由 $\boldsymbol{v}=\nabla\varphi$ 求出速度 $\boldsymbol{v}$。相反地，如果已知速度 $\boldsymbol{v}$，求速度势函数 φ，则有

$$\varphi(M)=\varphi(M_0)+\int_{M_0}^{M}\boldsymbol{v}\cdot\mathrm{d}\boldsymbol{s} \tag{5-9}$$

式（5-9）中，积分沿流场中任一曲线 M_0M 进行，$\varphi(M_0)$ 可任意选取，因为速度势函数 φ 相差一个常数不会对流场本质产生影响。

速度势函数 φ 的性质如下。

（1）φ 允许相差任一常数值，而不影响流动性质。

（2）等势面与流线正交。

速度势函数 φ 取同一值的点组成的流动空间中的一个连续曲面，称为等势面。对应于不同值的等势面，组成等势面簇，其方程为

$$\varphi(x,y,z)=C$$

证明：在一个等势面上过 M 点取一微元线段矢量 $\mathrm{d}\boldsymbol{s}$，M 点处速度矢量为 $\boldsymbol{v}$，因为 $\boldsymbol{v}\cdot\mathrm{d}\boldsymbol{s}=\mathrm{d}\varphi=0$，这说明矢量 $\mathrm{d}\boldsymbol{s}$ 与 $\boldsymbol{v}$ 正交。M 点在等势面上的位置事实上是任意的，因此速度矢量 $\boldsymbol{v}$ 与过 M 点曲面上的任意微元线段正交，即在 M 点处速度矢量 $\boldsymbol{v}$ 与等势面正交。通过 M 点的流线与该点处速度矢量 $\boldsymbol{v}$ 相切，由此可以得到流线与等势面正交的结论。

在平面定常有势流动中，速度势函数 φ 只是 x、y 的二元函数，令其等于一个常数后，所得方程代表一平面曲线，称为二维有势流动的等势线。平面流动中，平面上的等势线与流线正交。平面中若干等势线与流线构成了正交曲线网。

（3）沿曲线段 M_0M 的速度环量 Γ_{M_0M} 等于该两点上值的差，即

$$\Gamma_{M_0M}=\int_{M_0}^{M}\boldsymbol{v}\cdot\mathrm{d}\boldsymbol{s}=\varphi(M)-\varphi(M_0) \tag{5-10}$$

（4）对于单连通域流场，速度势函数 φ 是单值函数，沿任一封闭曲线 $\boldsymbol{s}$ 的速度环量 $\Gamma=\oint_s\boldsymbol{v}\cdot\mathrm{d}\boldsymbol{s}=0$。对于多连通域流场，速度势函数是多值函数，若封闭曲线 $\boldsymbol{s}$ 能不触碰边界收缩为一点，则速度环量等于零；否则，速度环量 $\oint_s\boldsymbol{v}\cdot\mathrm{d}\boldsymbol{s}=k_0\Gamma$，其中 k_0 为绕封闭曲线的圈数。

5.2.2　流函数及其性质

连续的平面流动存在流函数，应注意的是空间三维流动没有流函数，但有流线。不可压缩平面流动的连续性方程为

$$\frac{\partial v_x}{\partial x}+\frac{\partial v_y}{\partial y}=0 \tag{5-11}$$

引入标量函数ψ，使得

$$\frac{\partial \psi}{\partial x}=-v_y,\quad \frac{\partial \psi}{\partial y}=v_x \tag{5-12}$$

满足以上关系式的函数ψ称为二维不可压缩流场的流函数。无论流场有旋还是无旋，只要满足式（5-11），就存在流函数ψ。由式（5-12）可以得到流函数ψ的全微分形式：

$$\mathrm{d}\psi=-v_y\mathrm{d}x+v_x\mathrm{d}y \tag{5-13}$$

对式（5-13）积分可以求出流函数ψ，即

$$\psi(M)=\psi(M_0)+\int_{M_0}^{M}(-v_y\mathrm{d}x+v_x\mathrm{d}y) \tag{5-14}$$

流函数ψ的性质如下。

（1）ψ允许相差任一常数值，而不影响流动性质。

（2）沿同一条流线的流函数是常数。

证明：图 5-2 中给出了平面流动的一条流线。在流线上取一微元弧段矢量$\mathrm{d}\boldsymbol{s}$，微元弧段$\mathrm{d}\boldsymbol{s}$上一点的速度矢量为$\boldsymbol{v}$。由于速度矢量$\boldsymbol{v}$与流线$\mathrm{d}\boldsymbol{s}$重合，有

$$\frac{\mathrm{d}x}{v_x}=\frac{\mathrm{d}y}{v_y}$$

即

$$-v_y\mathrm{d}x+v_x\mathrm{d}y=0$$

将其代入式（5-13），得到$\mathrm{d}\psi=0$，即$\psi=C$。

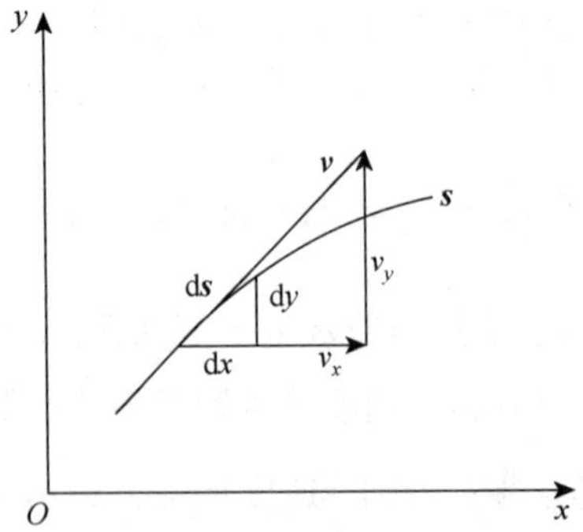

图 5-2　流函数性质（2）的推导

这说明，在同一条流线上各点的流函数值相等。如果令流函数$\psi(x,y)$等于一系列的常数值，所得各方程代表了平面上的一系列流线。当流函数确定后，不但可以确定流场中各点的速度，还可以画出其流函数的等值线（流线），从而更直观地描述一个流场。

（3）通过非流线的任意曲线段的单宽流量等于曲线段两端点流函数值的差。

证明：在图 5-3 中，平面上两给定点 A、B 处流函数值分别为常数ψ_A和ψ_B。现考察流过连接 A、B 两点的任意曲线的单位厚度流量q。在曲线上取一微元弧段$\mathrm{d}\boldsymbol{s}$，该弧段上各点的速度相等，取为$\boldsymbol{v}$。由于流体不可压缩，通过曲线 AB 的流量为

$$q=\int_B^A \mathrm{d}q=\int_{\psi_B}^{\psi_A}\boldsymbol{v}\cdot\mathrm{d}\boldsymbol{s}=\int_{\psi_B}^{\psi_A}\left(-v_y\mathrm{d}x+v_x\mathrm{d}y\right)=\int_{\psi_B}^{\psi_A}\mathrm{d}\psi=\psi_A-\psi_B$$

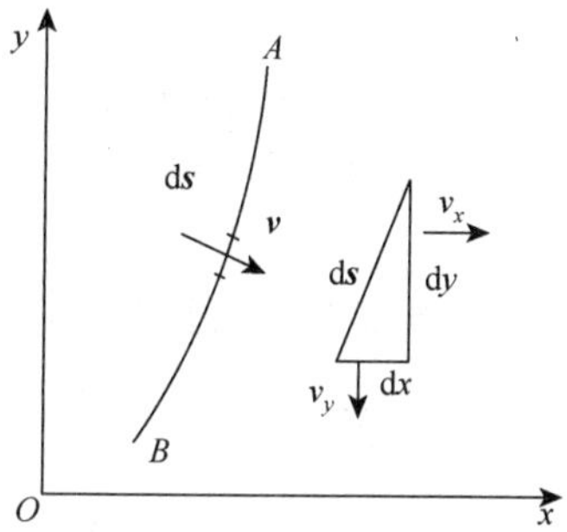

图 5-3　流函数性质（3）的推导

（4）在不存在源、汇的单连通域内，流函数是单值的；在存在源、汇的单连通域或多连通域内，流函数一般是多值的。

证明：在不存在源、汇的单连通域内绕任意封闭曲线作积分：

$$q=\oint\mathrm{d}\psi=0$$

说明流函数是单值函数。

在存在源、汇的多连通域内，如图 5-4 所示，沿路径 M_0ABCM_0DM 积分，有

$$\psi(M)-\psi(M_0)=\int_{M_0ABCM_0DM}\boldsymbol{v}\cdot\mathrm{d}\boldsymbol{s}=\oint_{M_0ABCM_0}\boldsymbol{v}\cdot\mathrm{d}\boldsymbol{s}+\int_{M_0}^{M}\boldsymbol{v}\cdot\mathrm{d}\boldsymbol{s}$$

式中，$\oint_{M_0ABCM_0}\boldsymbol{v}\cdot\mathrm{d}\boldsymbol{s}=q_0$，表示通过包围内边界$s_0$的任一封闭曲线的流量。

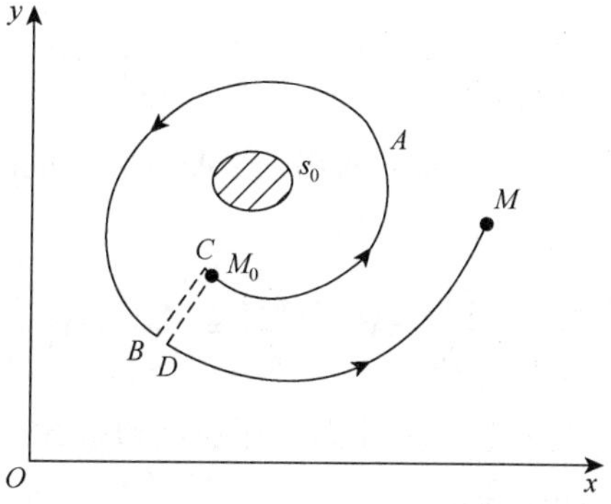

图 5-4　流函数性质（4）的推导

如果绕内边界 s_0 的圈数为 n，有

$$\psi(M)=\psi(M_0)+nq_0+\int_{M_0}^{M}\boldsymbol{v}\cdot\mathrm{d}\boldsymbol{s}$$

（5）流函数调和量的负值等于涡量 Ω。

对于 xOy 平面内的不可压缩流体有旋运动，只有沿 z 轴方向的涡量 Ω_z 满足如下条件：

$$\Omega=\Omega_z=\left(\frac{\partial v_y}{\partial x}-\frac{\partial v_x}{\partial y}\right)$$

由于 $\dfrac{\partial\psi}{\partial x}=-v_y$，$\dfrac{\partial\psi}{\partial y}=v_x$，有

$$\Omega=-\left(\frac{\partial^2\psi}{\partial x^2}+\frac{\partial^2\psi}{\partial y^2}\right) \tag{5-15}$$

式（5-15）称为 ψ - Ω 方程。

对于不可压缩平面无旋流动，ψ 满足拉普拉斯方程：

$$\frac{\partial^2\psi}{\partial x^2}+\frac{\partial^2\psi}{\partial y^2}=0 \tag{5-16}$$

如果是速度为 v_∞ 的水平均匀流绕流物体，边界条件为无穷远处，$\dfrac{\partial\psi}{\partial x}=0$，$\dfrac{\partial\psi}{\partial y}=v_\infty$；壁面上，$\psi=C$。

柱坐标系的拉普拉斯方程为

$$\frac{1}{r}\frac{\partial}{\partial r}\left(r\frac{\partial\psi}{\partial r}\right)+\frac{1}{r^2}\frac{\partial^2\psi}{\partial\theta^2}=0 \tag{5-17}$$

5.2.3　复势和复速度

对于不可压缩理想流体的平面有势流动，可同时引入速度势函数 φ 和流函数 ψ，且已证明两者都是调和函数，满足拉普拉斯方程，即

$$\frac{\partial^2\varphi}{\partial x^2}+\frac{\partial^2\varphi}{\partial y^2}=0,\quad \frac{\partial^2\psi}{\partial x^2}+\frac{\partial^2\psi}{\partial y^2}=0$$

同时，由式（5-2）和式（5-12）可以看出，平面有势流动的速度势函数 φ 和流函数 ψ 有如下关系：

$$\frac{\partial\varphi}{\partial x}=\frac{\partial\psi}{\partial y}=v_x,\quad \frac{\partial\varphi}{\partial y}=-\frac{\partial\psi}{\partial x}=v_y \tag{5-18}$$

因此，速度势函数 φ 和流函数 ψ 是互为共轭的调和函数，两者之间满足柯西-黎曼条件，可以用复变函数求解平面势流问题。

1. 复势

将平面势流的速度势函数φ作为某一复变函数的实部，流函数ψ作为该复变函数的虚部，即

$$W(z)=\varphi+\mathrm{i}\psi \tag{5-19}$$

复变函数 $W(z)$称为平面流动的复势，其中的 z 是复数自变量：$z=x+\mathrm{i}y$。复变函数$W(z)$是复数自变量z的解析函数。

反之，如果有一个复变函数是解析的（其实部和虚部满足柯西-黎曼条件），则其实部代表某一理论上存在的平面势流的速度势函数，而其虚部代表该流动的流函数。

2. 复速度

将复势$W(z)$对复变量z求导，可以得到复速度V，有

$$\frac{\mathrm{d}W}{\mathrm{d}z}=\frac{\partial\varphi}{\partial x}+\mathrm{i}\frac{\partial\psi}{\partial x}=\frac{\partial\psi}{\partial y}-\mathrm{i}\frac{\partial\varphi}{\partial x}=v_x-\mathrm{i}v_y=V \tag{5-20}$$

复速度的模等于速度的绝对值，即

$$|V|=\left|\frac{\mathrm{d}W}{\mathrm{d}z}\right|=\sqrt{{v_x}^2+(-v_y)^2}=|\boldsymbol{v}|$$

根据复数的表示方法，复速度也可以表示为

$$V=\frac{\mathrm{d}W}{\mathrm{d}z}=|v|(\cos\alpha-\mathrm{i}\sin\alpha)=|\boldsymbol{v}|\mathrm{e}^{-\mathrm{i}\alpha} \tag{5-21}$$

式中，α为复速度的辐角。

将复速度V沿封闭曲线$\boldsymbol{s}$积分，有

$$\oint_s\frac{\mathrm{d}W}{\mathrm{d}z}\mathrm{d}z=\oint_s\mathrm{d}W=\oint_s(\mathrm{d}\varphi+\mathrm{i}\mathrm{d}\psi)=\oint_s\mathrm{d}\varphi+\oint_s\mathrm{i}\mathrm{d}\psi=\Gamma+\mathrm{i}q \tag{5-22}$$

式（5-22）表明积分后实部为绕封闭曲线的速度环量Γ，虚部为通过该封闭曲线的流量q。

$\overline{W}$为W的共轭复变函数，即

$$\overline{W}=\varphi-\mathrm{i}\psi \tag{5-23}$$

则

$$\frac{\mathrm{d}\overline{W}}{\mathrm{d}\overline{z}}=\frac{\partial\varphi}{\partial x}-\mathrm{i}\frac{\partial\psi}{\partial x}=v_x+\mathrm{i}v_y=\overline{V} \tag{5-24}$$

式中，$\overline{V}$为共轭复速度。

$$\frac{\mathrm{d}W}{\mathrm{d}z}\frac{\mathrm{d}\overline{W}}{\mathrm{d}\overline{z}}=(v_x-\mathrm{i}v_y)(v_x+\mathrm{i}v_y)={v_x}^2+{v_y}^2=|\boldsymbol{v}|^2 \tag{5-25}$$

可以根据共轭复变函数的运算，即式（5-24）求出流场中每一点处的速度。

因此，对于平面有势流动，可以先求得流场的复势或复速度，继而得到速度场。

5.2.4　平面极坐标下的速度势函数和流函数

在分析某些平面流动问题时，使用极坐标更方便。在极坐标中，点的位置由 r、θ 两个坐标决定，r 指讨论点到极坐标原点的距离，θ 指从原点出发经过讨论点的射线与极轴的夹角，以逆时针方向为正。如果规定 $-\pi < \theta \leqslant \pi$，平面上的点与一对有序数 (r,θ) 显然是一一对应的。平面有势流动的速度势函数 φ 与流函数 ψ 的极坐标关系式如下：

$$\frac{\partial\varphi}{\partial r}=\frac{1}{r}\frac{\partial\psi}{\partial\theta}=v_r,\quad \frac{1}{r}\frac{\partial\varphi}{\partial\theta}=-\frac{\partial\psi}{\partial r}=v_\theta \tag{5-26}$$

速度势函数 φ 与流函数 ψ 的全微分分别为

$$\mathrm{d}\varphi=\frac{\partial\varphi}{\partial r}\mathrm{d}r+\frac{\partial\varphi}{\partial\theta}\mathrm{d}\theta=v_r\mathrm{d}r+rv_\theta\mathrm{d}\theta \tag{5-27}$$

$$\mathrm{d}\psi=\frac{\partial\psi}{\partial r}\mathrm{d}r+\frac{\partial\psi}{\partial\theta}\mathrm{d}\theta=-v_\theta\mathrm{d}r+rv_r\mathrm{d}\theta \tag{5-28}$$

如果平面直角坐标系原点与极坐标系原点重合且平面直角坐标系的 x 轴与极坐标系的极轴重合，如图 5-5 所示，A 点的平面直角坐标（x, y）和极坐标 (r,θ) 满足如下关系：

$$x=r\cos\theta,\quad y=r\sin\theta$$

$$r=\sqrt{x^2+y^2},\quad \theta=\arctan\frac{y}{x}$$

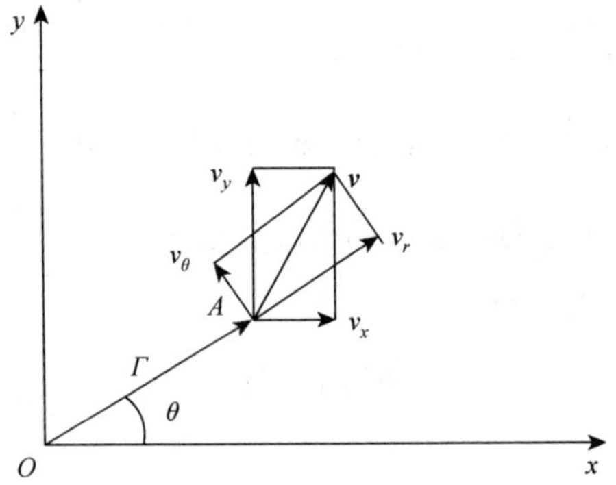

图 5-5　直角坐标和极坐标的对应关系

例 5.2　已知平面流动速度场为 $v_x=2x-3y$，$v_y=-3x-2y$。（1）确定该流场是否存在流函数，若有求出流函数；（2）确定流动是否无旋，若无旋，求出速度势函数；（3）如果同时存在流函数和速度势函数，求其复势。

解：（1）将速度代入不可压缩平面流动的连续性方程。

$$\frac{\partial v_x}{\partial x}+\frac{\partial v_y}{\partial y}=2-2=0$$

因为满足连续性方程，所以存在流函数。

由 $\frac{\partial \psi}{\partial y}=v_x=2x-3y$，对 y 积分，得到

$$\psi=2xy-\frac{3}{2}y^2+f(x)$$

将上式对 x 求导，得

$$\frac{\partial \psi}{\partial x}=2y+f'(x)=-v_y=3x+2y$$

由 $f'(x)=3x$，得

$$f(x)=\frac{3}{2}x^2+C$$

令 $C=0$，所以，流函数为

$$\psi=\frac{3}{2}x^2+2xy-\frac{3}{2}y^2$$

（2）将速度代入涡量定义式。

$$\Omega=\frac{\partial v_y}{\partial x}-\frac{\partial v_x}{\partial y}=0$$

流动无旋，故存在速度势函数。

由于 $\frac{\partial \varphi}{\partial x}=v_x=2x-3y$，将其对 x 积分，得

$$\varphi=x^2-3xy+g(y)$$

将上式对 y 求导，得

$$\frac{\partial \varphi}{\partial y}=-3x+g'(y)=v_y=-3x-2y$$

由 $g'(y)=-2y$，得

$$g(y)=-y^2+C$$

令 $C=0$，速度势函数为

$$\varphi=x^2-3xy-y^2$$

（3）复势

$$W(z)=\varphi+\mathrm{i}\psi=\left(x^2-3xy-y^2\right)+\mathrm{i}\left(\frac{3}{2}x^2+2xy-\frac{3}{2}y^2\right)$$

可以将直角坐标转换为极坐标，改写为

$$W(z)=\left(r^2\cos^2\theta-3r^2\cos\theta\sin\theta-r^2\sin^2\theta\right)+\mathrm{i}\left(\frac{3}{2}r^2\cos^2\theta+2r^2\cos\theta\sin\theta-\frac{3}{2}r^2\sin^2\theta\right)$$

$$=\left[r^2\cos(2\theta)-\frac{3}{2}r^2\sin^2\theta\right]+\mathrm{i}\left[\frac{3}{2}r^2\cos(2\theta)+r^2\sin(2\theta)\right]$$

$$=r^2[\cos(2\theta)+\mathrm{i}\sin(2\theta)]+\frac{3}{2}r^2\mathrm{i}[\cos(2\theta)+\mathrm{i}\sin(2\theta)]$$

$$=r^2\mathrm{e}^{2\theta\mathrm{i}}+\frac{3}{2}r^2\mathrm{i}\mathrm{e}^{2\theta\mathrm{i}}=\left(1+\frac{3}{2}\mathrm{i}\right)z^2$$

5.3　基本平面势流

由前述可知，平面有势流动的速度势函数 φ、流函数 ψ 满足拉普拉斯方程，复势 $W(z)$ 是解析函数，它们的解都具有可叠加性，可以将复杂的平面有势流动分解为几个简单的平面势流叠加得到，本节首先分析一些简单的平面势流，如均匀流、点源（汇）、点涡和任意角域内的流动。

5.3.1　均匀流

平面均匀流指在同一时刻，流场中所有点的速度矢量的大小与方向都相同的平面流动。设流速为 v_∞，速度方向与 x 轴正方向一致，于是，平面上各点上的速度分量为：$v_x=v_\infty$、$v_y=0$。这一流动显然是有势的，流动的速度势函数 $\varphi(x,y)$ 和流函数 $\psi(x,y)$ 分别为

$$\varphi=\int \mathrm{d}\varphi=v_\infty x \tag{5-29}$$

$$\psi=\int \mathrm{d}\psi=v_\infty y \tag{5-30}$$

令速度势函数等于一系列常数得到等势线方程，等势线是流动平面上与 y 轴平行的直线簇；令流函数等于一系列常数，得到流线方程，流线是流动平面上与 x 轴平行的直线簇。这两组直线显然是互相正交的，如图 5-6 所示。

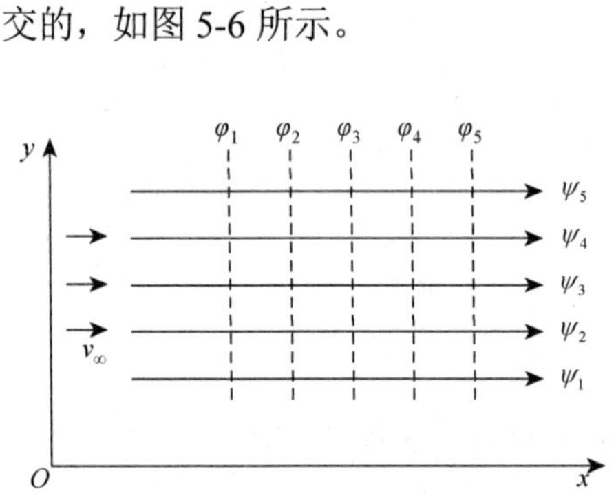

图 5-6　均匀流的等势线和流线

均匀流的复势为

$$W(z)=\varphi+\mathrm{i}\psi=v_{\infty}(x+\mathrm{i}y)=v_{\infty}z \tag{5-31}$$

当均匀流的速度方向与 x 轴的夹角为 α 时，其复势为

$$W(z)=v_{\infty}z\mathrm{e}^{-\mathrm{i}\alpha} \tag{5-32}$$

5.3.2 点源与点汇

如果流体从某点向四周均匀径向流出，这种流动称为点源，这个点称为源点；如果流体从四周往某点呈直线均匀径向流入，这种流动称为点汇，这个点称为汇点（图 5-7)。

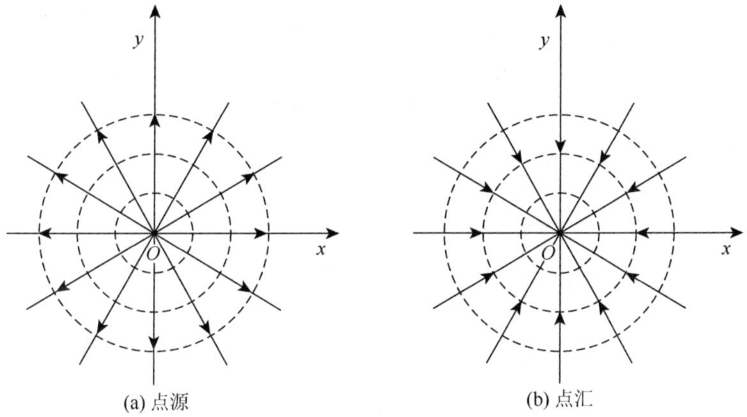

图 5-7 点源与点汇

可以证明，这两种流动都是有势的。

将源点或汇点置于坐标原点，设平面上一点到原点距离为 r，通过这点的一圆心在原点的圆周代表一个单位宽度的柱面，其面积为 $2\pi r$。不可压缩流体通过该柱面的流量应为源或汇的单宽流量 q。柱面上各点的速度矢量与柱面正交，在圆周方向投影 $v_\theta=0$，速度矢量在半径方向的投影 v_r 在柱面上均匀分布，因此它与柱面面积的乘积应等于通过这一柱面的流量 q，即 $2\pi r v_r=q$。由此得到极坐标系下速度矢量的两个投影：

$$v_r=\pm\frac{q}{2\pi r},\quad v_\theta=0 \tag{5-33}$$

式中，正、负号分别对应于点源与点汇；流量 q 称为点源或点汇的强度。

流动的速度势函数和流函数分别为

$$\varphi=\int v_r\mathrm{d}r+rv_\theta\mathrm{d}\theta=\pm\frac{q}{2\pi}\ln r \tag{5-34}$$

$$\psi=\int\mathrm{d}\psi=\int -v_\theta\mathrm{d}r+rv_r\mathrm{d}\theta=\pm\frac{q}{2\pi}\theta \tag{5-35}$$

令速度势函数等于一系列常数，得到等势线方程，等势线是半径不同的同心圆；令流函数等于一系列常数，得到流线方程，流线是通过原点的极角不同的射线。显然，等势线与流线在交点处是正交的。

当源点或汇点位于坐标原点处时，流动的速度势函数与流函数的直角坐标系表达式分别为

$$\varphi = \pm \frac{q}{2\pi} \ln \sqrt{x^2 + y^2} \tag{5-36}$$

$$\psi = \pm \frac{q}{2\pi} \arctan(y / x) \tag{5-37}$$

当源点或汇点不在坐标原点而在平面上点 $A(x_0, y_0)$ 处时（图 5-8），P 点的速度势函数与流函数在直角坐标系下的表达式分别为

$$\varphi = \pm \frac{q}{2\pi} \ln \sqrt{(x - x_0)^2 + (y - y_0)^2} \tag{5-38}$$

$$\psi = \pm \frac{q}{2\pi} \arctan \frac{y - y_0}{x - x_0} \tag{5-39}$$

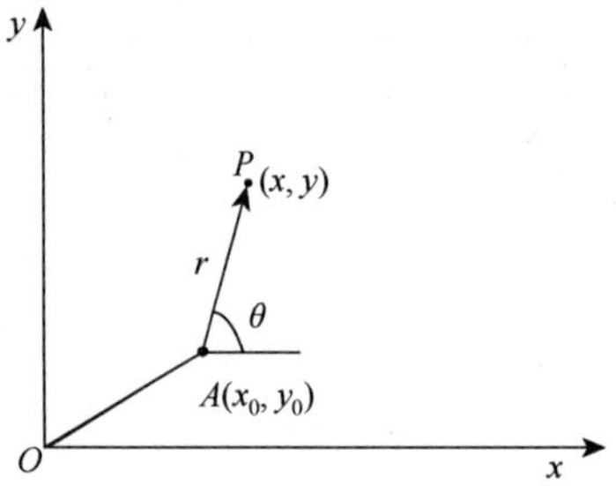

图 5-8　P 点和 A 点的位置

点源或点汇的复势为

$$W(z) = \varphi + \mathrm{i}\psi = \pm \frac{q}{2\pi} (\ln r + \mathrm{i}\theta) = \pm \frac{q}{2\pi} \ln \left(r\mathrm{e}^{\mathrm{i}\theta} \right)$$

即

$$W(z) = \pm \frac{q}{2\pi} \ln z \tag{5-40}$$

当源点或汇点不在坐标原点，而在 z_0 点 $(z_0 = x_0 + \mathrm{i}y_0)$ 时，P 点的复势为

$$W(z) = \pm \frac{q}{2\pi} \ln(z - z_0) \tag{5-41}$$

5.3.3　点涡

平面上流体质点绕一固定点 O 做匀速圆周运动，不同半径圆周上的质点运动速度反比于圆周半径，这就形成了平面上的点涡，如图 5-9 所示。

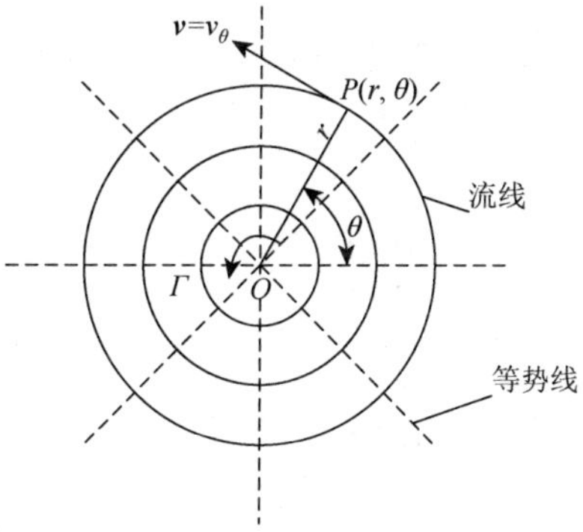

图5-9 点涡

将坐标原点置于 O 点，流体质点绕半径为 r 、圆心在固定点的圆运动，由于质点速度矢量与圆周相切，其径向投影 $v_r=0$ ，其圆周方向的投影 $v_\theta=\dfrac{\Gamma}{2\pi r}$ 。速度环量 Γ 在任一圆周上是一常数，称为点涡的强度，当 $\Gamma>0$ 时，表示质点逆时针转动。极坐标系下，速度分量为

$$v_r=0,\quad v_\theta=\frac{\Gamma}{2\pi r} \tag{5-42}$$

可以证明，这一流动是有势的。

流动的速度势函数和流函数分别为

$$\varphi=\int \mathrm{d}\varphi=v_r\mathrm{d}r+rv_\theta\mathrm{d}\theta=\frac{\Gamma}{2\pi}\theta \tag{5-43}$$

$$\psi=\int \mathrm{d}\psi=-v_\theta\mathrm{d}r+rv_r\mathrm{d}\theta=-\frac{\Gamma}{2\pi}\ln r \tag{5-44}$$

令速度势函数与流函数等于常数，得到的等势线是通过原点的极角不同的射线，流线是以坐标原点为圆心的同心圆。

点涡流动的速度势函数和流函数在平面直角坐标系下的表达式分别为

$$\varphi=\frac{\Gamma}{2\pi}\arctan\left(\frac{y}{x}\right) \tag{5-45}$$

$$\psi=-\frac{\Gamma}{2\pi}\ln\sqrt{x^2+y^2} \tag{5-46}$$

如图 5-8 所示，当点涡不在平面直角坐标系的原点而在平面上 A 点 (x_0,y_0) 处时，P 点的速度势函数和流函数流动的直角坐标表达式分别为

$$\varphi=\frac{\Gamma}{2\pi}\arctan[(y-y_0)/(x-x_0)] \tag{5-47}$$

$$\psi=-\frac{\Gamma}{2\pi}\ln\sqrt{(x-x_0)^2+(y-y_0)^2} \tag{5-48}$$

点涡的复势为

$$W(z)=\varphi+\mathrm{i}\psi=\frac{\Gamma}{2\pi}(\theta-\mathrm{i}\ln r)=\frac{\Gamma}{2\pi\mathrm{i}}(\ln r+\mathrm{i}\theta)=\frac{\Gamma}{2\pi\mathrm{i}}\ln(r\mathrm{e}^{\mathrm{i}\theta})$$

即

$$W(z)=\frac{\Gamma}{2\pi\mathrm{i}}\ln z \tag{5-49}$$

当点涡的位置不在坐标原点，而在 z_0 点 $(z_0=x_0+\mathrm{i}y_0)$ 时，P 点复势为

$$W(z)=\frac{\Gamma}{2\pi\mathrm{i}}\ln(z-z_0) \tag{5-50}$$

5.3.4　任意角域内的流动

角域内流动的复势为

$$W(z)=az^n \tag{5-51}$$

式中，a、n 均为实数。

令 $z=r\mathrm{e}^{\mathrm{i}\theta}$，有 $W(z)=\varphi+\mathrm{i}\psi=ar^n\cos(n\theta)+\mathrm{i}ar^n\sin(n\theta)$，得到角域内流动的速度势函数和流函数分别为

$$\varphi=ar^n\cos(n\theta) \tag{5-52}$$

$$\psi=ar^n\sin(n\theta) \tag{5-53}$$

零流线为 θ=0 或 $\theta=\frac{\pi}{n}$，它们是从原点发出的射线，构成夹角为 $\frac{\pi}{n}$ 的角域($n\geqslant1/2$)，其流线如图 5-10 所示。

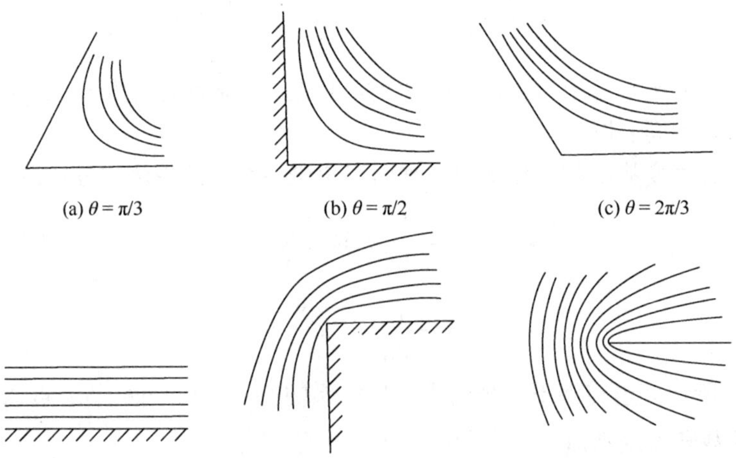

(a) $\theta=\pi/3$　(b) $\theta=\pi/2$　(c) $\theta=2\pi/3$

(d) $\theta=\pi$　(e) $\theta=3\pi/2$　(f) $\theta=2\pi$

图 5-10　角域内的流动

当 $n=1$，θ=π 时，得到水平均匀直线流动。

5.4　势流的叠加

5.4.1　势流的叠加原理

设想有 n 个简单平面势流，它们的速度势函数分别为$\varphi_1,\varphi_2,\cdots,\varphi_n$，流函数分别为$\psi_1,\psi_2,\cdots,\psi_n$。现将 n 个平面流动叠加得到一个新的平面流动，新的流动仍然是有势流动，其势函数φ为

$$\varphi=\varphi_1+\varphi_2+\cdots+\varphi_n$$

同样，叠加后的流函数ψ等于

$$\psi=\psi_1+\psi_2+\cdots+\psi_n$$

在获得了流动的势函数与流函数后，可求出流场的速度矢量，进一步用伯努利方程求出压强分布，完成流场分析。

势流叠加原理还可以用复势表示：设想流场中有 n 个简单平面势流，它们的复势分别为$W_1,W_2,\cdots,W_n$，它们的和为$W=W_1+W_2+\cdots+W_n$，依然为一解析的复变函数，仍可作为某一有势流动的复势。

5.4.2　点源（汇）与点涡——螺旋流

平面坐标原点有一个强度为q的点汇和一个强度为Γ 的点涡($q>0,\Gamma>0$)，如图 5-11 所示。由点汇与点涡叠加后的平面势流的速度势函数为

$$\varphi=-\frac{q}{2\pi}\ln r+\frac{\Gamma}{2\pi}\theta$$

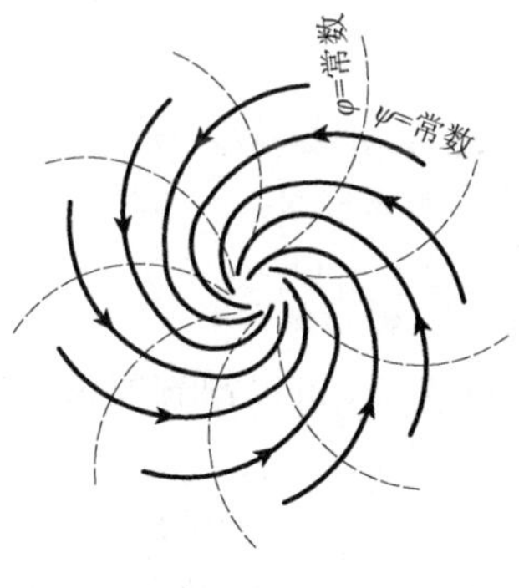

图 5-11　点汇与点涡叠加

同样得到叠加后势流的流函数：

$$\psi=-\frac{q}{2\pi}\theta-\frac{\Gamma}{2\pi}\ln r$$

令 $\varphi=C_1$，经计算可以得到 $r=C_1\mathrm{e}^{\Gamma\theta/q}$，在平面极坐标系下，这一方程代表的等势线是平面对数螺旋线，同样可以得到流线也是平面对数螺旋线 $r=C_2\mathrm{e}^{(-q\theta/\Gamma)}$，这两条曲线是正交的。点汇与点涡叠加后形成阴螺旋流，点源与点涡叠加后形成阳螺旋流，其中水泵矩形断面蜗壳中的理想流动是点源与点涡叠加的实例。

5.4.3 偶极子流

在平面直角坐标系中的 $(-a,0)$ 和 $(a,0)$ 两点处分别设一个强度均为 q 的源和汇 $(a>0, q>0)$，叠加后的平面势流的势函数和流函数分别为

$$\varphi=\frac{q}{2\pi}\left[\ln\sqrt{(x+a)^2+y^2}-\ln\sqrt{(x-a)^2+y^2}\right]$$

$$\psi=\frac{q}{2\pi}\left(\arctan\frac{y}{x+a}-\arctan\frac{y}{x-a}\right)$$

设源点与汇点沿 x 轴无限接近，即令 $2a\to 0$，同时设 q 无限增大，这样就能保证乘积 $2aq$ 始终保持为一常数 M，即 $M=2aq$。这一极限状态下，源和汇合成的平面流动称为偶极子流，M 称偶极子强度($M>0$)。偶极子流的势函数与流函数分别为

$$\begin{aligned}\varphi&=\lim_{\substack{a\to0\\q\to\infty}}\frac{2aq}{2\pi}\lim_{a\to0}\left[\frac{\ln\sqrt{(x+a)^2+y^2}-\ln\sqrt{(x-a)^2+y^2}}{2a}\right]\\&=\frac{M}{2\pi}\frac{\mathrm{d}}{\mathrm{d}x}\ln\sqrt{x^2+y^2}\\&=\frac{M}{2\pi}\frac{x}{x^2+y^2}\end{aligned} \tag{5-54}$$

$$\begin{aligned}\psi&=\lim_{\substack{a\to0\\q\to\infty}}\frac{2aq}{2\pi}\lim_{a\to0}\left(\frac{\arctan\frac{y}{x+a}-\arctan\frac{y}{x-a}}{2a}\right)\\&=\frac{M}{2\pi}\frac{\mathrm{d}}{\mathrm{d}x}\arctan\left(\frac{y}{x}\right)\\&=-\frac{M}{2\pi}\frac{y}{x^2+y^2}\end{aligned} \tag{5-55}$$

利用平面直角坐标与极坐标的关系，可以得到偶极子流的势函数与流函数的极坐标表达式：

$$\varphi=\frac{M}{2\pi}\frac{\cos\theta}{r} \tag{5-56}$$

$$\psi=-\frac{M}{2\pi}\frac{\sin\theta}{r} \tag{5-57}$$

下面讨论偶极子流的等势线和流线的特征。

令式（5-56）等于常数 C，所得方程代表了平面上的等势线。经计算，这一方程可以简化为

$$\left(x-\frac{M}{4\pi C}\right)^2+y^2=\left(\frac{M}{4\pi C}\right)^2$$

这是圆心在$\left(\frac{M}{4\pi C},0\right)$，半径为$\frac{M}{4\pi|C|}$，与 y 轴相切于原点的圆。当 $C>0$ 时，圆位于 y 轴右侧，否则在 y 轴左侧。

令式（5-57）等于常数 D，方程简化后可以得到流线方程：

$$x^2+\left(y+\frac{M}{4\pi D}\right)^2=\left(\frac{M}{4\pi D}\right)^2$$

流线是圆心在$\left(0,-\frac{M}{4\pi D}\right)$，半径为$\frac{M}{4\pi|D|}$的圆，圆与 x 轴相切于原点。当 $D>0$ 时，圆位于 x 轴下方，否则在 x 轴上方。

偶极子流的等势线与流线如图 5-12 所示。

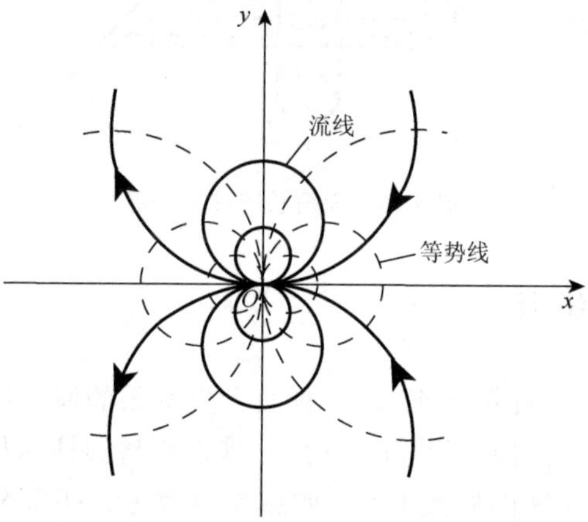

图 5-12　偶极子流的等势线和流线

偶极子流的复势为

$$W(z)=\varphi+\mathrm{i}\psi=\frac{M}{2\pi}\frac{1}{z} \tag{5-58}$$

如果偶极子流中心放置在 z_0 点 $(z_0=x_0+\mathrm{i}y_0)$，其复势为

$$W(z)=\frac{M}{2\pi}\frac{1}{z-z_0} \tag{5-59}$$

5.5　圆柱体绕流

奇点法以势流叠加原理为基础，选择适当的基本流动，将其复势叠加形成新的解析函数及新的复合流动。奇点法可以解决两类问题，第一类问题（正问题）：给出被绕流物体，求绕流该物体的复势，为此可以选择基本流动组合，使得到的叠加后的复势满足给定的边

界条件，就可以得到给定问题的解；第二类问题（反问题）：将某些基本流动叠加得到复势，研究怎样的物体绕流问题与之对应。接下来以圆柱绕流的正问题予以讨论。

在一流速为v_∞的均匀流中设置一半径为r_0，轴心线与原均匀流流动方向垂直的无穷长静止圆柱体，由于圆柱体对原均匀流的干扰，均匀流的流线不再是直线，在距圆柱体越近的地方这种变化越明显。由于圆柱体无穷长，在每个与圆柱体轴心线垂直的平面上，流动是一样的，流动具有平面流动的特征，如图 5-13 所示。

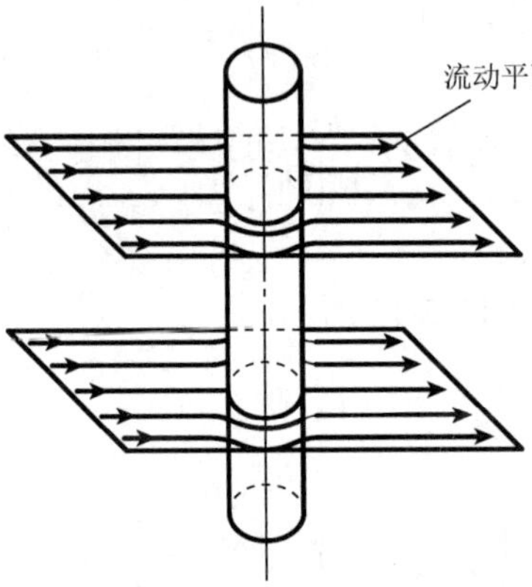

图 5-13　无穷长圆柱体绕流

5.5.1　圆柱体无环量绕流

圆柱体静止时，形成无环量绕流。将平面直角坐标系的原点设置在圆柱轴心线与平面的交点处，x 轴正方向与均匀流流动方向一致。现设想将圆柱体从流场中抽去，然后在坐标原点处设置一个强度为M的偶极子流，如图 5-14 所示。下面分析由均匀流和偶极子流叠加而成的平面流动的流动特征。

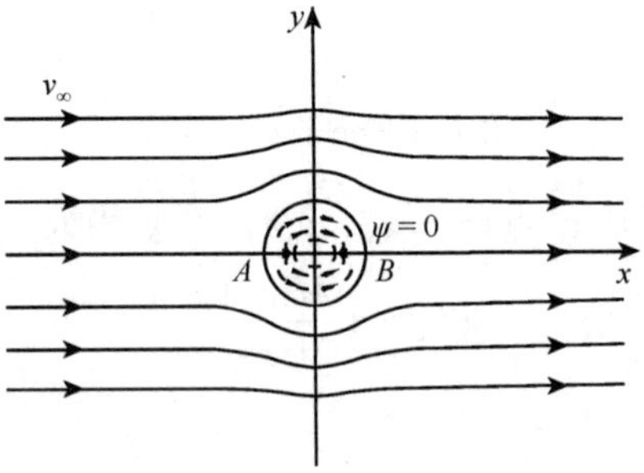

图 5-14　均匀流绕过圆柱体的无环量绕流

1. 流动的复势、速度势函数与流函数

将均匀流和偶极子流叠加，得到流动的复势为

$$W = v_\infty z + \frac{M}{2\pi z} \tag{5-60}$$

将其分解，有

$$\begin{aligned} W &= v_\infty \left(r\cos\theta + \mathrm{i} r\sin\theta\right) + \frac{M}{2\pi r}\left(\cos\theta - \mathrm{i}\sin\theta\right) \\ &= v_\infty \cos\theta\left(r + \frac{M}{2\pi v_\infty}\frac{1}{r}\right) + \mathrm{i} v_\infty \sin\theta\left(r - \frac{M}{2\pi v_\infty}\frac{1}{r}\right) \end{aligned}$$

因此，速度势函数与流函数分别为

$$\varphi = v_\infty \cos\theta\left(r + \frac{M}{2\pi v_\infty}\frac{1}{r}\right)$$

$$\psi = v_\infty \sin\theta\left(r - \frac{M}{2\pi v_\infty}\frac{1}{r}\right)$$

$\psi = 0$ 代表的流线称为零流线，零流线方程为

$$r v_\infty \sin\theta\left(1 - \frac{M}{2\pi v_\infty}\frac{1}{r^2}\right) = 0$$

由此得到 $\theta = 0$，π 和 $r = \sqrt{\dfrac{M}{2\pi v_\infty}}$，这表明零流线是 x 轴和一个半径为 $\sqrt{\dfrac{M}{2\pi v_\infty}}$、圆心位于坐标原点的圆周。流体不可能穿越流线，理想的流线可以与固体壁面互换，因此得到圆柱体的半径 r_0 与偶极子强度 M 的关系为 $M=2\pi v_\infty r_0^2$。

圆柱体无环量绕流的速度势函数与流函数分别为

$$\varphi = r v_\infty \cos\theta\left(1 + \frac{r_0^2}{r^2}\right) \tag{5-61}$$

$$\psi = r v_\infty \sin\theta\left(1 - \frac{r_0^2}{r^2}\right) \tag{5-62}$$

式（5-61）和式（5-62）中的 $r \geqslant r_0$，位于圆柱体的外部。

2. *速度分布*

绕流速度的极坐标表达式为

$$v_r = \frac{\partial\varphi}{\partial r} = \frac{1}{r}\frac{\partial\psi}{\partial\theta} = v_\infty \cos\theta\left(1 - \frac{r_0^2}{r^2}\right)$$

$$v_\theta = \frac{\partial\psi}{\partial r} = \frac{1}{r}\frac{\partial\varphi}{\partial\theta} = -v_\infty \sin\theta\left(1 + \frac{r_0^2}{r^2}\right)$$

圆柱体表面上 $r = r_0$，代入得到圆柱体表面速度分布：

$$v_r = 0, \quad v_\theta = -2v_\infty \sin\theta \tag{5-63}$$

式（5-63）表明，圆柱体表面上速度矢量没有径向分量，流体不可能穿透或离开圆柱体，

符合固体壁面流动特点。圆柱体表面上的速度按正弦曲线规律分布，在 $\theta=0$（B 点）和 $\theta=2\pi$（A 点）处，$v_\theta=0$，A、B 两点是分流点，也称为驻点。在 $\theta=\pm 90°$ 处，v_θ 达到最大值，$|v_\theta|=2v_\infty$，即等于无穷远处来流速度的 2 倍。

沿圆柱体表面的速度环量为

$$\Gamma=\oint v_\theta \mathrm{d}s=-2v_\infty r_0\int_0^{2\pi}\sin\theta\mathrm{d}\theta=0$$

均匀流绕过圆柱体表面的速度环量等于零，故称为无环量绕流。

3. 圆柱体表面压强分布

现将一点取在平面上无穷远点，另一点取在圆柱体表面上，列两点的伯努利方程，得

$$\frac{p_\infty}{\rho g}+\frac{v_\infty^2}{2g}=\frac{p}{\rho g}+\frac{v_r^2+v_\theta^2}{2g}$$

即

$$p=p_\infty+\frac{\rho v_\infty^2}{2}(1-4\sin^2\theta) \tag{5-64}$$

式（5-64）表明，在圆柱体表面的两个驻点处，压强达到最大值，而在圆柱体表面 $\theta=\pm 90°$ 处，压强降到最低。

用压强系数表示流体作用在物体表面上任一点的压强，即

$$C_p=\frac{p-p_\infty}{\frac{1}{2}\rho v_\infty^2} \tag{5-65}$$

将式（5-64）代入式（5-65），得

$$C_p=1-4\sin^2\theta \tag{5-66}$$

式（5-66）说明，沿圆柱体表面的压强系数与圆柱体的半径和均匀流的速度、压强分布无关，可以将该特点推广到其他形状（如叶片的叶型等）的物体上。

4. 柱面合力

在式（5-64）中，以 $-\theta$ 代替 θ，压强值 p 不变，说明圆柱体表面的压强分布对称于 x 轴，圆柱体表面压强不产生 y 轴方向的合力。以 $\pi-\theta$ 代替 θ，压强值 p 也不变，说明圆柱体表面的压强分布对称于 y 轴，圆柱体表面压强不产生 x 轴方向的合力。这样，圆柱体表面流体压强的合力为零。

均匀流绕流任一静止物体时，物体表面所受到的总作用力与均匀流的流动方向一致的分量和与均匀流的流动方向垂直的分量分别称为物体所受的阻力 D 和升力 L。可以看到，理想均匀流绕流圆柱体时，圆柱体的阻力 D 和升力 L 都等于零。绕流阻力为零的结论与观察的实际情况不符，这就是达朗伯佯谬，其原因是忽略了流体的黏性。实际的流体绕流圆柱体时，其速度分布和柱面压强分布只在迎流面上与前面的描述相符，而在背面上会发

生边界层分离，产生旋涡和绕流阻力，这将在后续的章节中详述。

5.5.2　圆柱体有环量绕流

在速度大小为 v_∞ 的定常均匀流中置入一个半径为 r_0 的无穷长的圆柱体，这一圆柱体也与均匀流的流动方向垂直，与前面分析不同处在于，圆柱体以等角速度绕其轴心线转动，圆柱体外的流动同样是一个有势平面流动。分析时，仍假定将圆柱体从流场中抽出，在坐标原点设置强度 $M = 2\pi v_\infty r_0^2$ 的偶极子流，再设置一个强度为 $\Gamma(\Gamma>0)$ 的涡（圆柱体逆时针旋转）。下面分析由均匀流、偶极子流和点涡合成的平面流动特性。

1. 流动的复势、速度势函数与流函数

均匀流、偶极子流和点涡叠加后的平面流动的复势为

$$W(z) = v_\infty z + \frac{M}{2\pi z} + \frac{\Gamma}{2\pi \mathrm{i}} \ln z \tag{5-67}$$

将其分解，有

$$\begin{aligned} W &= v_\infty \left(r\cos\theta + \mathrm{i} r\sin\theta\right) + \frac{M}{2\pi r}\left(\cos\theta - \mathrm{i}\sin\theta\right) + \frac{\Gamma}{2\pi \mathrm{i}}\left(\ln r + \mathrm{i}\theta\right) \\ &= \left[v_\infty \cos\theta(r + \frac{M}{2\pi v_\infty}\frac{1}{r}) + \frac{\Gamma}{2\pi}\theta\right] + \mathrm{i}\left[v_\infty \sin\theta(r - \frac{M}{2\pi v_\infty}\frac{1}{r}) - \frac{\Gamma}{2\pi}\ln r\right] \end{aligned}$$

代入 $M = 2\pi v_\infty r_0^2$，速度势函数和流函数的极坐标表达式分别为

$$\varphi = v_\infty r\cos\theta + \frac{v_\infty r_0^2}{r}\cos\theta + \frac{\Gamma}{2\pi}\theta$$

$$\psi = v_\infty r\sin\theta - \frac{v_\infty r_0^2}{r}\sin\theta - \frac{\Gamma}{2\pi}\ln r$$

2. 速度分布

绕流速度的极坐标表达式分别为

$$v_r = \frac{1}{r}\frac{\partial\psi}{\partial\theta} = \frac{\partial\varphi}{\partial r} = v_\infty \cos\theta\left(1 - \frac{r_0^2}{r^2}\right)$$

$$v_\theta = \frac{1}{r}\frac{\partial\varphi}{\partial\theta} = -\frac{\partial\psi}{\partial r} = -v_\infty \sin\theta(1 + \frac{r_0^2}{r^2}) + \frac{\Gamma}{2\pi}\frac{1}{r}$$

圆柱体表面上 $r = r_0$，速度分布为

$$v_r = 0, \quad v_\theta = -2v_\infty \sin\theta + \frac{\Gamma}{2\pi r_0} \tag{5-68}$$

由式（5-68）可以看到，圆柱体表面上流体速度没有径向分量，流体只能沿圆周方向流动，可见圆柱体表面是一条流线。在圆心处设置一个半径为 r_0 的圆柱也有这样的流动效果，因此可以用三个简单平面势流合成代替绕流旋转圆柱体的外部流场。

当圆柱体顺时针转动，点涡强度 $\Gamma<0$ 时，在圆柱体上部环流的速度方向与均匀流的速度方向相同，而在下部则相反。叠加的结果是上部的速度增加，下部的速度减小，从而破坏了流线关于 x 轴的对称性，使驻点向下移动。为了确定驻点的位置，令圆柱体表面速度 $v_\theta=0$ ，由式（5-68）得到驻点处的 θ 满足如下条件：

$$\sin\theta=\frac{\Gamma}{4\pi v_\infty r_0} \tag{5-69}$$

如果 $|\Gamma|<4\pi v_\infty r_0$ ，则 $|\sin\theta|<1$ ，驻点出现在圆柱体表面的三、四象限中并对称于 y 轴，如图 5-15（a）所示。在来流速度保持不变的情况下，A、B 两个驻点随 $|\Gamma|$ 值的增加而向下移动，并互相靠拢。

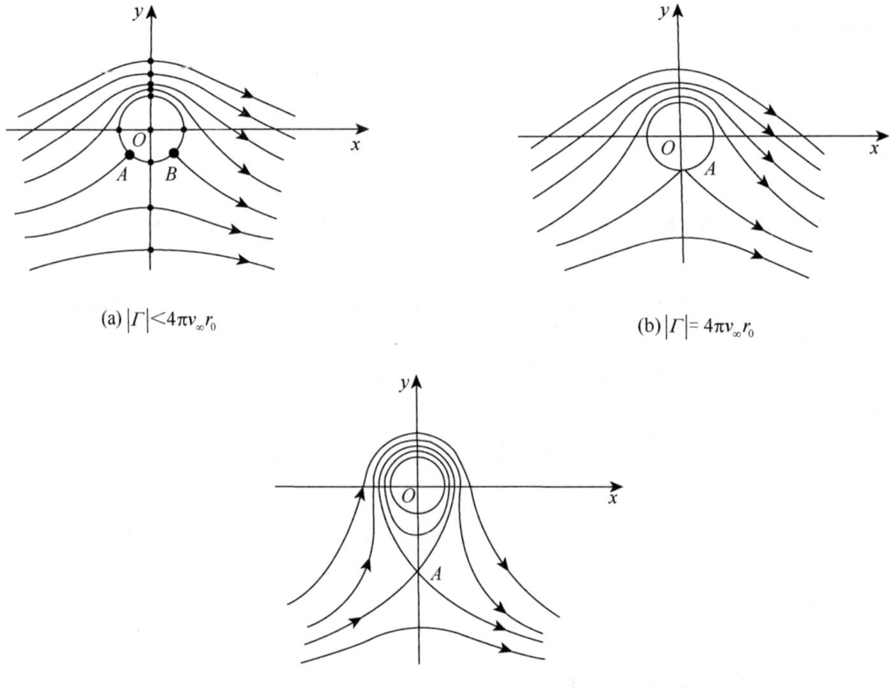

(a) $|\Gamma|<4\pi v_\infty r_0$　　(b) $|\Gamma|=4\pi v_\infty r_0$

(c) $|\Gamma|>4\pi v_\infty r_0$

图 5-15　圆柱体有环量绕流的驻点位置

如果 $|\Gamma|=4\pi v_\infty r_0$ ， 则 $|\sin\theta|=1$ ，两个驻点重合成一点，出现在圆柱体表面的最下端，如图 5-15（b）所示。

如果 $|\Gamma|>4\pi v_\infty r_0$ ， 则 $|\sin\theta|>1$ ，圆柱体表面上将没有驻点，驻点将脱离圆柱体表面沿 y 轴向下移到某一位置，如图 5-15（c）所示。全流场由经过驻点 A 的闭合流线划分为内、外两个区域，外区域是均匀流绕过圆柱体的有环量绕流，而在闭合流线和圆柱体表面之间的内部区域自成闭合环流。

当圆柱体逆时针转动时，驻点的位置沿 y 轴向上移动。

3. 圆柱体表面压强分布

列一无穷远点和圆柱表面上一点的伯努利方程，有

$$\frac{v_\infty^2}{2g}+\frac{p_\infty}{\rho g}=\frac{p}{\rho g}+\frac{v_r^2+v_\theta^2}{2g}$$

将式（5-68）代入，得到

$$p=p_\infty+\frac{\rho}{2}\left[{v_\infty}^2-\left(-2v_\infty\sin\theta+\frac{\Gamma}{2\pi r_0}\right)^2\right] \tag{5-70}$$

4. 圆柱体表面合力

以θ和$\pi-\theta$代入式（5-70），所得值相等，表明作用在旋转圆柱体的表面压强关于 y 轴是对称的，流体作用于圆柱体表面的合力没有 x 轴方向的分量，绕流阻力 $D=0$。但是，流体作用于旋转圆柱体表面的压强关于 x 轴并不对称，圆柱体上作用有一个与流动方向垂直的升力 L，这一升力可按如下分析计算。

在圆柱体表面上取一长度为$r_0\mathrm{d}\theta$的微元弧段，该微元弧段代表了一个单位高度的微元面积。微元面积上的所受压力为$pr_0\mathrm{d}\theta$，方向与圆柱体表面正交，即沿半径方向指向圆心，它在 y 轴的投影为$-pr_0\sin\theta\mathrm{d}\theta$。流体作用于圆柱体表面的压力在 y 轴方向的投影，即圆柱体所受的升力 L 为

$$\begin{aligned}L&=\int_0^{2\pi}-pr_0\sin\theta\mathrm{d}\theta=-\int_0^{2\pi}r\sin\theta\left\{p_\infty+\frac{\rho}{2}\left[v_\infty^2-\left(-2v_\infty\sin\theta+\frac{\Gamma}{2\pi r_0}\right)^2\right]\right\}\mathrm{d}\theta \\ &=-\rho v_\infty\Gamma\end{aligned} \tag{5-71}$$

式（5-71）称为库塔-茹科夫斯基（Kutta-Joukowski）升力公式，式中负号表明圆柱体所受流体升力为沿 y 轴负方向。放置在均匀流中与流动方向垂直的单位长度的旋转圆柱体所受的升力大小与来流速度v_∞、流体密度ρ和旋转圆柱引起的环量Γ 成正比，升力方向为来流方向沿圆柱旋转方向反向旋转 90°，如图 5-16 所示。

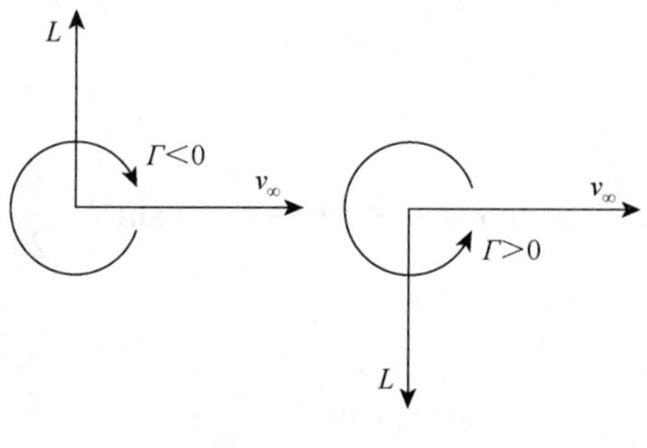

图 5-16　圆柱体升力方向

库塔-茹科夫斯基升力公式可以推广应用于理想流体均匀流绕过任何形状的有环量无分

离平面流动，如具有流线型的翼型绕流等，在轴流式水泵、水轮机叶片设计中有重要应用。

马格纳斯（Magnus）于 1852 年在实验室中研究发现旋转着前进的物体受到横向力的作用，使得物体的运动轨迹发生偏转，该现象称为马格纳斯效应，该效应可以解释乒乓球中的“弧圈球”、足球中的“香蕉球”等现象。

例 5.3　平面半无限体的绕流流场由自左向右的均匀流和置于坐标原点强度为 q 的点源叠加而成，如图 5-17 所示，试确定流场中的驻点和通过驻点的流线。

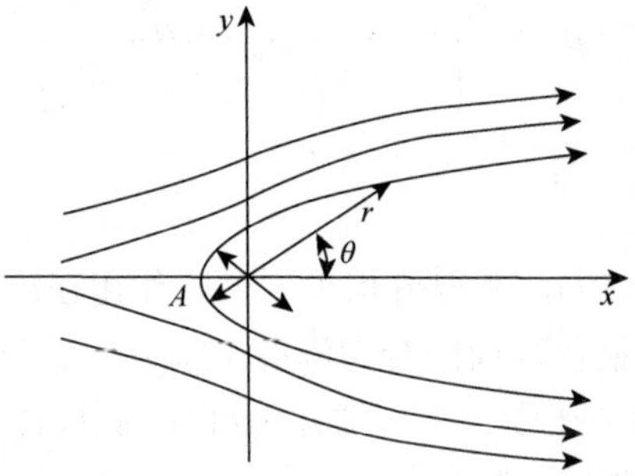

图 5-17　例 5.3 用图

解：流场的复势为

$$W(z) = v_\infty z + \frac{q}{2\pi}\ln z$$

复速度为

$$V = \frac{\mathrm{d}W}{\mathrm{d}z} = v_\infty + \frac{q}{2\pi z}$$

令 $V = 0$，得驻点的位置为

$$z = -\frac{q}{2\pi v_\infty}$$

因此，驻点的坐标为

$$r = \frac{q}{2\pi v_\infty}, \quad \theta = \pi$$

将复势分解有

$$W(z) = v_\infty r\cos\theta + \frac{q}{2\pi}\ln r + \mathrm{i}\left(v_\infty r\sin\theta + \frac{q}{2\pi}\theta\right)$$

可得流函数为

$$\psi = v_\infty r\sin\theta + \frac{q}{2\pi}\theta$$

代入驻点坐标，得到 $\psi = \dfrac{q}{2}$，整理可得通过驻点的流线方程为

$$r=\frac{q}{2\pi v_{\infty}\sin\theta}(\pi-\theta)$$

5.6　镜像法解平面势流

前面的圆柱体绕流问题中，流场是无界的，当流场是有界区域时，如将圆柱体放入渠道中，固体壁面会对原来的复势产生怎样的影响？如何利用原来的复势求出有固体壁面扰动后的复势？本节将运用镜像法解决上述问题。

不可压缩理想势流适用不可穿透壁面条件，固体壁面是一条流线。假设在 z_0 处有一强度为 Γ 、逆时针旋转的点涡，其复势为

$$f(z)=\frac{\Gamma}{2\pi \mathrm{i}}\ln(z-z_0)$$

在流场 $y=0$ 处置入一平板，为保证平板是一条流线，要求在 z_0 相对于平板的镜面反射处 $\overline{z}_0$ 放置一个同性质的奇点，即强度为 Γ 且顺时针旋转的点涡，见图 5-18。因此，平板上半平面的复势变为

$$W(z)=f(z)+\overline{f}(z)=\frac{\Gamma}{2\pi \mathrm{i}}\ln(z-z_0)-\frac{\Gamma}{2\pi \mathrm{i}}\ln(z-\overline{z}_0)$$

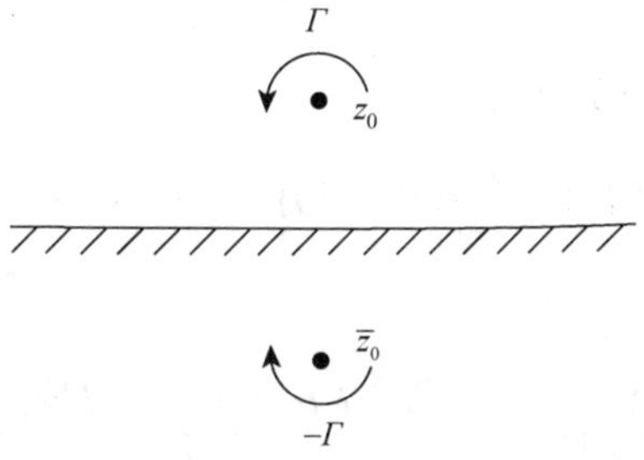

图 5-18　以实轴为边界的镜像

此时，在 $y=0$ 上，由于 $z=\overline{z}$ ，复势 $W(z)=f(z)+\overline{f}(\overline{z})=f(z)+\overline{f(z)}$，为共轭函数的和，只有实部，其虚部为零，即流函数 $\psi=0$ ，说明是 $y=0$ 的流线，即平板为流线。

按照上述思路，有下面的映射定理。

5.6.1　平面定理

1. 平面定理（1）——以实轴为边界

若只在 $y>0$ 的上半平面中存在奇点，无固体壁面时复势为 $f(z)$ ，当流场中置入 $y=0$ 的平板固体壁面后，上半平面流场的复势为

$$W(z)=f(z)+\overline{f}(z) \tag{5-72}$$

式中，$\overline{f}(z)$ 表示除 z 以外的其他复数均取其共轭值。

例 5.4 如图 5-19 所示，在 z_0=ib 处有一环量为 Γ 的逆时针旋转的点涡，y=0 处有一无限长平板，求流场的复势及平板上的压强分布。

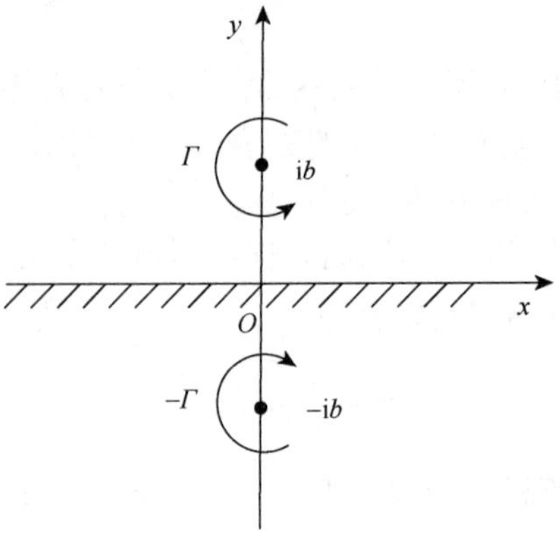

图 5-19 例 5.4 用图

解：当不存在平板时，流场的复势为

$$f(z)=\frac{\Gamma}{2\pi \mathrm{i}}\ln(z-z_0)=\frac{\Gamma}{2\pi \mathrm{i}}\ln(z-\mathrm{i}b)$$

当放入平板后，上半流场的复势变为

$$W(z)=\frac{\Gamma}{2\pi \mathrm{i}}\ln(z-\mathrm{i}b)-\frac{\Gamma}{2\pi \mathrm{i}}\ln(z+\mathrm{i}b)$$

复速度为

$$\frac{\mathrm{d}W}{\mathrm{d}z}=\frac{\Gamma}{2\pi \mathrm{i}}\left(\frac{1}{z-\mathrm{i}b}-\frac{1}{z+\mathrm{i}b}\right)=\frac{\Gamma b}{\pi}\frac{1}{z^2+b^2}=\frac{\Gamma b}{\pi}\left[\frac{1}{(x+\mathrm{i}y)^2+b^2}\right]$$

当 y=0 时，有

$$v_x=\frac{\Gamma b}{\pi}\left(\frac{1}{x^2+b^2}\right),\qquad v_y=0$$

由伯努利方程 $p+\dfrac{\rho v^2}{2}=C$ 得平板上的压强为

$$p=C-\frac{\rho v^2}{2}=C-\frac{\rho}{2}\frac{\Gamma^2 b^2}{\pi^2}\left(\frac{1}{x^2+b^2}\right)^2$$

2. 平面定理（2）——以虚轴为边界

若只在 x>0 的右半平面中存在流动奇点，无固体壁面边界时，其复势为 $f(z)$，当流场中置入 x=0 的平板固体壁面后，右半平面的流动复势为

$$W(z)=f(z)+\overline{f}(-z) \tag{5-73}$$

式中，$\bar{f}(-z)$ 表示除 z 以外的其他复数均取其共轭值。

在 $x=0$ 上，$z=-\bar{z}$，所以复势为

$$W(z)=f(z)+\bar{f}(-z)=f(z)+\bar{f}(\bar{z})=f(z)+\overline{f(z)}$$

因为虚部为零，即流函数 $\psi=0$，说明是 $x=0$ 流线，即平板为流线。

如图 5-20 所示，在 z_0 处有一强度为 Γ，逆时针旋转的点涡，其复势为

$$f(z)=\frac{\Gamma}{2\pi i}\ln(z-z_0)$$

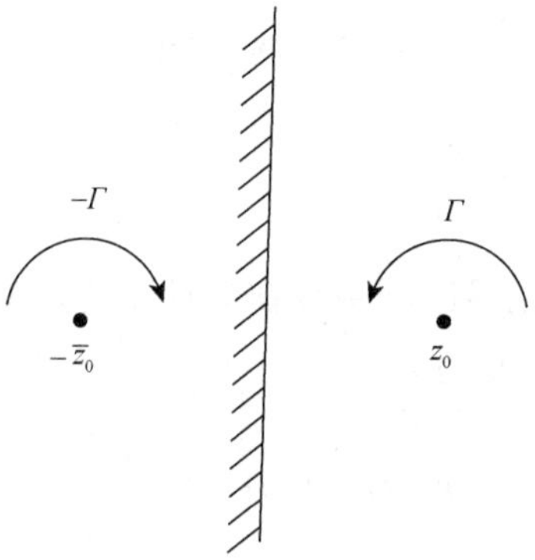

图 5-20 以虚轴为边界的镜像

在 $x=0$ 处放置一平板后，该点涡的复势变为

$$W(z)=f(z)+\bar{f}(-z)=\frac{\Gamma}{2\pi i}\ln(z-z_0)-\frac{\Gamma}{2\pi i}\ln(-z-\bar{z}_0)$$

例 5.5 如图 5-21 所示，在第一象限内 z_0 处有一强度为 Γ，逆时针旋转的点涡，求流场的复势。

解：先考虑只存在 $x=0$ 的平壁时的流场，由平面定理（2），得到复势为

$$\begin{aligned}W_1(z)&=f(z)+\bar{f}(-z)=\frac{\Gamma}{2\pi i}\ln(z-z_0)-\frac{\Gamma}{2\pi i}\ln(-z-\bar{z}_0)\\&=\frac{\Gamma}{2\pi i}\ln(z-z_0)-\frac{\Gamma}{2\pi i}\ln(z+\bar{z}_0)+\text{常数}\end{aligned}$$

再放入 $y=0$ 的平板，由平面定理（1），得到最终的复势为

$$\begin{aligned}W(z)&=W_1(z)+\overline{W_1}(z)\\&=\frac{\Gamma}{2\pi i}\ln(z-z_0)-\frac{\Gamma}{2\pi i}\ln(z+\bar{z}_0)-\frac{\Gamma}{2\pi i}\ln(z-\bar{z}_0)+\frac{\Gamma}{2\pi i}\ln(z+z_0)\\&=\frac{\Gamma}{2\pi i}\ln\frac{(z-z_0)(z+z_0)}{(z-\bar{z}_0)(z+\bar{z}_0)}=\frac{\Gamma}{2\pi i}\ln\frac{z^2-z_0^2}{z^2-\bar{z}_0^2}\end{aligned}$$

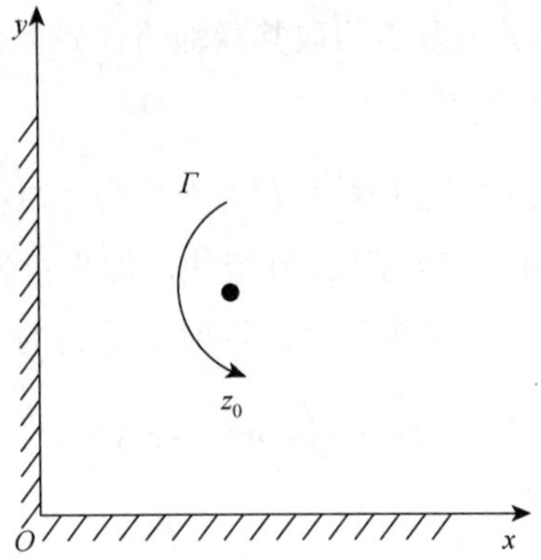

图 5-21　例 5.5 用图

5.6.2　圆周定理

若在 $|z|=a$ 的圆周之外的无界区域中存在流动奇点，其复势为 $f(z)$，当流场中放置 $|z|=a$ 的圆周固体壁面后，流场复势为

$$W(z)=f(z)+\overline{f}\left(\frac{a^2}{z}\right) \tag{5-74}$$

如图 5-22 所示，在圆外 z_0 点处有一强度为 Γ 的逆时针点涡，如果没有圆周固体壁面，该点涡的复势为

$$f(z)=\frac{\Gamma}{2\pi\mathrm{i}}\ln(z-z_0)$$

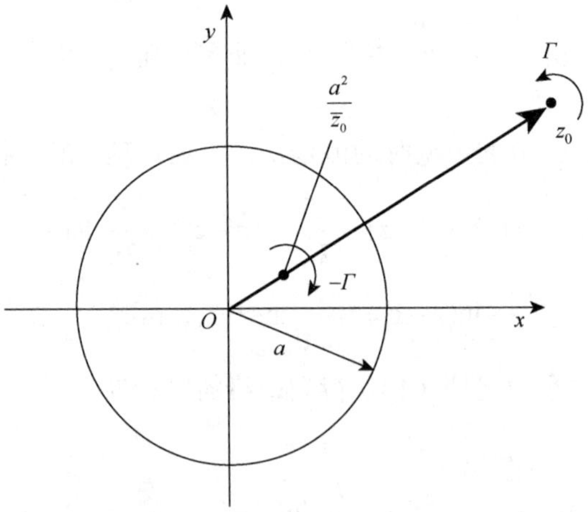

图 5-22　圆周定理推导用图

当放入圆周固体壁面后，由式（5-74）可得，点涡的复势变为

$$W(z)=f(z)+\overline{f}\left(\frac{a^2}{z}\right)=\frac{\Gamma}{2\pi \mathrm{i}}\ln(z-z_0)-\frac{\Gamma}{2\pi \mathrm{i}}\ln\left(\frac{a^2}{z}-\overline{z}_0\right) \tag{5-75}$$

式（5-75）等式右侧的第二项处理如下：

$$-\frac{\Gamma}{2\pi \mathrm{i}}\ln\left(\frac{a^2}{z}-\overline{z}_0\right)=\frac{\mathrm{i}\Gamma}{2\pi}\ln\left[-\frac{\overline{z}_0}{z}\left(z-\frac{a^2}{\overline{z}_0}\right)\right]=\frac{\mathrm{i}\Gamma}{2\pi}\ln\left(z-\frac{a^2}{\overline{z}_0}\right)+\frac{\mathrm{i}\Gamma}{2\pi}\ln(-\overline{z}_0)-\frac{\mathrm{i}\Gamma}{2\pi}\ln(z)$$

将其代入，得到复势为

$$W(z)=-\frac{\mathrm{i}\Gamma}{2\pi}\ln(z-z_0)+\frac{\mathrm{i}\Gamma}{2\pi}\ln\left(z-\frac{a^2}{\overline{z}_0}\right)-\frac{\mathrm{i}\Gamma}{2\pi}\ln(z)+\frac{\mathrm{i}\Gamma}{2\pi}\ln(-\overline{z}_0) \tag{5-76}$$

式中，$\frac{\mathrm{i}\Gamma}{2\pi}\ln(-\overline{z}_0)$可视为复常数，对流场不起作用，所以不予考虑。

从式（5-76）可以看出，为求得圆周固体壁面外的点涡复势，需在$\frac{a^2}{\overline{z}_0}$点处添加一个相同强度、顺时针旋转的点涡，同时在原点添加一个强度相同、逆时针旋转的点涡。因为$|z_0|<a$，有$\left|\frac{a^2}{z_0}\right|<a$，所以添加的点涡都在圆内，$\frac{a^2}{\overline{z}_0}$点和$z_0$点位于由原点出发的同一条直线上。

当$|z|=a$时，复势只有实部，虚部为零，流函数$\psi=0$，圆周是一条零流线。

例 5.6 圆柱体无环量绕流，当圆柱体不存在时，沿x轴方向均匀来流的复势为$f(z)=v_\infty z$，根据圆周定理写出圆柱体无环量绕流的复势。另外，如果来流与x轴的夹角为α，写出其复势。

解：

$$W(z)=v_\infty z+v_\infty\frac{a^2}{z}=v_\infty\left(z+\frac{a^2}{z}\right)$$

当来流与x轴的夹角为α时，有

$$f(z)=v_\infty \mathrm{e}^{-\mathrm{i}\alpha}z$$

$$W(z)=v_\infty \mathrm{e}^{-\mathrm{i}\alpha}z+v_\infty \mathrm{e}^{\mathrm{i}\alpha}\frac{a^2}{z}=v_\infty\left(\mathrm{e}^{-\mathrm{i}\alpha}z+\mathrm{e}^{\mathrm{i}\alpha}\frac{a^2}{z}\right)$$

例 5.7 在速度为v_∞的均匀来流中放入一半径为a的圆柱体，并在z_0和$\overline{z}_0$处分别放置一个强度Γ（$\Gamma>0$）相等的顺时针点涡和逆时针点涡，求流场的复势。

解：无圆柱体的流场复势为

$$\begin{aligned}f(z)&=v_\infty z+\frac{\Gamma}{2\pi \mathrm{i}}\ln(z-\overline{z}_0)-\frac{\Gamma}{2\pi \mathrm{i}}\ln(z-z_0)\\&=v_\infty z+\frac{\Gamma}{2\pi \mathrm{i}}\ln\frac{z-\overline{z}_0}{z-z_0}\end{aligned}$$

放入圆柱体后，由圆周定理得，复势为

$$W(z)=f(z)+\overline{f}\left(\frac{a^2}{z}\right)=v_\infty z+\frac{\Gamma}{2\pi\mathrm{i}}\ln\frac{z-\overline{z}_0}{z-z_0}+v_\infty\frac{a^2}{z}-\frac{\Gamma}{2\pi\mathrm{i}}\ln\frac{\dfrac{a^2}{z}-z_0}{\dfrac{a^2}{z}-\overline{z}_0}$$

$$=v_\infty\left(z+\frac{a^2}{z}\right)+\frac{\Gamma}{2\pi\mathrm{i}}\ln\left[\left(\frac{z-\overline{z}_0}{z-z_0}\right)\left(\frac{a^2-z\overline{z}_0}{a^2-zz_0}\right)\right]$$

5.7 保角变换法解平面势流

对于流动边界较复杂的平面势流，如翼型绕流问题，采用前面的奇点法或镜像法很难求解。而依据复势的数学特性，借助复变函数中的保角变换法，可以解决大部分边界比较复杂的流动问题。

求解不可压缩平面势流的保角变换法的基本思想如下：通过一个单值的解析函数 $z=f(\zeta)$，把物理平面 z 上比较复杂的边界转换为辅助平面 ζ 上比较简单的边界，而在辅助平面 ζ 上相应的流动复势较容易求得，然后将其变换为物理平面流场的复势。

对于理想流体绕流翼型问题，可以借助前面给出的绕流圆柱体的复势。如果把圆柱体所在的平面作为辅助平面 $\zeta(\zeta=\zeta+\mathrm{i}\eta)$，并且可以找到一个合适的关于 ζ 解析的复变函数 $z=f(\zeta)$，则通过该函数可以将 ζ 平面上的圆域变换成 z 平面上某个与实用翼型相类似的封闭曲线包围的域。

5.7.1 保角变换的定义和特性

保角变换过程中，任意点两个线段的夹角在变换过程中保持不变。如图 5-23 所示，z 平面上一点 z_0 为线段$(\mathrm{d}z)_1$、$(\mathrm{d}z)_2$ 的交点，ζ 平面上一点 ζ_0 为线段$(\mathrm{d}\zeta)_1$、$(\mathrm{d}\zeta)_2$ 的交点，满足如下关系：

$$\frac{(\mathrm{d}\zeta)_1}{(\mathrm{d}z)_1}=\frac{(\mathrm{d}\zeta)_2}{(\mathrm{d}z)_2}=f'(\zeta_0)$$

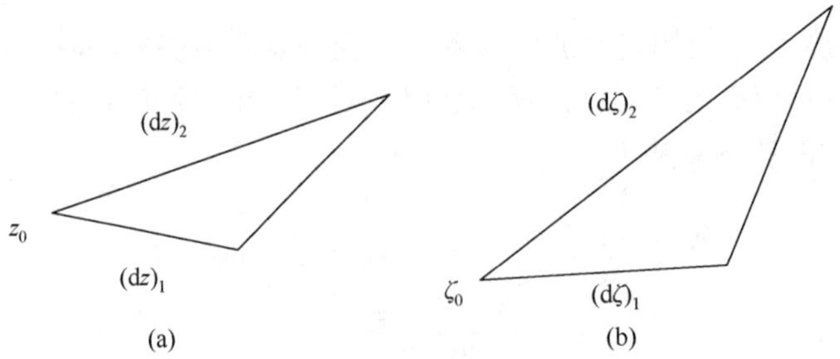

图 5-23 保角变换定义

1. 复势在保角变换中的变化

如果在ζ平面上绕流边界周线为C_ζ的物体的速度势函数$\varphi(\xi,\eta)$和流函数$\psi(\xi,\eta)$已知，则必有

$$\frac{\partial^2\varphi}{\partial\xi^2}+\frac{\partial^2\varphi}{\partial\eta^2}=0$$

$$\frac{\partial^2\psi}{\partial\xi^2}+\frac{\partial^2\psi}{\partial\eta^2}=0$$

设解析函数$z=f(\zeta)$可使ζ平面上的周线C_ζ变换成z平面上的某一封闭周线C_z。现将ζ平面流动的复势$W(\zeta)=\varphi(\xi,\eta)+\mathrm{i}\psi(\xi,\eta)$中的复变量$\zeta$用变换函数$z=f(\zeta)$所给的关系换成$z$，从而得

$$W(z)=\varphi(x,y)+\mathrm{i}\psi(x,y)$$

可证明所得到的$W(z)$代表某一流动绕过边界C_z为物体流动的复势，即$W(z)$的实部和虚部分别代表流动的势函数和流函数。同时还可以证明得到，变换得到的$W(z)$是唯一的。

2. 复速度在保角变换时的变化

设在ζ平面上的复势为$W(\zeta)$，则该平面上某点ζ处的复速度为$V(\zeta)=\mathrm{d}W/\mathrm{d}\zeta$。在进行保角变换时，$W(\zeta)$通过$z=f(\zeta)$变换为$W(z)$，且$W(z)$是$z$平面上的流动复势，于是有

$$V(\zeta)=\frac{\mathrm{d}W}{\mathrm{d}\zeta}=\frac{\mathrm{d}W}{\mathrm{d}z}\frac{\mathrm{d}z}{\mathrm{d}\zeta}=V(z)\frac{\mathrm{d}z}{\mathrm{d}\zeta} \tag{5-77}$$

或

$$V(\zeta)=\left|\frac{\mathrm{d}z}{\mathrm{d}\zeta}\right|\mathrm{e}^{\mathrm{i}\arg(\mathrm{d}z/\mathrm{d}\zeta)}V(z) \tag{5-78}$$

由式（5-78）可知，在两平面上相应点的复速度不相等，$V(\zeta)$的模是$V(z)$模的$|\mathrm{d}z/\mathrm{d}\zeta|$倍，方向要转$\arg(\mathrm{d}z/\mathrm{d}\zeta)$大小的角。因此，$\zeta$平面上无穷远来流复速度为$V(\zeta)=v_\infty\mathrm{e}^{-\mathrm{i}\alpha_\zeta}$，其中$\alpha_\zeta$表示$\zeta$平面上来流复速度与水平方向的夹角，$z$平面上相应点的复速度为

$$V(z)\left(\frac{\mathrm{d}z}{\mathrm{d}\zeta}\right)_{\zeta\to\infty}=v_\infty\mathrm{e}^{-\mathrm{i}\alpha_\zeta}$$

3. 流动奇点强度在保角变换中的变化

设在ζ平面上的点涡总强度为Γ_ζ，源（汇）总强度为q_ζ。根据点涡强度（环量）及源（汇）强度的定义，有

$$\Gamma_\zeta=\oint_{C_\zeta}\boldsymbol{v}\cdot\mathrm{d}\boldsymbol{l}=\oint_{C_\zeta}(v_\xi\mathrm{d}\xi+v_\eta\mathrm{d}\eta),\quad q_\zeta=\oint_{C_\zeta}v_n\mathrm{d}\boldsymbol{l}=\oint_{C_\zeta}(v_\xi\mathrm{d}\eta-v_\eta\mathrm{d}\xi)$$

组成一个复数，即

$$\Gamma_\zeta+\mathrm{i}q_\zeta=\oint_{C_\zeta}(v_\xi-\mathrm{i}v_\eta)\mathrm{d}\xi+(v_\eta+\mathrm{i}v_\xi)\mathrm{d}\eta=\oint_{C_\zeta}V(\zeta)\mathrm{d}\zeta$$

在物理平面上同样有

$$\Gamma_z+\mathrm{i}q_z=\oint_{C_z}V(z)\mathrm{d}z$$

因此，根据两平面上复速度的关系可得

$$\Gamma_z + \mathrm{i}q_z = \oint_{C_z} V(z)\mathrm{d}z = \oint_{C_\zeta} V(\zeta)\frac{\mathrm{d}\zeta}{\mathrm{d}z}\mathrm{d}z = \oint_{C_\zeta} V(\zeta)\mathrm{d}\zeta = \Gamma_\zeta + \mathrm{i}q_\zeta$$

即可推断出

$$\Gamma_z = \Gamma_\zeta, \qquad q_z = q_\zeta \tag{5-79}$$

式（5-79）说明，在进行保角变换时，两流动平面上奇点的强度保持不变。

总结上述三点可知，平面势流保角变换法的思路如下：当某平面上绕某物体的流动复势已知时，可通过一个解析函数进行流动变换。在变换平面上的绕流复势可直接将变换函数代入已知复势，两平面上相应点的复速度不相等，按式（5-78）计算。两流动平面上的流动奇点的强度保持不变。

5.7.2　茹科夫斯基变换

茹科夫斯基变换中所用的解析变换函数 $z = f(\zeta)$ 为

$$z = \zeta + \frac{c^2}{\zeta} \tag{5-80}$$

式中，c 为一正值实常数。

此变换函数可将 ζ 平面上的圆域变换成 z 平面上一些和实用翼型很类似的域。因为在 ζ 平面上绕圆的势流解是已知的，故用前述的保角变换原理即可求得 z 平面的流动解。

1. 茹科夫斯基变换的特点

（1）ζ 平面上无穷远点和原点都变换成 z 平面上的无穷远点。因为 $z = \zeta + c^2/\zeta$，当 $\zeta = 0$ 时，$z \to \infty$；当 $\zeta \to \infty$ 时，$z \to \infty$，即两平面无穷远处不变。

（2）在变换平面上有两个无保角性的变换奇点 $\zeta = \pm c$，将变换函数求导得 $\mathrm{d}z/\mathrm{d}\zeta = 1 - c^2/\zeta^2$，当 $\zeta = \pm c$ 时，$\mathrm{d}z/\mathrm{d}\zeta = 0$，即 $\zeta = \pm c$ 为变换奇点。过该两点之一的某条平滑曲线在变换到 z 平面上时已不再是过 $z = \pm 2c$ 相应点的一条平滑曲线，而是有一定夹角的两条曲线。现分析这个夹角大小，为此先分别在两平面上任取一对相应点 z 与 ζ，将它们分别与 $z = \pm 2c$ 点和 $\zeta = \pm c$ 点相连接，连接线长度和与实轴的夹角如图 5-24 所示。

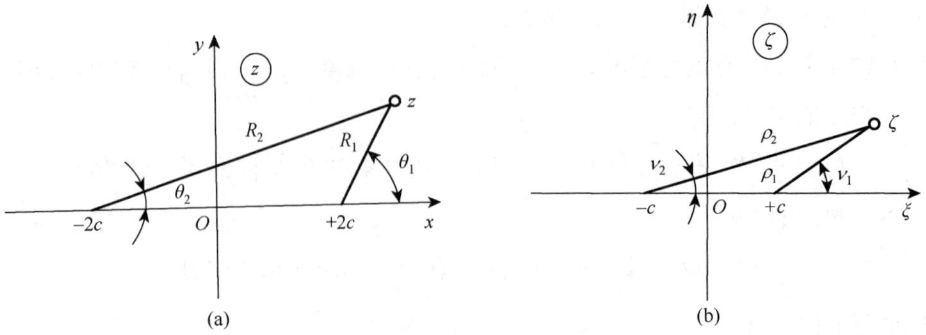

图 5-24　茹科夫斯基变换的变换奇点

由变换函数可得

$$z+2c=\frac{(\zeta+c)^2}{\zeta},\quad z-2c=\frac{(\zeta-c)^2}{\zeta}$$

有

$$\frac{z-2c}{z+2c}=\left(\frac{\zeta-c}{\zeta+c}\right)^2$$

或

$$\frac{R_1\mathrm{e}^{\mathrm{i}\theta_1}}{R_2\mathrm{e}^{\mathrm{i}\theta_2}}=\left(\frac{\rho_1\mathrm{e}^{\mathrm{i}\nu_1}}{\rho_2\mathrm{e}^{\mathrm{i}\nu_2}}\right)^2,\quad \frac{R_1}{R_2}\mathrm{e}^{\mathrm{i}(\theta_1-\theta_2)}=\left(\frac{\rho_1}{\rho_2}\right)^2\mathrm{e}^{\mathrm{i}2(\nu_1-\nu_2)}$$

故

$$\frac{R_1}{R_2}=\left(\frac{\rho_1}{\rho_2}\right)^2,\quad \theta_1-\theta_2=2(\nu_1-\nu_2) \tag{5-81}$$

再来观察一段过点$\zeta=+c$的很短的平滑曲线$\overline{\zeta_1\zeta_2}$，如图5-25所示，因为$\overline{\zeta_1\zeta_2}$很短，可以近似地当作两段直线看待。设$\overline{\zeta_1 c}$与实轴的夹角为$\nu_1'$，则$\overline{\zeta_2 c}$与实轴的夹角为$\pi+\nu_1'=\nu_1''$。点$\zeta_1$、$\zeta_2$与点$\zeta=-c$的连线与实轴的夹角$\nu_2'$、$\nu_2''$分别近似为0与$2\pi$。$z$平面上，设$z_1$与$z_2$分别是$\zeta_1$与$\zeta_2$的对应点，$z_1$与点$z=2c$的连线与实轴的夹角为$\theta_1'$，$z_2$与点$z=2c$的连线与实轴的夹角为$\theta_1''$。$\zeta_1$、$\zeta_2$两点与点$\zeta=c$无限接近，故$z_1$、$z_2$离点$z=2c$也非常近。于是$z_1$、$z_2$与点$z=-2c$的连线和实轴的夹角分别近似为0、$2\pi$。由式（5-81）可以得到

$$\theta_1'-\theta_2'=2(\nu_1'-\nu_2'),\quad \theta_1''-\theta_2''=2(\nu_1''-\nu_2'')$$

或

$$\theta_1'=2\nu_1',\quad \theta_1''=2\pi+2\left[(\pi+\nu_1')-2\pi\right]=2\nu_1'$$

即

$$\theta_1'-\theta_1''=0 \tag{5-82}$$

式（5-82）说明，z_1、z_2与点$z=2c$的连线是同一条，因此ζ平面上过点$\zeta=c$的平滑曲线经变换后在z平面上则成为过点$z=2c$的两条夹角为零的曲线，或是说它是夹角为零的尖角。

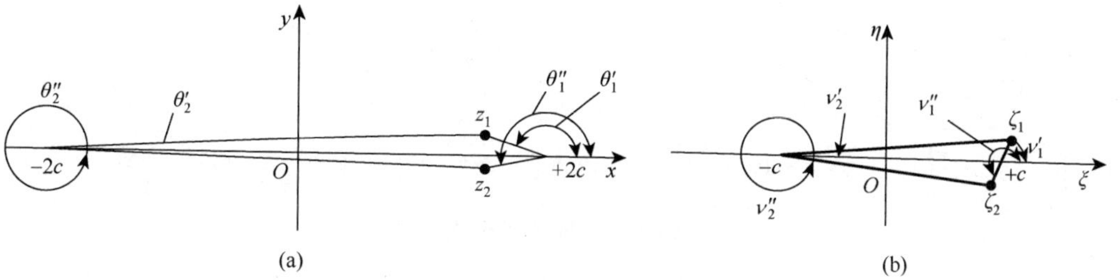

图5-25　茹科夫斯基变换的不保角点

(3) ζ 平面上，圆心在坐标原点，半径为 c 的圆周变换到 z 平面上为实轴上长为 $4c$ 的线段。在 ζ 平面上该圆周上任一点为 $\zeta = c\mathrm{e}^{\mathrm{i}\nu}$，则由变换函数可求出 z 平面上对应的变换点为

$$z = c\mathrm{e}^{\mathrm{i}\nu} + \frac{c^2}{c\mathrm{e}^{\mathrm{i}\nu}} = c\left(\mathrm{e}^{\mathrm{i}\nu} + \mathrm{e}^{-\mathrm{i}\nu}\right) = 2c\cos\nu$$

即

$$x = 2c\cos\nu, \quad y = 0 \tag{5-83}$$

式（5-83）代表实轴上一根长为 $4c$ 的直线。ζ 平面上该圆周的内域和外域都变成 z 平面的全平面域，因此茹科夫斯基变换是多值的。不过这不会对下面将要讨论的流动变换造成混乱，因为后面只考虑圆外的流动。

(4) 两平面上的无穷远处点的流动相同。

两平面上相应点处复速度间的关系式为

$$V(\zeta) = V(z)\frac{\mathrm{d}z}{\mathrm{d}\zeta} = V(z)\left(1 - \frac{c^2}{\zeta^2}\right)$$

当 $\zeta \to \infty\,(z \to \infty)$ 时，得到

$$V(\zeta)_{\zeta\to\infty} = V(z)_{z\to\infty} \times 1 = V(z)_{z\to\infty}$$

说明在两平面上的无穷远来流速度的大小与方向都相同。

2. 绕椭圆柱体的势流

在 ζ 平面上，圆心位于坐标原点，半径 $a > c$ 的圆变换到 z 平面上为长半轴为 $a + c^2/a$（位于实轴）、短半轴为 $a - c^2/a$ 的椭圆，如图 5-26 所示。

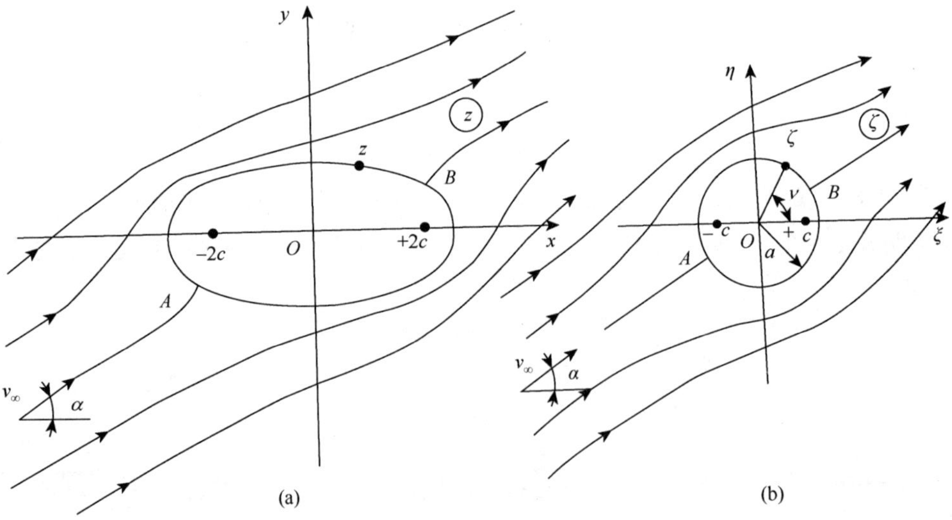

图 5-26　椭圆柱体绕流

在圆周上任取一点 $\zeta = a\mathrm{e}^{\mathrm{i}\nu}$，它在 z 平面的对应点是

$$z = a\mathrm{e}^{\mathrm{i}\nu} + \frac{c^2}{a\mathrm{e}^{\mathrm{i}\nu}} = \left(a + \frac{c^2}{a}\right)\cos\nu + \mathrm{i}\left(a - \frac{c^2}{a}\right)\sin\nu$$

即

$$x = \left(a + \frac{c^2}{a}\right)\cos\nu, \quad y = \left(a - \frac{c^2}{a}\right)\sin\nu$$

消去参数ν后，得到

$$\frac{x^2}{\left(a + \frac{c^2}{a}\right)^2} + \frac{y^2}{\left(a - \frac{c^2}{a}\right)^2} = 1 \tag{5-84}$$

式（5-84）表示 z 平面上的一个长半轴为$a + c^2 / a$（在实轴上）、短半轴为$a - c^2 / a$（在虚轴上）的椭圆。

在z平面上，绕流流场的复势可根据保角变换原理用ζ平面绕圆柱的流动复势求出。在ζ平面上，当来流速度沿实轴方向时，绕圆柱的流动复势为

$$W(\zeta) = v_\infty\zeta + \frac{v_\infty a^2}{\zeta} = v_\infty\left(\zeta + \frac{a^2}{\zeta}\right)$$

当来流速度与实轴的夹角为α时，绕圆柱的复势为

$$W(\zeta) = v_\infty\left(\zeta\mathrm{e}^{-\mathrm{i}\alpha} + \frac{a^2}{\zeta}\mathrm{e}^{\mathrm{i}\alpha}\right)$$

茹科夫斯基变换函数的反函数为

$$\zeta = \frac{z}{2} + \sqrt{\left(\frac{z}{2}\right)^2 - c^2} \tag{5-85}$$

这里只取了根号前为正号的结果，是因为如果为负号就不满足$\zeta \to \infty$时$z \to \infty$的条件，于是得到z平面上的绕椭圆柱流动的复势为

$$W(z) = W\left[f^{-1}(z)\right] = v_\infty\left\{\left[\frac{z}{2} + \sqrt{\left(\frac{z}{2}\right)^2 - c^2}\right]\mathrm{e}^{-\mathrm{i}\alpha} + \frac{a^2\mathrm{e}^{\mathrm{i}\alpha}}{\frac{z}{2} + \sqrt{\left(\frac{z}{2}\right)^2 - c^2}}\right\}$$

整理后，得

$$W(z) = v_\infty\left[z\mathrm{e}^{-\mathrm{i}\alpha} + \left(\frac{a^2}{c}\mathrm{e}^{\mathrm{i}\alpha} - \mathrm{e}^{-\mathrm{i}\alpha}\right)\left(\frac{z}{2} - \sqrt{\left(\frac{z}{2}\right)^2 - c^2}\right)\right]$$

绕椭圆柱流动的前后驻点为

$$z_{A,B} = \mp a\mathrm{e}^{\mathrm{i}\alpha} \mp \frac{c^2}{a}\mathrm{e}^{-\mathrm{i}\alpha} = \mp\left(a + \frac{c^2}{a}\right)\cos\alpha \mp \left(a - \frac{c^2}{a}\right)\sin\alpha$$

即

$$x_{A,B}=\mp\left(a+\frac{c^2}{a}\right)\cos\alpha,\quad y_{A,B}=\mp\left(a-\frac{c^2}{a}\right)\sin\alpha \tag{5-86}$$

3. 平板绕流及库塔-恰布雷金假设

前面已提到ζ平面上圆心在坐标原点，半径为c的圆周变换到z平面上为实轴上长为$4c$的线段，此线段可以视为一极薄的平板。如果ζ平面上有一速度为v_∞、攻角为α的无穷远均匀来流绕过该圆，则

$$W(\zeta)=v_\infty\left(\zeta e^{-i\alpha}+\frac{c^2}{\zeta}e^{i\alpha}\right)$$

将$\zeta=\dfrac{z}{2}+\sqrt{\left(\dfrac{z}{2}\right)^2-c^2}$代入，得到$z$平面上绕平板流动的复势为

$$W(z)=v_\infty\left\{\left[\frac{z}{2}+\sqrt{\left(\frac{z}{2}\right)^2-c^2}\right]e^{-i\alpha}+\frac{c^2e^{i\alpha}}{\dfrac{z}{2}+\sqrt{\left(\dfrac{z}{2}\right)^2-c^2}}\right\}$$

整理后，得

$$W(z)=v_\infty\left[ze^{-i\alpha}+i2\sin\alpha\left(\frac{z}{2}-\sqrt{\left(\frac{z}{2}\right)^2-c^2}\right)\right] \tag{5-87}$$

绕流流谱如图 5-27 所示。因为在ζ平面上为圆柱无环量绕流，所以在z平面上的平板绕流也应是无环量的，两驻点为

$$x_{A,B}=\mp 2c\cos\alpha,\quad y_{A,B}=0 \tag{5-88}$$

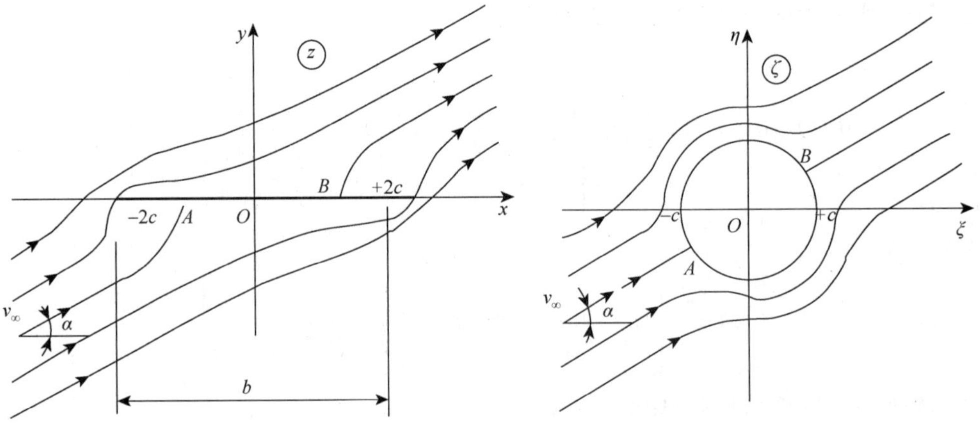

图 5-27　平板无环量绕流

前驻点A在平板的下方，后驻点B在平板的上方。在平板前缘，流体沿平板绕–180°的

尖角从平板的下表面流到上表面，在平板的后缘则相反。这时在平板前后缘将出现无穷大的速度，这在物理上是不可能的。通过实验观察发现，在平板后缘处的流体并不绕过尾缘在上表面形成驻点，而是与上表面上的流动一起从尾缘处离开平板，即后驻点实际上在尾缘处。在平板前缘的流体仍要绕过尖角，但并不突然转−180°，而是产生一个小区域的脱流，形成一个有限曲率的流线，然后再重新贴在平板上并沿平面流向尾缘，如图 5-28 所示。

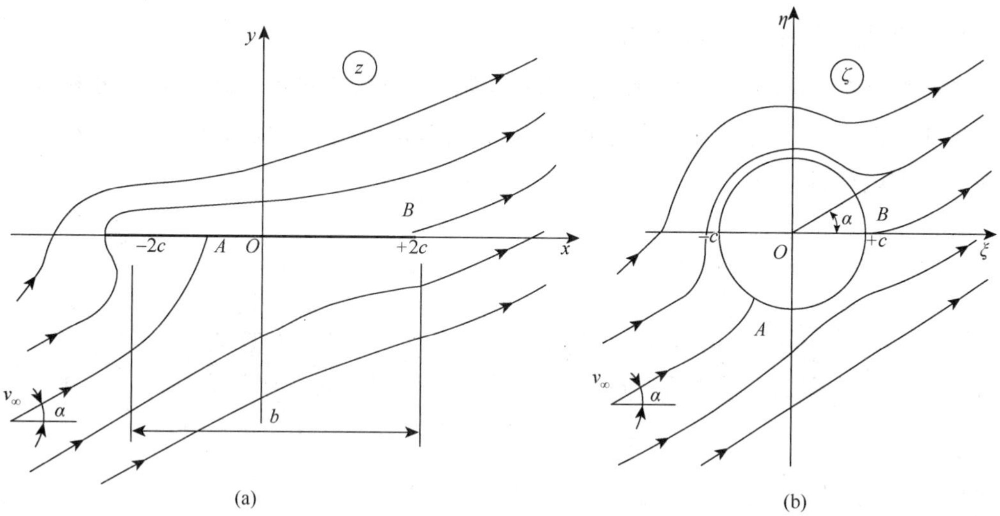

图 5-28　平板的实际绕流

库达和恰布雷金以此事实出发，假设流体流过带尖锐后缘的物体时，其后缘必定是流动的后驻点。因此，要在 z 平面上得到这样的流动，在 ζ 平面上绕圆柱流动的后驻点 B 就必须在 $\zeta = c$ 处。这种流动显然是有环量的，且环量为 $\Gamma = -4\pi v_\infty c\sin\alpha$ 。于是绕平板流动的复势可由 ζ 平面上圆柱有环量绕流复势通过变量代换得到。在 ζ 平面上的流动复势为

$$W(\zeta) = v_\infty\left(\zeta e^{-i\alpha} + \frac{c^2}{\zeta}e^{i\alpha}\right) - \frac{i\Gamma}{2\pi}\ln\frac{\zeta}{c} = v_\infty\left(\zeta e^{-i\alpha} + \frac{c^2}{\zeta}e^{i\alpha}\right) + i2v_\infty c\sin\alpha\ln\frac{\zeta}{c} \tag{5-89}$$

将 $\zeta = \frac{z}{2} + \sqrt{\left(\frac{z}{2}\right)^2 - c^2}$ 代入式（5-89），得到 z 平面上绕平板流动的复势为

$$W(z) = v_\infty\left\{\left[\frac{z}{2} + \sqrt{\left(\frac{z}{2}\right)^2 - c^2}\right]e^{-i\alpha} + \frac{c^2 e^{i\alpha}}{\frac{z}{2} + \sqrt{\left(\frac{z}{2}\right)^2 - c^2}} + i2c\sin\alpha\ln\frac{\frac{z}{2} + \sqrt{\left(\frac{z}{2}\right)^2 - c^2}}{c}\right\} \tag{5-90}$$

式中，c 可由平板的弦长 b 确定，即 $c = b/4$。

平板的升力 L 可用茹科夫斯基升力公式求出，即

$$\Gamma = -\rho v_\infty \Gamma = 4\pi\rho v_\infty^2 c\sin\alpha = \pi\rho v_\infty^2 b\sin\alpha \tag{5-91}$$

升力系数为

$$C_L = \frac{L}{\frac{1}{2}\rho v_\infty^2 b} = 2\pi \sin\alpha \tag{5-92}$$

当攻角不大时，$\sin\alpha \approx \alpha$，故 $C_L = 2\pi\alpha$，与平板绕流风洞实验结果很接近，同时也证明了库达-恰布雷金假设的合理性。

4. 茹科夫斯基对称翼型的绕流

ζ 平面上有一圆心位于坐标原点左面的实轴上，而圆周过点 $\zeta = c$ 的圆，如图 5-29 所示，被速度为 v_∞、攻角为 α 的均匀来流绕过，现分析经过茹科夫斯基变换后，在 z 平面上是绕何种边界的流动。

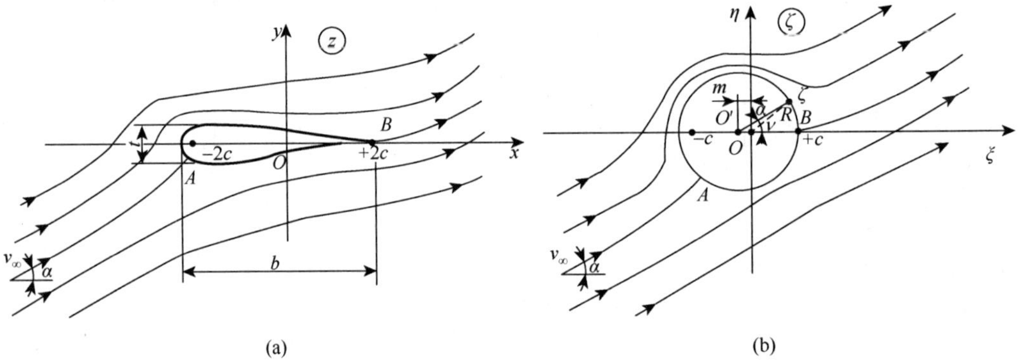

图 5-29　对称翼型绕流

设在 ζ 平面上的圆的圆心离原点距离为 $m \ll c$，故其半径为 $a = c + m = c(1+\varepsilon)$，其中 $\varepsilon = m/c \ll 1$，此时圆周只过一个变换奇点 $\zeta = c$。在 z 平面上，其对应点 $z = 2c$ 处不保角，故圆弧变换成一个夹角为零的尖角。与圆周上其他各点相应的点在 z 平面上将构成一平滑曲线，它与负实轴的交点为

$$z = -c(1+2\varepsilon) + \frac{c^2}{-c(1+2\varepsilon)} = -c(1+2\varepsilon) - c[1 - 2\varepsilon + O(\varepsilon^2)] \approx -2c \tag{5-93}$$

式中，$O(\varepsilon^2)$表示其后面的各量的数量级都小于 ε^2，可略去。

式（5-93）表明，在计算中只保留 ε 的一次方量级的各项时，z 平面上的变换曲线的弦长为 $b \approx 4c$。

现来求此变换曲线方程，设 $\zeta = R\mathrm{e}^{\mathrm{i}\nu}$ 为 ζ 平面圆周上的任意一点，则在 z 平面相对应的点为

$$z = R\mathrm{e}^{\mathrm{i}\nu} + \frac{c^2}{R}\mathrm{e}^{-\mathrm{i}\nu} \tag{5-94}$$

由余弦定理可知

$$a^2 = R^2 + m^2 + 2Rm\cos\nu$$

或

$$(c+m)^2=R^2\left(1+\frac{m^2}{R^2}+2\frac{m}{R}\cos\nu\right) \tag{5-95}$$

将式（5-95）右端的二阶微量 m^2/R^2 省去，可得

$$c+m=c(1+\varepsilon)=R\left(1+2\frac{m}{R}\cos\nu\right)^{\frac{1}{2}}=R\left[1+\frac{m}{R}\cos\nu+O(\varepsilon^2)\right]$$
$$=R+m\cos\nu=R+c\varepsilon\cos\nu$$

因此，有

$$R=c[1+\varepsilon(1-\cos\nu)] \tag{5-96}$$

将式（5-96）代入式（5-94），可得

$$z=c[1+\varepsilon(1-\cos\nu)]e^{i\nu}+\frac{c}{[1+\varepsilon(1-\cos\nu)]}e^{-i\nu}$$
$$=c[2\cos\nu+i2\varepsilon(1-\cos\nu)\sin\nu+O(\varepsilon^2)]$$

略去高阶小量后即得 z 平面上变换曲线的参数方程，有

$$x=2c\cos\nu,\quad y=2c\varepsilon(1-\cos\nu)\sin\nu$$

消去参数 ν 后，得到变换曲线的方程为

$$y=\pm 2c\varepsilon\left(1-\frac{x}{2c}\right)\sqrt{1-\left(\frac{x}{2c}\right)^2} \tag{5-97}$$

变换曲线如图 5-29 所示，为上下表面轮廓形状一样的带尖锐尾缘的对称翼型。由式（5-97）可求出其最大厚度 $t=2y_{\max}=3\sqrt{3}c\varepsilon$ 及其所在的位置 $x_t=-c$。反之，若已知对称翼型的弦长及最大厚度，则在 ζ 平面上应取

$$\varepsilon=\frac{4}{3\sqrt{3}}\frac{t}{b}=0.77\bar{t},\quad c=\frac{b}{4}$$

则翼型表面方程可写为

$$y=\pm 0.385t\left(1-\frac{2x}{b}\right)\sqrt{1-\left(\frac{2x}{b}\right)^2} \tag{5-98}$$

对称翼型绕流的复势可由 ζ 平面的复势进行变量代换得到。在 ζ 平面上，圆心不在坐标原点，故复势为

$$W(\zeta)=v_\infty\left[(\zeta+m)e^{-i\alpha}+\frac{a^2}{\zeta+m}e^{i\alpha}\right]-\frac{i\Gamma}{2\pi}\ln\frac{\zeta+m}{a} \tag{5-99}$$

圆柱为有环量绕流的根据是库达-恰布雷金假设，即在 ζ 平面上与对称翼型尾缘点对应的 $\zeta=c$ 必须是后驻点，环量应为

$$\Gamma=-4\pi v_\infty a\sin\alpha=-4\pi v_\infty c(1+\varepsilon)\sin\alpha \tag{5-100}$$

将 $\zeta=\dfrac{z}{2}+\sqrt{\left(\dfrac{z}{2}\right)^2-c^2}$ 代入式（5-99），并注意到

$$a = c(1+\varepsilon) = \left(1+0.77\frac{t}{b}\right)\frac{b}{4} = \frac{b}{4} + 0.193t$$

$$m = c\varepsilon = \frac{b}{4}\times 0.77\frac{t}{b} = 0.193t$$

$$\varGamma = -4\pi v_\infty c(1+\varepsilon)\sin\alpha = -\pi v_\infty b\left(1+0.77\frac{t}{b}\right)\sin\alpha$$

即可得到 z 平面上绕对称翼型流动的复势 $W(z)$。

对称翼型的升力 L 为

$$L = -\rho v_\infty \varGamma = \pi\rho v_\infty^2 b\left(1+0.77\frac{t}{b}\right)\sin\alpha \tag{5-101}$$

升力系数为

$$C_L = \frac{L}{\dfrac{1}{2}\rho v_\infty^2 b} = 2\pi\left(1+0.77\frac{t}{b}\right)\sin\alpha \tag{5-102}$$

将式（5-102）与平板绕流的升力系数公式比较发现，有了厚度 t 后可使升力系数增大。但不能为增大升力系数而无限制地加大翼型的厚度，否则翼型将变成钝头体，易使边界层分离，反而导致升力系数下降。

5. 圆弧翼型的绕流

ζ 平面上有一圆心 O' 位于虚轴上，半径为 a 的圆，圆心离原点距离为 $m \ll c$，如图 5-30 所示，被速度为 v_∞、攻角为 α 的均匀来流绕过，现分析经过茹科夫斯基变换后，在 z 平面上是绕何种边界的流动。

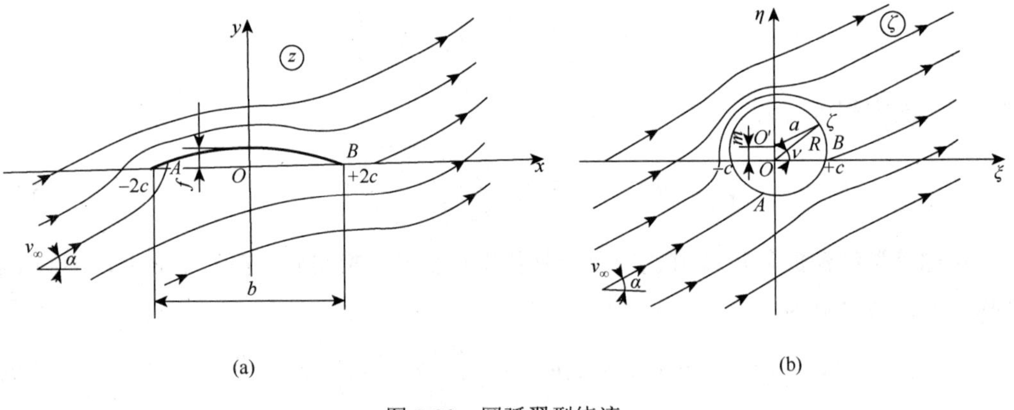

图 5-30　圆弧翼型绕流

设 $\zeta = Re^{i\nu}$ 为 ζ 平面圆周上任意一点，则在 z 平面相对应的点为

$$z = Re^{i\nu} + \frac{c^2}{R}e^{-i\nu} = (R+\frac{c^2}{R})\cos\nu + i(R-\frac{c^2}{R})\sin\nu \tag{5-103a}$$

得到 z 平面上变换曲线的参数方程，有

$$x=(R+\frac{c^2}{R})\cos\nu\,,\quad y=(R-\frac{c^2}{R})\sin\nu \tag{5-103b}$$

从参数方程中消去 R 后，得

$$x^2\sin^2\nu-y^2\cos^2\nu=4c^2\sin^2\nu\cos^2\nu \tag{5-103c}$$

由余弦定理可知

$$a^2=R^2+m^2-2Rm\cos\left(\frac{\pi}{2}-\nu\right)\text{或}\, c^2+m^2=R^2+m^2-2Rm\sin\nu$$

故有

$$\sin\nu=\frac{R^2-c^2}{2Rm}=\frac{1}{2m}\left(R-\frac{c^2}{R}\right)=\frac{y}{2m\sin\nu}$$

于是

$$\sin^2\nu=\frac{y}{2m},\quad \cos^2\nu=1-\frac{y}{2m} \tag{5-103d}$$

将式（5-103d）代入式（5-103c），得

$$x^2\frac{y}{2m}-y^2\left(1-\frac{y}{2m}\right)=4c^2\frac{y}{2m}\left(1-\frac{y}{2m}\right)$$

整理后，得到

$$x^2+y^2+2\left(\frac{c^2}{m}-m\right)y=4c^2 \tag{5-103e}$$

略去高阶微量得到

$$x^2+\left(y+\frac{c^2}{m}\right)^2=c^2\left(4+\frac{c^2}{m^2}\right) \tag{5-104}$$

式（5-104）即 z 平面上变换曲线的方程，表示一个半径为 $c\sqrt{4+\frac{c^2}{m^2}}$，圆心在虚轴上距原点为 $\frac{c^2}{m}$ 的圆，即变换曲线是弦长 $b=4c$ 的一段圆弧（无厚度），或称为圆弧翼型，其弯度即为此圆弧段顶点的 y 坐标，它应是和 $\nu=\frac{\pi}{2}$ 相应的值。

由式（5-103d）可知，圆弧翼型的弯度为

$$f=y\left(\frac{\pi}{2}\right)=(2m\sin^2\nu)_{\nu=\pi/2}=2m \tag{5-105}$$

如果用圆弧翼型的几何参数 b 和 f 来表示其方程，则式（5-104）为

$$y=-\frac{b^2}{8f}+\sqrt{\frac{b^2}{4}\left(1+\frac{b^2}{16f^2}\right)-x^2}$$

因此，ζ 平面上绕坐标原点上方偏置的圆的流动，变换到 z 平面上是以同样的来流绕一段无厚度的圆弧翼型的流动，而且其后缘点 $z=2c$ 必须是驻点。

圆弧翼型绕流的复势可由 ζ 平面的复势进行变量代换得到。在 ζ 平面上为一有环量

的圆柱绕流，其复势为

$$W(\zeta)=v_\infty\left[(\zeta-\mathrm{i}m)\mathrm{e}^{-\mathrm{i}\alpha}+\frac{a^2}{\zeta-\mathrm{i}m}\mathrm{e}^{\mathrm{i}\alpha}\right]-\frac{\mathrm{i}\Gamma}{2\pi}\ln\frac{\zeta-\mathrm{i}m}{a} \tag{5-106}$$

将 $\zeta=\frac{z}{2}+\sqrt{\left(\frac{z}{2}\right)^2-c^2}$ 代入式（5-106），并注意到

$$c=\frac{b}{4},\quad m=\frac{f}{2},\quad a=\sqrt{c^2+m^2}=\sqrt{\frac{b^2}{16}+\frac{f^2}{4}}\approx\frac{b}{4}$$

$$\Gamma=-4\pi v_\infty a\sin(\alpha+\arctan\frac{m}{c})=-4\pi v_\infty\frac{b\sin(\alpha+2f/b)}{4}=-\pi v_\infty b\sin(\alpha+2f/b)$$

即可得到 z 平面上绕圆弧翼型流动的复势 $W(z)$。

圆弧翼型的升力 L 为

$$L=-\rho v_\infty\Gamma=\pi\rho v_\infty^2 b\sin\left(\alpha+\frac{2f}{b}\right) \tag{5-107}$$

升力系数为

$$C_L=\frac{L}{\frac{1}{2}\rho v_\infty^2 b}=2\pi\sin\left(\alpha+\frac{2f}{b}\right) \tag{5-108}$$

将式（5-108）与平板绕流的升力系数公式比较发现，有了弯度 f 后可使升力系数增大。

6. 茹科夫斯基翼型的绕流

ζ 平面上的圆的圆心 O' 位于第二象限，离原点距离为 $m\ll c$，且与实轴的夹角为 δ，如图 5-31 所示，被速度为 v_∞、攻角为 α 的均匀来流绕过。该圆通过 $\zeta=c$，经过茹科夫斯基变换后，在 z 平面上可得一带尖角后缘的变换曲线，即如图 5-31（a）所示的茹科夫斯基翼型。

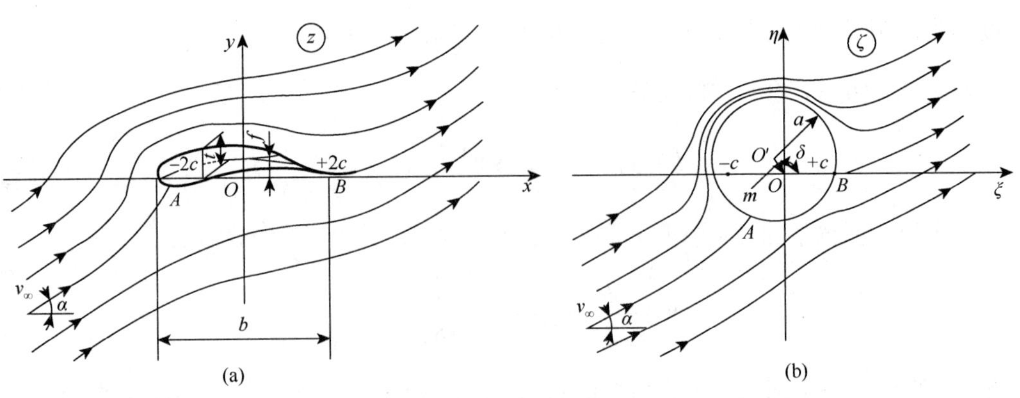

图 5-31　茹科夫斯基翼型绕流

根据前面对称翼型和圆弧翼型绕流的变换可知，在ζ平面上的圆进行上述偏置后在z平面上形成一个既有厚度又有弯度且有尖锐后缘的封闭变换曲线，其厚度t应与$|m\cos\delta|$有关，其弯度f应与$|m\sin\delta|$有关。当$m\ll c$时，z平面上的翼型曲线方程即可近似地用对称翼型和圆弧翼型的方程叠加而成，即

$$y=-\frac{b^2}{8f}+\sqrt{\frac{b^2}{4}\left(1+\frac{b^2}{16f^2}\right)-x^2}\pm 0.385t\left(1-\frac{2x}{b}\right)\sqrt{1-\left(\frac{2x}{b}\right)^2}$$

此翼型的中弧线即为圆心向上偏置$|m\sin\delta|$所形成的一段圆弧，而圆心又向左偏置$|m\cos\delta|$，使翼型有了关于此中弧线对称的厚度。

翼型绕流的复势可由ζ平面的复势进行变量代换得到。在ζ平面上为均匀流绕一圆心向第二象限偏置的有环量绕流，其复势为

$$W(\zeta)=v_\infty\left[\left(\zeta-m\mathrm{e}^{\mathrm{i}\delta}\right)\mathrm{e}^{-\mathrm{i}\alpha}+\frac{a^2}{\zeta-m\mathrm{e}^{\mathrm{i}\delta}}\mathrm{e}^{\mathrm{i}\alpha}\right]-\frac{\mathrm{i}\Gamma}{2\pi}\ln\frac{\zeta-m\mathrm{e}^{\mathrm{i}\delta}}{a} \tag{5-109}$$

将$\zeta=\dfrac{z}{2}+\sqrt{\left(\dfrac{z}{2}\right)^2-c^2}$代入式（5-109），并注意到

$$c=\frac{b}{4},\quad m\sin\delta=\frac{f}{2},\quad m\cos\delta=-0.77\frac{tc}{b},\quad a=\frac{b}{4}+0.193t$$

$$\Gamma=-4\pi v_\infty a\sin(\alpha+\frac{2f}{b})=-\pi v_\infty b\left(1+0.77\frac{t}{b}\right)\sin(\alpha+\frac{2f}{b})$$

即可得到z平面上绕茹科夫斯基翼型流动的复势$W(z)$。

升力系数为

$$C_L=\frac{L}{\frac{1}{2}\rho v_\infty{}^2 b}=2\pi\left(1+0.77\frac{t}{b}\right)\sin\left(\alpha+\frac{2f}{b}\right) \tag{5-110}$$

由式（5-110）可知，茹科夫斯基翼型的升力系数是由攻角、厚度和弯度等决定的。如前所述，增大翼型的厚度和弯度后正如增大攻角一样可使升力系数增大，但应以不使流动产生分离为限度，超过此限度反而会使升力系数急剧下降，造成“失速”现象。

采用茹科夫斯基变换时可借助辅助平面上已知的圆柱绕流求出物理平面上绕一个实用翼型很相似的封闭型线的绕流——茹科夫斯基理论翼型的绕流。这种翼型绕流的复势及其主要流体动力特性与翼型几何参数之间的关系可以从理论上推导出来，虽然理论翼型和实际翼型不相同，但它们的差别只是几何量上的。因此，从理论翼型中推出的流体动力特性与几何参数的相互关系，从本质上讲完全可用于实际翼型。

5.8 空 间 势 流

三维流动不存在流函数，但是对于空间轴对称流动，流体在过某空间固定轴的所有平面上的运动情况完全相同。因此，只需要研究其中一个平面上的流动就可以知道整个空间

内流体的运动情况。轴对称流动视为平面流动问题，可引入流函数。接下来，研究不可压缩流体的空间轴对称无旋流动的势流理论。

5.8.1 基本空间势流的势函数

1. 空间均匀流

建立直角坐标系(x, y, z)，设无穷远来流速度v_∞与z轴平行，则速度分量为

$$v_x = v_y = 0, \quad v_z = 0$$

速度势函数为

$$\varphi = \int v_z \mathrm{d}z = v_\infty z$$

若换成柱坐标系(r, θ, z)和球坐标系(R, θ, β)，则有$\varphi = v_\infty z$和$\varphi = v_\infty R\cos\theta$。

由图 5-32 可以得到柱坐标系(r, θ, z)与直角坐标系(x, y, z)的转换关系为

$$x = r\cos\theta, \quad y = r\sin\theta, \quad z = z$$

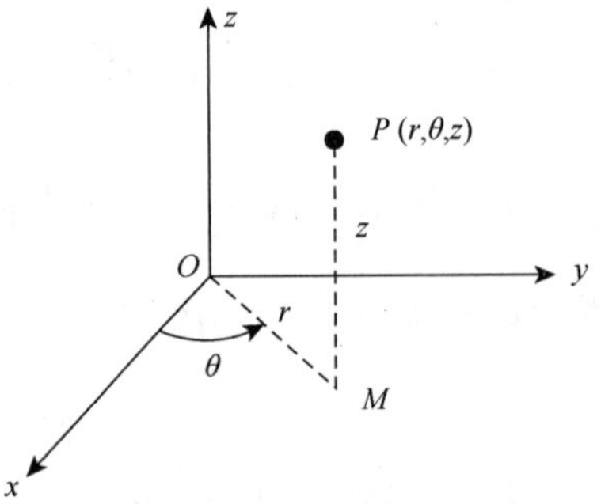

图 5-32 直角坐标系和柱坐标系的转换

由图 5-33 可以推导出球坐标系(R, θ, β)与直角坐标系(x, y, z)的转换关系为

$$x = R\sin\theta\cos\beta, \quad y = R\sin\theta\sin\beta, \quad z = R\cos\theta$$

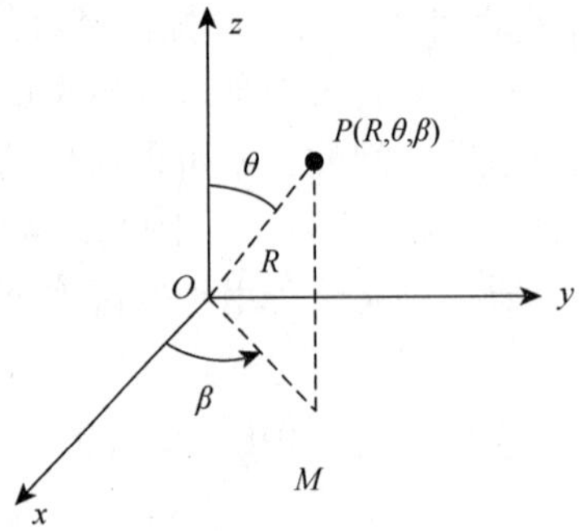

图 5-33 直角坐标系和球坐标系的转换

2. 空间点源（点汇）

建立球坐标系(R,θ,β)，若在坐标原点处放置一个空间点源（点汇），流量为q，则速度分量为

$$v_\theta = v_\beta = 0\,,\quad v_R = \pm\frac{q}{4\pi R^2}$$

由于球坐标系下势函数的梯度公式为

$$\nabla\varphi = \frac{\partial\varphi}{\partial R}\boldsymbol{e}_R + \frac{1}{R}\frac{\partial\varphi}{\partial\theta}\boldsymbol{e}_\theta + \frac{1}{R\sin\theta}\frac{\partial\varphi}{\partial\beta}\boldsymbol{e}_\beta \tag{5-111}$$

式中，$\boldsymbol{e}_R$、$\boldsymbol{e}_\theta$、$\boldsymbol{e}_\beta$为对应方向上的单位矢量。

由式（5-111）可得

$$v_\theta = \frac{1}{R}\frac{\partial\varphi}{\partial\theta} = 0\,,\quad v_\beta = \frac{1}{R\sin\theta}\frac{\partial\varphi}{\partial\beta} = 0\,,\quad v_R = \frac{\partial\varphi}{\partial R} = \pm\frac{q}{4\pi R^2}$$

积分后，得到空间点源（点汇）的势函数为

$$\varphi = \mp\frac{q}{4\pi R} \tag{5-112}$$

3. 空间偶极子流

类似于平面偶极子流，在空间流动中，等强度的点源和点汇叠加可构成空间偶极子流。

将空间点源置于$+z$轴上，点汇置于$-z$轴上，如图 5-34 所示，流量为q。依据势流叠加原理，势函数为

$$\varphi = -\frac{q}{4\pi R_1} + \frac{q}{4\pi R_2} \tag{5-113}$$

式中，R_1、R_2分别为流场中任意点P到点源、点汇的距离。

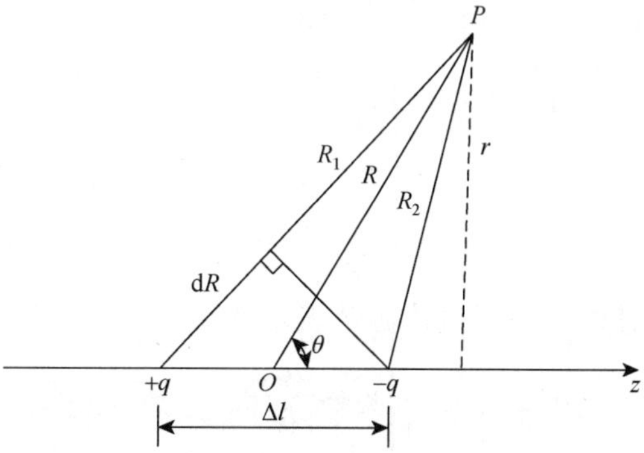

图 5-34　空间偶极子流

设点源和点汇的距离为Δl，仿照平面偶极子流势函数的求法，使点源与点汇无限接近，同时使其强度无限增大，即满足

$$\lim_{\substack{\Delta l\to 0\\ q\to\infty}} q\Delta l = M_k \tag{5-114}$$

式中，M_k为一常数值，这样就可以得到空间偶极子流，M_k称为空间偶极子的强度（或偶极矩）。

速度势函数改写为

$$\varphi = \lim_{\substack{\Delta l\to 0\\ q\to\infty}} -\frac{q\Delta l}{4\pi}\frac{\dfrac{1}{R_1}-\dfrac{1}{R_2}}{\Delta l} = \lim_{\substack{\Delta l\to 0\\ q\to\infty}} -\frac{q\Delta l}{4\pi}\lim_{\Delta l\to 0}\frac{\dfrac{1}{R_1}-\dfrac{1}{R_2}}{\Delta l} = -\frac{M_k}{4\pi}\frac{\mathrm{d}}{\mathrm{d}l}\left(\frac{1}{R}\right)$$

从图 5-34 可以得出

$$\frac{\mathrm{d}}{\mathrm{d}l}\left(\frac{1}{R}\right) = -\frac{1}{R^2}\frac{\mathrm{d}R}{\mathrm{d}l} = -\frac{\cos\theta}{R^2}$$

因此，空间偶极子流的势函数为

$$\varphi = \frac{M_k}{4\pi R^2}\cos\theta \tag{5-115}$$

5.8.2　轴对称流动的流函数

不可压缩流体空间轴对称流动中引入的流函数称为斯托克斯流函数，通常可以用柱坐标或球坐标对轴对称流动进行分析。常见的轴对称流动有圆管流动、沿轴向流经回转体的流动、水轮机叶轮内的流动等。

1. 柱坐标系(r,θ,z)的流函数$\psi(r,z)$

把流动的对称轴取作柱坐标系的z轴，则流动各参数与坐标θ无关，且在许多情况下，$v_\theta = 0$。在柱坐标系中，不可压缩流体轴对称流动的连续性方程为

$$\frac{\partial}{\partial r}(rv_r) + \frac{\partial}{\partial z}(rv_z) = 0$$

定义流函数$\psi(r,z)$满足

$$\begin{cases}\dfrac{\partial\psi}{\partial r} = rv_z\\[2mm] \dfrac{\partial\psi}{\partial z} = -rv_r\end{cases}$$

在轴对称空间流场中，速度可以通过流函数表示，即

$$\begin{cases}v_z = \dfrac{\partial\psi}{r\partial r}\\[2mm] v_r = -\dfrac{\partial\psi}{r\partial z}\end{cases} \tag{5-116}$$

2. 球坐标系 (R,θ,β) 的流函数 $\psi(R,\theta)$

在球坐标系中，不可压缩流体轴对称流动的连续性方程为

$$\frac{\partial\left(R^2\sin\theta v_R\right)}{\partial R}+\frac{\partial\left(R\sin\theta v_\theta\right)}{\partial\theta}=0$$

定义流函数 $\psi(R,\theta)$ 满足

$$\begin{cases}\dfrac{\partial\psi}{\partial R}=-R\sin\theta v_\theta\\[2mm]\dfrac{\partial\psi}{\partial\theta}=R^2\sin\theta v_R\end{cases}$$

在轴对称空间流场中，速度可以通过流函数表示，即

$$\begin{cases}v_R=\dfrac{1}{R^2\sin\theta}\dfrac{\partial\psi}{\partial\theta}\\[2mm]v_\theta=-\dfrac{1}{R\sin\theta}\dfrac{\partial\psi}{\partial R}\end{cases}\tag{5-117}$$

3. 斯托克斯流函数的性质

斯托克斯流函数的性质如下。

（1）等流函数线就是流线。

在柱坐标系中，由流函数 $\psi(r,z)$ 的定义可得

$$\mathrm{d}\psi=\frac{\partial\psi}{\partial r}\mathrm{d}r+\frac{\partial\psi}{\partial z}\mathrm{d}z=rv_z\mathrm{d}r-rv_r\mathrm{d}z$$

对于等流函数线，$\psi=C$，$\mathrm{d}\psi=0$，得

$$\frac{\mathrm{d}r}{v_r}=\frac{\mathrm{d}z}{v_z}\tag{5-118}$$

式（5-118）正是 (r,z) 平面内的流线方程，可见等流函数线就是流线。

（2）在通过包含对称轴线的流动平面上，任意两点的流函数值之差的 2π 倍，等于通过这两点间的任意连线的回转面的流量。

如图 5-35 所示，在 (r,z) 平面上任取 A、B 两点，曲线 AB 是其间的任意连线，是以 z 轴为轴线的某一回转面的母线，通过此回转面的流量为

$$Q=\int_A^B\boldsymbol{v}\cdot\boldsymbol{n}2\pi r\mathrm{d}l=2\pi\int_A^B(v_rn_r+v_zn_z)r\mathrm{d}l$$

由于

$$n_r=-\frac{\mathrm{d}z}{\mathrm{d}l},\quad n_z=\frac{\mathrm{d}r}{\mathrm{d}l},\quad v_r=-\frac{1}{r}\frac{\partial\psi}{\partial z},\quad v_z=\frac{1}{r}\frac{\partial\psi}{\partial r}$$

可得

$$Q=2\pi\int_A^B\left(\frac{1}{r}\frac{\partial\psi}{\partial z}\frac{\mathrm{d}z}{\mathrm{d}l}+\frac{1}{r}\frac{\partial\psi}{\partial z}\frac{\mathrm{d}z}{\mathrm{d}l}\right)r\mathrm{d}l=2\pi\int_A^B\mathrm{d}\psi=2\pi(\psi_B-\psi_A)$$

说明通过任意曲线为母线的回转面的体积流量，等于该曲线两点的流函数差值的 2π 倍。

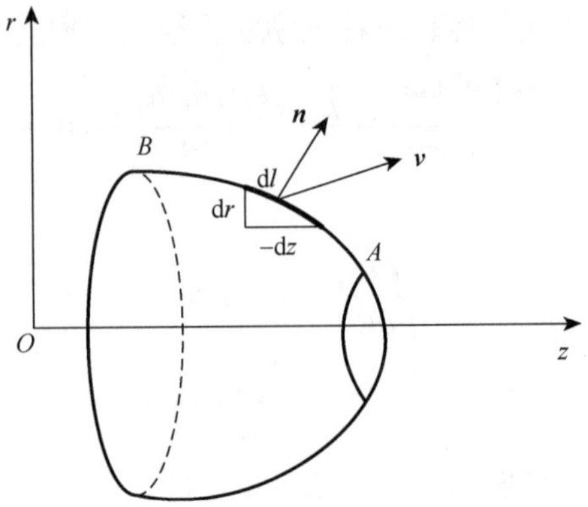

图 5-35　推导流函数性质（2）用图

5.8.3　基本的轴对称流动的流函数

1. 空间均匀流

有一速度为 v_∞ 的空间均匀流，取 z 轴为流动方向，在球坐标系 (R,θ,β) 中为一轴对称流动，流动参数与 β 无关，其速度分量为

$$v_R = v_\infty \cos\theta, \quad v_\theta = -v_\infty \sin\theta$$

由球坐标系中流函数的定义，得到

$$\begin{cases} \dfrac{\partial \psi}{\partial R} = v_\infty R \sin^2\theta \\ \dfrac{\partial \psi}{\partial \theta} = v_\infty R^2 \sin\theta\cos\theta \end{cases}$$

再积分，得到空间均匀流的流函数为

$$\psi = \frac{1}{2} v_\infty R^2 \sin^2\theta \tag{5-119}$$

2. 空间点源（点汇）

设在坐标原点有一点源，其强度为 q。空间点 $P(R,\theta,\beta)$ 的速度分量为

$$v_R = \frac{q}{4\pi R^2}, \quad v_\theta = 0$$

由球坐标系中流函数的定义，得到

$$\begin{cases} \dfrac{\partial \psi}{\partial R} = 0 \\ \dfrac{\partial \psi}{\partial \theta} = \dfrac{q}{4\pi} \sin\theta \end{cases}$$

再积分，得到空间点源的流函数为

$$\psi=-\frac{q}{4\pi}\cos\theta \tag{5-120}$$

3. 空间偶极子流

空间偶极子流的势函数为

$$\varphi=\frac{M_k}{4\pi R^2}\cos\theta$$

于是，有

$$v_R=\frac{\partial\varphi}{\partial R}=-\frac{M_k}{2\pi R^3}\cos\theta,\quad v_\theta=\frac{\partial\varphi}{R\partial\theta}=-\frac{M_k}{4\pi R^3}\sin\theta$$

由球坐标系中流函数的定义得到

$$\begin{cases}\dfrac{\partial\psi}{\partial R}=\dfrac{M_k}{4\pi R^2}\sin^2\theta\\[2mm]\dfrac{\partial\psi}{\partial\theta}=-\dfrac{M_k}{2\pi R}\sin\theta\cos\theta\end{cases}$$

积分，得到空间偶极子流的流函数为

$$\psi=-\frac{M_k}{4\pi R}\sin^2\theta \tag{5-121}$$

5.8.4 圆球绕流

前面讲述的圆柱绕流问题，是通过简单势流，如均匀流、偶极子流等叠加来研究的，称为奇点法，下面用奇点法讨论圆球绕流流场。

如图 5-36 所示，在无穷远处有速度为v_∞的均匀来流，绕过放置在坐标原点的圆球，外部绕流流场可视为均匀流和偶极子流叠加的结果。

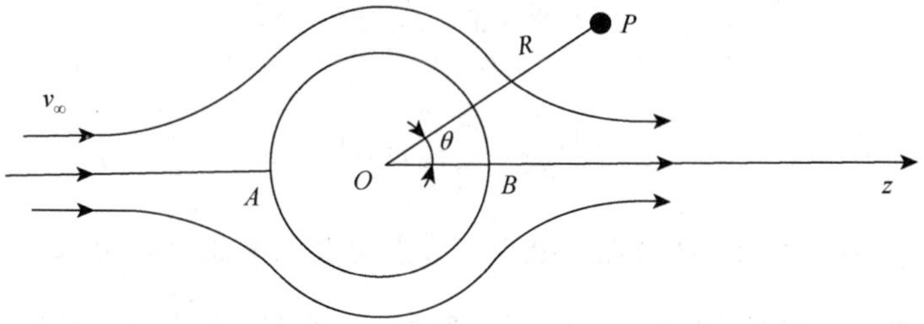

图 5-36 圆球绕流

绕流流场的流函数为

$$\psi=\psi_{均}+\psi_{偶}=\left(\frac{1}{2}v_\infty R^2-\frac{M}{4\pi R}\right)\sin^2\theta \tag{5-122}$$

$\psi=0$的流线（流面）为零流线（零流面），其方程为

$$\left(\frac{1}{2}v_\infty R^2 - \frac{M}{4\pi R}\right)\sin^2\theta = 0$$

即

$$\begin{cases}\dfrac{1}{2}v_\infty R^2 - \dfrac{M}{4\pi R} = 0\\ \theta = 0, \pi\end{cases}$$

方程组的第一个式子为球面方程，其标准形式为

$$R^3 - \frac{M}{2\pi v_\infty} = 0$$

说明零流线（零流面）是半径为$a = \sqrt[3]{M / 2\pi v_\infty}$的圆（球），方程组的第二个式子表示轴也是零流线（零流面）。

因此，若想得到一个均匀流绕半径为a的球的流场，则偶极子的强度应为$M = 2\pi v_\infty a^3$，从而得到其流函数为

$$\psi = \frac{1}{2}v_\infty R^2\left[1-\left(\frac{a}{R}\right)^3\right]\sin^2\theta \tag{5-123}$$

均匀流绕半径为 a 的球流动的势函数应为均匀流势函数和$M = 2\pi v_\infty a^3$的偶极子流的势函数之和，即

$$\varphi = \varphi_{均} + \varphi_{偶} = v_\infty R\cos\theta + \frac{2\pi a^3 v_\infty}{4\pi R^2}\cos\theta = v_\infty R\left[1+\frac{1}{2}\left(\frac{a}{R}\right)^3\right]\cos\theta \tag{5-124}$$

流场中任一点的速度为

$$\begin{cases}v_R = \dfrac{\partial\varphi}{\partial R} = v_\infty\left[1-\left(\dfrac{a}{R}\right)^3\right]\cos\theta\\ v_\theta = \dfrac{\partial\varphi}{R\partial\theta} = -v_\infty\left[1+\left(\dfrac{a}{R}\right)^3\right]\sin\theta\end{cases} \tag{5-125}$$

将$R = a$代入式（5-125），得到圆球表面上的速度分布为

$$\begin{cases}v_R = 0\\ v_\theta = -\dfrac{3}{2}v_\infty\sin\theta\end{cases} \tag{5-126}$$

当$\theta = 0, \pi$时，$v_\theta = 0$，即A、B两点为驻点。最大速度发生在$\theta = \pm\pi / 2$时，$\left|v_\theta\right|_{\max} = \dfrac{3}{2}v_\infty$。可以看出，绕圆球表面的速度最大值小于绕圆柱时，这是因为绕圆球时流体有较宽裕的空间流过物体，故速度增大的程度较小。

圆球表面的压强分布可以由伯努利方程确定，即

$$\frac{p}{\rho} + \frac{v^2}{2} = \frac{p_\infty}{\rho} + \frac{v_\infty^2}{2}$$

压强系数为

$$C_p = \frac{p - p_\infty}{\frac{1}{2}\rho v_\infty^2} = 1 - \left(\frac{v}{v_\infty}\right)^2 = 1 - \frac{9}{4}\sin^2\theta \tag{5-127}$$

式（5-127）表明，圆球表面上的压强分布是关于水平轴和垂直轴对称的，因而其合力等于零。因此，圆球被均匀流绕过时不受流体合力作用。

例 5.8 兰金卵球体绕流可通过均匀流和一对等强度的点源和点汇叠加得到，如图 5-37 所示。设均匀流速度为 U，点源和点汇的强度均为 q，分别位于原点两侧，距原点距离为 l。求物面方程，并推导特征尺寸 L 和 h 的计算式。

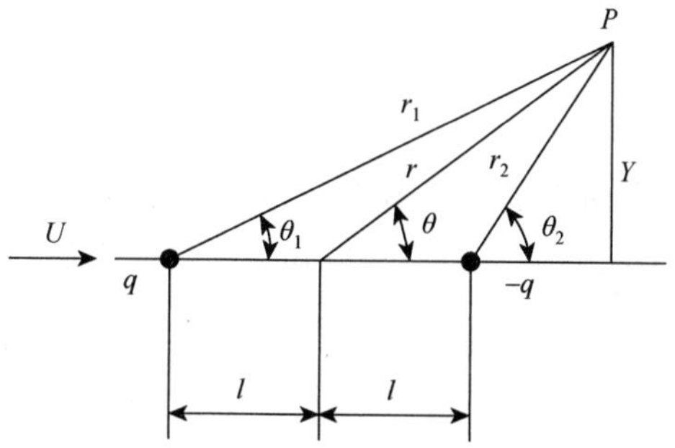

(a) 均匀流与点源和点汇叠加

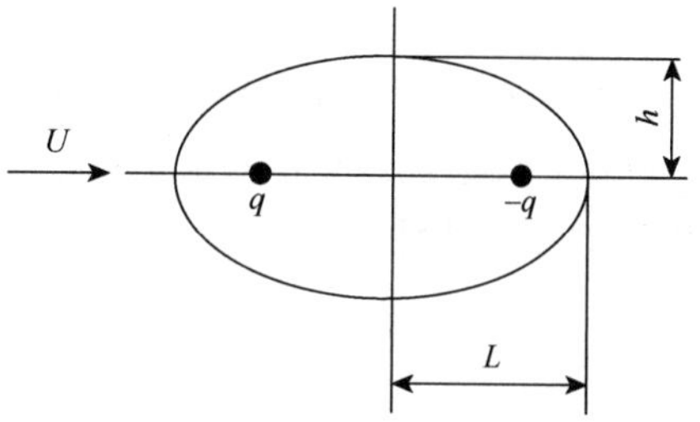

(b) 兰金卵球体的特征尺寸

图 5-37 兰金卵球体绕流

解：均匀流和一对等强度的点源和点汇叠加后的流函数为

$$\psi(r,\theta) = \frac{1}{2}Ur^2\sin^2\theta - \frac{q}{4\pi}(\cos\theta_1 - \cos\theta_2)$$

设 $r = R$ 是流面 $\psi = 0$ 的径向坐标，令 $Y = R\sin\theta$，则物面方程为

$$Y^2 = \frac{q}{2\pi U}(\cos\theta_1 - \cos\theta_2) \tag{a}$$

物面方程(a)表示的兰金卵球体如图 5-37(b)所示。当 $\theta = 0$，即 $\theta_1 = \theta_2 = 0$，或 $\theta = \pi$，即 $\theta_1 = \theta_2 = \pi$ 时，$Y = 0$；当 $\cos\theta_1 = -\cos\theta_2$ 时，对应于 $\theta = \pi/2$ 或 $3\pi/2$，$|Y|$ 取最大值。

后驻点 $\theta = 0$ 的速度可由均匀流、点源、点汇叠加得到，即

$$U + \frac{Q}{4\pi(L+l)^2} - \frac{Q}{4\pi(L-l)^2} = 0$$

整理可得

$$(L^2 - l^2)^2 - \frac{Ql}{\pi U}L = 0 \tag{b}$$

求解式（b）可得到 L。

当 $\theta = \pi/2$ 时，将 $Y = h$，$\cos\theta_1 = l/\sqrt{l^2 + h^2}$，$\cos\theta_2 = -l/\sqrt{l^2 + h^2}$ 代入物面方程（a），可得

$$h^2 = \frac{Q}{\pi U}\left(\frac{l}{\sqrt{h^2 + l^2}}\right)$$

整理可得

$$h^2\sqrt{h^2 + l^2} = \frac{Ql}{\pi U} \tag{c}$$

求解式（c）可得到 h。

当 x 轴原点右侧的点汇移向下游无限远处时，兰金卵球体变成半无穷体；当点源和点汇无限接近，在原点形成一个偶极子时，兰金卵球体变成圆球。

5.8.5　轴对称体（回转体）绕流

轴对称体在均匀来流中的绕流依然可用奇点法来求解。图 5-38 为轴对称体的零攻角绕流，需要寻找适当的基本势流，使之与均匀来流叠加后的势函数和流函数能满足物面和无穷远处的边界条件。

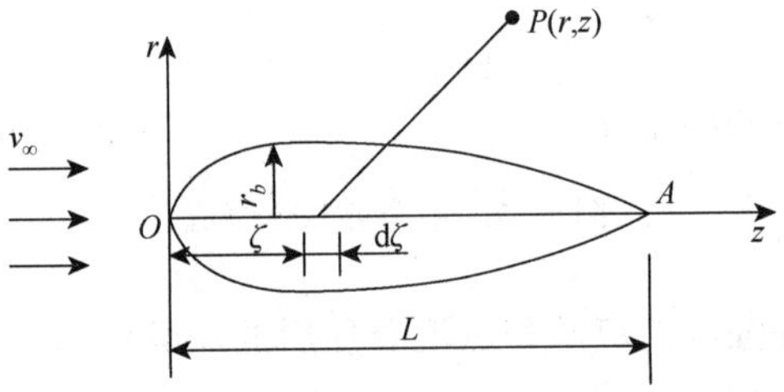

图 5-38　轴对称体零攻角绕流

设轴对称体的物面方程为

$$r_b = r_b(z)$$

均匀来流速度为 v_∞，建立柱坐标系（r，θ，z），在对称轴的 OA 段上连续布置源（汇），设单位长度上的源（汇）强度为 $q(\zeta)$，则微元段 $\mathrm{d}\zeta$ 的强度为

$$\mathrm{d}q = q(\zeta)\mathrm{d}\zeta$$

微元段 $\mathrm{d}\zeta$ 的源（汇）在 P 点处的势函数和流函数分别为

$$\mathrm{d}\varphi_1 = -\frac{q(\zeta)\mathrm{d}\zeta}{4\pi\sqrt{r^2 + (z-\zeta)^2}}$$

$$\mathrm{d}\psi_1 = -\frac{q(\zeta)\mathrm{d}\zeta(z-\zeta)}{4\pi\sqrt{r^2 + (z-\zeta)^2}}$$

因此，整个 OA 段的源（汇）在 P 点处的势函数和流函数分别为

$$\varphi_1 = -\frac{1}{4\pi}\int_0^l \frac{q(\zeta)\mathrm{d}\zeta}{\sqrt{r^2 + (z-\zeta)^2}}$$

$$\psi_1 = -\frac{1}{4\pi}\int_0^l \frac{q(\zeta)\mathrm{d}\zeta(z-\zeta)}{\sqrt{r^2+(z-\zeta)^2}}$$

均匀流在 P 点处的势函数和流函数分别为

$$\varphi_2 = v_\infty z$$

$$\psi_2 = \frac{1}{2}v_\infty r^2$$

均匀流和点源（汇）进行势流叠加后的流场的势函数和流函数分别为

$$\varphi = \varphi_1 + \varphi_2 = v_\infty z - \frac{1}{4\pi}\int_0^l \frac{q(\zeta)\mathrm{d}\zeta}{\sqrt{r^2+(z-\zeta)^2}}$$

$$\psi = \psi_1 + \psi_2 = \frac{1}{2}v_\infty r^2 - \frac{1}{4\pi}\int_0^l \frac{q(\zeta)\mathrm{d}\zeta(z-\zeta)}{\sqrt{r^2+(z-\zeta)^2}}$$

现需要确定 $q(\zeta)$ 使得上述函数满足物面和无穷远处的两个边界条件。其中，由于无穷远处源（汇）的速度为零，自动满足无穷远处边界条件，而要满足物面边界条件，则需进行计算，两种计算方法如下。

（1）方法 1。由于物面上的流函数值等于零，即 $(\psi)_b = 0$，需求解如下方程：

$$\frac{1}{2}v_\infty r^2 - \frac{1}{4\pi}\int_0^l \frac{q(\zeta)\mathrm{d}\zeta(z-\zeta)}{\sqrt{r^2+(z-\zeta)^2}} = 0 \tag{5-128}$$

可采用数值方法将式（5-128）中的积分表达式转换为代数式求近似解。

（2）方法 2。物面上的流体速度分量与物面坐标之间的关系式如下：

$$\left(\frac{v_r}{v_z}\right)_b = \left(\frac{\mathrm{d}r}{\mathrm{d}z}\right)_b \tag{5-129}$$

由于

$$v_r = \frac{\partial\varphi}{\partial r} = \frac{r}{4\pi}\int_0^l \frac{q(\zeta)\mathrm{d}\zeta}{[r^2+(z-\zeta)^2]^{\frac{3}{2}}}$$

$$v_z = \frac{\partial\varphi}{\partial z} = v_\infty + \frac{1}{4\pi}\int_0^l \frac{(z-\zeta)q(\zeta)\mathrm{d}\zeta}{[r^2+(z-\zeta)^2]^{\frac{3}{2}}}$$

将速度分量代入式（5-129），得到

$$\frac{r_b}{4\pi}\int_0^l \frac{(z-\zeta)q(\zeta)\mathrm{d}\zeta}{[r_b^2+(z-\zeta)^2]^{\frac{3}{2}}} = \left\{v_\infty + \frac{1}{4\pi}\int_0^l \frac{(z-\zeta)q(\zeta)\mathrm{d}\zeta}{[r^2+(z-\zeta)^2]^{\frac{3}{2}}}\right\}\frac{\mathrm{d}r_b}{\mathrm{d}z} \tag{5-130}$$

同样运用数值求解方法求解式（5-130）来确定 $q(\zeta)$。

5.8.6　巴特勒球定理

与平面势流中的原定理相对应，在空间轴对称势流中有巴特勒（Butler）球定理。该定理叙述为：设无界不可压缩轴对称势流的流函数为$\psi_0(r,\theta)$，在$r\leqslant a$的区域内没有奇点且$\psi_0(r,\theta)$=0，如果将一个半径为a的圆球放入此流场中，则球外区域的流函数为

$$\psi(r,\theta)=\psi_0(r,\theta)+\psi_0^*(r,\theta) \tag{5-131}$$

式中，$\psi_0^*(r,\theta)=-\dfrac{r}{a}\psi_0\left(\dfrac{a^2}{r},\theta\right)$，证明过程略。

例 5.9　利用巴特勒球定理求均匀流绕圆球流动的流函数。

解： 由式（5-119）得到速度为v_∞的均匀流的流函数为

$$\psi_0(r,\theta)=\frac{1}{2}v_\infty r^2\sin^2\theta \tag{5-132}$$

式（5-132）满足在$r\leqslant a$的区域内没有奇点且$\psi_0(0,\theta)$=0。在流场中加入球心在原点、半径为a的圆球，由巴特勒球定理可得

$$\psi_0^*(r,\theta)=-\frac{r}{a}\psi_0\left(\frac{a^2}{r},\theta\right)=-\frac{r}{a}\frac{1}{2}v_\infty\left(\frac{a^2}{r}\right)^2\sin^2\theta$$

$$\psi(r,\theta)=\psi_0(r,\theta)+\psi_0^*(r,\theta)=\frac{1}{2}v_\infty\left(r^2-\frac{a^3}{r}\right)\sin^2\theta$$

习　题

5.1　平面不可压缩流体的速度场为$v_x=x^2-y^2+x$，$v_y=-(2xy+y)$，判断速度势函数φ、流函数ψ是否存在？若存在求出φ和ψ。

5.2　平面不可压缩流体的速度势函数为φ=x^2-y^2-x，求流场上$A(-1,-1)$及$B(2,2)$点处的流函数值。

5.3　平面不可压缩流体的速度势函数φ=$ax(x^2-3y^2)$ (a<0)，求通过连接$A(0,0)$及$B(1,1)$两点的连线的流体单宽流量。

5.4　已知两个点源布置在x轴上相距为a的两点处,第一个强度为$2q$的点源在原点，第二个强度为q的点源位于$(a,0)$处，求流动的速度分布($q>0$)。

5.5　如题 5.5 图所示，平面上有一对强度相同为Γ(Γ>0)的点涡，其方向相反，分别位于$(0,h)$, $(0,-h)$两固定点处，同时平面上有一无穷远平行于x轴的来流，速度为v_∞，试求合成速度在原点的值。

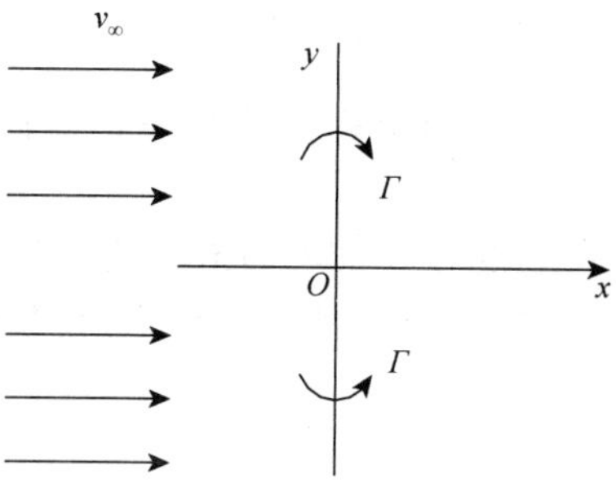

题 5.5 图

5.6 如题 5.6 图所示，将速度为 v_∞ 的平行于 x 轴的均匀流和在原点强度为 q 的点源叠加，求叠加后流场中驻点位置及经过驻点的流线方程。

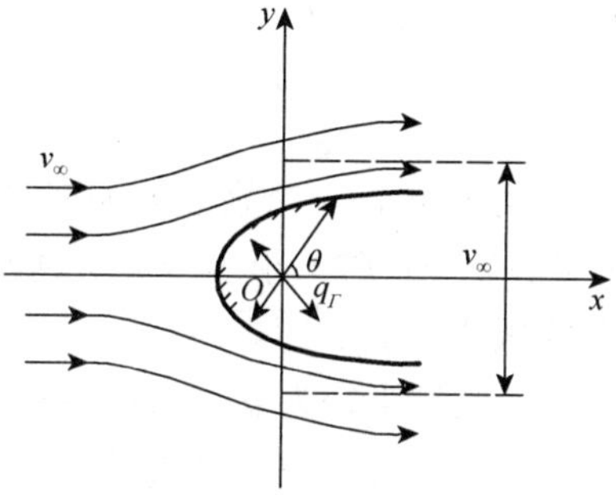

题 5.6 图

5.7 一个强度为 10 的点源与强度为–10 的点汇分别放置于(1, 0)和(–1, 0)处，并与速度为 25 的沿 x 轴负方向的均匀流合成，求流场中驻点的位置。

5.8 设复势为 $W(z)=m\ln(z-1/z)$，$m>0$，（1）试分析流动由哪些基本流动组成；（2）求流线方程；（3）求通过 $z=\mathrm{i}$ 和 $z=1/2$ 两点连线的流体的单宽流量。

5.9 在 $z=-b$ 处放置一个强度为 m 的点源，在 $z=b$ 处放置一个强度为 q_Γ 的点汇，如 $b\to\infty$，$m\to\infty$，但 $m/b\to\pi U$，U 为有限值，试证明点源和点汇叠加而成的流场复势就是速度为 v、方向与 x 轴平行的均匀流的复势。

5.10 已知流场的复势为 $W(z)=az^2\,(a>0)$，在原点处的压强为 p_0，（1）试求流线方程；（2）绘制上半平面的流动图案；（3）试求沿 $y=0$ 的速度和压强分布。

5.11 已知有环量圆柱绕流的复势 $W(z)=U\left(z+\dfrac{a^2}{z}\right)-\dfrac{\Gamma}{2\pi\mathrm{i}}\ln\left(\dfrac{z}{a}\right)$，其中 a 是圆柱半径，U 是来流速度，Γ 是绕圆柱的环量，求沿圆柱表面的压强分布和流体对圆柱的作用力。

5.12 在点$(a, 0)$和$(-a, 0)$处放置等强度的点源，（1）证明圆周 $x^2+y^2=a^2$ 上任一点的速度都与 y 轴平行，且速度的大小与 y 成反比；（2）求 y 轴上速度最大点；（3）证明轴是一条流线。

5.13 在点$(a, 0)$和$(-a, 0)$处放置强度为 q 的点源，在点$(0, a)$和$(0, -a)$处放置等强度点

汇，证明$|z|=a$是一条流线。

5.14　设x轴为固体壁面，在$z=\mathrm{i}$处有强度为M的偶极子，其方向沿$-x$轴，求上半平面流动的流函数。

5.15　如题5.15图所示，在速度为U的均匀来流中放置一半径为a的圆柱，并在z_0和$\bar{z}_0$处各放置一个强度相等、方向相反的点涡，试求流场的复势。

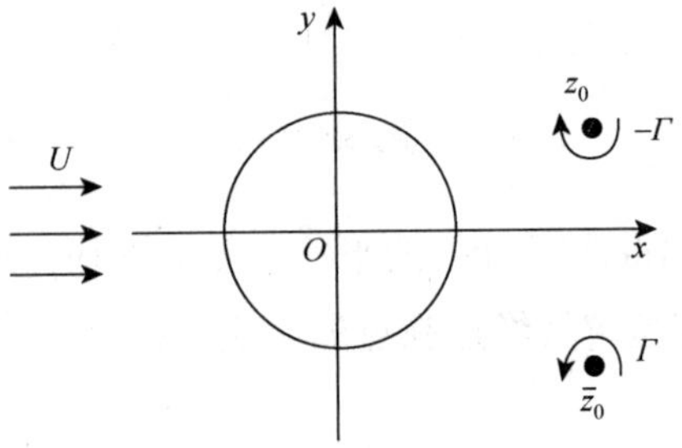

题5.15图

5.16　一个无限长平板沿$y=0$放置，一个强度为m的点源位于平板上方，距平板距离为h。(1) 写出平板上方区域的复势；(2) 求出平板上表面的压强分布；(3) 求流体对平板的总压力，设平板下表面的压强为p_0。

5.17　如题5.17图所示，设一圆柱半径为a，在距圆柱中心为$l(l>a)$处分别放置强度为q的点源和强度为Γ的点涡，分别计算上述两种情况下圆柱所受的合力。

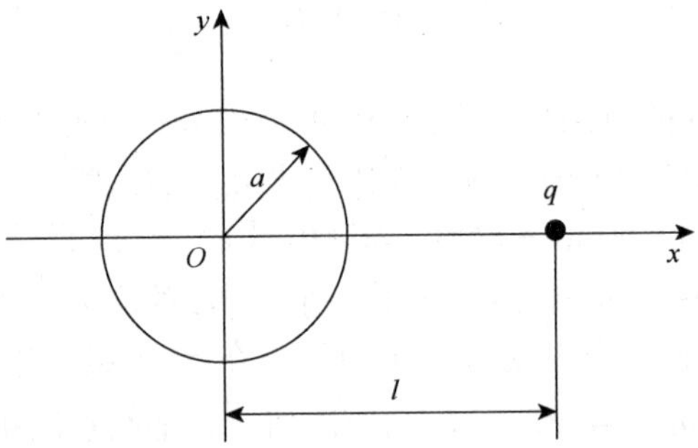

题5.17图

5.18　求题5.18图中不脱体绕流平板上下表面的速度分布、表面压强和压强系数。

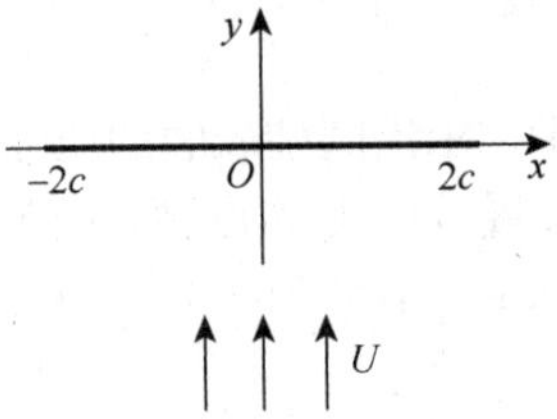

题5.18图

5.19　如题5.19图所示，设在ζ平面有一圆心在原点，半径为$a=c$的圆，无穷远处来流速度大小为v_{∞}，其方向与实轴的夹角为α。试求其在物理平面z上的真实的流动边界、驻点位置及升力系数。

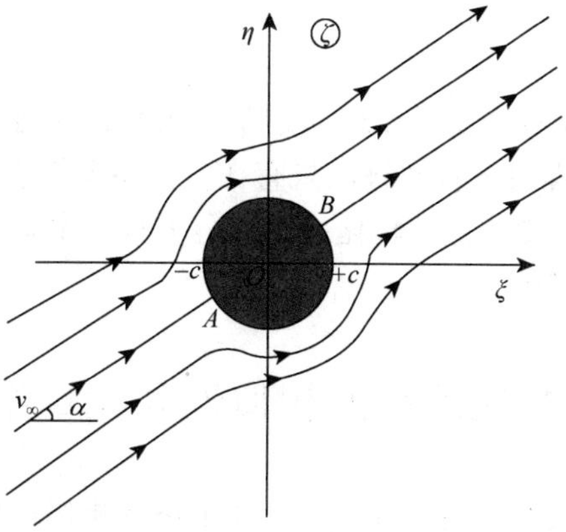

题5.19图

第 6 章　纳维-斯托克斯方程的解

第 3 章提出了不可压缩黏性流体运动的基本方程组由连续性方程和纳维-斯托克斯（N-S）方程组成，目前方程组没有通解，只有在一些特殊情况下，可将 N-S 方程中的非线性项忽略或简化，或将偏微分方程转化为常微分方程，才能求解。本章求解一些简单或典型问题微分方程组的精确解。

6.1　黏性流动的相似性和无量纲参数

对流体力学基本方程进行无量纲化处理，便于进行量级比较，从而简化方程，同时可以解决模型实验的流动相似问题。

方程的无量纲化是指将方程中的各物理量均以相应的具有某种特征的同类物理量度量，则有量纲的物理量均变为无量纲的物理量，有量纲的方程变为无量纲的方程。

令U_0、L_0、p_0、t_0、ρ_0、μ_0、g_0分别代表流速、长度、压强、时间、密度、黏度和重力加速度的特征量，则组成的各物理量的无量纲量为

$$v_i^*=\frac{v_i}{U_0},\quad x_i^*=\frac{x_i}{L_0},\quad p^*=\frac{p}{p_0},\quad t^*=\frac{t}{t_0},\quad \rho^*=\frac{\rho}{\rho_0},\quad \mu^*=\frac{\mu}{\mu_0},\quad g^*=\frac{g}{g_0}$$

将不可压缩流体的连续性方程的物理量无量纲化，得到的无量纲方程为

$$\frac{\partial v_i^*}{\partial x_i^*}=0 \tag{6-1}$$

在质量力只有重力的情况下，将 N-S 方程的物理量无量纲化，得到的无量纲方程为

$$\frac{L_0}{U_0t_0}\frac{\partial v_i^*}{\partial t^*}+v_j^*\frac{\partial v_i^*}{\partial x_j^*}=-\frac{L_0g_0}{U_0^2}g^*-\frac{p_0}{\rho_0U_0^2}\frac{1}{\rho^*}\frac{\partial p^*}{\partial x_i^*}+\frac{\mu_0}{\rho_0U_0L_0}\frac{\mu^*}{\rho^*}\frac{\partial^2 v_i^*}{\partial x_j^*\partial x_j^*} \tag{6-2}$$

式中，$\frac{L_0}{U_0t_0}$为斯特劳哈尔数，用 St 表示，反映流动的非定常性；$\frac{L_0g_0}{U_0^2}$为弗劳德数的平方的倒数，$\frac{U_0}{\sqrt{L_0g_0}}$用 Fr 表示，反映惯性力与重力之比；$\frac{p_0}{\rho_0U_0^2}$为欧拉数，用 Eu 表示，反映压力与惯性力之比；$\frac{\rho_0U_0L_0}{\mu_0}$为雷诺数，用 Re 表示，反映惯性力与黏滞力之比。

因此，式（6-2）可写作

$$St\frac{\partial v_i^*}{\partial t^*}+v_j^*\frac{\partial v_i^*}{\partial x_j^*}=-\frac{1}{Fr^2}g^*-Eu\frac{1}{\rho^*}\frac{\partial p^*}{\partial x_i^*}+\frac{1}{Re}\frac{\mu^*}{\rho^*}\frac{\partial^2 v_i^*}{\partial x_j^*\partial x_j^*} \tag{6-3}$$

对于两个相似的流动，就要求它们具有相同的无量纲形式的方程租和定解条件，其中

的无量纲参数必须对应相等，因此无量纲参数称为相似准数。在实际问题中，要做到所有的相似准数都相等是不可能的，只能做到部分准数相等，这样的模型实验称为近似模型实验。对于具体的流动问题，进行模型实验设计时，需要选择合适的相似准数，如有压管流时，对流动过程产生主要影响的作用力是黏滞力，选择雷诺数；对于明渠流动，主导作用力是重力，选择弗劳德数。

对于式（6-3），可以根据流动的具体条件，比较式中的无量纲参数，从而简化方程。如果 $Re \ll 1$，可以认为惯性力比黏滞力小得多，可以忽略惯性力项；如果 $Fr \gg 1$，可以认为惯性力比重力大得多，可以忽略重力项。

6.2　平行定常流动

不可压缩平行定常流动是简单的流动，可以用 N-S 方程进行求解得到精确解。设有一个沿 x 轴方向的平行流动，$v_y = v_z = 0$。由连续性方程 $\frac{\partial v_x}{\partial x} + \frac{\partial v_y}{\partial y} + \frac{\partial v_z}{\partial z} = 0$，得到 $\frac{\partial v_x}{\partial x} = 0$，因此 $v_x = v_x(y,z)$。由于在 y 轴和 z 轴方向没有速度，认为压强 p 是 x 轴坐标的单值函数，即 $p = p(x)$。同样，因为 $v_y = v_z = 0$，只考虑 x 轴方向的 N-S 方程，当质量力只有重力时且在 y 方向时，方程可以简化为

$$\frac{1}{\rho}\frac{\mathrm{d}p}{\mathrm{d}x} = \nu\left(\frac{\partial^2 v_x}{\partial y^2} + \frac{\partial^2 v_x}{\partial z^2}\right) \tag{6-4}$$

6.2.1　泊肃叶流动

压强梯度推动的管槽中的黏性不可压缩流体运动称为泊肃叶（Poiseuille）流动。

1. 两平行平板间的流动

如图 6-1 所示，两无限大的平行平板间的黏性流体做定常层流运动，由于平板无限大，认为流动平面在 z 轴方向上不同位置处是一样的，即 $v_x = v_x(y)$。

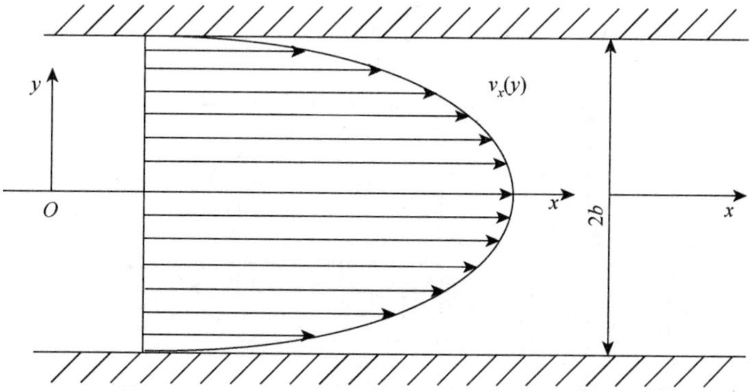

图 6-1　泊肃叶流动

式（6-4）可简化为

$$\frac{1}{\rho}\frac{\mathrm{d}p}{\mathrm{d}x}=\nu\frac{\mathrm{d}^2 v_x}{\mathrm{d}y^2} \tag{6-5}$$

边界条件：$y=\pm b$ 时，$v_x=0$。

对式（6-5）积分，得到速度分布为

$$v_x=-\frac{1}{2\mu}\frac{\mathrm{d}p}{\mathrm{d}x}(b^2-y^2) \tag{6-6}$$

可以看出，断面上的流速呈抛物线分布。

单宽流量 $q=\int_{-b}^{b}v_x\mathrm{d}y=-\frac{2b^3}{3\mu}\frac{\mathrm{d}p}{\mathrm{d}x}$，表明压差驱动流体运动，如果 $\frac{\mathrm{d}p}{\mathrm{d}x}=0$，则流体静止。

断面平均流速 $\overline{v}_x=\frac{q}{2b}=-\frac{b^2}{3\mu}\frac{\mathrm{d}p}{\mathrm{d}x}$，断面最大流速在 $y=0$ 处，$v_{x,\max}=-\frac{b^2}{2\mu}\frac{\mathrm{d}p}{\mathrm{d}x}$，断面最大流速和平均流速的关系为 $\overline{v}_x=\frac{2}{3}v_{x,\max}$。

切应力 $\tau=-\mu\frac{\mathrm{d}v_x}{\mathrm{d}y}=-\frac{\mathrm{d}p}{\mathrm{d}x}y$，即切应力呈线性分布。壁面切应力 $\tau_0=-\mu\left.\frac{\mathrm{d}v_x}{\mathrm{d}y}\right|_{y=\pm b}=-\frac{\mathrm{d}p}{\mathrm{d}x}b$，因此，$\frac{\tau}{\tau_0}=\frac{y}{b}$。

2. 圆管层流运动（哈根-泊肃叶流动）

如图 6-2 所示，在水平放置的等径长直圆管中，不可压缩黏性流体做定常层流，这里对柱坐标系的 N-S 方程进行求解。因为 $v_r=0, v_\theta=0$，只有 x 方向的流速 $v_x=v_x(r)$，因此 $p=p(x)$。简化后的方程为

$$-\frac{1}{\rho}\frac{\mathrm{d}p}{\mathrm{d}x}+\nu\left(\frac{\mathrm{d}^2 v_x}{\mathrm{d}r^2}+\frac{1}{r}\frac{\mathrm{d}v_x}{\mathrm{d}r}\right)=0$$

即

$$\frac{1}{\mu}\frac{\mathrm{d}p}{\mathrm{d}x}=\frac{1}{r}\frac{\mathrm{d}}{\mathrm{d}r}\left(r\frac{\mathrm{d}v_x}{\mathrm{d}r}\right) \tag{6-7}$$

边界条件：$r=r_0$ 时，$v_x=0$；$r=0$ 时，$\frac{\mathrm{d}v_x}{\mathrm{d}r}=0$。

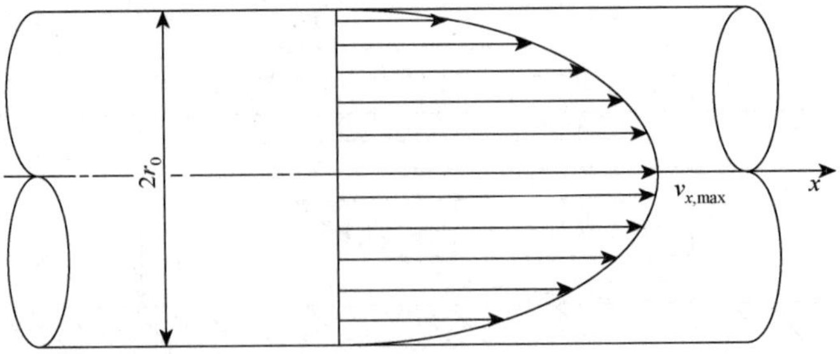

图 6-2　圆管层流动

对式（6-7）积分，得到速度分布为

$$v_x = -\frac{1}{4\mu}\frac{\mathrm{d}p}{\mathrm{d}x}\left(r_0^2 - r^2\right) \tag{6-8}$$

可以看出，断面上的流速同样呈抛物线分布。

通过断面的流量 $q=\int_0^{r_0} v_x 2\pi r \mathrm{d}r = -\frac{\pi r_0^4}{8\mu}\frac{\mathrm{d}p}{\mathrm{d}x}$。

断面平均流速 $\overline{v}_x = \frac{q}{\pi r_0^2} = -\frac{r_0^2}{8\mu}\frac{\mathrm{d}p}{\mathrm{d}x}$，断面最大流速在 $r=0$ 处，$v_{x,\max} = -\frac{r_0^2}{4\mu}\frac{\mathrm{d}p}{\mathrm{d}x}$，断面最大流速和平均流速的关系为 $\overline{v}_x = \frac{1}{2}v_{x,\max}$。

切应力 $\tau = -\mu\frac{\mathrm{d}v_x}{\mathrm{d}r} = -\frac{r}{2}\frac{\mathrm{d}p}{\mathrm{d}x}$，即切应力呈线性分布。壁面切应力 $\tau_0 = -\mu\left.\frac{\mathrm{d}v_x}{\mathrm{d}r}\right|_{r=r_0} = -\frac{r_0}{2}\frac{\mathrm{d}p}{\mathrm{d}x}$，因此 $\frac{\tau}{\tau_0} = \frac{r}{r_0}$。

沿程水头损失为

$$h_f = \frac{\Delta p}{\rho g} = -\frac{l}{\rho g}\left(\frac{\mathrm{d}p}{\mathrm{d}x}\right) = \frac{l}{\rho g}\left(\frac{8\mu\overline{v}_x}{r_0^2}\right) = \frac{64}{Re}\frac{l}{d}\frac{\overline{v}_x^2}{2g} \tag{6-9}$$

式中，沿程阻力系数 $\lambda = \frac{64}{Re}$；d 为管径；l 为管长。

6.2.2　库埃特流动

图 6-3 中两个无限大的平行平板间有黏性不可压缩流体，下板固定不动，上板以速度 U_0 向右平移，在上板的带动下，流体运动。这里不计压强梯度，即 $\frac{\mathrm{d}p}{\mathrm{d}x}=0$，这种纯剪切流动称为库埃特（Couette）流动。经过一段时间，流动达到恒定状态，$v_x = v_x(y)$，$v_y = 0$，$v_z = 0$。N-S 方程简化为

$$\frac{\mathrm{d}^2 v_x}{\mathrm{d}y^2} = 0 \tag{6-10}$$

边界条件：$y=-b$ 时，$v_x = 0$；$y=b$ 时，$v_x = U_0$。

对式（6-10）积分，得到速度分布为

$$v_x = \frac{U_0}{2}\left(1+\frac{y}{b}\right) \tag{6-11}$$

可以看出，断面上的流速呈线性分布。

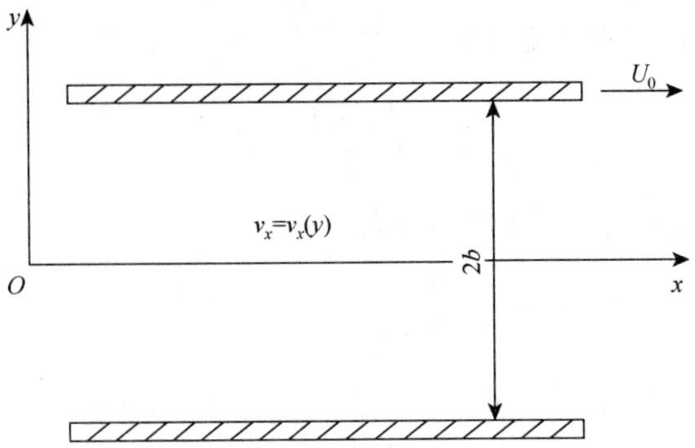

图 6-3　库埃特流动

6.2.3　库埃特-泊肃叶流动

如图 6-3 所示，两个无限大的平行平板间的黏性不可压缩流体在上板的带动和压强梯度共同作用下运动。经过一段时间，流动达到恒定状态，$v_x = v_x(y)$，$v_y = 0$，$v_z = 0$。N-S 方程简化式与前面仅考虑压强梯度作用的流动方程，即式（6-5）一致：

$$\frac{1}{\rho}\frac{\mathrm{d}p}{\mathrm{d}x} = \nu\frac{\mathrm{d}^2 v_x}{\mathrm{d}y^2}$$

边界条件有所不同，即 $y = -b$ 时，$v_x = 0$；$y = b$ 时，$v_x = U_0$。

积分得到

$$v_x = -\frac{b^2}{2\mu}\frac{\mathrm{d}p}{\mathrm{d}x}\left(1 - \frac{y^2}{b^2}\right) + \frac{U_0}{2}\left(1 + \frac{y}{b}\right) \tag{6-12}$$

可以看出，同时考虑压强梯度和平板的带动两种因素时，断面上的流速由式（6-6）和式（6-11）叠加组成。将式（6-12）无量纲化，得

$$\frac{v_x}{U_0} = -\frac{b^2}{2\mu U_0}\frac{\mathrm{d}p}{\mathrm{d}x}\left[1 - \left(\frac{y}{b}\right)^2\right] + \frac{1}{2}\left[1 + \left(\frac{y}{b}\right)\right]$$

令 $\frac{v_x}{U_0} = v_x^*$，$\frac{y}{b} = y^*$，$-\frac{b^2}{\mu U_0}\frac{\mathrm{d}p}{\mathrm{d}x} = B$，得

$$v_x^* = \frac{B}{2}(1 - y^{*2}) + \frac{1}{2}(1 + y^*) \tag{6-13}$$

图 6-4 为无量纲速度分布图，当 $\frac{\mathrm{d}p}{\mathrm{d}x} < 0$（顺压梯度）时，整个断面的流速均为正；当 $\frac{\mathrm{d}p}{\mathrm{d}x} > 0$（逆压梯度）时，在下板附近区域出现回流，并且随着梯度值增大，回流区域也扩大。

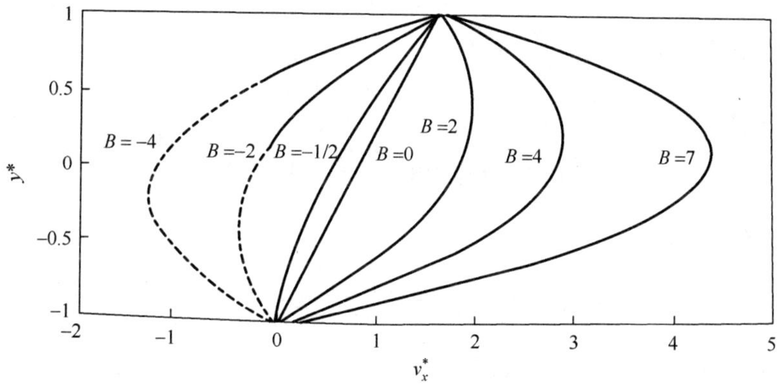

图 6-4　无量纲速度分布

例 6.1　无限长平板与水平面的夹角为 θ，其上部有一层厚度为 h 的液层在重力作用下沿平板流动，液层上表面为自由面，如图 6-5 所示。求定常流动的速度分布和压强分布，以及作用于单位面积平板的摩擦力。

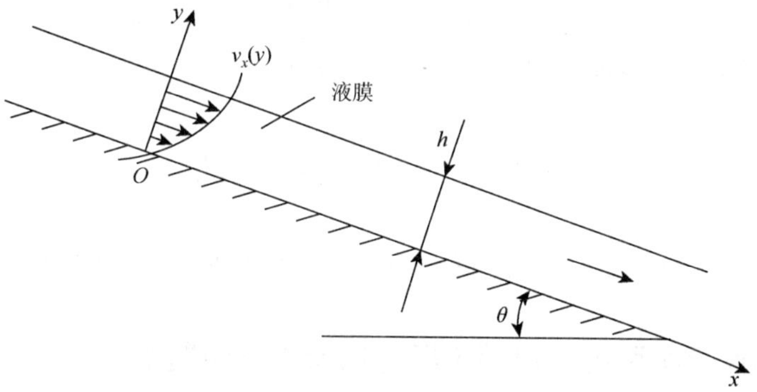

图 6-5　例 6.1 用图

解：液层的流动特点为 $v_y = v_z = 0$，$v_x = v_x(y)$，考虑重力的作用，x、y 方向的运动方程为

$$\begin{cases} g\sin\theta - \dfrac{1}{\rho}\dfrac{\partial p}{\partial x} + \nu\dfrac{\partial^2 v_x}{\partial y^2} = 0 \\ -g\cos\theta - \dfrac{1}{\rho}\dfrac{\partial p}{\partial y} = 0 \end{cases}$$

边界条件：$y=0$ 时，$v_x = 0$；$y=h$ 时，$\dfrac{\mathrm{d}v_x}{\mathrm{d}y} = 0$，$p = p_a$，其中 p_a 表示大气压强。

对第 2 个公式积分，得到 $p = -\rho g y\cos\theta + f(x)$，代入 $y=h$、$p = p_a$，得

$$f(x)=p_a + \rho g h\cos\theta$$

压强分布为

$$p = \rho g(h-y)\cos\theta + p_a$$

可以看出压强不随 x 变化，即 $\frac{\mathrm{d}p}{\mathrm{d}x}=0$ 。

方程组的第 1 个公式可简化为

$$g\sin\theta+\nu\frac{\partial^2 v_x}{\partial y^2}=0$$

对其积分，得到

$$v_x=-\left(\frac{g}{\nu}\sin\theta\right)\frac{y^2}{2}+Ay+B$$

代入边界条件，得 $A=\frac{gh}{\nu}\sin\theta$ ， $B=0$ 。

因此，速度分布为

$$v_x=\frac{gh^2}{\nu}\sin\theta\left[\frac{y}{h}-\frac{1}{2}\left(\frac{y}{h}\right)^2\right]$$

切应力为

$$\tau=\mu\frac{\mathrm{d}v_x}{\mathrm{d}y}=\rho gh\sin\theta\left(1-\frac{y}{h}\right)$$

令 $y=0$ ，得到平板上单位面积的摩擦力为 $\rho gh\sin\theta$ 。

6.3 平行非定常流动

这里以无限大平板的运动引起的黏性不可压缩流体运动为例予以讨论。

6.3.1 突然加速平板引起的流动（斯托克斯第一问题）

如图 6-6 所示，一个无限大平板上部有黏性不可压缩流体，初始时刻平板和流体均静止，在某一时刻平板突然起动，沿其自身平面以 U_0 做匀速运动，平板运动带动其周围原来静止的流体运动，现分析流场中的速度分布情况。

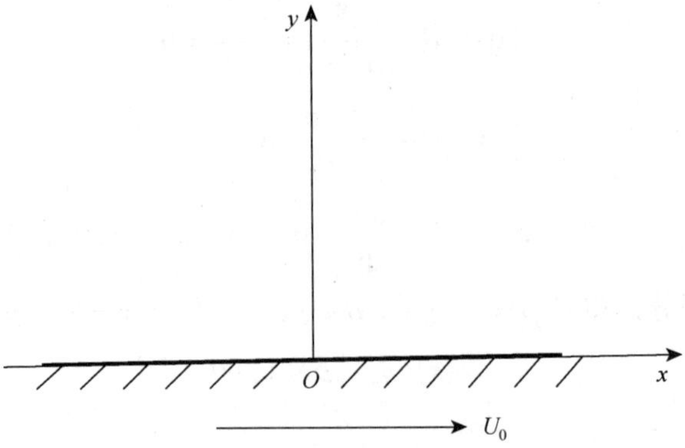

图 6-6 平板突然起动

根据流动特点，$v_y = v_z = 0$，$p =$ 常数，由于平板无限大，认为速度 v_x 沿 x、z 轴方向没有变化，即 $v_x = v_x(y,t)$，在不计质量力时，N-S 方程简化后为

$$\frac{\partial v_x}{\partial t} = \nu \frac{\partial^2 v_x}{\partial y^2} \tag{6-14}$$

初始条件：$t = 0$ 时，$v_x = 0$（$y \geqslant 0$）。

边界条件：$y = 0$ 时，$v_x = U_0$；$y \to \infty$ 时，$v_x = 0$（$t>0$）。

利用相似变换法求解。引入无量纲变量 η 及无量纲速度 $\frac{v_x}{U_0}$：

$$\frac{v_x}{U_0} = f(\eta), \quad \eta = \frac{y}{2\sqrt{\nu t}}$$

因为

$$\begin{cases} \dfrac{\partial v_x}{\partial t} = \dfrac{\partial v_x}{\partial \eta}\dfrac{\partial \eta}{\partial t} = -\dfrac{\eta}{2t}\dfrac{\partial v_x}{\partial \eta} = -\dfrac{\eta}{2t}U_0\dfrac{\mathrm{d}f}{\mathrm{d}\eta} \\ \dfrac{\partial v_x}{\partial y} = \dfrac{\partial v_x}{\partial \eta}\dfrac{\partial \eta}{\partial y} = \dfrac{1}{2\sqrt{\nu t}}\dfrac{\partial v_x}{\partial \eta} = \dfrac{U_0}{2\sqrt{\nu t}}\dfrac{\mathrm{d}f}{\mathrm{d}\eta} \\ \dfrac{\partial^2 v_x}{\partial y^2} = \dfrac{\partial}{\partial \eta}\left(\dfrac{\partial v_x}{\partial y}\right)\dfrac{\partial \eta}{\partial y} = \dfrac{U_0}{4\nu t}\dfrac{\mathrm{d}^2 f}{\mathrm{d}\eta^2} \end{cases} \tag{6-15}$$

将式（6-15）代入式（6-14），偏微分方程变为常微分方程：

$$f''(\eta) + 2\eta f'(\eta) = 0 \tag{6-16}$$

方程的定解条件为 $f(0) = 1$，$f(\infty) = 0$。

将式（6-16）积分一次，得

$$f'(\eta) = A\mathrm{e}^{-\eta^2}$$

再积分一次，得

$$f(\eta) - f(0) = A\int_0^\eta \mathrm{e}^{-\eta^2}\,\mathrm{d}\eta$$

利用定解条件

$$f(\eta) = 1 + A\int_0^\eta \mathrm{e}^{-\eta^2}\,\mathrm{d}\eta$$

得

$$\lim_{\eta\to\infty} f(\eta) = f(\infty) = 1 + A\int_0^\infty \mathrm{e}^{-\eta^2}\,\mathrm{d}\eta = 1 + A\frac{\sqrt{\pi}}{2} = 0$$

这里，求解得到积分常数 $A = -\frac{2}{\sqrt{\pi}}$，因此 $f(\eta) = 1 - \frac{2}{\sqrt{\pi}}\int_0^\eta \mathrm{e}^{-\eta^2}\,\mathrm{d}\eta = 1 - \mathrm{erf}(\eta)$。

最终得到速度分布式为

$$v_x = U_0[1 - \mathrm{erf}(\eta)] = U_0\mathrm{erfc}(\eta) \tag{6-17}$$

式中，$\mathrm{erf}(\eta)$ 为误差函数；$\mathrm{erfc}(\eta)$ 为补余误差函数，都可在数学手册上查到对应值。

将无量纲速度分布绘制图线，如图 6-7 所示。说明：在固定时刻，速度分布随距离板

面的距离 y 以误差函数规律衰减，在距离板面无穷远处 $y \to \infty$，速度降为 0，黏性作用限于板面附近。当 η=2 时，$f(\eta) = 0.01$，黏性作用显著限于 $\eta = 2$ 的边界以下，这部分流层称为边界层，边界层的厚度 δ=$2\eta\sqrt{\nu t} = 4\sqrt{\nu t}$ 。

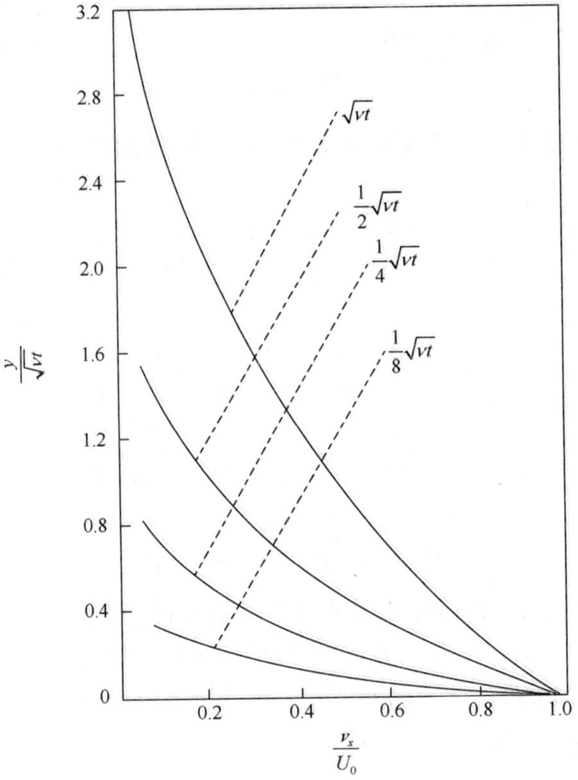

图 6-7　平板突然起动的流场无量纲速度分布

6.3.2　平板在自身平面内周期振动（斯托克斯第二问题）

如图 6-8 所示，一个无限大平板上部有黏性不可压缩流体，初始时刻平板和流体均静止，在某一时刻平板突然起动，沿其自身平面做简谐振动，速度为 $U_0\cos(\omega t)$，其中 U_0 为振幅，ω 为振动频率。平板上部依然为平行流动，根据流动特点，N-S 方程简化后与方程（6-14）一致，即

$$\frac{\partial v_x}{\partial t} = \nu \frac{\partial^2 v_x}{\partial y^2}$$

初始条件：$t = 0$ 时，$v_x = 0$（$y \geqslant 0$）。

边界条件：$y = 0$ 时，$v_x = U_0\cos(\omega t)$；$y \to \infty$ 时，$v_x = 0$（$t>0$）。

用分离变量法求解，结果为

$$\begin{aligned} v_x &= U_0 \mathrm{e}^{-\sqrt{\frac{\omega}{2\nu}}y} \cos\left(\omega t - \sqrt{\frac{\omega}{2\nu}}y\right) = U_0 \mathrm{e}^{-ky}\cos(\omega t - ky) \\ &= U_0 \mathrm{e}^{-\eta}\cos(\omega t - \eta) \end{aligned} \tag{6-18}$$

式中，$k=\sqrt{\dfrac{\omega}{2\nu}}$，为波数；$\eta=\sqrt{\dfrac{\omega}{2\nu}}y$，表示相位差。

由式（6-18）整理得到的无量纲速度分布如图 6-8 所示，表明速度随 t、y 按简谐规律变化，流场的振动频率与平板的振动频率一致，均为 ω，振幅为 $U_0 e^{-\sqrt{\frac{\omega}{2\nu}}y}$。振幅随距离平板的距离 y 增大而衰减，在 $y=0$ 处，振幅最大为 U_0；距平板 y 处的速度与平板振动的相位差为 $\sqrt{\dfrac{\omega}{2\nu}}y$。以 $\dfrac{v_x}{U_0}=0.01$ 考虑黏性的影响，得到的边界层厚度与平板突然起动情况是相等的。

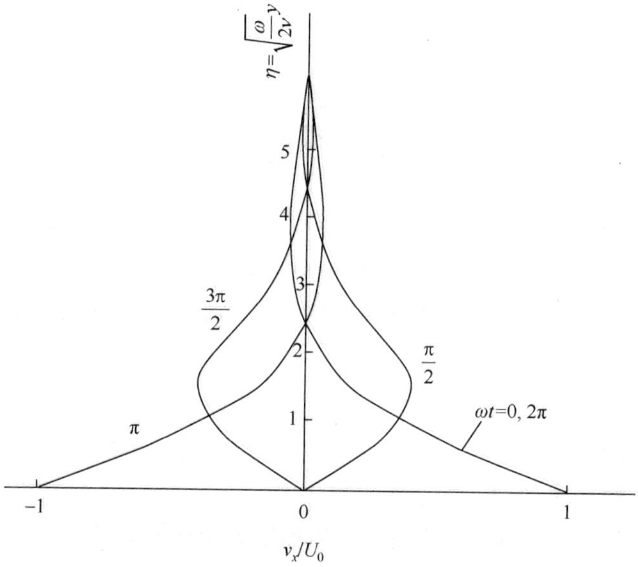

图 6-8　平板振动的流场无量纲速度分布

综上综述，斯托克斯第一问题说明黏性流体中固体壁面对流动的影响，第二问题说明平面振动向流体内部的传播也是通过流体的黏性完成的。

6.4　平面圆周运动

还有一种可以求得解析解的流动是所有流体质点都做平面圆周运动，流线是以共同对称轴为中心的同心圆，此时不为零的速度分量只有圆周速度分量 v_θ，即 $v_z=v_r=0$；流场变量对 z 和 θ 的偏导数为零，即 $\dfrac{\partial}{\partial z}=0$，$\dfrac{\partial}{\partial \theta}=0$，因此有 $v_\theta=v_\theta(r,t)$，$p=p(r,t)$，柱坐标系的 N-S 方程为

$$\frac{\rho v_\theta^2}{r}=\frac{\partial p}{\partial r} \tag{6-19a}$$

$$\frac{\partial v_\theta}{\partial t}=\nu\left(\frac{\partial^2 v_\theta}{\partial r^2}+\frac{1}{r}\frac{\partial v_\theta}{\partial r}-\frac{v_\theta}{r^2}\right) \tag{6-19b}$$

式(6-19a)表示径向的压强梯度提供流体质点做圆周运动的向心力，接下来解释式(6-19b)的物理意义。

在流场中取一个半径为r、厚度为δr的单位长圆柱壳流体元，流体元中心轴为流场对称轴。作用于流体的切应力为

$$\tau_{r\theta}=\mu\left(\frac{\partial v_\theta}{\partial r}-\frac{v_\theta}{r}\right)$$

流体施加于半径为r的单位长度圆柱面的摩擦力矩为

$$T=2\pi r\mu\left(\frac{\partial v_\theta}{\partial r}-\frac{v_\theta}{r}\right)r$$

则作用于圆柱壳流体元内外表面的摩擦力矩的代数和为

$$\delta T=\frac{\partial T}{\partial r}\delta r$$

圆柱壳流体元的动量矩为

$$\delta H=rv_\theta\rho 2\pi r\delta r$$

依据动量矩定理，流体元动量矩随时间的变化率等于作用于圆柱壳的摩擦力矩，有

$$\frac{\partial}{\partial t}(\rho 2\pi r^2 v_\theta)=\frac{\partial}{\partial r}\left[2\pi r^2\mu\left(\frac{\partial v_\theta}{\partial r}-\frac{v_\theta}{r}\right)\right] \tag{6-20}$$

式（6-20）即式（6-19b）。在定常流动条件下，作用于圆柱壳流体元的摩擦力矩处于平衡状态，即作用于圆柱壳内外表面的摩擦力矩相等。

如图 6-9 所示，两同心圆柱面分别绕对称轴做等角速度旋转，设圆柱面直径与轴向长度相比很小，可忽略端部效应，式（6-19b）化简为

$$\frac{\partial^2 v_\theta}{\partial r^2}+\frac{1}{r}\frac{\partial v_\theta}{\partial r}-\frac{v_\theta}{r^2}=0$$

方程的通解为

$$v_\theta=c_1 r+\frac{c_2}{r}$$

由无滑移条件$r=r_0$，$v_\theta=r_0\omega_0$及$r=r_i$，$v_\theta=r_i\omega_i$，可确定积分常数为

$$c_1=\frac{r_0^2\omega_0-r_i^2\omega_i}{r_0^2-r_i^2},\quad c_2=-\frac{r_0^2 r_i^2(\omega_0-\omega_i)}{r_0^2-r_i^2}$$

因此，速度分布可写作

$$v_\theta=\frac{1}{r_0^2-r_i^2}\left[(r_0^2\omega_0-r_i^2\omega_i)r-(\omega_0-\omega_i)\frac{r_0^2 r_i^2}{r}\right] \tag{6-21}$$

若令$R_i\to 0$，则式（6-21）变为

$$v_\theta=\omega_0 r$$

这相当于一个圆柱形容器内的流体随容器一起旋转，流体相对于容器处于静止状态。

若令 $r_0 \to \infty$，则式（6-21）变为

$$v_\theta = \frac{\omega_i r_i^2}{r}, \quad r > r_i \tag{6-22}$$

式（6-22）表示当圆柱在无界流体中绕自身轴旋转时，圆柱面的切应力带动周围流体做圆周运动，其流场分布与强度为 $\Gamma = 2\pi\omega_i r_i^2$ 的直线涡丝感应的势流流场相同。

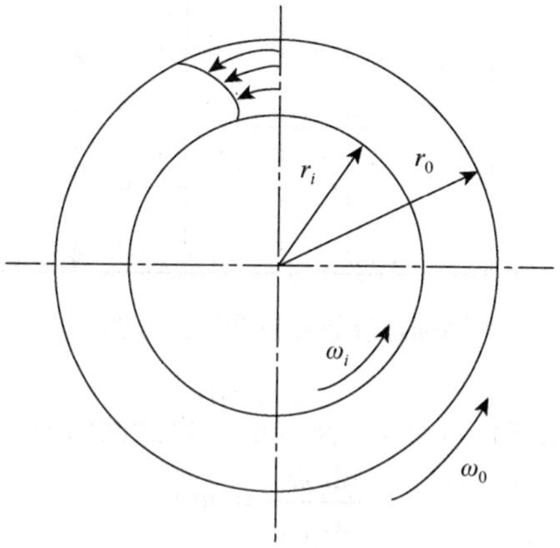

图 6-9　两旋转同心圆柱面间的流动

圆柱形黏度仪由两个同轴圆筒组成，外筒静止内筒旋转，内筒受到的摩擦力矩为

$$T = \frac{4\pi\mu r_0^2 r_i^2}{r_0^2 - r_i^2}\omega_i L_0 \tag{6-23}$$

式中，L_0 为内筒浸没在液体中的深度。

测量内筒的转矩，由式（6-23）可计算得到流体的动力黏度。

6.5　楔形区域内的流动

二维楔形区域通道可以设想由两块无限大的平板斜交而成，平板间的夹角为 2α，如图 6-10 所示。如果一个点源位于顶点，就会形成外向的流动，即扩张型流动；相反，如果一个点汇位于顶点，就会形成内向的流动，即收缩型流动。采用圆柱坐标系，设流动定常，$v_\theta = 0$，$v_r = v_r(r,\theta)$，流动的控制方程组为

$$\begin{cases} \dfrac{1}{r}\dfrac{\partial}{\partial r}(r v_r) = 0 \\ \rho v_r \dfrac{\partial v_r}{\partial r} = \dfrac{\partial p}{\partial r} + \mu\left[\dfrac{1}{r}\dfrac{\partial}{\partial r}\left(r\dfrac{\partial v_r}{\partial r}\right) + \dfrac{\partial}{r\partial\theta}\left(\dfrac{1}{r}\dfrac{\partial v_r}{\partial\theta}\right) - \dfrac{v_r}{r^2}\right] \\ 0 = \dfrac{1}{r}\dfrac{\partial p}{\partial\theta} + \mu\left(\dfrac{2}{r^2}\dfrac{\partial v_r}{\partial\theta}\right) \end{cases} \tag{6-24}$$

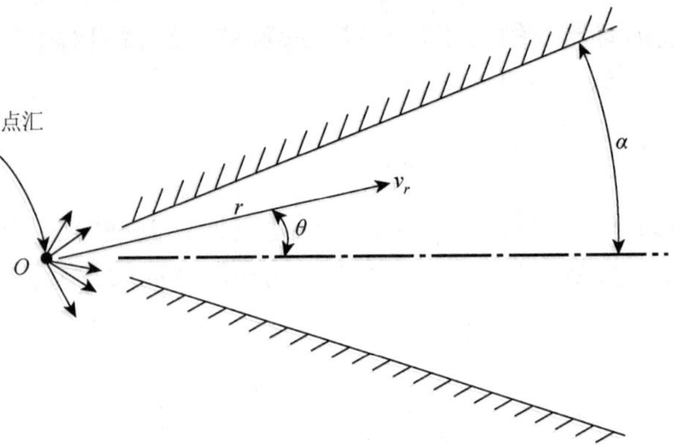

图 6-10　楔形区域内的流动

利用变量分离法求解，令 $v_r = F(\theta)G(r)$，由连续性方程可以看出 v_r 仅为 θ 的函数而与 r 无关，于是有

$$v_r = \frac{\nu}{r}F(\theta) \tag{6-25}$$

这里引用运动黏度 ν 作为比例系数，$F(\theta)$ 的量纲为 1。

将式（6-25）代入（6-24）得到 N-S 方程为

$$\begin{cases} -\dfrac{\nu^2}{r^3}F^2 = -\dfrac{1}{\rho}\dfrac{\partial p}{\partial r} + \dfrac{\nu^2}{r^3}F'' \\ 0 = -\dfrac{1}{\rho r}\dfrac{\partial p}{\partial \theta} + \dfrac{2\nu^2}{r^3}F' \end{cases} \tag{6-26}$$

将式（6-25）中的第 1 个公式两侧对 θ 求偏导，第 2 个公式两侧对 r 求偏导，然后相减消去压强梯度，得到

$$F''' + 2FF'' + 4F' = 0 \tag{6-27}$$

进一步定义无量纲角度和速度：

$$\eta = \frac{\theta}{\alpha}, \quad f(\eta) = \frac{v_r}{v_{r,\max}} \tag{6-28}$$

由式（6-25），有

$$F(\theta) = \frac{rv_r}{\nu} = \frac{r\alpha v_{r,\max}}{\nu}\frac{1}{\alpha}\frac{v_r}{v_{r,\max}} = \frac{Re}{\alpha}f(\eta) \tag{6-29}$$

式中，$Re=\dfrac{r\alpha v_{r,\max}}{\nu}$。

将式（6-29）代入式（6-27），得到

$$f'' + 2\alpha Reff' + 4\alpha^2 f' = 0 \tag{6-30}$$

边界条件：$\eta = 1$ 和 $\eta = -1$ 时，$f = 0$；$\eta = 0$ 时，$f = 1$、$f' = 0$。

数值求解的结果如图 6-11 所示。速度剖面与 Re 的关系较大，当 $Re=0$ 时，速度剖面呈抛物线分布；当 $Re>0$ 时为扩张型流动，在 $Re=38$ 壁面附近出现边界层分离并有回流现象；当 $Re<0$ 时为收缩型流动，速度剖面饱满，分离现象不会发生。

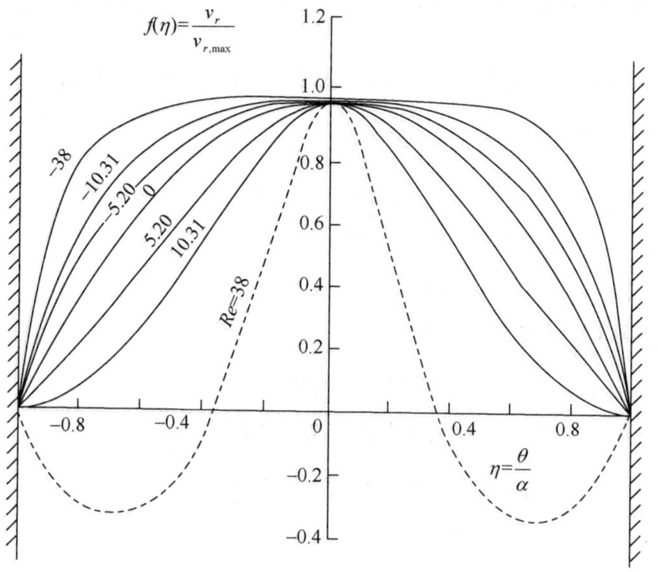

图 6-11　楔形区域内流动的速度分布

6.6　多孔壁上的流动

前面的讨论中，固体壁面是不可渗透的，在壁面上，流动必须满足无滑移边界条件。本节讨论沿有抽吸和吹入作用的多孔壁面的流动。如图 6-12 所示，多孔壁面上方有沿 x 轴正方向的均匀流，流体因抽吸作用而均匀流入壁面孔隙，垂直于壁面的法向速度分量为 V。采用有抽吸作用的多孔壁面可以防止边界层分离，如果机翼表面的边界层分离会引起“失速”现象，即机翼升力大幅度降低而阻力剧增，因此可以在航空工业中应用边界层抽吸作用。

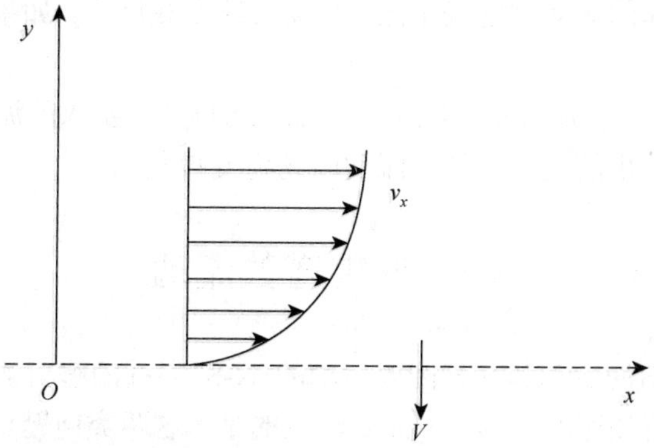

图 6-12　沿均匀抽吸的平壁流动

注意到壁面无限长，且壁面抽吸沿 x 轴方向是均匀的，因此 x 轴方向速度分量 v_x 与 x 无关，即 $v_x=v_x(y)$，$\dfrac{\partial v_x}{\partial x}=0$。由不可压缩流动连续性方程得 $\dfrac{\partial v_y}{\partial y}=0$，注意到 $v_y(0)=-V$，可得 $v_y=-V$，即 y 轴方向速度分量 v_y 为常数。将 $v_y=-V$ 代入 y 轴方向运动方程，得 $\dfrac{\partial p}{\partial y}=0$，即压强 p 不是 y 的函数。又因为 $y\to\infty$ 处为均匀速度场，所以 $\dfrac{\partial p}{\partial x}=0$，压强 p 也不是 x 的函数，所以 p=常数。因此，x 轴方向的运动方程可化简为

$$-V\frac{\mathrm{d}v_x}{\mathrm{d}y}=\nu\frac{\mathrm{d}^2v_x}{\mathrm{d}y^2} \tag{6-31}$$

边界条件：$y=0$ 时，$v_x=0$；$y\to\infty$ 时，$v_x=U$。

二阶线性齐次方程（6-31）的解为

$$v_x=A+B\mathrm{e}^{-Vy/\nu}$$

由边界条件确定 $A=U$，$B=-U$，因此速度分布为

$$v_x=U\left(1-\mathrm{e}^{-Vy/\nu}\right) \tag{6-32}$$

壁面切应力为

$$\tau_0=\mu\left.\frac{\mathrm{d}v_x}{\mathrm{d}y}\right|_{y=0}=\rho UV \tag{6-33}$$

实际的机翼表面不是平面，机翼表面压强会因表面曲率而有所改变，但式（6-33）依然可用于粗略估计壁面抽吸作用的影响。式（6-33）表明，当抽吸速度增加时，壁面切应力也随之增大，因此利用表面抽吸作用来控制边界层分离是以增加飞行阻力为代价的，这给实际可采用的抽吸速度设置了上限。

定义与 $\dfrac{v_x}{U}=0.99$ 对应的 y 值为黏性影响厚度，即边界层厚度 δ，由式（6-32）可得

$$\delta=4.6\frac{\nu}{V}$$

说明边界层厚度与流体的运动黏度成正比，与抽吸速度成反比。如果抽吸速度确定，边界层厚度为常数。

值得注意的是，如果有流体从孔隙中向壁面上方吹入，吹入的流体将迫使流体脱离壁面，从而破坏了这里给出的边界条件，流动问题将变得复杂。

6.7　低雷诺数流动

前面讨论了平行剪切运动和平行圆周运动的 N-S 方程的解析解，在这两类流动中，N-S 方程的非线性对流加速度项为零。需要注意的是，这两类问题求解时，没有对雷诺数进行特殊规定，只要雷诺数不是非常大，流动就保持为层流，对流加速度项为零的结论即

成立。当雷诺数 $Re<1$ 时，惯性力远小于黏性力，可忽略 N-S 方程中的非线性惯性项，得到线性方程，N-S 方程可以求解。简化后方程的解析解称为低雷诺数流动的近似解，常见的低雷诺数流动有砂粒在水中的沉降、粉尘在空气中的沉降、轴承润滑、多孔介质内的缓慢流动等。

忽略惯性力和质量力后，不可压缩黏性流体运动的 N-S 方程简化为

$$\nabla p = \mu \nabla^2 \boldsymbol{v} \tag{6-34}$$

式（6-34）称为斯托克斯方程，满足斯托克斯方程和连续性方程的流动称为斯托克斯流动，又称为蠕动流。

对式（6-34）两侧取旋度，有

$$\nabla \times (\nabla p) = \mu \nabla \times (\nabla^2 \boldsymbol{v})$$

即

$$\nabla^2 \left(\nabla \times \boldsymbol{v} \right) = \nabla^2 \boldsymbol{\Omega} = 0$$

说明斯托克斯流动的涡量满足拉普拉斯方程。

斯托克斯流动的控制方程组为

$$\begin{cases} \nabla \cdot \boldsymbol{v} = 0 \\ \nabla p = \mu \nabla^2 \boldsymbol{v} \end{cases} \tag{6-35}$$

其直角坐标系展开式为

$$\begin{cases} \dfrac{\partial v_x}{\partial x} + \dfrac{\partial v_y}{\partial y} + \dfrac{\partial v_z}{\partial z} = 0 \\ \dfrac{\partial p}{\partial x} = \mu \left(\dfrac{\partial^2 v_x}{\partial x^2} + \dfrac{\partial^2 v_x}{\partial y^2} + \dfrac{\partial^2 v_x}{\partial z^2} \right) \\ \dfrac{\partial p}{\partial y} = \mu \left(\dfrac{\partial^2 v_y}{\partial x^2} + \dfrac{\partial^2 v_y}{\partial y^2} + \dfrac{\partial^2 v_y}{\partial z^2} \right) \\ \dfrac{\partial p}{\partial z} = \mu \left(\dfrac{\partial^2 v_z}{\partial x^2} + \dfrac{\partial^2 v_z}{\partial y^2} + \dfrac{\partial^2 v_z}{\partial z^2} \right) \end{cases} \tag{6-36}$$

边界条件：物面处无滑移，$\boldsymbol{v}=v_0$；无穷远处，$\boldsymbol{v}=v_\infty$，$p = p_\infty$。

6.7.1　绕圆球的缓慢流动

一半径为 r_0 的圆球以速度 U 在原本静止的黏性流体中做匀速直线运动。将坐标系取在运动的圆球上，则圆球运动引起的流动问题就变成了速度为 U 的均匀流绕圆球的定常流动问题。如图 6-13 所示，取球坐标系 (r,θ,φ)，由于流动的对称性，有 $v_\varphi=0$，$v_r=v_r(r,\theta)$，$v_\theta=v_\theta(r,\theta)$，$p=p(r,\theta)$。

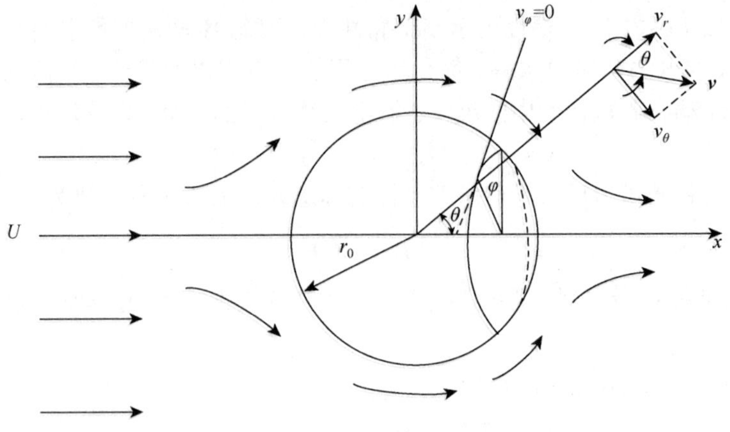

图 6-13　绕圆球的缓慢流动

斯托克斯流动控制方程组在球坐标系的展开式为

$$\begin{cases}\dfrac{1}{r^2}\dfrac{\partial}{\partial r}(r^2 v_r)+\dfrac{1}{r\sin\theta}\dfrac{\partial}{\partial\theta}(v_\theta\sin\theta)=0\\ \dfrac{\partial p}{\partial r}=\mu\left[\dfrac{1}{r^2}\dfrac{\partial}{\partial r}\left(r^2\dfrac{\partial v_r}{\partial r}\right)+\dfrac{1}{r^2\sin\theta}\dfrac{\partial}{\partial\theta}\left(\sin\theta\dfrac{\partial v_r}{\partial\theta}\right)-\dfrac{2v_r}{r}-\dfrac{2}{r^2}\dfrac{\partial v_\theta}{\partial\theta}-\dfrac{2v_\theta\cot\theta}{r^2}\right]\\ \dfrac{1}{r}\dfrac{\partial p}{\partial\theta}=\mu\left[\dfrac{1}{r^2}\dfrac{\partial}{\partial r}\left(r\dfrac{\partial v_\theta}{\partial r}\right)+\dfrac{1}{r^2\sin\theta}\dfrac{\partial}{\partial\theta}\left(\sin\theta\dfrac{\partial v_\theta}{\partial\theta}\right)+\dfrac{2}{r^2}\dfrac{\partial v_r}{\partial\theta}-\dfrac{v_\theta}{r^2\sin^2\theta}\right]\end{cases} \tag{6-37}$$

边界条件：$r=r_0$，$v_r=v_\theta=0$；$r\to\infty$，$v_r=U\cos\theta$，$v_\theta=-U\sin\theta$。

采用分离变量法求解，设方程的解具有以下形式：

$$v_r=f_1(r)\cos\theta,\quad v_\theta=-f_2(r)\sin\theta,\quad p=p_\infty+\mu f_3(r)\cos\theta \tag{6-38}$$

将式（6-38）代入式（6-37），得

$$f_1'+\frac{2(f_1-f_2)}{r}=0 \tag{6-39a}$$

$$f_3'=f_1'+\frac{2f_1'}{r}-\frac{4(f_1-f_2)}{r^2} \tag{6-39b}$$

$$f_3=rf_2''+2f_2'+\frac{2(f_1-f_2)}{r} \tag{6-39c}$$

边界条件：$r=r_0$，$f_1=f_2=0$；$r\to\infty$，$f_1=f_2=U$，$f_3=0$。

由式（6-39a）得

$$\begin{cases}f_2=\dfrac{1}{2}rf_1'+f_1\\ f_2'=\dfrac{1}{2}rf_1''+\dfrac{3}{2}f_1'\\ f_2''=\dfrac{1}{2}rf_1'''+2f_1''\end{cases} \tag{6-40}$$

将式（6-40）代入式（6-39b）、式（6-39c），得

$$f_3'=f_1''+\frac{4}{r}f_1' \tag{6-41a}$$

$$f_3=\frac{1}{2}r^2f_1'''+3rf_1''+2f_1'' \tag{6-41b}$$

对式（6-41b）求导，得

$$f_3'=\frac{1}{2}r^2f_1''''+4rf_1'''+5f_1'' \tag{6-41c}$$

联立式（6-41a）和式（6-41c），消去 f_3，得到

$$r^4f_1''''+8r^3f_1'''+8r^2f_1''-8rf_1'=0 \tag{6-42}$$

式（6-42）中以 r^k 作为 f_1 的特解，其特征方程为

$$(k-2)k(k+1)(k+3)=0$$

解得 $k=-3$、-1、0、2，则有

$$f_1=\frac{A}{r^3}+\frac{B}{r}+C+Dr^2$$

$$f_2=-\frac{A}{2r^3}+\frac{B}{2r}+C+2Dr^2$$

$$f_3=\frac{B}{r^2}+10Dr$$

代入边界条件，解得

$$A=\frac{1}{2}r_0^3U,\quad B=-\frac{3}{2}r_0U,\quad C=U,\quad D=0$$

因此，最终得到绕流速度和压强分布为

$$\begin{cases}v_r=U\cos\theta\left(1-\dfrac{3}{2}\dfrac{r_0}{r}+\dfrac{1}{2}\dfrac{r_0^3}{r^3}\right)\\ v_\theta=-U\sin\theta\left(1-\dfrac{3}{4}\dfrac{r_0}{r}-\dfrac{1}{4}\dfrac{r_0^3}{r^3}\right)\\ p=p_\infty-\dfrac{3}{2}\mu\dfrac{Ur_0}{r^2}\cos\theta\end{cases} \tag{6-43}$$

由本构方程可知，流场的法应力 τ_{rr} 和切应力 $\tau_{r\theta}$ 分别为

$$\tau_{rr}=-p+2\mu\frac{\partial v_r}{\partial r},\quad \tau_{r\theta}=2\mu\varepsilon_{r\theta}=\mu\left(\frac{1}{r}\frac{\partial v_r}{\partial\theta}+\frac{\partial v_\theta}{\partial\theta}-\frac{v_\theta}{r}\right)$$

圆球表面上 $v_r=v_\theta=0$，$\dfrac{\partial v_r}{\partial r}=\dfrac{\partial v_r}{\partial\theta}=0$，其法应力为

$$\tau_{rr}\big|_{r=r_0}=-p=-p_\infty+\frac{3\mu U}{2r_0}\cos\theta$$

其切应力为

$$\tau_{r\theta}\big|_{r=r_0}=-\frac{3\mu U}{2r_0}\sin\theta$$

作用在球面合力的水平分力 D（绕流阻力）可分解为压强和黏性应力作用在球面上合

力的水平分量之和，其中压强作用在球面上合力的水平分量（压差阻力）为

$$\int_0^{\pi}\left(-p_{\infty}+\frac{3\mu U}{2r_0}\cos\theta\right)\cos\theta \mathrm{d}A=2\pi\mu r_0 U$$

黏性应力作用在球面上合力的水平分量（摩擦阻力）为

$$\int_0^{\pi}\left(\frac{3\mu U}{2r_0}\sin\theta\right)\sin\theta \mathrm{d}A=4\pi\mu r_0 U \tag{6-44}$$

式中，$\mathrm{d}A=\left(2\pi r_0\sin\theta\right)\left(r_0\mathrm{d}\theta\right)=2\pi r_0^2\sin\theta\mathrm{d}\theta$。

因此，绕流阻力的计算式为

$$D=6\pi\mu r_0 U \tag{6-45}$$

式（6-45）称为斯托克斯阻力公式。

绕流阻力系数为

$$C_D=\frac{D}{\frac{1}{2}\rho U^2 A}=\frac{6\pi\mu r_0 U}{\frac{1}{2}\rho U^2\pi r_0^2}=\frac{24\mu}{\rho U d}=\frac{24}{Re} \tag{6-46}$$

式（6-46）在 $Re<1$ 时与实测结果吻合较好；当 $Re>1$ 时，计算阻力低于实际阻力。当 $Re>20$ 时，流体会在圆球尾部附近脱离物面，形成尾迹区，导致压差阻力显著上升，如图 6-14 所示。

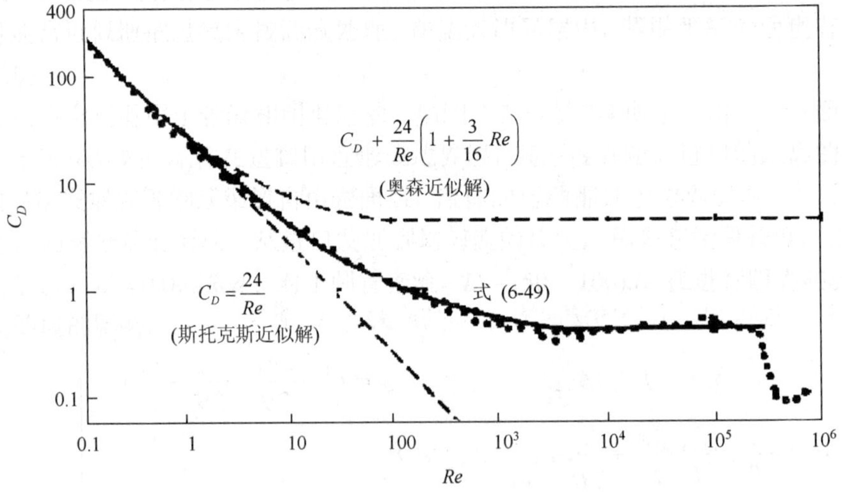

图 6-14　C_D 与 Re 的函数关系

式（6-45）为绕流刚体圆球受到的总阻力，如果是流体缓慢绕过气泡，推导得到的绕流总阻力 $D=4\pi\mu r_0 U$，其推导过程与绕流刚体类似，注意物面边界条件有所不同，即当 $r=r_0$ 时，$v_r=0$，$\tau_{r\theta}=\mu\left[r\frac{\partial}{\partial r}\left(\frac{v_\theta}{r}\right)+\frac{1}{r}\frac{\partial v_r}{\partial\theta}\right]=0$。如果是流体缓慢绕流液滴，液滴受

到的阻力介于上述两个阻力之间，设动力黏度为 μ_i、密度为 ρ_i 的球形液滴在动力黏度为 μ_0、密度为 ρ_0 的原静止无界流体中以速度 V 做匀速直线运动，液滴所受的阻力为 $D=6\pi\mu_0 U r_0 \dfrac{1+2m/3}{1+m}$，其中 $m=\dfrac{\mu_0}{\mu_i}$。

如果 $\mu_i \gg \mu_0$，则有 $D=6\pi\mu_0 r_0 U$，是刚体圆球的运动阻力；如果 $\mu_i \ll \mu_0$，则有 $D=4\pi\mu_0 r_0 U$，是气泡的运动阻力。

奥森对斯托克斯近似解做了改进，保留了方程中的部分惯性力项，方程为

$$U\frac{\partial \boldsymbol{v}}{\partial x}=-\nabla p+\mu\nabla^2\boldsymbol{v} \tag{6-47}$$

求解得到的绕流阻力系数为

$$C_D=\frac{24}{Re}\left(1+\frac{3}{16}Re\right) \tag{6-48}$$

在小雷诺数范围内，奥森近似解和斯托克斯近似解相差不大。

由实验数据拟合得到的经验公式为

$$C_D=\frac{24}{Re}+\frac{6}{1+\sqrt{Re}}+0.4 \quad (0\leqslant Re\leqslant 2\times10^5) \tag{6-49}$$

C_D 的理论值与实验值的对比如图 6-14 所示。

接下来，应用绕流阻力的概念分析颗粒在流体中的运动问题。研究一个圆球在静止流体中的运动情况，设直径为 d 的圆球，从静止开始在流体中自由下落，由于重力的作用而加速，而速度的增加使受到的阻力随之增大。因此，经过一段时间后，圆球的重量与所受的浮力和阻力达到平衡，圆球匀速沉降，其速度称为自由沉降速度，用 u_f 表示。圆球所受的力平衡关系为

$$\frac{1}{6}\pi d^3\rho_s g=\frac{1}{8}C_D\rho u_f^2\pi d^2+\frac{1}{6}\pi d^3\rho g \tag{6-50}$$

式中，ρ_s 为球体的密度；ρ 为流体的密度；C_D 为绕流阻力系数。

由此求得圆球的自由沉降速度为

$$u_f=\sqrt{\frac{4}{3C_D}\left(\frac{\rho_s-\rho}{\rho}\right)gd} \tag{6-51}$$

式中，绕流阻力系数 C_D 与雷诺数 Re 有关，可由图 6-14 查得。

也可以根据 Re 的范围，进行如下近似计算。

当 $Re<1$ 时，圆球基本上沿铅垂线下沉，绕流属于层流状态，$C_D=\dfrac{24}{Re}$。

当 $Re=10\sim10^3$ 时，圆球呈摆动状态下沉，绕流属于过渡状态，$C_D\approx\dfrac{13}{\sqrt{Re}}$。

当 $Re=10^3\sim2\times10^5$ 时，圆球脱离铅垂线，盘旋下沉，绕流属于湍流状态，$C_D\approx0.45$。

计算自由沉降速度时，因为u_f与 Re 有关，而 Re 中又包含待求值u_f，所以一般要经过多次试算才能求得。在实际计算时，可以先假定 Re 的范围，然后再验算 Re 是否与假定的一致；如果不一致，则需重新假定后计算，直至与假定的一致。

如果圆球被以速度为 u 的垂直上升的流体带走，则圆球的绝对速度u_s为

$$u_s = u - u_f$$

当$u = u_f$，$u_s = 0$时，则圆球悬浮在流体中，呈悬浮状态，这时流体上升的速度 u 称为圆球的悬浮速度，它的数值与u_f相等，但意义不同。自由沉降速度是圆球自由下降时所能达到的最大速度，而悬浮速度是流体上升速度能使圆球悬浮所需的最小速度。如果流体的上升速度大于圆球的自由沉降速度，圆球将被带走；反之，则必定下降。一般流体中所含的固体颗粒或流体微粒，如水中的泥沙、气体中的尘粒或水滴等，均可按小圆球计算。

例 6.2 已知炉膛中烟气流的上升速度$u = 0.5\text{m/s}$，烟气的密度$\rho = 0.2\text{kg/m}^3$，运动黏度$\nu = 230\times10^{-6}\text{m}^2/\text{s}$。试求烟气中直径$d = 0.1\text{mm}$的煤粉颗粒是否会沉降，其中煤的密度$\rho_s = 1.3\times10^3\text{kg/m}^3$。

解： 烟气流的雷诺数$Re = \dfrac{ud}{\nu} = 0.217 < 1$，则$C_D = \dfrac{24}{Re} = 110.6$。

计算自由沉降速度为

$$u_f = \sqrt{\frac{4}{3C_D}\left(\frac{\rho_s - \rho}{\rho}\right)gd} = \sqrt{\frac{4}{3\times110.6}\left(\frac{1300-0.2}{0.2}\right)\times9.8\times0.1\times10^{-3}} = 0.277(\text{m/s})$$

因为$u = 0.5\text{m/s} > u_f = 0.277\text{m/s}$，所以煤粉颗粒将被烟气流带走，不会沉降。

6.7.2 滑动轴承内的流动

滑动轴承的轴与轴承之间填充润滑油，轴在轴承中旋转时，由于轴的自重和负荷及油膜的作用，轴与轴承不会处于同心位置[图 6-15（a）]，两者之间的间隙 δ 沿旋转方向是变化的。但是由于间隙 δ 与轴的半径相比很小，可将轴与轴承表面用平面代替，润滑油在轴与轴承之间的流动近似为倾斜平板之间的流动[图 6-15（b）]。

设上板静止不动，下板以速度 U 做匀速直线运动，假定轴承足够长，平均间隙宽度$\bar{\delta}$远小于长度 L，即$\bar{\delta} \ll L$，将流动视为平面流动，即$v_z = 0$，$\dfrac{\partial}{\partial z} = 0$。由于黏性作用，下板拖动润滑油向右运动，流动可看作库埃特流动的扩展。如果不考虑压强梯度，可视作纯剪切流动，$v_x = U(1 - y/\delta)$，局部流量$q = U\delta/2$，由于通道沿流动方向变窄，则从左侧进入通道的流量将大于从右侧流出的流量，这样的流动不满足连续性方程，流动是不存在的。因此，通道内必然有一个压强梯度[图 6-15（c）]，使得左侧进口流量减少，右侧出口流量增加，以保持通道内的流量为常数值。而当通道沿流动方向逐渐变宽时，情形正好相反。可见通道内应为平板间的库埃特-泊肃叶流动。

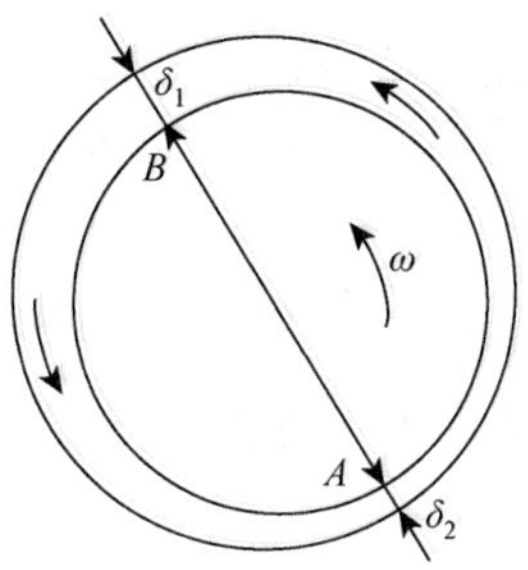

(a) 轴承剖面图

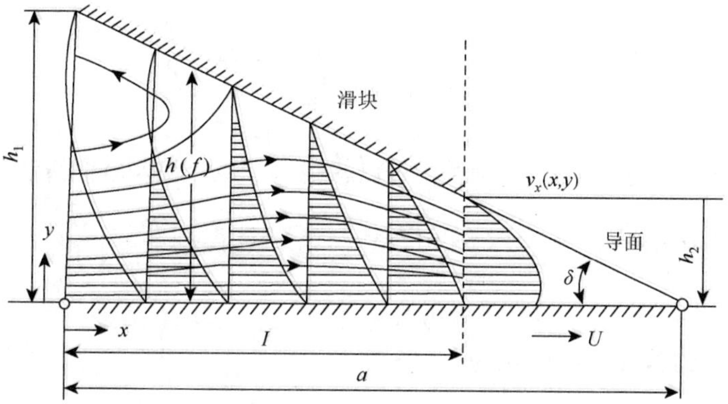

(b) 间隙内流动简化示意图

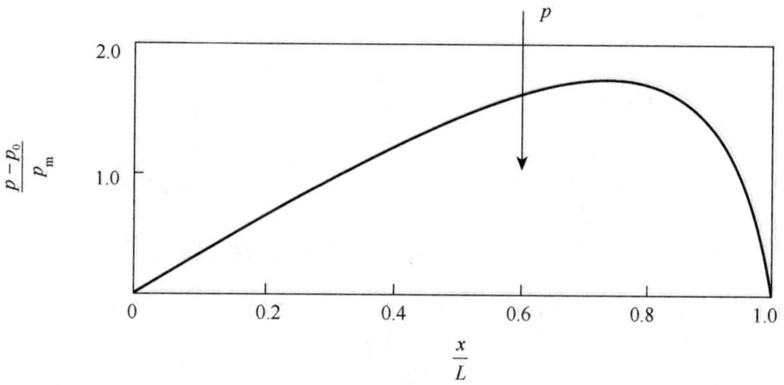

(c) 间隙内压强分布图

图 6-15　滑动轴承内的油膜流动

将图 6-15 中平面各项的量级进行估算：

$$v_x \sim U,\quad \frac{\partial}{\partial x} \sim \frac{1}{L},\quad \frac{\partial}{\partial y} \sim \frac{1}{\overline{\delta}}$$

连续性方程 $v_y = \int_0^y \frac{\partial v_x}{\partial x} \mathrm{d}y \sim U\frac{\overline{\delta}}{L}$。

x 轴方向的 N-S 方程及各项的量级为

$$\rho\left(v_x\frac{\partial v_x}{\partial x}+v_y\frac{\partial v_x}{\partial y}\right)=-\frac{\partial p}{\partial x}+\mu\left(\frac{\partial^2 v_x}{\partial x^2}+\frac{\partial^2 v_x}{\partial y^2}\right)$$

$$\rho\frac{U^2}{L}\qquad\rho\frac{U^2}{L}\qquad\qquad\mu\frac{U}{L^2}\qquad\mu\frac{U}{\overline{\delta}^2}$$

压强梯度项的量级与同方向上惯性力的量级一致，即 $\rho\frac{U^2}{L}$。显然，$\mu\frac{U}{\overline{\delta}^2}\gg\mu\frac{U}{L^2}$，即 $\frac{\partial^2 v_x}{\partial x^2}\ll\frac{\partial^2 v_x}{\partial y^2}$，所以 $\frac{\partial^2 v_x}{\partial x^2}$ 可以省去。惯性力与黏性力的比值为

$$\frac{\rho v_x\frac{\partial v_x}{\partial x}}{\mu\frac{\partial^2 v_x}{\partial y^2}}\sim\frac{\rho\frac{U^2}{L}}{\mu\frac{U}{\overline{\delta}^2}}=\frac{\rho UL}{\mu}\left(\frac{\overline{\delta}}{L}\right)^2$$

由于 $\overline{\delta}\ll L$，通常情况下，惯性力可以忽略。以SAE85W-90润滑油为例，设 $U=10\text{m/s}$，$L=4\text{cm}$，$\overline{\delta}=0.1\text{mm}$，$\nu=1.66\times10^{-5}\text{m}^2/\text{s}$，计算得到 $\frac{\rho UL}{\mu}\left(\frac{\overline{\delta}}{L}\right)^2$=0.0015，可以忽略惯性力。

x 轴方向的N-S方程简化为

$$0=-\frac{\partial p}{\partial x}+\mu\frac{\partial^2 v_x}{\partial y^2}\tag{6-52}$$

y 轴方向的N-S方程为

$$\rho\left(v_x\frac{\partial v_y}{\partial x}+v_y\frac{\partial v_y}{\partial y}\right)=-\frac{\partial p}{\partial y}+\mu\left(\frac{\partial^2 v_y}{\partial x^2}+\frac{\partial^2 v_y}{\partial y^2}\right)\tag{6-53}$$

$$\rho\frac{\overline{\delta}U^2}{L}\qquad\rho\frac{\overline{\delta}U^2}{L}\qquad\qquad\mu\frac{\overline{\delta}U}{L^3}\qquad\mu\frac{U}{L\overline{\delta}}$$

式中，各项与 x 轴方向N-S方程中各项比较，较小的量级可以省去。

因此有

$$\frac{\partial p}{\partial y}=0\tag{6-54}$$

式中，p 是 x 的单值函数。

边界条件：$y=0$ 时，$v_x=U$；$y=\delta$ 时，$v_x=0$。

这里的方程（6-52）和边界条件与前面的库埃特-泊肃叶流动问题一致，求解得到某一截面的速度分布为

$$v_x=\frac{1}{2\mu}\frac{\mathrm{d}p}{\mathrm{d}x}(y^2-\delta y)+\frac{U}{\delta}(\delta-y)\tag{6-55}$$

通过截面的单宽流量为

$$q=\int_0^\delta v_x\mathrm{d}y=-\frac{\delta^3}{12\mu}\frac{\mathrm{d}p}{\mathrm{d}x}+\frac{U\delta}{2}$$

在定常平面流动条件下，流量与 x 无关，即

$$\frac{\partial}{\partial x}\left(-\frac{\delta^3}{12\mu}\frac{\mathrm{d}p}{\mathrm{d}x}+\frac{U\delta}{2}\right)=0$$

化简后，有

$$\frac{\mathrm{d}}{\mathrm{d}x}\left(\delta^3\frac{\mathrm{d}p}{\mathrm{d}x}\right)=6\mu U\frac{\mathrm{d}\delta}{\mathrm{d}x} \tag{6-56}$$

由式（6-56）可以求解压强梯度，另外通过实验和理论分析均可证明式中的压强满足 $p(L)=p(0)$。

对式（6-56）进行积分，得到

$$\delta^3\frac{\mathrm{d}p}{\mathrm{d}x}=6\mu U\delta+C_1$$

$$\mathrm{d}p=\left(\frac{6\mu U}{\delta^2}+\frac{C_1}{\delta^3}\right)\mathrm{d}x \tag{6-57}$$

设间隙宽度呈线性分布，$\delta=\delta_1+(\delta_2-\delta_1)\dfrac{x}{L}$。

对式（6-57）积分，得

$$\int_{p_\infty}^{p}\mathrm{d}p=\int_0^x\left(\frac{6\mu U}{\delta^2}+\frac{C_1}{\delta^3}\right)\mathrm{d}x=\int_{\delta_1}^{\delta_L}L\left(\frac{6\mu U}{\delta^2}+\frac{C_1}{\delta^3}\right)\frac{\mathrm{d}\delta}{\delta_2-\delta_1}$$

$$p-p_\infty=\left[6\mu U\left(\frac{1}{\delta_1}-\frac{1}{\delta}\right)+\frac{C_1}{2}\left(\frac{1}{\delta_1^2}-\frac{1}{\delta^2}\right)\right]\frac{L}{\delta_2-\delta_1} \tag{6-58}$$

注意边界条件 $\delta=\delta_2$、$p=p_\infty$，代入式（6-58），可以确定积分常数：

$$C_1=-12\mu U\left(\frac{1}{\delta_1}-\frac{1}{\delta}\right)\Big/\left(\frac{1}{\delta_1^2}-\frac{1}{\delta_2^2}\right)=-12\mu U\frac{\delta_1\delta_2}{\delta_1+\delta_2}$$

因此，整理得到

$$p-p_\infty=6\mu UL\frac{(\delta-\delta_2)(\delta-\delta_1)}{\delta^2\left(\delta_2^2-\delta_1^2\right)} \tag{6-59}$$

将式（6-59）无量纲化，得

$$\frac{p-p_\infty}{\mu UL/\delta_1^2}=6\mu UL\frac{6(x/L)(1-x/L)(1-\delta_2/\delta_1)}{(1+\delta_2/\delta_1)[1-(1-\delta_2/\delta_1)x/L]^2} \tag{6-60}$$

对应的不同间隙收缩比 δ_2/δ_1 的压强分布如图 6-16 所示。当收缩比接近 1 时，压强对称分布，$p_{\max}$ 出现在 $x/L\approx0.5$ 时；当 δ_2/δ_1 减小时，$p_{\max}$ 增大并向右侧，即出口侧移动，压强增量量级为 $\mu UL/\delta_1^2$。仍以 SAE 85W-90 润滑油为例，若 $U=10\mathrm{m/s}$、$L=4\mathrm{cm}$、$\delta_1=0.1\mathrm{mm}$，则 $\mu UL/\delta_1^2\approx5.6\times10^7$ Pa，因此在很薄的油膜内可以产生很高的正压力，以支撑滑块承受很高的负荷而不与固体壁面接触。

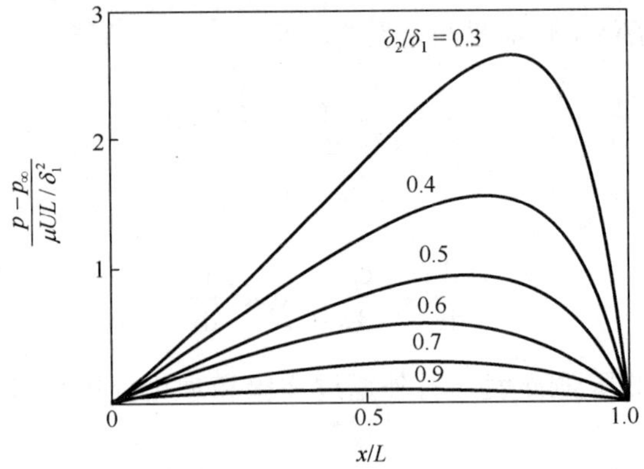

图 6-16　下同间隙收缩比下的压强分布

如果改变图 6-15（b）中平板的运动方向，使其向左运动，$U<0$，则式（6-59）中的压强为负值，意味着图 6-15（a）中轴承右上方的压强将低于左下方的压强，会出现气化现象。在旋转轴承中，间隙总是先收缩后扩张，部分气化现象难以避免。

6.7.3　赫尔-肖流动

两块相距很近的水平放置的静止平行平板间的缓慢流动称为赫尔-肖（Hele-Shaw）流动。取 y 轴垂直于平板，由式（6-55）可以得到 x 轴方向的速度分量：

$$v_x=\frac{1}{2\mu}\frac{\partial p}{\partial x}(y^2-\delta y)$$

同理，z 轴方向的速度分量可写作

$$v_z=\frac{1}{2\mu}\frac{\partial p}{\partial z}(y^2-\delta y)$$

因此，垂直于平板方向的涡量分量为

$$\Omega_y=\frac{\partial v_x}{\partial z}-\frac{\partial v_z}{\partial x}=0$$

在垂直于平板方向上流动是无旋的，得到速度势函数为

$$\varphi=\frac{p}{2\mu}(y^2-\delta y)$$

可用赫尔-肖流动模拟 xOz 平面内的无旋流动，流线图谱演示仪就是利用的赫尔-肖流动原理，其通常由两块矩形平板组成，上板透明，平板两侧间隙密封，流体从未密封一侧流入，从另一侧流出。在两平板之间放置一片状模型，当引入染色液时，即可从平板上方观察到绕流模型的流线图谱。

例 6.3　如图 6-17 所示，两半径均为 a、间距为 δ 的平行圆盘间充满动力黏度为 μ 的液体，$a\gg\delta$，上盘以角速度 ω_0 旋转，下盘静止。推导流体动力黏度 μ 与旋转上盘所需力矩 T 之间的函数关系。

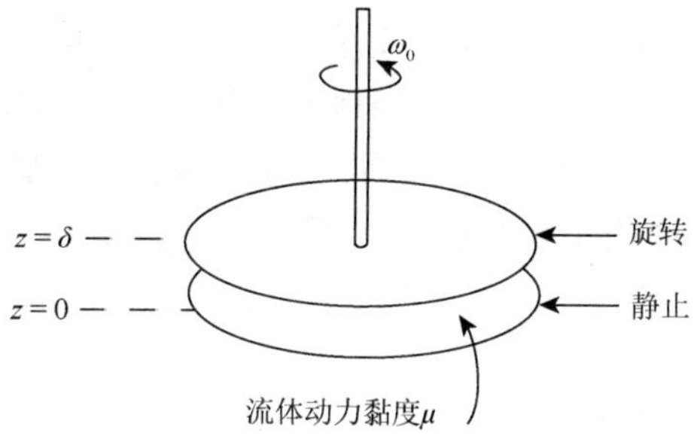

图 6-17 例 6.3 用图

解: 由于流动因上盘旋转引起，忽略压强梯度，流体质点做平面圆周运动，有 $v_r = v_z = 0$，考虑到轴对称运动，$v_\theta = v_\theta(r,z)$。

因为 $z=\delta$ 时，$v_\theta = r\omega_0$，设

$$v_\theta = rf(z) \tag{a}$$

两圆盘间的薄膜流速很小，可忽略其惯性项，θ 方向的运动方程为

$$0 = \frac{1}{r}\frac{\partial v_\theta}{\partial r}\left(r\frac{\partial v_\theta}{\partial r}\right) + \frac{\partial^2 v_\theta}{\partial z^2} - \frac{v_\theta}{r^2}$$

将式（a）代入上式，得

$$\frac{\partial^2 f}{\partial z^2} = 0 \tag{b}$$

对式（b）积分，得

$$f = c_1 z + c_2$$

因此，有

$$v_\theta = r(c_1 z + c_2) \tag{c}$$

由边界条件：$z=0$，$v_\theta = 0$，可确定积分常数 $c_2 = 0$；由 $z=\delta$，$v_\theta = r\omega_0$，可确定积分常数 $c_1 = \omega_0/\delta$。

将 c_1、c_2 代入式（c），得到 $v_\theta = r\omega_0 z/\delta$。

切应力 $\tau_{r\theta} = \mu\frac{\partial v_\theta}{\partial z} = \mu r\omega_0/\delta$。

转动上盘所需力矩为

$$T = \int_0^a r\tau_{r\theta} 2\pi r\mathrm{d}r = 2\pi\mu\frac{\omega_0}{\delta}\int_0^a r^3\mathrm{d}r = \frac{\pi\mu\omega_0 a^4}{2\delta}$$

因此，流体的动力黏度计算公式为

$$\mu = \frac{2\delta T}{\pi\omega_0 a^4}$$

6.7.4 通过多孔介质的缓慢流动

自然界存在各种各样的多孔介质，如土壤、岩层、滤纸等。由于多孔介质内部结构相当复杂，在分析流体通过多孔介质的流动时，主要关心的是平均流速和压降的关系。在多

孔介质中取一块包含大量孔隙而宏观尺寸又足够小的体积，取三个相互垂直的方向，以一个方向上流过单位面积截面的流量定义为当地速度的分量v，再以此体积中流体的平均压强定义当地压强p。1856 年，法国工程师达西通过实验发现，如果多孔介质的结构是各向同性的，那么速度和压强之间的关系为

$$v=-\frac{k}{\mu}(\nabla p-\rho g) \tag{6-61a}$$

式中，k 称为多孔介质的内在透水率。

如果以垂直方向为正方向，则有

$$v=-\frac{k}{\mu}\nabla(p+\rho gz) \tag{6-61b}$$

其分量形式为

$$v_i=-\frac{k}{\mu}\frac{\partial}{\partial x_i}(p+\rho gz) \tag{6-61c}$$

达西定律还可以从能量方程推导得到。对于不可压缩流体，沿流线取两点 1、2，则其伯努利方程为

$$\left(p+\frac{1}{2}\rho v^2+\rho gz\right)_1-\left(p+\frac{1}{2}\rho v^2+\rho gz\right)_2=p_f \tag{6-62}$$

式中，p_f 为单位体积流体的沿程机械能损失。

由于多孔介质内流速很小，动能项可以忽略，式（6-62）的微分形式为

$$-\mathrm{d}(p+\rho gz)=\mathrm{d}p_f \tag{6-63a}$$

同时，多孔介质内流动基本处于层流状态，与速度成正比，有

$$\mathrm{d}p_f=\frac{\mu}{k}v\mathrm{d}s \tag{6-63b}$$

综合比较，得到

$$v=-\frac{k}{\mu}\frac{\mathrm{d}}{\mathrm{d}s}(p+\rho gz) \tag{6-63c}$$

式（6-63c）与式（6-61c）一致。

值得注意的是，式（6-61）中的v是表观速度，即通过介质的体积流量除以总截面面积得出的速度，而孔隙中的真实平均速度v_ε与v的关系式为

$$v_\varepsilon=\frac{v}{\varepsilon} \tag{6-64}$$

式中，ε为孔隙率，等于孔隙所占体积与介质总体积的比值。

定义势函数，$\varphi=z+\dfrac{p}{\rho g}$，则式（6-61b）可改写为

$$v=-K\nabla\varphi \tag{6-65}$$

式中，$K=\rho gk/\mu$，为渗透系数，具有速度量纲，表示介质渗透强弱的程度，可由实验确定，也可以查阅相关手册得到。

例 6.4 图 6-18 为一个燃料油过滤器的简图，主要部件为一个由多孔材料制成的中空

圆柱体，置于一腔体内，燃料油沿径向通过圆柱的多孔壁得到过滤。设燃料油流量为 Q，动力黏度为 μ，多孔介质的内在透水率为 k，试确定压强差 $p_{\text{in}} - p_{\text{out}}$（忽略重力影响）。

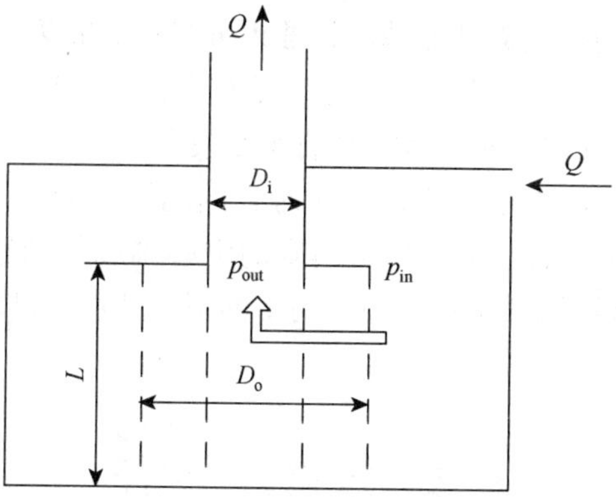

图 6-18　燃料油过滤器简图

解：由于多孔壁面内只有径向速度分量，$v_{\text{r}} = v_{\text{r}}(r)$，由达西定律得

$$v_{\text{r}} = -\frac{k}{\mu}\frac{\mathrm{d}p}{\mathrm{d}r}$$

通过半径为 r、长为 L 的圆柱面的燃料油体积流量为

$$-Q = v_{\text{r}} 2\pi rL$$

因此，有

$$\frac{Q}{2\pi rL} = \frac{k}{\mu}\frac{\mathrm{d}p}{\mathrm{d}r}$$

在圆柱内外半径（$D_{\text{i}}/2$ 和 $D_{\text{o}}/2$）区间对上式积分，得到

$$p_{\text{in}} - p_{\text{out}} = -\frac{\mu Q}{2\pi kL}\ln\left(\frac{D_i}{D_{\text{o}}}\right)$$

习　　题

6.1　如图所示，两个无限大平行平板间有两层互不相混的液体，厚度分别为 h_1 和 h_2，动力黏度分别为 μ_1 和 μ_2，如果水平方向无压强梯度，上方的平板以速度 U 在自身平面内做匀速运动，下板静止，求流动的速度分布。

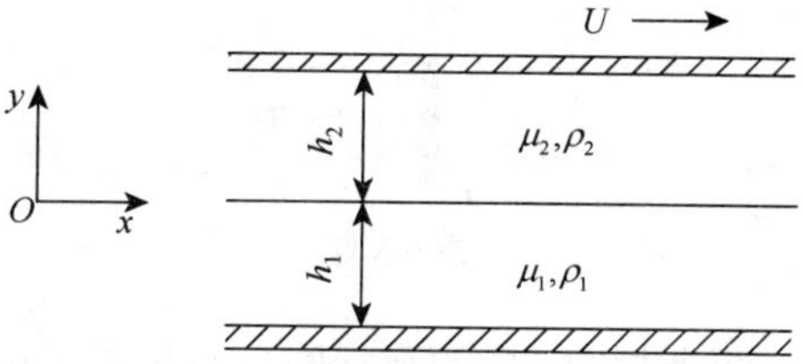

题 6.1 图

6.2　两同轴圆柱面间的黏性流体在压强梯度 G_0 的作用下做定常流动，内外柱面的半径分布分别为 a 和 na，试证明单位时间内通过环形截面的流体体积为 $\dfrac{\pi G_0 a}{8\mu}\left[n^4-1-\dfrac{(n^2-1)^2}{\ln n}\right]$。

6.3　两同轴圆柱面间充满黏性流体，柱面内外半径分布为 a 和 b（$a>b$），其中一柱面 $r=b$ 静止，另一柱面 $r=a$ 沿轴方向以定速度 U 运动，求柱面间定常流动的速度分布，并给出 a、$b\to\infty$，但保持 $a-b=h$ 为常数时的速度极限。

6.4　如题 6.4 图所示，直径为 D、长度为 L 的圆柱形活塞，其质量为 M，置于直径为（$D+2\delta$）的直立圆柱形油缸中。如果活塞的中心轴线与油缸的中心线始终重合，且 $\delta/D\ll1$、$\delta/L\ll1$，试计算活塞在重力作用下的下沉速度。设油的动力黏度为 μ，活塞近似做匀速下沉运动。

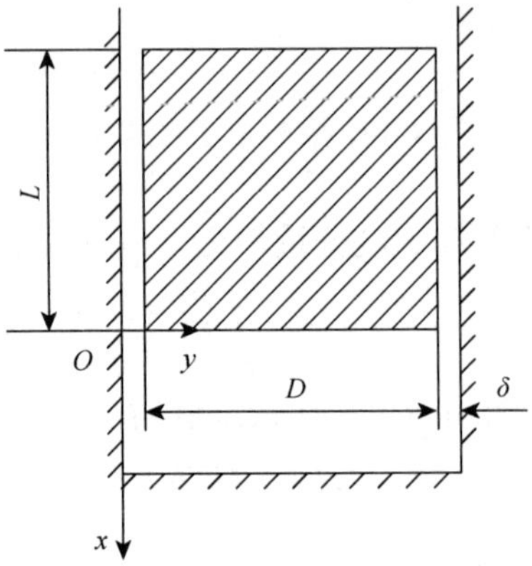

题 6.4 图

6.5　如题 6.5 图所示，将一无限长平板从液池中以恒定速度 U 沿垂直方向提起，平板两侧所带起的液膜厚度 h 为常数，试求液膜中的速度分布；如果平板提起的速度正好使得液膜外侧的速度为零，即 $u(h)=0$，求此时的液膜厚度（设流体的运动黏度为 ν）。

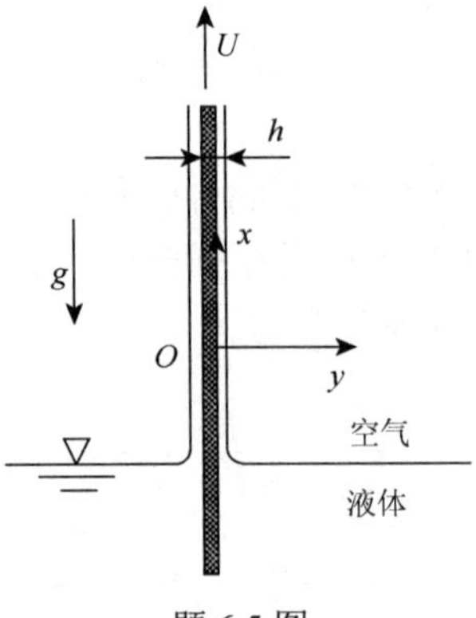

题 6.5 图

6.6　如题 6.6 图所示，两个相距 $2h_0$ 的平行圆盘间充满不可压缩均质黏性流体，分别

施加力 F 在两圆盘上，试求两圆盘间距离随时间的变化情况。设为准定常流动，即在任意时刻 t，流动均视为定常，运动方程的惯性项可略去，并忽略重力作用。

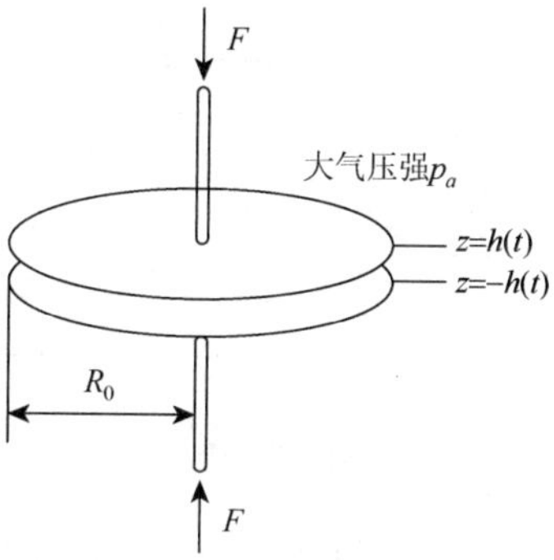

题 6.6 图

6.7　如题 6.7 图所示，不可压缩黏性流体在一个水平放置的有一定锥度的圆管内流动，在小锥度条件下，可视为直圆管内泊肃叶流动处理，试确定通过锥管的体积流量 Q 与总压降 $(\Delta p = p_0 - p_L)$ 之间的函数关系。

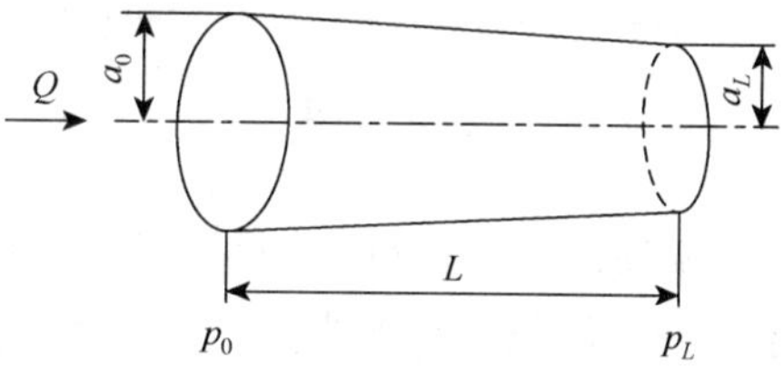

题 6.7 图

6.8　将金刚砂粉末撒入高 18cm 的盛有水的玻璃杯中，摇晃均匀后使之沉淀，已知水澄清所需的时间为 100s。如将粉末看作球状体，试计算粉末的最小直径。金刚砂密度 $\rho = 4\text{g/cm}^3$，动力黏度 $\mu = 0.0012\text{Pa·s}$。

6.9　一半径为 a 的固体圆球在无界静止流体中以角速度 ω_0 做匀速转动，已知流体的动力黏度为 μ，求圆球周围的速度分布，假定 $\omega_0 a^2 / \nu \ll 1$。

6.10　动力黏度为 μ_i 的球形液滴，在动力黏度为 μ_0 的原静止无界流体中以速度 U 做匀速直线运动，液滴和流体的密度分别为 ρ_i 和 ρ_0，液滴的半径为 a，试求液滴受到的阻力。若此球形液滴在重力作用下垂直下降，求其平衡时的下降速度。

6.11　如题 6.11 图所示，两个非常接近的无限大平行平板间的间隙为 δ，其中充满黏性不可压缩流体，流动是定常的，试求流体在压强梯度作用下的速度分布。

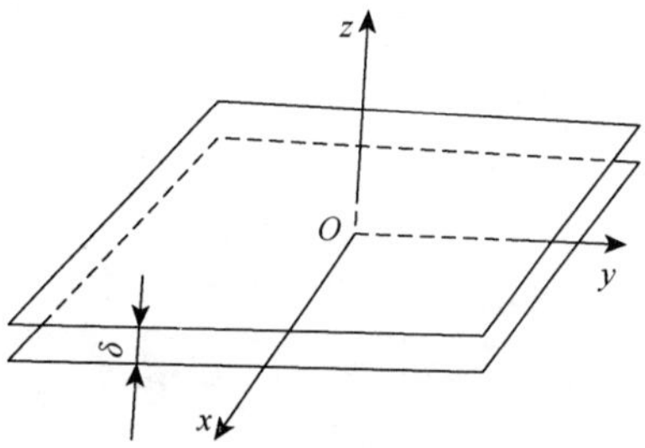

题 6.11 图

6.12　如题 6.12 图所示，一个长度为 h 的圆管，内外半径分别为 R_1 和 R_2，管壁为多孔介质材料，管内外壁面上的压强分别为 p_1 和 p_2，不可压缩流体流经管壁流入管内。试求多孔介质中的压强分布、径向速度和质量流量。

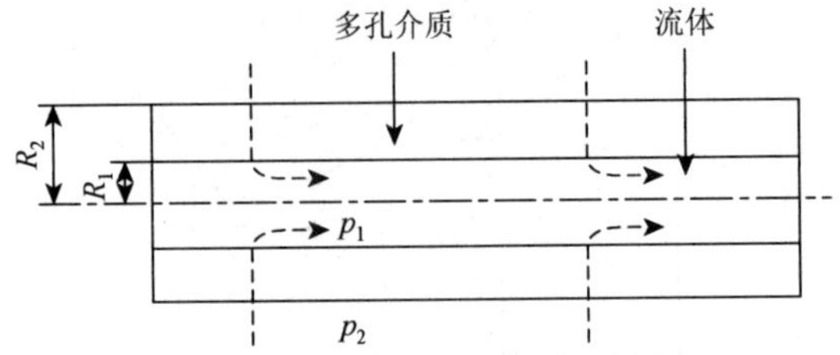

题 6.12 图

6.13　如题 6.13 图所示，地层模型由两部分组成，其两侧的压强分别为 p_1 和 p_2，第一部分长度为 L_1，总长度为 L_2，流体在压强梯度作用下自左向右流动。如果其内在透水率分别为 k_1 和 k_2，求通过此模型的流量。

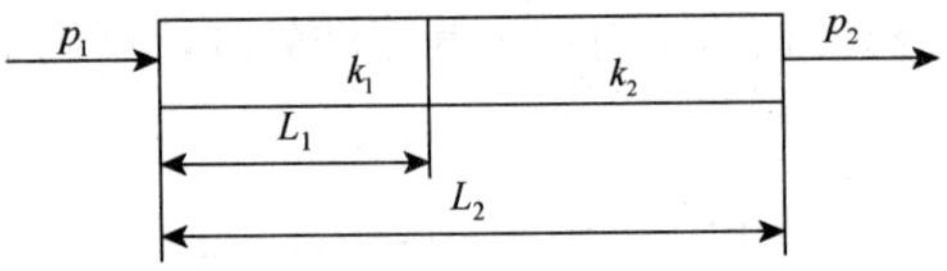

题 6.13 图

6.14　如题 6.14 图所示，水坝由两部分组成，各部分填充的沙土组成不同。考虑通过大坝的定常渗流：（1）如果已知 2 区渗透系数为 K_2，求 1 区的渗透系数 K_1；（2）求通过大坝的单位宽度的渗流流量。

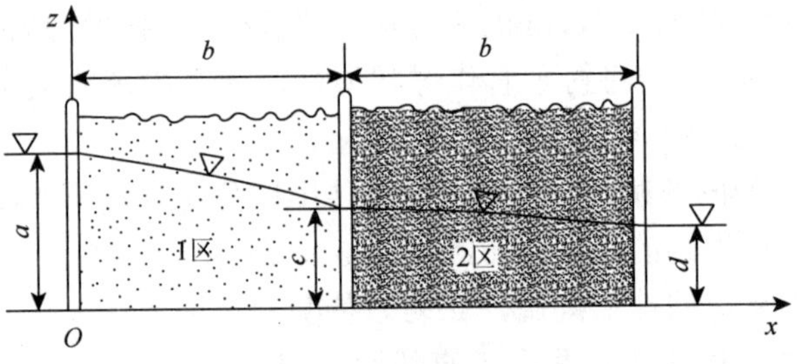

题 6.14 图

第 7 章　不可压缩层流边界层

黏性流体的运动微分方程（N-S 方程），目前只有对最简单边界条件下的少数问题才能求得精确解，例如，对于小雷诺数情况，可以略去全部惯性力项，得到简化的线性方程，求得近似解。但是，在实际工程中，大多数是大雷诺数情况，求解很困难，所以必须寻找新的方法。1904 年，普朗特对此进行研究，结合实验，提出了边界层概念。普朗特认为流体绕流物体的流场可以分为固体壁面附近的边界层区域和边界层外的势流区域，又通过对 N-S 方程的各项量级分析，略去次要项，建立了边界层方程。边界层理论的提出使得无法直接应用 N-S 方程的黏性流动问题的求解成为可能，在势流理论和黏性流动之间建立了联系，它标志着现代流体力学的开始，具有里程碑的意义。

本章首先从 N-S 方程出发建立层流边界层方程，然后给出层流边界层的一些精确解，最后讨论边界层的分离及控制。

7.1　边界层的基本概念

7.1.1　边界层的特点

黏性流体流经固体时，固体边界上的流体质点黏附在固体表面边界上，与边界没有相对运动，称为无滑移条件。在固体边界的外法线方向上，流速从零迅速增大，在边界附近的流动区域存在着相当大的速度梯度。在这个流动区域内黏性作用不能忽略，该区域就称为边界层（或附面层）。边界层以外的势流区域，黏性的作用可以略去，可看作理想流体。这样，就将大雷诺数流动情况视为由两个性质不同的流动组成：一个是固体边界附近的边界层流动（图 7-1 中流动区域Ⅰ），黏性作用不能忽略；另一个是边界层以外的流动（图 7-1 中流动区域Ⅱ），按势流理论来求解。而边界层内的流动，以 N-S 方程为依据，根据问题的物理特点，给予简化处理来求解。

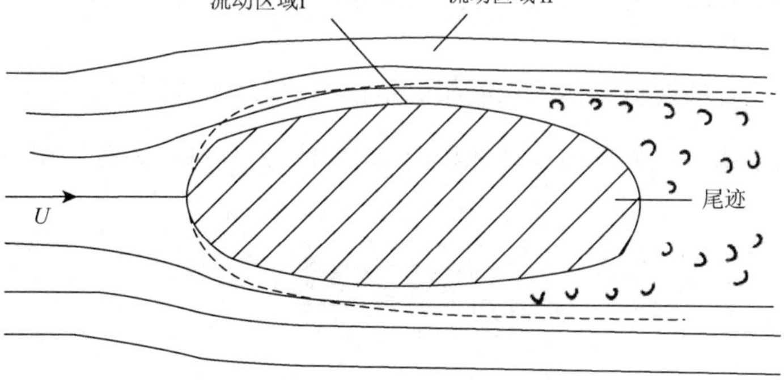

图 7-1　黏性流体绕流

由于黏性的作用，边界层内沿壁面法向的速度梯度$\frac{\partial v_x}{\partial y}$很大，因此黏性力和惯性力量级一致。另外，由于$\Omega_z = \frac{\partial v_y}{\partial x} - \frac{\partial v_x}{\partial y} \neq 0$，边界层内的流动是有旋的。边界层内有旋的流体流到物体尾部，形成尾流区（或尾涡区）。

通过一个典型的例子来分析边界层内的流动特征。设在速度为 U 的二维定常均匀流场中，放置一块与流动方向平行的厚度极薄的光滑平板，可认为平板不会引起流动的改变，如图 7-2 所示。现讨论平板一侧的情况，由于平板不动，根据无滑移条件和黏性作用，与紧贴平板的一层流体质点流速为零，沿平板外法线方向上的流体速度迅速增大至来流速度 U。从平板前缘开始形成的流速不均匀区域就是边界层。

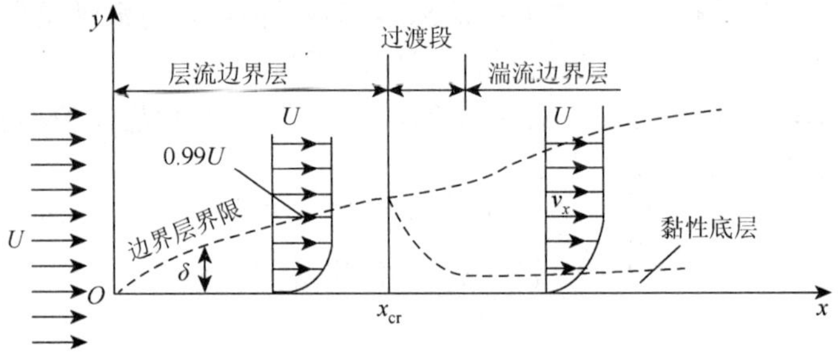

图 7-2　平板边界层流态

7.1.2　边界层的厚度

边界层的厚度用 $\delta(x)$表示，边界层界限如图 7-2 中的虚线所示，在平板的前端，流速为零，边界层的厚度也为零，在流动方向上沿着固体表面，边界层厚度不断增加，边界层厚度 δ 是 x 的函数，沿流向逐渐增大。从理论上讲，边界层厚度应该是从平板表面流速为零的地方，沿平板表面外法线方向一直到流速达到外界主流速度 U 的地方的距离。严格意义上，流速应在无穷远处才能真正达到 U。但是，根据实验观察，在离平板表面一定距离后，流速就非常接近来流速度。一般规定 $v_x = 0.99U$（图 7-2）的地方可看作边界层外边缘，可以认为边界层厚度（几何厚度）δ 是沿固体表面外法线方向从 $v_x = 0$ 到 $v_x = 0.99U$ 的一段距离。

边界层的厚度与被绕流物体的长度相比是很小的，这可以通过边界层内黏性力和惯性力量级一致予以说明。边界层内单位体积流体的惯性力和黏性力分别用$\rho v_x \frac{\partial v_x}{\partial x}$和$\mu \frac{\partial^2 v_x}{\partial y^2}$表示，即

$$\rho v_x \frac{\partial v_x}{\partial x} \sim \mu \frac{\partial^2 v_x}{\partial y^2}$$

有

$$\rho\frac{U^2}{L}\sim\mu\frac{U}{\delta^2}$$

因此

$$\frac{\delta}{L}\sim\frac{1}{\sqrt{Re_L}} \tag{7-1}$$

式中，$Re_L=\dfrac{\rho U_t L}{\mu}$，$U_t$ 为特征速度，可取来流速度或边界层外边界速度；L 为绕流物体的特征长度，如果是平板边界层，就取平板长度。

式（7-1）说明，对于大雷诺数下的绕流物体流动，其边界层厚度比物体的特征长度小得多，即 $\dfrac{\delta}{L}\ll 1$。

在对边界层流动的分析时，还常用到排挤厚度 δ^*和动量损失厚度 δ^{**}。引出排挤厚度的出发点如下：在边界层中，由于黏性作用，在该区域内通过的流量比理想流体所通过的流量减小，即减小的流量相当于固体壁面向流动内部移动一段距离后理想流体流动所通过的流量，这一移动距离称为排挤厚度 δ^*。根据上述定义可得

$$U\delta^*=\int_0^\delta U\mathrm{d}y-\int_0^\delta v_x\mathrm{d}y$$

即

$$\delta^*=\int_0^\delta\left(1-\frac{v_x}{U}\right)\mathrm{d}y \tag{7-2}$$

式中，U 为边界层外理想流体势流速度，对于平板边界层，U 是常数，而对于绕曲面的流动，势流速度 $U=U(x)$ 是变化的。

由于边界层内速度分布的渐近性，积分上限也可以取作∞，此时有

$$\delta^*=\int_0^\infty\left(1-\frac{v_x}{U}\right)\mathrm{d}y \tag{7-3}$$

同样，由于黏性作用，边界层内通过的流体动量比流量相同的理想流体通过的动量小，单位时间损失的动量写作

$$\rho U^2(\delta-\delta^*)-\int_0^\delta\rho v_x^2\mathrm{d}y=\int_0^\delta\rho Uv_x\mathrm{d}y-\int_0^\delta\rho {v_x}^2\mathrm{d}y$$

损失的动量相当于理想流体以速度 U 流过厚度 δ^{**}的动量，δ^{**}称为动量损失厚度，有

$$\rho U^2\delta^{**}=\int_0^\delta\rho Uv_x\mathrm{d}y-\int_0^\delta\rho {v_x}^2\mathrm{d}y$$

即

$$\delta^{**}=\int_0^\delta\frac{v_x}{U}\left(1-\frac{v_x}{U}\right)\mathrm{d}y \tag{7-4}$$

或

$$\delta^{**}=\int_0^\infty\frac{v_x}{U}\left(1-\frac{v_x}{U}\right)\mathrm{d}y \tag{7-5}$$

相对于边界层厚度 δ 而言，排挤厚度和动量损失厚度可更容易、更准确地通过实验测量数据确定。

7.1.3 边界层内的流态

边界层内的流态也有层流和湍流两种，如图 7-2 所示。在边界层的前部，由于 δ 较小，流速梯度很大，黏性切应力也很大，边界层内流动属于层流，为层流边界层。边界层内流动的雷诺数表示为

$$Re_x = \frac{Ux}{\nu} \tag{7-6}$$

沿流动方向，随着 x 增加，雷诺数也增大，当其达到一定数值后，边界层内的流动经过一过渡段后转变为湍流，成为湍流边界层。由层流边界层转变为湍流边界层的点 x_{cr} 设为转捩点，对应的雷诺数称为临界雷诺数 $Re_{x,\,cr}$。对于光滑平板，$Re_{x,\,cr}$ 的范围为

$$3\times10^5 < Re_{x,\,cr} < 3\times10^6$$

临界雷诺数 $Re_{x,\,cr}$ 与诸多因素有关，如来流的紊流度、物面的粗糙度等。由于绕流物体的阻力与流态有关，在边界层计算时，需首先确定流态，再对不同流态采用相应的计算方法。层流边界层向湍流边界层的转变不是突然发生的，层内的扰动随着边界层的增厚在某个部位先出现并发展起来，然后发展并充满至整个边界层，因此会出现一个过渡区域。在此区域中，层流、湍流间或出现，流动十分复杂且不稳定，转变位置是不确定的。因此，在计算时通常近似地把过渡区按湍流处理。在湍流边界层中，紧贴平板表面也有一层极薄的黏性底层。

边界层概念也适用于管流和明渠流动，如图 7-3 和图 7-4 所示。由于受壁面阻滞的影响，靠近管壁或渠壁的流体在进口附近形成边界层，其厚度 δ 随离进口的距离的增加而加大。当边界层发展到管轴或渠道自由表面后，流体的运动都处于边界层内，之后流速分布不再变化，为充分发展流动。从进口发展到均匀流的长度，称为起始段长度，用 L' 表示。对于圆管层流，$L' = 0.065Red$；对于圆管紊流，$L' = (50\sim100)d$。在进行阻力实验研究时，应避开起始段的影响。

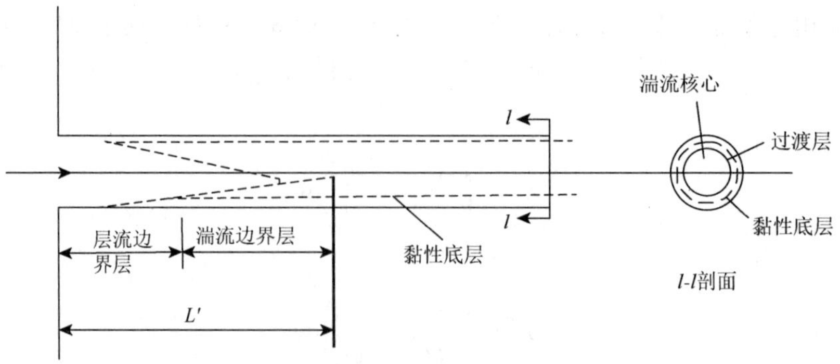

图 7-3　管流起始段

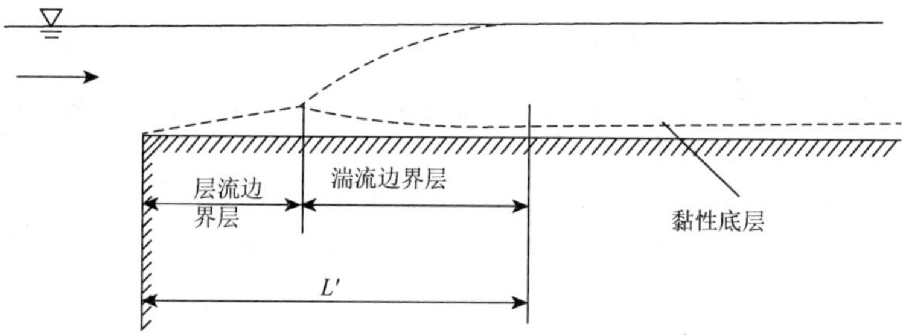

图 7-4　明渠流起始段

7.2　边界层方程组及边界条件

本节采用量级比较方法化简 N-S 方程，推导出边界层方程组。以不可压缩黏性流体顺流绕过平板形成的边界层内流动为例，不计质量力时，流动的 N-S 方程和连续性方程如下：

$$\begin{cases}\dfrac{\partial v_x}{\partial t}+v_x\dfrac{\partial v_x}{\partial x}+v_y\dfrac{\partial v_x}{\partial y}=-\dfrac{1}{\rho}\dfrac{\partial p}{\partial x}+\nu\left(\dfrac{\partial^2 v_x}{\partial x^2}+\dfrac{\partial^2 v_x}{\partial y^2}\right)\\ \dfrac{\partial v_y}{\partial t}+v_x\dfrac{\partial v_y}{\partial x}+v_y\dfrac{\partial v_y}{\partial y}=-\dfrac{1}{\rho}\dfrac{\partial p}{\partial y}+\nu\left(\dfrac{\partial^2 v_y}{\partial x^2}+\dfrac{\partial^2 v_y}{\partial y^2}\right)\\ \dfrac{\partial v_x}{\partial x}+\dfrac{\partial v_y}{\partial y}=0\end{cases}\tag{7-7}$$

先将方程无量纲化，各物理量的无量纲量分别为

$$v_x^*=\frac{v_x}{U},\quad v_y^*=\frac{v_y}{U},\quad x^*=\frac{x}{L},\quad y^*=\frac{y}{L},\quad p^*=\frac{p}{\rho U^2},\quad t^*=\frac{Ut}{L}\tag{7-8}$$

式中，U 为来流速度；L 为平板长度。

无量纲方程组为

$$\begin{cases}\dfrac{\partial v_x^*}{\partial t^*}+v_x^*\dfrac{\partial v_x^*}{\partial x^*}+v_y^*\dfrac{\partial v_x^*}{\partial y^*}=-\dfrac{\partial p^*}{\partial x^*}+\dfrac{1}{Re_L}\left(\dfrac{\partial^2 v_x^*}{\partial x^{*2}}+\dfrac{\partial^2 v_x^*}{\partial y^{*2}}\right)\\ \dfrac{\partial v_y^*}{\partial t^*}+v_x^*\dfrac{\partial v_y^*}{\partial x^*}+v_y^*\dfrac{\partial v_y^*}{\partial y^*}=-\dfrac{\partial p^*}{\partial y^*}+\dfrac{1}{Re_L}\left(\dfrac{\partial^2 v_y^*}{\partial x^{*2}}+\dfrac{\partial^2 v_y^*}{\partial y^{*2}}\right)\\ \dfrac{\partial v_x^*}{\partial x^*}+\dfrac{\partial v_y^*}{\partial y^*}=0\end{cases}\tag{7-9}$$

式中，$Re_L=\dfrac{\rho UL}{\mu}$。

接下来，对方程组（7-9）中的各项数量级进行分析。这里用符号～O（）表示相当于某一数量级，x 的变化范围是 0～L，y 的变化范围是 0～δ，v_x 的变化范围是 0～U，因此有

$$x^* \sim O(1), \quad y^* \sim O(\delta^*), \quad v_x^* \sim O(1)$$

由于边界层的厚度$\dfrac{\delta}{L} \sim \dfrac{1}{\sqrt{Re_L}}$远小于平板长度，即$\delta^* = \dfrac{\delta}{L} \ll 1$，且$Re_L \sim \dfrac{1}{\delta^{*2}}$，判断出

$$\partial v_x^* / \partial x^* \sim O(1), \quad \partial^2 v_x^* / \partial x^{*2} \sim O(1)$$

由连续性方程可知

$$\frac{\partial v_x^*}{\partial x^*} \sim \frac{\partial v_y^*}{\partial y^*} \sim O(1)$$

所以有

$$v_y^* \sim O(\delta^*)$$

无量纲的 N-S 方程中各项的数量级判断如下：

$$\frac{\partial v_x^*}{\partial t^*} \sim O(1), \quad v_x^* \frac{\partial v_x^*}{\partial x^*} \sim O(1), \quad v_y^* \frac{\partial v_x^*}{\partial y^*} \sim O(1), \quad \frac{\partial^2 v_x^*}{\partial x^{*2}} \sim O(1)$$

$$\frac{\partial^2 v_x^*}{\partial y^{*2}} \sim O\left(\frac{1}{\delta^{*2}}\right), \quad \frac{\partial v_y^*}{\partial t^*} \sim O(\delta^*), \quad v_x^* \frac{\partial v_y^*}{\partial x^*} \sim O(\delta^*), \quad v_y^* \frac{\partial v_y^*}{\partial y^*} \sim O(\delta^*)$$

$$\frac{\partial^2 v_y^*}{\partial x^{*2}} \sim O(\delta^*), \quad \frac{\partial^2 v_y^*}{\partial y^{*2}} \sim O\left(\frac{1}{\delta^*}\right)$$

压强梯度$\partial p / \partial x$、$\partial p / \partial y$的数量级取决于方程中其他项的数量级，即压强梯度项的数量级与同方向上的惯性力数量级相同，即

$$\frac{\partial p^*}{\partial x^*} \sim O(1), \quad \frac{\partial p^*}{\partial y^*} \sim O(\delta^*)$$

可以看出压强p在y轴方向的变化非常小，认为p仅随x改变，即$p = p(x)$，说明在整个边界层厚度方向上压强不变，相同x轴坐标的边界层内、外压强相等。

将各项数量级写在方程中相应各项的下面进行比较：

$$\frac{\partial v_x^*}{\partial t^*} + v_x^* \frac{\partial v_x^*}{\partial x^*} + v_y^* \frac{\partial v_x^*}{\partial y^*} = -\frac{\partial p^*}{\partial x^*} + \frac{1}{Re_L}\left(\frac{\partial^2 v_x^*}{\partial x^{*2}} + \frac{\partial^2 v_x^*}{\partial y^{*2}}\right)$$

$$1 \qquad 1 \qquad 1 \qquad 1 \qquad \delta^{*2}\left(1 \qquad \frac{1}{\delta^{*2}}\right)$$

$$\frac{\partial v_y^*}{\partial t^*} + v_x^* \frac{\partial v_y^*}{\partial x^*} + v_y^* \frac{\partial v_y^*}{\partial y^*} = -\frac{\partial p^*}{\partial y^*} + \frac{1}{Re_L}\left(\frac{\partial^2 v_y^*}{\partial x^{*2}} + \frac{\partial^2 v_y^*}{\partial y^{*2}}\right)$$

$$\delta^* \qquad \delta^* \qquad \delta^* \qquad \delta^* \qquad \delta^{*2}\left(\delta^* \qquad \frac{1}{\delta^*}\right)$$

x轴方向运动方程的右侧的黏性项中，$\partial^2 v_x^* / \partial x^{*2}$的数量级比$\partial^2 v_x^* / \partial y^{*2}$小得多，可以略去。$y$轴方向运动方程的右侧的黏性项中，$\partial^2 v_y^* / \partial x^{*2}$的数量级比$\partial^2 v_y^* / \partial y^{*2}$小得多，可以略去；该方程的惯性项与右侧的黏性项的数量级都是$O(\delta^*)$，即y轴方向上的惯性力和黏性力比x轴方向上的力小得多。因此，可认为边界层流速基本由x轴方向的运动方程所限定，而与y轴方向无关，整个y轴方向的运动方程可以略去。

将简化后的运动方程还原为有量纲形式，再加上连续性方程后，得到层流边界层微分方程，又称为普朗特边界层方程：

$$\begin{cases}\dfrac{\partial v_x}{\partial t}+v_x\dfrac{\partial v_x}{\partial x}+v_y\dfrac{\partial v_x}{\partial y}=-\dfrac{1}{\rho}\dfrac{\mathrm{d}p}{\mathrm{d}x}+\nu\dfrac{\partial^2 v_x}{\partial y^2}\\ \dfrac{\partial v_x}{\partial x}+\dfrac{\partial v_y}{\partial y}=0\end{cases} \tag{7-10}$$

普朗特边界层方程中的压强 p 等于边界层外理想流体势流区域的压强，利用伯努利方程可将此压强与理想流体势流速度 $U=U(x)$ 建立如下关系：

$$p+\frac{1}{2}\rho U^2=\text{const}$$

由此，得到

$$\frac{\mathrm{d}p}{\mathrm{d}x}=-\rho U\frac{\mathrm{d}U}{\mathrm{d}x}$$

代入式（7-10）可以得到边界层方程组的另一种形式：

$$\begin{cases}\dfrac{\partial v_x}{\partial t}+v_x\dfrac{\partial v_x}{\partial x}+v_y\dfrac{\partial v_x}{\partial y}=U\dfrac{\mathrm{d}U}{\mathrm{d}x}+\nu\dfrac{\partial^2 v_x}{\partial y^2}\\ \dfrac{\partial v_x}{\partial x}+\dfrac{\partial v_y}{\partial y}=0\end{cases} \tag{7-11}$$

普朗特边界层方程较 N-S 方程已大大简化，首先是 y 轴方向的运动方程不存在了，只剩下 x 轴方向的运动方程。此外，在运动方程的黏性项部分舍去了 $\partial^2 v_x/\partial x^2$，只剩下 $\partial^2 v_x/\partial y^2$，所以由椭圆方程变成了抛物线方程。问题的求解域由一个二维的无穷域变成了一个半无限的长条域，前者必须在封闭的边界上给出边界条件，而后者的下游边界无须给出。但是边界层方程仍然是非线性的，数学求解依然很困难，只有一些典型情况可求出方程的精确解。

求解边界层方程组所用到的三个边界条件是：当 $y=0$ 时（壁面处），$v_x(x,0)=v_y(x,0)=0$；当 $y=\delta$ 或 $y\to\infty$时，$v_x(x,y)=U(x)$。

上述边界层微分方程是在平壁上建立的，对于曲面壁边界层，仍以前缘点为坐标原点，采用正交曲面坐标系，壁面上各点的曲率半径 R 比该处的边界层厚度大得多时，方程组（7-11）就依然适用。

对于轴对称的曲面壁边界层，当流体以零冲角绕回转体流动时，在子午面内的流动与曲面壁相同，坐标系的定义也相同，如图 7-5 所示。图中，O 是坐标原点；$R(x)$为子午面内壁面轮廓线的曲率半径；r 为讨论点 P 到对称轴的距离；r_0 为相应壁面到对称轴的距离；ϕ 为回转角；θ 为子午面上壁面相对于对称轴的夹角。

假设：① $\dfrac{\delta}{R}\sim O(\delta^*)$；② $r(x,y)\approx r_0(x)\gg\delta$。

可以导出适用于轴对称曲面壁边界层的微分方程：

$$\begin{cases}\dfrac{\partial v_x}{\partial t}+v_x\dfrac{\partial v_x}{\partial x}+v_y\dfrac{\partial v_x}{\partial y}=\dfrac{\partial U}{\partial t}+U\dfrac{\partial U}{\partial x}+\nu\dfrac{\partial^2 v_x}{\partial y^2}\\ \dfrac{\partial(r_0v_x)}{\partial x}+\dfrac{\partial(r_0v_y)}{\partial y}=0\end{cases} \tag{7-12}$$

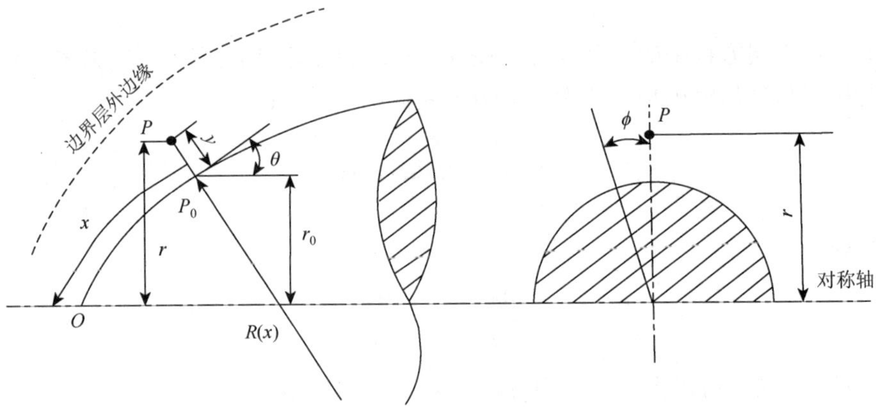

图 7-5　轴对称曲面壁边界层

这里要注意的是，边界层微分方程是在$\dfrac{\delta}{x}\ll 1$的条件下导出的，条件不符则不适用。例如，在平板前缘区域，δ 和 x 为同一数量级，因此边界层微分方程不适用于求解前缘区域，这个界限一般为 $Re_x\leqslant 25$。通常情况下，$Re_x<100$ 时误差就比较明显了。

7.3　边界层方程的相似性解

由于边界层方程是非线性的，很难得到解析解，大多数情况下只能得到近似解或数值解，这种方法在流体力学及其他非线性方程中的求解也是很有用的。

7.3.1　相似性解的概念

相似性解是边界层研究中一个非常重要的概念。当边界层具有相似性解时，其速度分布具有如下性质：如果把任意 x 断面的流速分布图形 $v_x\sim y$ 的坐标用相应的尺度因子均化为无量纲坐标，则任意 x 断面的速度分布图形均相同。具体来说，如果以当地势流速度 $U(x)$为速度 $v_x(x, y)$的尺度因子，取某一函数 $g(x)$为坐标 y 的尺度因子，则在无量纲坐标 $y/g(x)$上表示的无量纲速度剖面 $v_x(x, y)/U(x)$对于不同的 x 将完全相同。对于任意两个断面 x_1 和 x_2 的速度剖面的相似性表述为

$$\frac{v_x\left[x_1,\dfrac{y}{g(x_1)}\right]}{U(x_1)}=\frac{v_x\left[x_2,\dfrac{y}{g(x_2)}\right]}{U(x_2)}$$

对于定常不可压缩流体二维边界层运动，其控制方程及边界条件为

$$\begin{cases}\dfrac{\partial v_x}{\partial x}+\dfrac{\partial v_y}{\partial y}=0\\ v_x\dfrac{\partial v_x}{\partial x}+v_y\dfrac{\partial v_x}{\partial y}=U\dfrac{\mathrm{d}U}{\mathrm{d}x}+\nu\dfrac{\partial^2 v_x}{\partial y^2}\\ v_x(x,0)=v_y(x,0)=0\\ v_x(x,\infty)=U(x)\end{cases}\tag{7-13}$$

按照相似性解的定义，方程的解可以写作

$$\frac{v_x(x,y)}{U(x)}=f(\eta)\tag{7-14}$$

式（7-14）称为边界层方程的相似性解，η 称为相似性变量，$\eta=y/g(x)$。

以平板边界层为例，令 y 轴的坐标尺度 $g(x)=\sqrt{\dfrac{\nu x}{U}}$，则 $\eta=y\sqrt{\dfrac{U}{\nu x}}$。$\dfrac{v_x}{U}$ 与 η 的关系采用 Nikuradse 实验数据整理得到，边界层的速度分布如图 7-6 所示。

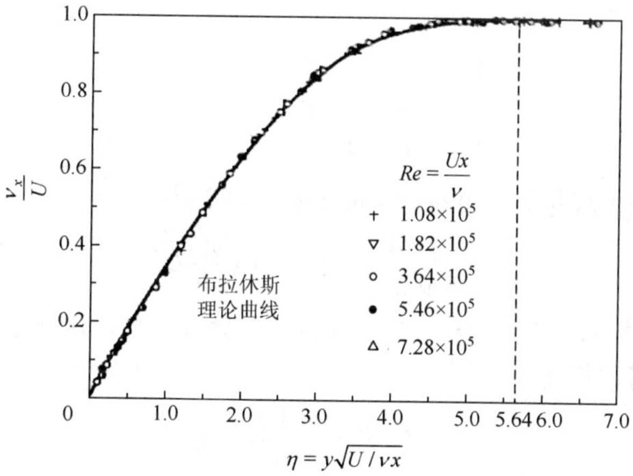

图 7-6　平板边界层速度分布

7.3.2　相似性解的解法及条件

如果相似性解存在，边界层的偏微分方程就可以简化为常微分方程，这为求解边界层方程提供了极大的方便。因此，寻求相似性解的条件是求解边界层的一个重要问题。

考虑到不可压缩流体定常二维流动的连续性方程，引入流函数 $\psi(x,y)$，有

$$v_x=\frac{\partial\psi}{\partial y},\quad v_y=-\frac{\partial\psi}{\partial x}\tag{7-15}$$

将式（7-15）代入式（7-13）中，普朗特边界层方程及边界条件变为

$$\begin{cases}\dfrac{\partial\psi}{\partial y}\dfrac{\partial^2\psi}{\partial x\partial y}-\dfrac{\partial\psi}{\partial x}\dfrac{\partial^2\psi}{\partial y^2}=U\dfrac{\mathrm{d}U}{\mathrm{d}x}+\nu\dfrac{\partial^3\psi}{\partial y^3}\\ \dfrac{\partial\psi}{\partial x}=\dfrac{\partial\psi}{\partial y}=0\quad(y=0)\\ \dfrac{\partial\psi}{\partial y}=U\quad(y\to\infty)\end{cases}\tag{7-16}$$

引入流函数后，可以用一个流函数 $\psi(x,y)$ 代替两个速度分量 $v_x(x,y)$、$v_y(x,y)$，使得两个偏微分方程合并为一个。

令流函数的表达式为

$$\psi(x,y)=U(x)g(x)f(\eta)\tag{7-17}$$

式中，$\eta=y/g(x)$。

因此，有

$$\frac{\partial\psi}{\partial y}=\frac{\partial\psi}{\partial f}\frac{\partial f}{\partial\eta}\frac{\partial\eta}{\partial y}=Uf'$$

$$\frac{\partial\psi}{\partial x}=\frac{\partial U}{\partial x}gf+U\frac{\partial g}{\partial x}f-\frac{Uy}{g}\frac{\partial g}{\partial x}\frac{\partial f}{\partial\eta}=U'gf+Ug'f-Ug'f'\eta$$

依次类推，得到 $\dfrac{\partial^2\psi}{\partial y^2}$、$\dfrac{\partial^3\psi}{\partial y^3}$、$\dfrac{\partial^2\psi}{\partial x\partial y}$ 的表达式，将上述关系式代入式（7-16），化简后为

$$\begin{cases}f'''+\alpha ff''+\beta(1-f'^2)=0\\ f=f'=0\quad(\eta=0)\\ f'=1\quad(\eta\to\infty)\end{cases}\tag{7-18}$$

式（7-18）中的微分方程称为 Falkner-Skan 方程，系数为

$$\alpha=\frac{g}{\nu}\frac{\mathrm{d}}{\mathrm{d}x}(Ug),\quad \beta=\frac{g^2}{\nu}U'\tag{7-19}$$

只有当 α 和 β 是常数时，式（7-18）才是 $f(\eta)$ 的常微分方程，这就是相似性解所要求的。

从式（7-19）可以得到

$$2\alpha-\beta=\frac{1}{\nu}\frac{\mathrm{d}}{\mathrm{d}x}(Ug^2)\tag{7-20}$$

若 $2\alpha-\beta\neq0$，对式（7-20）积分，并令积分常数等于零，有

$$(2\alpha-\beta)\nu x=Ug^2\tag{7-21}$$

用式（7-19）中 β 的表达式除以式（7-21），得到

$$\frac{1}{U}\frac{\mathrm{d}U}{\mathrm{d}x}=\frac{\beta}{(2\alpha-\beta)x}\tag{7-22}$$

对式（7-22）积分，有

$$U(x)=Cx^m\tag{7-23}$$

式中，指数 $m=\dfrac{\beta}{2\alpha-\beta}$；$C$ 为常数。

因此，只有当边界层外部势流速度为幂函数形式时，边界层方程才有相似性解，边界层偏微分方程才能转化为常微分方程。

此外，由式（7-21）可得 $g(x)$的形式如下：

$$g(x)=\sqrt{(2\alpha-\beta)\frac{\nu x}{U}} \tag{7-24}$$

7.3.3　平板边界层流动的相似性解

式（7-23）中指数 m 的表达式中，系数 $\beta=0$ 表示流体顺流绕过平板形成平板边界层流动，德国科学家布拉休斯（Blasius）最早对对应边界层方程的相似解进行了研究，1980 年他在其博士论文中详细讨论了这个问题，这是第一个应用普朗特边界层理论的具体例子。

设均匀来流以速度 U 顺流绕过一静止的极薄平板，在平板两侧形成边界层，如图 7-7 所示。取直角坐标系，原点与平板前缘重合，x 轴沿来流方向，y 轴垂直于平板。

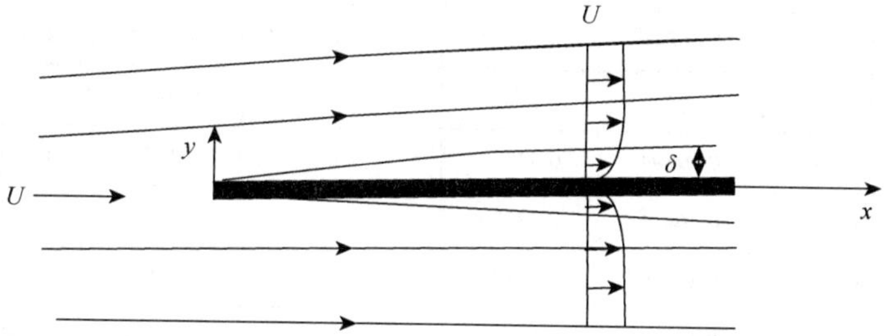

图 7-7　平板边界层

因为平板极薄，可认为对流场没有影响，因此边界层外边界上的速度处处相等，且等于来流速度 U。外部势流速度分布为幂函数形式 $U=Cx^m$（$m=0,C=U$）。对于平板绕流，$\beta=0$，α 可取 $\frac{1}{2}$，式（7-18）中的常微分方程写作

$$2f'''+ff''=0 \tag{7-25}$$

式（7-25）称为布拉休斯方程。

将 $\beta=0$，$\alpha=\frac{1}{2}$ 代入式（7-24）得到

$$g(x)=\sqrt{\frac{\nu x}{U}} \tag{7-26}$$

则

$$\eta=y\sqrt{\frac{U}{\nu x}} \tag{7-27}$$

根据式（7-17），流函数为

$$\psi(x,y)=Ug(x)f(\eta)=\sqrt{\nu xU}\,f(\eta) \tag{7-28}$$

因此，速度分布为

$$v_x = \frac{\partial \psi}{\partial y} = Uf' \tag{7-29}$$

$$v_y = -\frac{\partial \psi}{\partial x} = Ug'(\eta f' - f) = \frac{1}{2}\sqrt{\frac{\nu U}{x}}(\eta f' - f) \tag{7-30}$$

式（7-25）是一个非线性的三阶常微分方程，虽然形式简单，但无解析解。布拉休斯当时采用了级数衔接法近似求解出方程的解，然后托柏弗、哥斯丁、豪华斯、哈托利等分别用数值方法给出了精度不同的解。这里不介绍方程的求解过程，现将精度较高的豪华斯解的结果引出，见表 7-1，根据表中数据分析边界层内的各物理量。

表 7-1　平板边界层豪华斯解的结果

$\eta = y\sqrt{\frac{U}{\nu x}}$	f	$f' = \frac{v_x}{U}$	f''	$\eta = y\sqrt{\frac{U}{\nu x}}$	f	$f' = \frac{v_x}{U}$	f''
0	0	0	0.33206	3.4	1.74696	0.90177	0.11788
0.2	0.00664	0.06641	0.33199	3.6	1.92954	0.92333	0.09809
0.4	0.02656	0.13277	0.33147	3.8	2.11605	0.94112	0.08013
0.6	0.05974	0.19894	0.33008	4.0	2.30576	0.95552	0.06424
0.8	0.10611	0.26471	0.32739	4.2	2.49806	0.96696	0.05052
1.0	0.16557	0.32979	0.32301	4.4	2.69238	0.97587	0.03897
1.2	0.23795	0.39378	0.31659	4.6	2.88826	0.98269	0.02948
1.4	0.32298	0.45627	0.30787	4.8	3.08534	0.98779	0.02187
1.6	0.42032	0.51676	0.29667	5.0	3.28329	0.99155	0.01591
1.8	0.52952	0.57477	0.28293	5.2	3.48189	0.99425	0.01124
2.0	0.65003	0.62977	0.26675	5.4	3.68094	0.99616	0.00793
2.2	0.78120	0.68132	0.24835	5.6	3.88031	0.99748	0.00543
2.4	0.92230	0.72988	0.22809	5.8	4.07990	0.99838	0.00365
2.6	1.07252	0.77246	0.20646	6.0	4.27964	0.99898	0.00240
2.8	1.23099	0.81152	0.18401	7.0	5.27926	0.99992	0.00022
3.0	1.39682	0.84605	0.16136	8.0	6.27923	1.00000	0.00001
3.2	1.56911	0.87609	0.13913	8.2	6.47923	1.00000	0.00001

1）边界层内速度分布

由式（7-29）和式（7-30），得

$$v_x = Uf', \quad v_y = \frac{1}{2}\sqrt{\frac{\nu U}{x}}(\eta f' - f)$$

由表 7-1 可以看出，当$\eta = 5.0$时，$f' = \frac{v_x}{U} \approx 0.99$，对应的是边界层的外边界，此时横向速度$v_y = = \frac{0.8372U}{\sqrt{Re_x}}$，边界层外边界上的横向速度不等于零，是由于平板壁面的黏性阻滞作用，流体向外排挤，但在大雷诺数条件下，横向速度v_y与纵向速度v_x相比是很小的。

2）平板上的切应力分布及摩擦阻力

在平板上x位置处的切应力τ_0分布为

$$\tau_0(x) = \mu\left(\frac{\partial v_x}{\partial y}\right)_{y=0} = \mu\left(\frac{\partial^2 \psi}{\partial y^2}\right)_{y=0} = \mu\sqrt{\frac{U^3}{\nu x}} f''(0)$$

查表 7-1，找到$f''(0) \approx 0.33$，所以平板表面切应力分布为

$$\tau_0(x) = 0.33\mu\sqrt{\frac{U^3}{\nu x}} = 0.33\sqrt{\frac{\mu\rho U^3}{x}}$$

切应力系数C_τ为

$$C_\tau = \frac{\tau_0}{\frac{1}{2}\rho U^2} = 0.66\sqrt{\frac{\nu}{Ux}} = \frac{0.66}{\sqrt{Re_x}} \tag{7-31}$$

因此，平板一侧表面的摩擦阻力为

$$F_D = \int_0^L \tau_0 b\mathrm{d}x = \int_0^L 0.33\sqrt{\frac{\mu\rho U^3}{x}} b\mathrm{d}x = 0.66b\sqrt{\mu\rho U^3 L} \tag{7-32}$$

式中，L为平板的长度；b为平板的宽度。

摩擦阻力系数C_D为

$$C_D = \frac{F_D}{\frac{1}{2}\rho U^2 bL} = \frac{1.328}{\sqrt{Re_L}} \tag{7-33}$$

式中，$Re_L = \frac{UL}{\nu}$，Re_L为以板长L为特征长度的雷诺数。

式（7-33）在$Re_L \geqslant 1000$时是精确的，但当雷诺数小于 1000 时则偏离实测值，因此布拉休斯解对边界层前缘区域不适用。我国力学家郭永怀于 1953 年针对边界层前缘区域问题进行了求解，得到摩阻系数的修正公式为

$$C_D = \frac{1.328}{\sqrt{Re_L}} + \frac{4.10}{Re_L} \tag{7-34}$$

将式（7-33）和式（7-34）的计算值与实验值比较，如图 7-8 所示，对于边界层前缘区域，很明显后者要比前者准确度高，而当$Re_L \geqslant 1000$时，两者计算结果趋于一致。

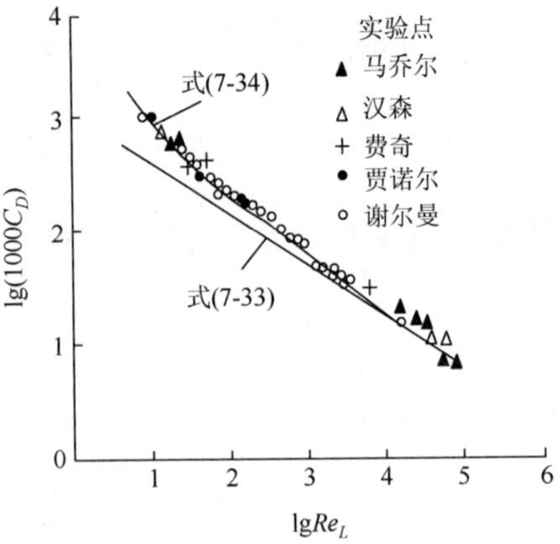

图 7-8 式（7-33）和式（7-34）的计算值和实验值比较

3）边界层厚度

从表 7-1 中可以看出，当$\eta=5.0$时，$f'=\dfrac{v_x}{U}\approx 0.99$，即认为$\eta=5.0$对应的是边界层的外边界，有

$$\eta=y\sqrt{\frac{U}{\nu x}}=5.0$$

因此，得到

$$\delta=5.0/\sqrt{\frac{U}{\nu x}} \text{ 或 } \delta=5.0\frac{x}{\sqrt{Re_x}} \tag{7-35}$$

利用前面给出的边界层排挤厚度δ^*和动量损失厚度δ^{**}的定义公式，还可以求出

$$\delta^*=1.72\frac{x}{\sqrt{Re_x}},\quad \delta^{**}=0.66\frac{x}{\sqrt{Re_x}}$$

可见$\delta^{**}<\delta^*<\delta$。

例 7.1 设均匀流从左侧进入两个相距 $2h$ 的无限大平板之间的通道，如图 7-9 所示，试推导通道进口区域长度与雷诺数$Re=2hU_0/\nu$的函数关系式，其中U_0是来流速度，ν是流体运动黏度。

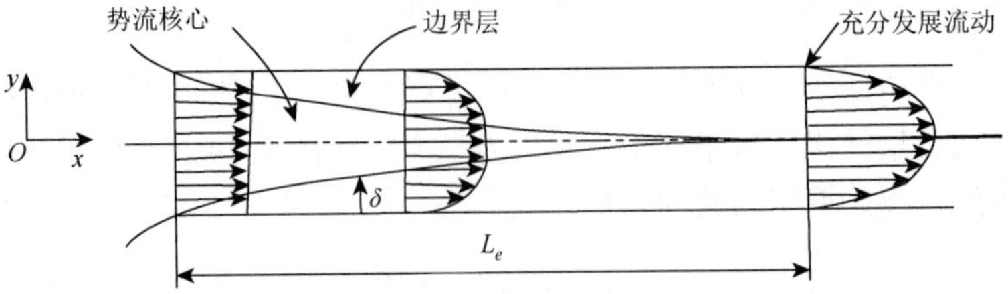

图 7-9 例 7.1 用图

解：进入通道前的均匀流为势流，流体进入通道，在上下壁面开始产生边界层，而在通道中心区域，速度暂时保持为均匀分布。由于通过通道截面的流量不变，边界层区域流

体速度的降低将增大中心势流区的速度 $U(x)$。边界层沿流动方向逐渐增厚，直至某一截面边界层充满整个通道截面，中心势流区域消失。此后轴向速度进一步调整，直至 $x \geqslant L_e$ 后轴向速度不再随 x 变化，速度仅是 y 的函数，表示流动进入充分发展区，从通道进口到截面称为起始区或进口区。

由连续性方程和位移厚度的定义，在进口区域有

$$U(x)(h-\delta^*)=U_0 h \tag{a}$$

因此，有

$$U(x)=U_0 h/(h-\delta^*)$$

由式（7-35），壁面边界层厚度和位移厚度分别为

$$\frac{\delta}{x}=\frac{5.0}{\sqrt{Re_x}},\quad \delta^*=0.344\delta \tag{b}$$

设 $x=L$ 截面处边界层在通道中心相遇，则有

$$\frac{h}{L}=\frac{5}{\sqrt{Re_L}} \tag{c}$$

式中，$Re_L=\dfrac{UL}{\nu}=U_0\dfrac{h}{h-\delta^*}\dfrac{L}{2h}\dfrac{2h}{\nu}=\dfrac{U_0 2h}{\nu}\dfrac{L}{2(h-\delta^*)}$。

将 $\delta^*=0.344\delta$ 代入，得

$$Re_L=\frac{U_0 2h}{\nu}\frac{L}{2(h-0.344h)}=Re_{2h}\frac{L}{2(h-0.344h)}=0.762\frac{L}{h}Re_{2h} \tag{d}$$

将式（d）代入式（c），有

$$\frac{h}{L}=\frac{5}{\sqrt{0.762(L/h)Re_{2h}}}$$

因此，有

$$\frac{L}{h}=0.03Re_{2h} \tag{e}$$

实际流动中，上下壁面的边界层在通道相遇后，通道中心的加速运动不会立即停止，而是要持续一段距离后才消失，达到 $\dfrac{\partial v_x}{\partial x}=0$，速度变为充分发展的抛物线分布，所以实际的进口段长度 $L_e>L$。在进口区，压力与惯性力和黏性阻力相平衡，压强梯度随 x 变化；而在充分发展区，压力只和黏性阻力相平衡，压强梯度为常数。

7.4　边界层动量积分方程

即使对一些特定的典型流动，边界层微分方程精确解的求解也很困难。为此，在工程计算中往往寻求近似方法，以迅速得到具有一定精度的计算结果。边界层的动量积分方程就是一种近似方法，该方法并不要求边界层内所有点的运动参数均满足边界层微分方程，除必须满足壁面和边界层外边界的边界条件外，在边界层内部只需要满足在整个边界层厚度上对边界层微分方程积分所得到的动量方程。也就是说，可以假定一个边界

层内的流速分布来代替真实的流速分布，只要这个假定的流速分布满足边界层动量方程和边界条件即可。

本节分别从动量定理和普朗特边界层出发推导边界层的动量积分方程。

7.4.1 边界层动量积分方程推导方法 1（依据动量定理）

设二维定常均匀流绕流一固体，如图 7-10 所示。沿固体表面取 x 轴，沿固体表面的外法线方向取 y 轴，在固体表面取单宽微段 $ABCD$ 为控制体，建立 x 轴方向的动量方程。

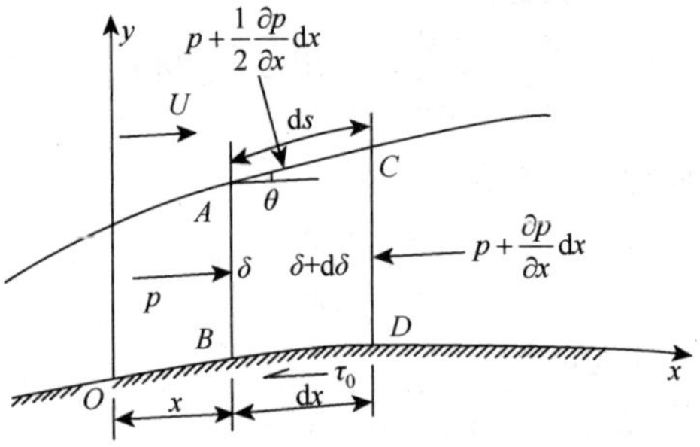

图 7-10 边界层动量积分方程的推导

做如下假设：①不计质量力；②dx 无限小，所以 BD、AC 可视为直线。

根据动量方程得

$$M_{CD}-M_{AB}-M_{AC}=\sum F_x \tag{7-36}$$

式中，M_{CD}、M_{AB}、M_{AC} 分别为单位时间通过 CD、AB、AC 面的流体动量在 x 轴上的分量；ΣF_x 为作用在控制体 $ABCD$ 上所有外力的合力在 x 轴上的分量。

首先讨论通过各面的动量。单位时间通过 AB、CD、AC 面的质量分别为

$$\rho q_{AB}=\int_0^\delta \rho v_x \mathrm{d}y$$

$$\rho q_{CD}=\rho q_{AB}+\frac{\partial(\rho q_{AB})}{\partial x}\mathrm{d}x=\int_0^\delta \rho v_x \mathrm{d}y+\frac{\partial}{\partial x}\left(\int_0^\delta \rho v_x \mathrm{d}y\right)\mathrm{d}x$$

$$\rho q_{AC}=\rho q_{CD}-\rho q_{AB}=\frac{\partial}{\partial x}\left(\int_0^\delta \rho v_x \mathrm{d}y\right)\mathrm{d}x$$

单位时间通过 AB、CD、AC 面的流体动量分别为

$$M_{AB}=\int_0^\delta \rho v_x^2 \mathrm{d}y \tag{7-37}$$

$$M_{CD}=M_{AB}+\frac{\partial M_{AB}}{\partial x}\mathrm{d}x=\int_0^\delta \rho v_x^2 \mathrm{d}y+\frac{\partial}{\partial x}\left(\int_0^\delta \rho v_x^2 \mathrm{d}y\right)\mathrm{d}x \tag{7-38}$$

$$M_{AC}=\rho q_{AC}U=U\frac{\partial}{\partial x}\left(\int_0^\delta \rho v_x \mathrm{d}y\right)\mathrm{d}x \tag{7-39}$$

式中，U 为边界层外边界上的流速在 x 轴上的分量，并认为在 AC 面上各点相等。

其次对控制体进行受力分析。作用在 $ABCD$ 的外力只有表面力。前面已说明，沿固体表面的外法线方向压强不变，即 $\frac{\partial p}{\partial y}=0$，因此 AB、CD 面上的压强是均匀分布的。设 AB 面上的压强为 p，则作用在 CD 面上的压强，由泰勒级数展开为 $p_{CD}=p+\frac{\partial p}{\partial x}\mathrm{d}x$。作用在 AC 面上的压强是不均匀的，现已知 A 点压强为 p，C 点压强为 $p=p+\frac{\partial p}{\partial x}\mathrm{d}x$，取其平均值为 $p_{AC}=p+\frac{1}{2}\frac{\partial p}{\partial x}\mathrm{d}x$。

设固体表面对流体作用的切应力为 τ_0，那么固体表面的摩擦阻力为 $\tau_0\mathrm{d}x$。由于边界层外可看作理想流体，边界层外边界 AC 面上没有切应力。因此，各表面力在 x 轴方向的分量之和为

$$\sum F_x=p\delta-\left(p+\frac{\partial p}{\partial x}\mathrm{d}x\right)(\delta+\mathrm{d}\delta)+\left(p+\frac{1}{2}\frac{\partial p}{\partial x}\mathrm{d}x\right)\mathrm{d}s\cdot\sin\theta-\tau_0\mathrm{d}x$$

因为 $\mathrm{d}s\cdot\sin\theta=\mathrm{d}\delta$，所以

$$\sum F_x=-\frac{\partial p}{\partial x}\mathrm{d}x\delta-\frac{1}{2}\frac{\partial p}{\partial x}\mathrm{d}x\mathrm{d}\delta-\tau_0\mathrm{d}x \tag{7-40}$$

略去高阶微量，并考虑 $\frac{\partial p}{\partial y}=0$，即 p 仅仅是 x 的函数，用全微分代替偏微分，则式（7-40）为

$$\sum F_x=-\frac{\mathrm{d}p}{\mathrm{d}x}\mathrm{d}x\delta-\tau_0\mathrm{d}x \tag{7-41}$$

将式（7-37）～式（7-41）代入式（7-36），得

$$U\frac{\mathrm{d}}{\mathrm{d}x}\int_0^{\delta}\rho v_x\mathrm{d}y-\frac{\mathrm{d}}{\mathrm{d}x}\int_0^{\delta}\rho v_x^2\mathrm{d}y=\delta\frac{\mathrm{d}p}{\mathrm{d}x}+\tau_0 \tag{7-42}$$

式（7-42）即边界层动量积分方程，也称为卡门动量积分方程，它适用于层流边界层和湍流边界层。

设有一极薄的静止光滑平板顺流放置在二维定常均匀流场中，因为平板极薄，可认为对流场没有影响，因此边界层外边界上的速度 U 处处相等，且等于来流速度。根据伯努利方程，由于流速不变，边界层外边界上的压强处处相等，即 $\frac{\mathrm{d}p}{\mathrm{d}x}=0$。对于不可压缩均质流体，密度 ρ 是常数，可以提到积分符号外，式（7-42）可写为

$$U\frac{\mathrm{d}}{\mathrm{d}x}\int_0^{\delta}v_x\mathrm{d}y-\frac{\mathrm{d}}{\mathrm{d}x}\int_0^{\delta}v_x^2\mathrm{d}y=\frac{\tau_0}{\rho} \tag{7-43}$$

7.4.2　边界层动量积分方程推导方法 2（积分边界层微分方程）

对于二维不可压缩定常边界层流动，其微分方程为

$$v_x \frac{\partial v_x}{\partial x} + v_y \frac{\partial v_x}{\partial y} = U \frac{\mathrm{d}U}{\mathrm{d}x} + \nu \frac{\partial^2 v_x}{\partial y^2} \tag{7-44}$$

对式（7-44）分别加和减 $v_x \frac{\partial U}{\partial x}$ 并加以整理，得到

$$(U - v_x)\frac{\mathrm{d}U}{\mathrm{d}x} + v_x \frac{\partial (U - v_x)}{\partial x} + v_y \frac{\partial (U - v_x)}{\partial y} = -\nu \frac{\partial^2 v_x}{\partial y^2} \tag{7-45}$$

对式（7-45）积分，左侧第一项有

$$\int_0^\delta (U - v_x)\frac{\mathrm{d}U}{\mathrm{d}x}\mathrm{d}y = \int_0^\delta \left(1 - \frac{v_x}{U}\right)\mathrm{d}y U \frac{\mathrm{d}U}{\mathrm{d}x} = U\delta^* \frac{\mathrm{d}U}{\mathrm{d}x}$$

左侧第三项有

$$\int_0^\delta v_y \frac{\partial (U - v_x)}{\partial y}\mathrm{d}y = [v_y(U - v_x)]_0^h - \int_0^\delta (U - v_x)\frac{\partial v_y}{\partial y}\mathrm{d}y = \int_0^\delta (U - v_x)\frac{\partial v_x}{\partial x}\mathrm{d}y$$

在以上积分过程中，利用了边界条件 $v_x(0)=0$，$v_x(\delta)=U$ 和连续性方程 $\frac{\partial v_x}{\partial x} + \frac{\partial v_y}{\partial y} = 0$。

对式（7-45）右侧积分得到

$$-\int_0^\delta \nu \frac{\partial^2 v_x}{\partial y^2}\mathrm{d}y = \frac{\tau_0}{\rho} \tag{7-46}$$

将上述积分结果整理，有

$$U\delta^* \frac{\mathrm{d}U}{\mathrm{d}x} + \int_0^\delta \left[v_x \frac{\partial (U - v_x)}{\partial x} + (U - v_x)\frac{\partial v_x}{\partial x} \right]\mathrm{d}y = \frac{\tau_0}{\rho} \tag{7-47}$$

式（7-47）左侧第二项作如下运算：

$$\int_0^\delta \left[v_x \frac{\partial (U - v_x)}{\partial x} + (U - v_x)\frac{\partial v_x}{\partial x} \right]\mathrm{d}y = \int_0^\delta \frac{\partial \left[v_x (U - v_x) \right]}{\partial x}\mathrm{d}y = \frac{\mathrm{d}}{\mathrm{d}x}\int_0^\delta \left[v_x (U - v_x) \right]\mathrm{d}y = \frac{\mathrm{d}}{\mathrm{d}x}(U^2\delta^{**})$$

因此，式（7-47）可写作

$$\frac{\mathrm{d}}{\mathrm{d}x}(U^2\delta^{**}) + U\delta^* \frac{\mathrm{d}U}{\mathrm{d}x} = \frac{\tau_0}{\rho} \tag{7-48}$$

将式（7-48）左侧第一项对 x 的导数展开，然后两边同时除以 U^2，可得到动量积分方程的另一种形式：

$$\frac{\mathrm{d}\delta^{**}}{\mathrm{d}x} + (2+H)\frac{\delta^{**}}{U}\frac{\mathrm{d}U}{\mathrm{d}x} = \frac{\tau_0}{\rho U^2} \tag{7-49}$$

式中，$H = \frac{\delta^*}{\delta^{**}}$，称为形状因子。

式（7-48）和式（7-49）也称为边界层动量积分方程，对层流和湍流边界层均适用。

当不可压缩定常均匀流顺流绕过一极薄的静止光滑平板时，边界层外边界上的速度 U 处处相等，且等于来流速度，$\frac{\mathrm{d}U}{\mathrm{d}x} = 0$，式（7-49）简化为

$$\frac{\mathrm{d}\delta^{**}}{\mathrm{d}x}=\frac{\tau_0}{\rho U^2} \tag{7-50}$$

式（7-50）和式（7-43）是相同的，为零压梯度平板边界层的动量积分方程。

当 ρ 为常数时，式（7-49）有 δ^*、δ^{**}、τ_0 3 个未知量，通常在求解边界层动量积分方程时，先假定合理的速度分布，便可求解，这个假定越接近实际，所得结果越正确。

7.4.3　边界层动量积分方程求解

1. 零压梯度平板边界层

边界层的动量积分方程为式（7-50），这里的 δ^{**} 和 τ_0 均与速度分布有关，求解的关键在于选择接近实际的速度分布。由于平板边界层存在相似性解，可以把速度用无量纲形式表示，即

$$\frac{v_x}{U}=f(\eta),\quad \eta=\frac{y}{\delta} \tag{7-51}$$

相应的边界条件有

$$\eta=0:\ f(0)=0,\quad f''(0)=0,\quad f'''(0)=0,\ \cdots$$
$$\eta=1:\ f(1)=1,\quad f'(1)=0,\quad f''(1)=0,\ \cdots$$

通常速度分布 $f(\eta)$ 选择如下两种形式。

1）多项式速度分布

二次多项式：$f(\eta)=a_0+a_1\eta+a_2\eta^2$。

由边界条件：$f(0)=0$，$f(1)=1$，$f'(1)=0$，得到系数 $a_0=0$，$a_1=2$，$a_2=-1$。

速度分布为

$$f(\eta)=2\eta-\eta^2 \tag{7-52}$$

三次多项式：$f(\eta)=a_0+a_1\eta+a_2\eta^2+a_3\eta^3$。

由边界条件：$f(0)=0$，$f(1)=1$，$f'(1)=0$，$f''(0)=0$，得到系数 $a_0=0$，$a_1=\frac{3}{2}$，$a_2=0$，$a_3=-\frac{1}{2}$。

速度分布为

$$f(\eta)=\frac{3}{2}\eta-\frac{1}{2}\eta^3 \tag{7-53}$$

四次多项式：$f(\eta)=a_0+a_1\eta+a_2\eta^2+a_3\eta^3+a_4\eta^4$。

由边界条件：$f(0)=0$，$f(1)=1$，$f'(1)=0$，$f''(0)=0$，$f''(1)=0$，得到系数 $a_0=0$，$a_1=2$，$a_2=0$，$a_3=-2$，$a_4=1$。

速度分布为

$$f(\eta)=2\eta-2\eta^3+\eta^4 \tag{7-54}$$

2）正弦函数速度分布

$$f(\eta)=\sin\left(\frac{\pi}{2}\eta\right) \tag{7-55}$$

将式（7-52）～式（7-55）分别代入式（7-50），得到不同速度分布时的边界层各特征量。如速度分布为二次多项式，即满足式（7-52）时，$\delta^{**}=\delta\int_0^1 f(1-f)\mathrm{d}\eta=\int_0^1(2\eta-\eta^2)(1-2\eta+\eta^2)\mathrm{d}\eta=\frac{2}{15}\delta$，$\tau_0=\mu\left(\frac{\mathrm{d}v_x}{\mathrm{d}y}\right)_{y=0}=2\mu\frac{U}{\delta}$，动量积分方程为

$$\frac{\mathrm{d}}{\mathrm{d}x}\left(\frac{2}{15}\delta\right)=\frac{2\nu}{\delta U} \tag{7-56}$$

分离变量，有

$$\delta\mathrm{d}\delta=15\frac{\nu}{U}\mathrm{d}x \tag{7-57}$$

对式（7-57）积分，并利用$\delta(0)=0$，得到边界层厚度为

$$\delta=5.48/\sqrt{\frac{U}{\nu x}}\ \text{或}\ \delta=5.48\frac{x}{\sqrt{Re_x}} \tag{7-58}$$

边界层排挤厚度δ^*和动量损失厚度δ^{**}分别为

$$\delta^*=1.825\frac{x}{\sqrt{Re_x}},\quad \delta^{**}=0.730\frac{x}{\sqrt{Re_x}}$$

平板表面切应力为

$$\tau_0=2\mu\frac{U}{\delta}=0.365\sqrt{\frac{\mu\rho U^3}{x}}$$

以上结果与布拉休斯精确解相比，符合较好。

2. 有压强梯度的边界层

1）卡门-波尔豪森方法

波尔豪森（Pohlhausen）于 1921 年首次利用卡门动量积分方程求解了具有压强梯度的边界层流动，选取的速度分布形式为

$$\frac{v_x}{U}=a+b\eta+c\eta^2+d\eta^3+e\eta^4 \tag{7-59}$$

式中，$\eta=\frac{y}{\delta(x)}$。

绕曲面物体的边界层流动不一定存在相似性解，因此式（7-59）中的系数 a、b、c、d、e 一般应是 x 的函数，需要 5 个边界条件来确定。由壁面无滑移条件、边界层外边界与势流衔接条件可得

$$y=0,\quad v_x=0;\quad y=\delta,\quad v_x=U,\quad \frac{\partial v_x}{\partial y}=0$$

还需要 2 个边界条件，这里分析边界层微分方程：

$$v_x \frac{\partial v_x}{\partial x} + v_y \frac{\partial v_x}{\partial y} = U \frac{\mathrm{d}U}{\mathrm{d}x} + \nu \frac{\partial^2 v_x}{\partial y^2} \tag{7-60}$$

将 $y=0$，$v_x = v_y = 0$ 代入式（7-60），可得

$$\frac{\partial^2 v_x}{\partial y^2} = -\frac{U}{\nu}\frac{\mathrm{d}U}{\mathrm{d}x} \tag{7-61}$$

式（7-61）反映了物面形状对边界层内速度分布的影响，是重要的相容性条件。此外，为了保证边界层外边界与势流光滑过渡，v_x 对 y 的高阶导数应为 0，取

$$\frac{\partial^2 v_x(x,\delta)}{\partial y^2} = 0$$

上述 5 个边界条件的无量纲形式为

$$\eta=0：\ \frac{v_x}{U} = 0,\quad \frac{\partial^2 (v_x/U)}{\partial \eta^2} = -\frac{\delta^2}{\nu}\frac{\mathrm{d}U}{\mathrm{d}x} = -\Lambda(x)$$

$$\eta=1：\ \frac{v_x}{U} = 1,\quad \frac{\partial (v_x/U)}{\partial \eta} = \frac{\partial^2 (v_x/U)}{\partial \eta^2} = 0$$

这里，$\Lambda(x)=\dfrac{\delta^2}{\nu}\dfrac{\mathrm{d}U}{\mathrm{d}x}$，是一个无量纲，反映了外部势流压强梯度对边界层内部流动的影响，称为波尔豪森参数。

将 5 个边界条件代入式（7-59），确定 5 个系数分别为

$$a=0,\quad b=2+\frac{\Lambda}{2},\quad c=-\frac{\Lambda}{2},\quad d=-2+\frac{\Lambda}{2},\quad e=1-\frac{\Lambda}{6}$$

因此，式（7-59）整理成

$$\frac{v_x}{U} = 1-(1+\eta)(1-\eta)^3 + \frac{\Lambda}{6}\eta(1-\eta)^3 \tag{7-62}$$

令 $F(\eta)=1-(1+\eta)(1-\eta)^3$，$G(\eta)=\dfrac{1}{6}\eta(1-\eta)^3$，式（7-62）简写为

$$\frac{v_x}{U} = f(\eta) = F(\eta) + \Lambda G(\eta) \tag{7-63}$$

函数 $F(\eta)$ 和 $G(\eta)$ 随 η 的变化曲线如图 7-11 所示。函数 $F(\eta)$ 在区域（0, 1）内随 η 单调增大；函数 $G(\eta)$ 先增大，在 $\eta=0.25$ 时达到最大值 0.0176，此后减小，到 $\eta=1$ 时减小为 0。图 7-12 给出了不同 Λ 值的速度分布：$\Lambda=0$ 相当于零压强梯度的平板边界层流动；$\Lambda>12$ 时速度比出现 >1 的区域，边界层内的流速不可能超过外部势流速度，故限定 $\Lambda<12$；$\Lambda=-12$ 时出现回流现象，流动进入分离区，故限定 $\Lambda>-12$。因此，有 $-12<\Lambda<12$。

根据实验资料和典型的精确解，分离发生时 $\Lambda\approx-5$，因此 $\Lambda=-12$ 时比实际情况滞后很多，但这里依然以此值为下限。

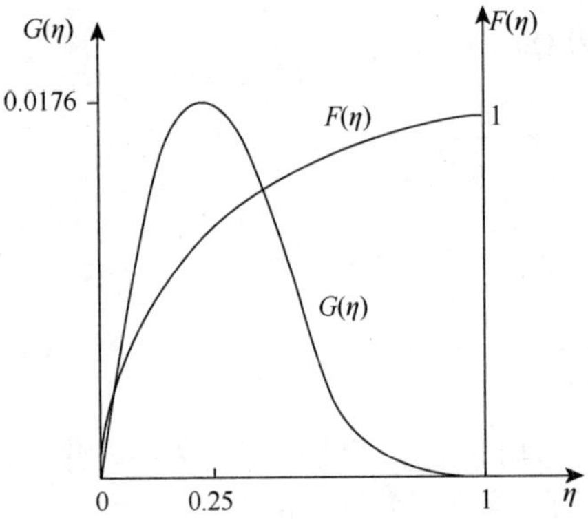

图 7-11　函数 $F(\eta)$和 $G(\eta)$

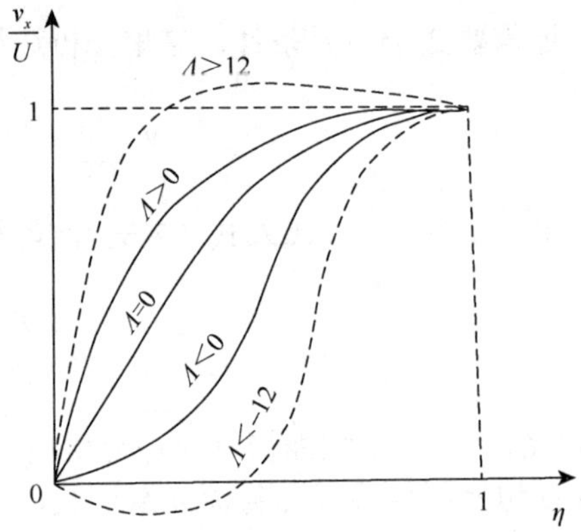

图 7-12　不同压强参数 Λ 值的速度分布

在速度分布式（7-63）确定后，可以进行边界层厚度及切应力的计算：

$$\frac{\delta^*}{\delta}=\int_0^1(1-f)\mathrm{d}\eta=\frac{3}{10}-\frac{\Lambda}{120}$$

$$\frac{\delta^{**}}{\delta}=\int_0^1 f(1-f)\mathrm{d}\eta=\frac{37}{315}-\frac{\Lambda}{945}-\frac{\Lambda^2}{9072}$$

$$\frac{\tau_0\delta}{\mu U}=\left(\frac{\partial f}{\partial\eta}\right)_{\eta=0}=2+\frac{\Lambda}{6}$$

将以上 3 个式子代入式（7-49）并加以整理，得

$$\frac{\mathrm{d}z}{\mathrm{d}x}=\frac{g(\Lambda)}{U(x)}+U''(x)h(\Lambda)z^2 \tag{7-64}$$

式中，$z=\dfrac{\delta^2}{\nu}$；$g(\Lambda)=\dfrac{15120-2784\Lambda+79\Lambda^2+5\Lambda^3/3}{(12-\Lambda)(37+25\Lambda/12)}$；$h(\Lambda)=\dfrac{8+5\Lambda/3}{(12-\Lambda)(37+25\Lambda/12)}$。

式（7-64）求解的推导过程参见相关文献，卡门-波尔豪森方法结果不够准确，特别是在逆压梯度时误差较大，现已很少使用。

2）思韦茨方法

Holstein 和 Bohlen 于 1940 年提出建议采用一个新的无量纲变量 λ 替代波尔豪森参数 Λ：

$$\lambda=\frac{\delta^{**2}U'}{\nu}=\left(\frac{\delta^{**}}{\delta}\right)^2\Lambda \tag{7-65}$$

用$\dfrac{U\delta^{**}}{\nu}$乘以动量积分方程（7-49）两侧，有

$$\frac{U}{2}\frac{\mathrm{d}}{\mathrm{d}x}\left(\frac{\delta^{**2}}{\nu}\right)+(2+H)\frac{\delta^{**2}}{\nu}\frac{\mathrm{d}U}{\mathrm{d}x}=\frac{\tau_0\delta^{**}}{\mu U} \tag{7-66}$$

令

$$\frac{\tau_0\delta^{**}}{\mu U}=S(\lambda),\qquad \frac{\delta^*}{\delta^{**}}=H(\lambda) \tag{7-67}$$

式（7-66）可以改写为

$$U\frac{\mathrm{d}}{\mathrm{d}x}\left(\frac{\delta^{**2}}{\nu}\right)=2[S-(2+H)\lambda]=F(\lambda) \tag{7-68}$$

早期的研究者一般按前面介绍的思路，先假设一个边界层内的速度分布，然后求解式（7-68）中的相关参数。思韦茨（Thwaites）于 1949 年选择了另外一种思路，他在仔细考察了层流边界层的计算值和实验数据后发现，$F(\lambda)$ 与 λ 近似为线性关系，如图 7-13 所示。

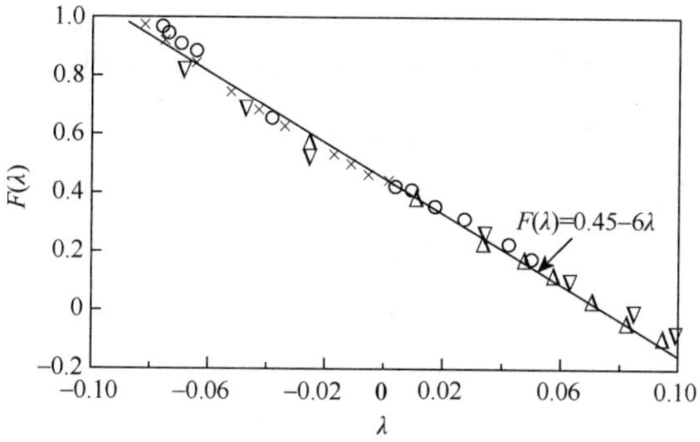

图 7-13　$F(\lambda)$计算值与实验数据的比较

$F(\lambda)$ 与 λ 的线性关系式为

$$F(\lambda)=0.45-6\lambda \tag{7-69}$$

将式（7-69）代入式（7-68），得

$$U\frac{\mathrm{d}}{\mathrm{d}x}\left(\frac{\delta^{**2}}{\nu}\right)=0.45-6\frac{\mathrm{d}U}{\mathrm{d}x}\frac{\delta^{**2}}{\nu} \tag{7-70}$$

整理后得

$$\frac{\mathrm{d}}{\mathrm{d}x}\left(\frac{\delta^{**2}U^6}{\nu}\right)=0.45U^5 \tag{7-71}$$

对式（7-71）积分，得

$$\frac{\delta^{**2}U^6}{\nu}=0.45\int_{x_0}^{x}U^5(\xi)\mathrm{d}\xi+\frac{\delta^{**2}(x_0)U^6(x_0)}{\nu} \tag{7-72}$$

注意到在滞止点 $U=0$，如果从滞止点开始积分，则式（7-72）右侧第二项为 0。

取滞止点 $x=0$，式（7-72）可简写为

$$\delta^{**2}(x)=\frac{0.45\nu}{U^6(x)}\int_0^x U^5(\xi)\mathrm{d}\xi \tag{7-73}$$

求出 δ^{**} 后可计算 $\lambda=\dfrac{\delta^{**2}U'}{\nu}$，然后利用式（7-67）计算 δ^* 和 τ_0：

$$\delta^*=\delta^{**}H(\lambda),\quad \tau_0=\mu US(\lambda)/\delta^{**} \tag{7-74}$$

函数 $S(\lambda)$ 与 λ 之间的函数关系可由经验公式表示，即

$$S(\lambda)\approx(\lambda+0.09)^{0.62} \tag{7-75}$$

由式（7-68）和式（7-69），可得 $H(\lambda)$ 与 $S(\lambda)$ 之间的函数关系式：

$$2S(\lambda)-2[2+H(\lambda)]\lambda=0.45-6\lambda \tag{7-76}$$

式中，$S(\lambda)=0$ 的点是分离点，在该点处壁面切应力为零，相当于 $\lambda=-0.09$ 。

对于顺压和弱逆压梯度，思韦茨方法的精度约为 5%，但在分离点附近则约为 15%。

现利用思韦茨方法求解零压梯度的平板边界层流动。对于平板边界层，外部势流速度 U 为常数，由式（7-73）可得

$$\delta^{**}=0.671\sqrt{\frac{\nu x}{U}}$$

注意到 $\frac{\mathrm{d}U}{\mathrm{d}x}=0$，由式（7-65）可得 $\lambda=0$，因此由式（7-75）有

$$S(\lambda)=0.225$$

将其代入式（7-76），得到

$$H(\lambda)=2.55$$

由式（7-74），得

$$\delta^{*}=2.55\delta^{**}=1.17\sqrt{\frac{\nu x}{U}}$$

$$\tau_0=0.225\mu U/\delta^{**}=0.335\rho U^2\sqrt{\frac{\nu}{Ux}}$$

δ^{**}、δ^{*} 和 τ_0 的精确解的系数分别约为 0.664、1.72 和 0.332，与精确解相比，思韦茨方法计算误差在 1%左右。

将采用不同方法得到的边界层特征量列于表 7-2。与布拉休斯精确解相比较，虽然假定的速度分布形式差别较大，但结果相差并不大，说明边界层动量积分方程对速度分布形式并不敏感，这也是动量积分方程解法的最大优势。此外，单参数解法误差相对更小，是较为完善的方法。

表 7-2　不同方法求解的边界层特征量计算结果

名称	速度分布	$\frac{\delta}{\sqrt{Re_x}}$		$\frac{\delta^*}{\sqrt{Re_x}}$		$\frac{\delta^{**}}{\sqrt{Re_x}}$		$\frac{\tau_0}{\rho U^2}\sqrt{Re_x}$	
布拉休斯解		5	100%	1.721	100%	0.6641	100%	0.3321	100%
动量积分方程近似解	$f(\eta)=2\eta-\eta^2$	5.477	109.5%	1.825	106.0%	0.7302	110.0%	0.3651	109.9%
	$f(\eta)=\frac{3}{2}\eta-\frac{1}{2}\eta^3$	4.641	92.8%	1.740	101.1%	0.6464	97.3%	0.3232	97.3%
	$f(\eta)=2\eta-2\eta^3+\eta^4$	5.835	116.7%	1.752	101.8%	0.6855	103.2%	0.3427	103.2%
	$f(\eta)=\sin\left(\frac{\pi}{2}\eta\right)$	4.795	95.9%	1.741	101.2%	0.6551	98.6%	0.3276	98.6%
单参数解	洛强斯基方法：$\delta^{**}=\left[\frac{a\nu}{U^b}\int_0^x U^{1-b}(x)\mathrm{d}x\right]^{\frac{1}{2}}$（$a=0.44$，$b=5.75$）			1.731	100.6%	0.6633	99.9%	0.3302	99.4%
	思韦茨方法：δ^{**} 的公式同上（$a=0.45, b=6.0$）			1.71	99.4%	0.6708	101.0%	0.335	100.9%

例 7.2 利用思韦茨方法求解钝头柱体前驻点附近的二维绕流问题。

解：对于平面驻点附近的绕流 $U = cx$，由式（7-73）得

$$\delta^{**}=0.274\sqrt{\frac{\nu}{c}}$$

由式（7-65）得到

$$\lambda=0.075$$

由式（7-75）和式（7-76），得

$$S(\lambda)=0.327, \quad H(\lambda)=2.35$$

因此，有

$$\delta^{*}=2.35\delta^{**}=0.664\sqrt{\frac{\nu}{c}}$$

$$\tau_0=0.327\mu U / \delta^{**}=1.193\rho U^2\sqrt{\frac{\nu}{Ux}}$$

例 7.3 已知势流速度分布为 $U(x)=U_0(1-x/L)$，U_0 和 L 为常数，试计算层流边界层的动量损失厚度及边界层分离点的位置。

解：由式（7-62）计算动量损失厚度：

$$\delta^{**2}(x)=\frac{0.45\nu}{U_0^6(1-x/L)^6}\int_0^x U_0^5(1-\xi/L)^5\mathrm{d}\xi = 0.075\frac{\nu L}{U_0}\left[(1-x/L)^{-6}-1\right]$$

因此

$$\delta^{**}(x)=0.274\sqrt{\frac{\nu L}{U_0}\left[(1-x/L)^{-6}-1\right]}$$

由式（7-65）得

$$\lambda=\frac{\delta^{**2}}{\nu}\frac{\mathrm{d}U}{\mathrm{d}x}=-\frac{\delta^{**2}U_0}{\nu L}=-0.075\left[(1-x/L)^{-6}-1\right]$$

由于边界层分离点 $\lambda=-0.09$，得到分离点的位置为

$$x/L=1-2.2^{-1/6}=0.123$$

7.5 边界层的分离及减阻

7.5.1 边界层分离

对于平板边界层，其外部流动沿程没有增速或减速，也不存在压强梯度，这是最简单

的情况。如果外部流动有沿程的压强梯度，或者说有正或负的加速度，边界层的发展就会受到影响，可能产生边界层与边壁的脱离，从而改变外部势流的流动图形。例如，流体绕过非流线型钝头物体时，会脱离物体表面，在物体后部形成尾流区。

下面以黏性不可压缩流体绕圆柱的流动来说明边界层的分离现象。设二维定常均匀流绕光滑表面的静止圆柱流动，如图 7-14 所示。由伯努利方程可知，越接近圆柱，流速越小，压强越大，在贴近圆柱表面的 A 点处流速降低为 0，压强增加到最大。流速为 0、压强最大的点，称为停滞点或驻点。流体质点到达驻点后，便停滞不前了。由于流体不可压缩，继续流来的流体质点在较圆柱两侧压强更大的驻点的压强作用下，只好将压能部分转变为动能，改变原来的运动方向，沿着圆柱面两侧继续向前流动。观察流线，流线在驻点呈分歧现象。

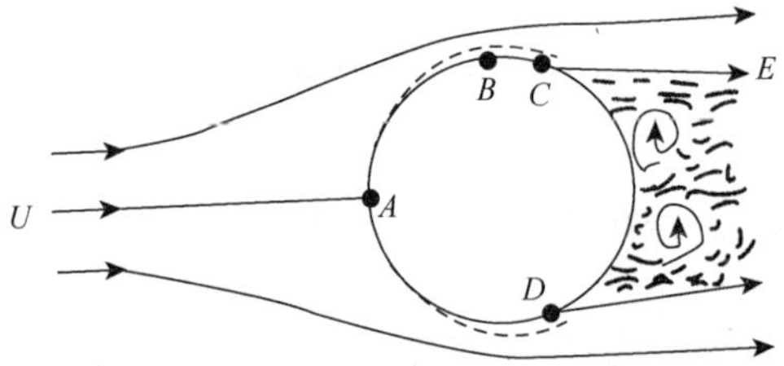

图 7-14　黏性不可压缩流体绕流圆柱

当流体从驻点 A 向两侧面流去时，由于圆柱体表面的阻滞作用，会在圆柱体表面上产生边界层。从 A 点经过四分之一圆周到达 B 点之前，由于圆柱体表面外凸，流线趋于密集，边界层内流体处在加速减压的情况，即 $\frac{\partial p}{\partial x}<0$，这时压能的减小部分还能补偿动能的增加和克服流动阻力所消耗的能量损失，边界层内流体的流速不会减小为零。但是，过了 B 点以后，由于流线的疏散，边界层内流体处在减速增压的情况，即 $\frac{\partial p}{\partial x}>0$，这时动能的一部分转换为压能，另外一部分转换为用以克服流动阻力所消耗的能量损失。因此，边界层内的流体质点速度迅速降低，到贴近圆柱体表面的 C 点，流速将减小为 0。流体质点在 C 点停滞下来，形成新的驻点。由于流体不可压缩，继续流来的流体质点被迫脱离原来的流线，沿着另一条流线流去，如图 7-14 中的 CE 线，从而使边界层脱离圆柱体表面，这种现象即边界层的分离现象，C 点称为分离点。边界层分离后，在边界层与圆柱体表面之间，由于分离点下游的压强较大，流体发生反向回流，形成旋涡区，在绕流物体边界层分离点下游形成的旋涡区称为尾流。

分离点的位置是不固定的，它与流体所绕物体的形状、粗糙程度、流动的雷诺数等有关，例如，流体遇到固体表面的锐缘时，分离点就在锐缘处。另外，边界层的分离还与来流和物体的相对方向有关，如前述的流体绕经极薄平板的流动，当平板放置方向与来流方向平行时，边界层不会发生分离，但当平板放置方向与来流方向垂直时，则必然在平板两端产生分离，如图 7-15 所示。

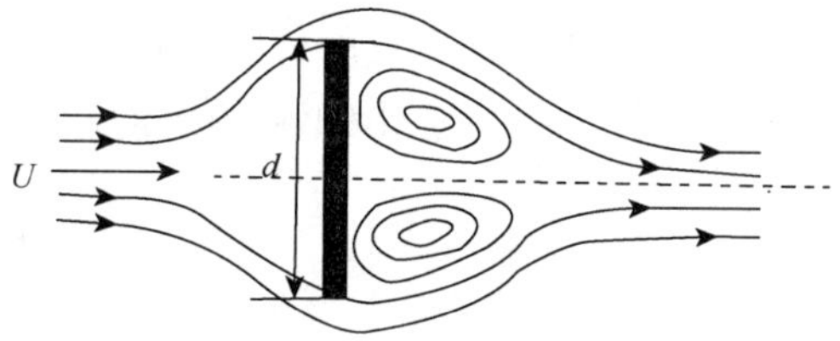

图 7-15　垂直绕流平板

根据前面的阐述，可以发现顺压梯度$\left(\dfrac{\partial p}{\partial x}<0\right)$和逆压梯度$\left(\dfrac{\partial p}{\partial x}>0\right)$对边界层内的流动有着截然不同的影响。具有顺压梯度的边界层厚度相对较小，如果顺压梯度足够大，可以抵消或超过沿垂直于物面方向的黏性扩散的影响，边界层甚至会沿流动方向不断减薄。在顺压梯度的作用下，边界层由层流向湍流的转捩也会延迟到雷诺数更高时发生；而在逆压梯度的作用下，边界层很快变厚，且在较小的雷诺数下即发生流态变化，同时具有强逆压梯度的边界层会脱离物面，并在分离点下游的物面附近出现倒流和尾迹区。接下来，详细分析不同压强梯度情况下的边界层内速度分布。

在物面上，依据无滑移条件，$v_x = v_y = 0$，因此二维不可压缩边界层流动方程可以写作

$$\left(\frac{\partial^2 v_x}{\partial y^2}\right)_{y=0} = \frac{1}{\mu}\frac{\mathrm{d}p}{\mathrm{d}x} \tag{7-77}$$

式（7-77）表明边界层速度剖面在物面处的曲率与压强梯度同号，压强梯度正负号改变时速度剖面曲率也会改变。在顺压梯度区，$\dfrac{\partial p}{\partial x}<0$，即$\left(\dfrac{\partial^2 v_x}{\partial y^2}\right)_{y=0}<0$；同时，当趋近边界层外缘时，$\dfrac{\partial v_x}{\partial y}$不断减小并趋于 0，因此当$y\to\delta$时总有$\dfrac{\partial^2 v_x}{\partial y^2}<0$，也就是说在顺压梯度区，$\dfrac{\partial^2 v_x}{\partial y^2}$沿 y 轴方向始终是负的，这意味着沿 y 轴方向，$\dfrac{\partial v_x}{\partial y}$将由壁面上的最大值$\dfrac{\tau_0}{\mu}$单调减小至 0，与此对应的边界层内的速度剖面是一条外凸的光滑曲线［图 7-16（a）］。由于在顺压梯度区内边界层内流体质点受到的压力作用与流动方向一致，压强梯度有助于克服壁面与流体内部的黏性阻滞作用，推动流体质点前进，因此速度饱满，不会发生边界层分离。

在逆压梯度区，$\dfrac{\partial p}{\partial x}>0$，即$\left(\dfrac{\partial^2 v_x}{\partial y^2}\right)_{y=0}>0$，而当$y\to\delta$时总有$\dfrac{\partial^2 v_x}{\partial y^2}<0$，因此必然在$0<y<\delta$范围内的某点处出现$\dfrac{\partial^2 v_x}{\partial y^2}=0$，这意味着$\dfrac{\partial v_x}{\partial y}$剖面上的相应点是极值点，而速度剖面上的相应点则是拐点，如图 7-16（b）中的 P 点。拐点的出现改变了速度剖面的形状，在拐点上部速度剖面外凸，拐点下部速度剖面内凹。从物理角度分析：在逆压梯度区，边界层内接近物面的流体质点受到的压力作用与流动方向相反，在压强梯度和黏滞力的共同

作用下，流体质点的速度逐渐减小，而在边界层的外缘，势流对边界层内流体施加的拖动力使得流体继续向前运动，出现了上述“*S*”形的速度分布规律。

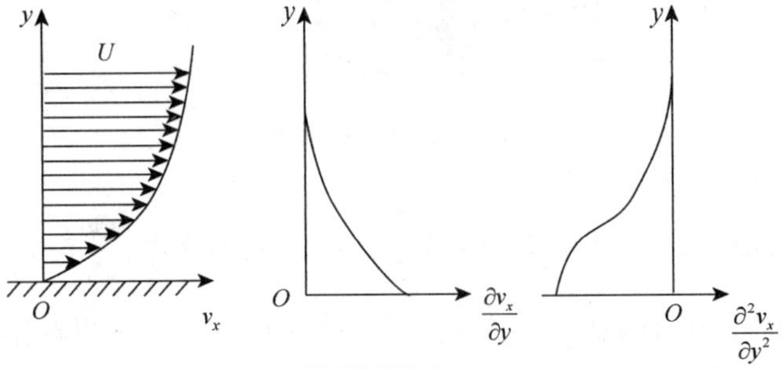

(a)顺压梯度流动

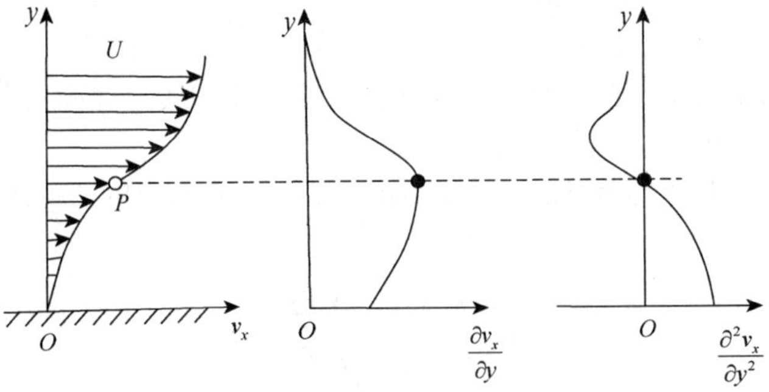

(b)逆压梯度流动

图 7-16　边界层内速度剖面

图 7-17 给出了曲面边界层流动的发展过程。在 *M* 点的上游区域，外部势流速度 *U* 增大，压强沿程下降为顺压梯度区，不会出现流动滞止现象。而在 *M* 点处，势流速度 *U* 最

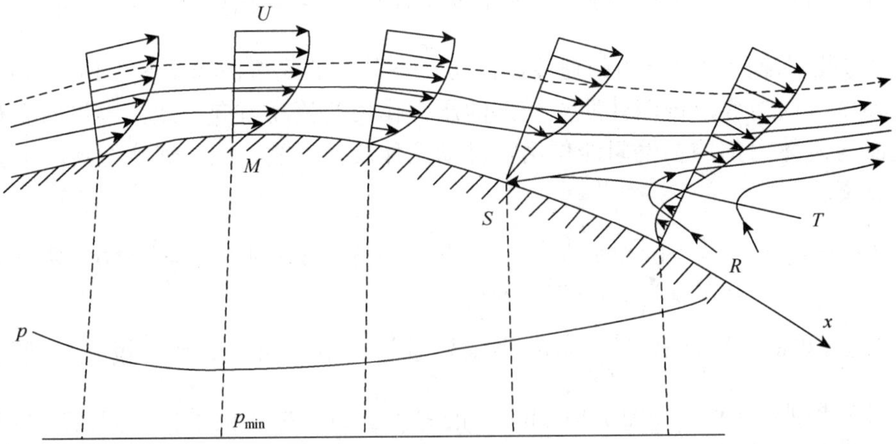

图 7-17　边界层流动发展过程

大，压强最低，壁面附近的速度曲线出现拐点，但依然不会有边界层分离。在 M 点的下游区域，势流速度 U 逐渐减小，压强沿程增大，流动处于逆压梯度区域，由于逆压梯度和黏滞力的共同作用，向下游流动的过程中，速度曲线的拐点逐渐向边界层外缘移动，速度剖面变得日益瘦削，直至壁面切应力减小为 0（S 点处），边界层迅速增厚。S 点为分离点，在分离点处有

$$\tau_0=\mu\left(\frac{\partial v_x}{\partial y}\right)_{y=0}=0 \tag{7-78}$$

在分离点的下游，壁面附近被黏滞力和逆压梯度滞止的流体质点逐渐增多，压强的进一步增大将使被滞止的流体质点发生回流，从而排挤上游来流边界层使其与物面分离。图 7-17 中，ST 线上一系列的流体质点速度等于 0，是顺流与回流的分界面，该分界面极不稳定，稍经扰动便会破裂形成旋涡，从而被主流带走。因此，分离点后的旋涡不断形生，又不断被主流带走，在绕流物体的尾部形成了尾涡区。

层流边界层和湍流边界层都可能发生分离，但两者相比，湍流边界层更为稳定，不易发生分离。这是由于湍流边界层内的速度剖面更加饱满，湍流边界层内的流体具有远高于层流边界层内流体的动量通量，更能抗拒逆压梯度的作用而保持流体附着于物面不分离。

边界层分离后形成的尾迹区的压强比加速段的顺压梯度区的压强小，会形成压差阻力，如黏性流体绕流圆柱体时，在圆柱前后的压强差会产生一个对圆柱的阻力，在高雷诺数条件下，压差阻力远大于圆柱体表面黏性应力所导致的摩擦阻力。

7.5.2　卡门涡街

前面分析中指出，当理想均匀流绕流某一静止圆柱体时，流体作用于圆柱体的合力为 0，而有黏性的实际流体流动显然不会产生这一结果。实际流体绕流静止圆柱体时，如果来流速度小，即雷诺数很小时，流线分布和圆柱体表面的压强分布与理想流体绕流情况类似，如图 7-18（a）所示。随着来流速度增加，流体将在圆柱体后半部分产生边界层分离，来流速度越大，圆柱体上的分离点越向前移，如图 7-18（b）所示。当雷诺数增加到大 40 左右时，在圆柱体后面会产生一对旋转方向相反的对称旋涡，如图 7-18（c）所示。雷诺数超过 40 后，对称旋涡不断增长并出现摆动，直到 $Re\approx 60$ 时，这对不稳定的对称旋涡分裂，最后形成有规则的、旋转方向相反的交替旋涡，称为卡门涡街，如图 7-18（d）所示。

对有规则的卡门涡街，只能在一定的范围内观察到，而且在多数情况下，涡街是不稳定的，即受到外界扰动就被破坏了。在自然界中常常可以看到卡门涡街现象，如水流过桥墩等。在物体两侧不断形成新的旋涡，必然会耗损流动能量，从而使物体遭受阻力。当旋涡脱落频率接近于物体的固有频率时，共振效应可能会引起结构物的破坏，风吹过电线时会发出“嗡鸣”声，就是因为电线受到涡街作用后产生了振动。

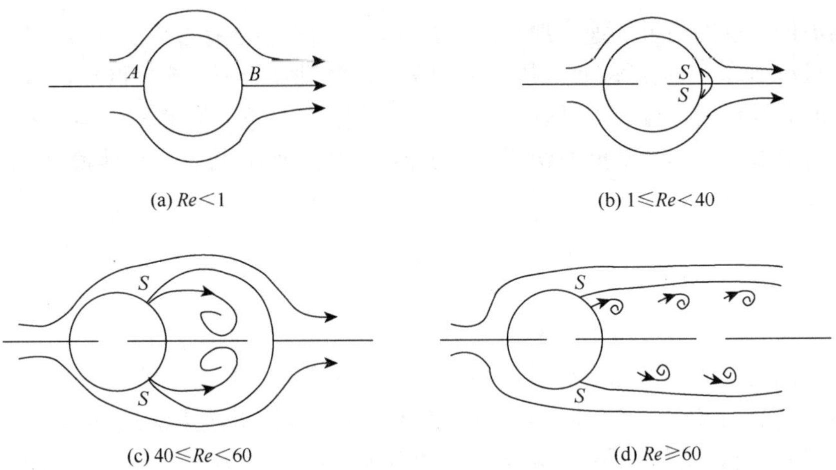

图 7-18　卡门涡街的形成

7.5.3　减阻措施

黏性流体绕流物体时，边界层分离会产生压差阻力，物面的黏性应力会产生摩擦阻力，两者共同构成绕流阻力。压差阻力和摩擦阻力的主次取决于雷诺数，对于流体绕流圆柱体的情况，当雷诺数较小时，压差阻力占总阻力的 1/3；当雷诺数增大时，压差阻力占到总阻力的 1/2；当 $Re = 200$ 时，压差阻力增至总阻力的 3/4；当 $Re = 10^4$～10^5 时，总阻力主要是压差阻力。

摩擦阻力与边界层的流态有很大的关系。一般来说，层流边界层的摩擦阻力比湍流边界层小，是湍流时的 1/5～1/6。为了减小摩擦阻力，应采用小的物面粗糙度，物面上的层流边界层应尽可能长。

边界层分离形成的压差阻力会使绕流阻力增大，而升力骤减，导致叶片式流体机械的运行效率下降，或者对飞行器的稳定性造成破坏，人们一直在尝试采取各种方法来防止边界层分离，以达到减小阻力的目的。常见的控制边界层的方法有以下几种。

1）将被绕流物体的外形设计成流线型

压差阻力是边界层的分离引起的，与物体的形状关系密切。物体后部曲率越大，分离越早，尾流越粗，压差阻力越大；反之，就越小。如图 7-19 所示的流体绕流流线型物体，边界层的分离点接近尾端，可以阻止或推迟边界层的分离，从而达到减小压差阻力的目的。许多叶片式流体机械中的叶片流道就是采用了这种设计原则。

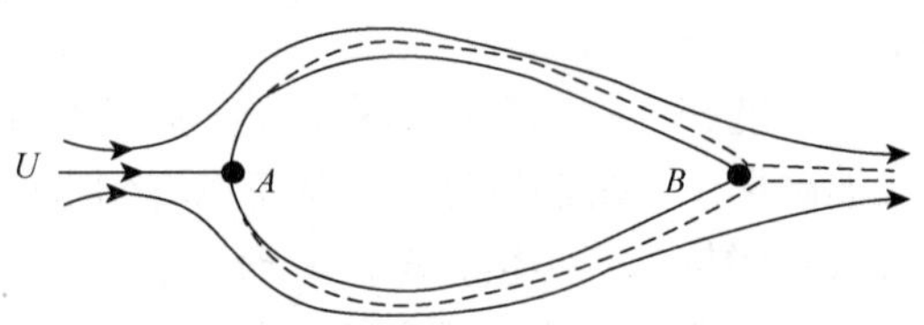

图 7-19　流体绕流流线型物体

2）用吹气和吸气方式控制边界层

有时边界层的升压区因运行工况的改变而不可避免地向边界层前部移动，这时需寻求其他方法来防止边界层的分离。一种方法是向边界层注入高速流体，使即将滞止的流体质点得到新的能量以继续向升压区流动，一直不分离地流向下游，如图 7-20（a）、（b）所示。图 7-20（a）是在机翼内部设置一喷气气源，将高速射流从边界层将要分离处喷入边界层。图 7-20（b）是在机翼前缘处加设一个缝翼，它直接利用主流本身的能量，将压力面的高压流体引到吸力面的阻滞区，在前缘缝翼 *AB* 段上形成的边界层还未分离时就被引入的流体带到下游去了，而从 *C* 点开始又形成一新的边界层，这种新边界层在较有利的情况下会一直持续到尾缘 *D* 而不分离。尾缘附近襟翼［图 7-20（b）中虚线］形成的狭缝与前缘狭缝的作用原理相同，因此对提高升力系数很有效。

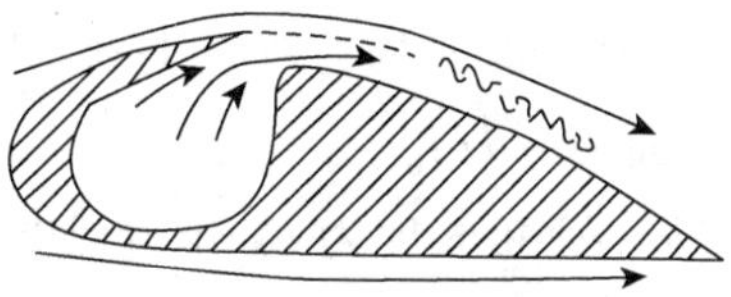

(a) 机翼内部设置喷气气源

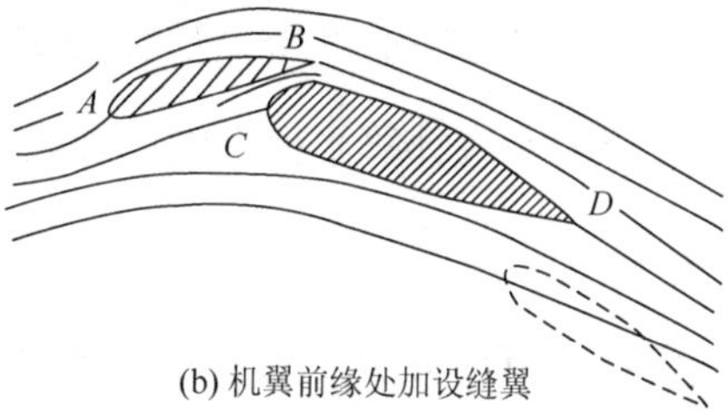

(b) 机翼前缘处加设缝翼

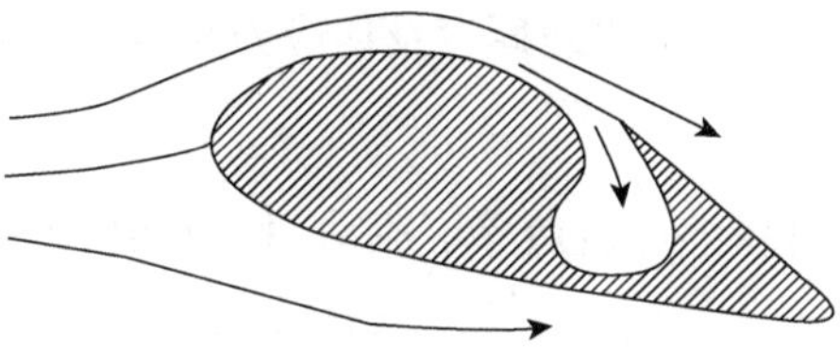

(c) 边界层易分离处设置窄缝

图 7-20　用吹气和吸气方式控制边界层

另外可以采用吸气方式，在边界层易分离处设置一个窄缝，在机翼内的抽气装置把欲滞止的空气经该缝抽走。这种抽吸作用同样可以迫使边界层内的流体质点克服逆压梯度的作用而继续向下游流动，从而防止了边界层分离，如图 7-20（c）所示。这种方法还可以使边界层的层流到湍流的转捩点后移，达到减小摩擦阻力的效果。

3）边界层转捩控制

层流边界层的摩擦阻力比湍流边界层小，而湍流边界层承受逆压梯度的能力较强，有时希望提前转捩为湍流边界层以推迟边界层分离，从而减小尾涡区，降低压差阻力。吹气、绊线和分布的砂粒可触发转捩，普朗特通过实验证实了这一现象。他在圆球绕流的层流边界层分离点稍前面处套上一圈细金属丝，人为地将层流边界层转捩为湍流边界层，分离点从原来的圆球前驻点后约 80°处向后移到 110°～120°处，绕流阻力显著下降。类似的例子是在波音 707 的飞行上翼面安装了一排由金属片构成的旋涡发生器，旋涡发生器产生的旋涡能把速度大的流体微团向壁面附近运送，可使得翼面边界层提前转捩，从而防止边界层产生过早分离。

由于转捩控制具有重要的实际意义，其一直是黏性流体力学的热点研究课题。

习　　题

7.1　已知边界层的速度分布为$v_x/U=1-\mathrm{e}^{-ky/\delta}$，其中$\delta$为边界层厚度，试计算 k 值和δ^*/δ、δ^{**}/δ值。

7.2　顺流平壁边界层流动的速度分布为$v_x/U=1-\mathrm{e}^{-\alpha(x)/\delta}$，运用动量积分关系式计算边界层的动量损失厚度$\delta^{**}$及壁面切应力$\tau_0$。

7.3　一沿平板的层流边界层，平板长度为 L，来流速度为 U，试证明单位宽度平板的阻力为$\rho U^2L\sqrt{\dfrac{a\nu}{UL}}$，其中$a=\dfrac{U\delta^{**2}}{\nu L}$。

7.4　零攻角绕半无限长平板的定常不可压缩层流边界层流动，假设速度分布为$\dfrac{v_x}{U}=\sin\left[\dfrac{\pi}{2}\dfrac{y}{\delta(x)}\right]$，利用动量积分关系式计算平板上的三种边界层厚度及切应力系数，其中δ为边界层厚度，U为来流速度。

7.5　绕平板的定常不可压缩层流边界层流动，假设速度分布为$\dfrac{v_x}{U}=a+\dfrac{by}{\delta}$，利用动量积分关系式计算平板上的三种边界层厚度及切应力系数，其中δ为边界层厚度，U为来流速度。

7.6　绕平板的定常不可压缩层流边界层流动，假设速度分布为$\dfrac{v_x}{U}=a+b\dfrac{y}{\delta}+c\left(\dfrac{y}{\delta}\right)^2+d\left(\dfrac{y}{\delta}\right)^3$，利用动量积分关系式计算平板上的三种边界层厚度及切应力系数，其中δ为边界层厚度，U为来流速度。

7.7　设某表面边界层外势流速度为$U(x)=Ax^{1/6}$，其中 A 为常数，利用思韦茨方法求解边界层动量损失厚度和壁面切应力的表达式。

7.8　设某表面边界层外势流速度为$U(x)=U_0/(1+x/L)$，其中U_0和 L 为常数，利用思韦茨方法求解此边界层分离点的位置。

7.9　已知边界层外势流速度分布为$U(x)=2U_0\sin\varphi$，求绕流圆柱表面层流边界层流动分离点的位置。

7.10　为防止某翼型表面的定常不可压缩层流边界层分离，从上表面某一点开始设计翼型参数始终为常数，$\lambda=\dfrac{\delta^{**2}}{\nu}\dfrac{\mathrm{d}U}{\mathrm{d}x}=-0.07$，试求此时的外部势流速度分布。

第 8 章　不可压缩流体的湍流运动

自然界和工程领域中遇到的流动大多数是湍流，又称为紊流。由于湍流运动的复杂性，迄今尚无法进行严格的理论研究，主要通过量纲分析、统计理论和半经验模型来处理工程中的湍流问题。本章只就工程中所需要的湍流基本知识作简要的介绍。

8.1　湍流的流动特征及统计平均法

8.1.1　湍流的流动特征

流体在做湍流运动时的重要流动特征归纳如下。

（1）湍流场在时间上做随机的脉动，在空间上则处于高度无序和混沌状态。深入研究又发现湍流不是完全随机和无序的，而是在表面上看起来不规则的运动中具有可检测的有序运动，称为拟序运动或拟序结构，它的起始时刻和位置是不确定的，但一经触发就以某种确定的顺序发展为特定的运动状态。因此，湍流是某种确定性和随机性过程有机统一的流动。

（2）湍流是高度非线性的流动，这使得湍流对其初始条件非常敏感，初始条件的微小变化都将引起后续流动的显著改变。例如，在完全相同的条件下，在同一管道内的相同空间点上测量流速随时间的变化情况，两次测量结果将完全不同。这是因为无论怎样仔细控制实验条件，初始条件总是会存在微小差别，而这一差别会被湍流放大。

（3）湍流由无数大大小小的涡团组成，大涡团尺度可与流动的宏观尺寸（如边界层的厚度）相比拟，小涡团的尺度则非常小。大尺度涡团不断破裂为小尺度涡团，小尺度涡团再破裂为更小的涡团，最后会由于黏性耗散而消失。

（4）涡团在运动过程中由于受到应变速率场的作用而被拉伸，在拉伸过程中能量和涡量不断地由大尺度涡团向小尺度涡团传输，在最小涡团中会出现极高的速度梯度和黏性应力，使湍动能量转化为分子的无规则热运动能量。湍流中始终存在黏性耗散，因此为维持湍流需要连续的能量输入。

（5）涡团的快速混合将导致极高的湍流质量、动量和能量输运效率，这意味着湍流具有远远大于层流的传热系数和传质系数，同时湍流黏性也增加 100 倍、1000 倍，甚至更高，流动阻力随之增加，湍流边界层的摩擦阻力远大于层流边界层。

8.1.2　湍流的统计平均法

湍流是一种不规则的流动状态，其运动要素，如流速、压强等均随时间不停地变化。

图 8-1 为湍流流场中某一空间点在 x 轴方向上的瞬时流速分量 v_x 随时间变化的曲线，从图中可以看出瞬时流速围绕一平均值随时间不断上下跳动，这种现象称为脉动现象。湍流产生脉动的原因可以用旋涡叠加原理解释，在层流转变为湍流的过程中，产生了许多大小、转向不同的涡体，这些涡体的运动和主流运动叠加后形成了湍流的脉动。因此，湍流的基本特性在于其具有随机性质的旋涡结构，以及这些旋涡的流体内部的随机运动。

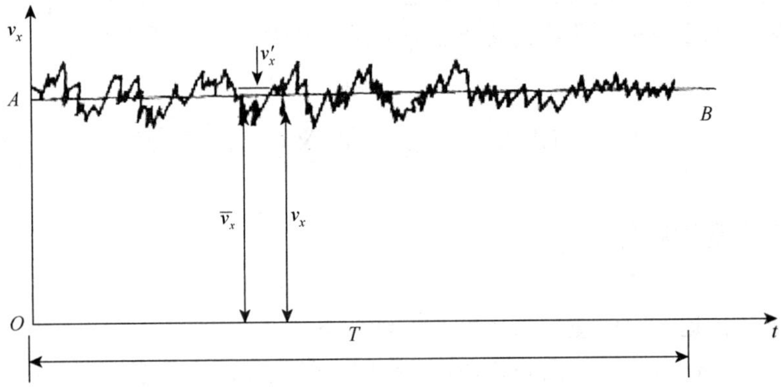

图 8-1　湍流的瞬时流速

湍流的运动要素是具有随机性质的脉动量，通常采用平均法进行处理，下面介绍湍流研究中常用的两种平均法。

1. 时间平均法

在图 8-1 中，取时间间隔 T，瞬时流速 v_x 在时段 T 内的平均值，称为时均流速，可表示为

$$\overline{v}_x = \frac{1}{T}\int_0^T v_x \mathrm{d}t \tag{8-1}$$

实测资料表明，只要时段 T 的长度取得足够长，时均值就与 T 无关，一般可以取 100 个波形以上。

瞬时流速 v_x 可以看作由时均流速 $\overline{v}_x$ 和脉动速度 v_x' 两部分组成，即

$$v_x = \overline{v}_x + v_x' \tag{8-2}$$

图 8-1 中，脉动速度 v_x' 以直线 AB 为基准，在线上方时为正，在线下方时为负。时均流速的时均值为零，即

$$\overline{v_x'} = \frac{1}{T}\int_0^T v_x' \mathrm{d}t = 0 \tag{8-3}$$

类似地，其他瞬时物理量均可以写成时均量和脉动量之和，如

$$p = \overline{p} + p'$$

式中，$\overline{p} = \frac{1}{T}\int_0^T p\mathrm{d}t$，$\overline{p'} = 0$。

2. 系综平均法

系综平均法（或总体平均法）要求在同样的条件下重复进行多次实验，实验结果是随机的，但其概率平均值是确定的，如瞬时流速 v_x 的系综平均值可定义为

$$\overline{v}_x(M_i,t) = \frac{\sum_{j=1}^{N}\overline{v}_{xj}(M_i,t)}{N} \tag{8-4}$$

式中，$\overline{v}_{xj}(M_i,t)$ 为空间某点第 j 次实验的随机量；N 为实验次数。

由概率论中的各态历经假说可知，一个随机变量在重复多次的实验中出现的所有可能值都会在相当长时间内（或相当大的空间内）的一次实验中出现多次，并具有相同的概率。因此，时间平均值和系综平均值是相等的。时间平均法（简称时均法）的物理概念清晰、方法简单、所取得的平均值很稳定，因此在后面的讨论中，采用该方法。

在采用时均法处理随机变量时，常会遇到对两个变量的平均运算，令 f 和 g 代表两个变量，根据时均的定义得到对应的运算法则有：① $\overline{f \pm g} = \overline{f} \pm \overline{g}$；② $\overline{af} = a\overline{f}$（$a$ 为常数）；③ $\overline{\overline{f}} = \overline{f}$；④ $\overline{f'} = 0$（f' 为脉动值）；⑤ $\overline{\overline{f}\cdot\overline{g}} = \overline{f}\cdot\overline{g}$；⑥ $\overline{\overline{f}\cdot g'} = 0$（$g'$ 为脉动值）；⑦ $\overline{f\cdot g} = \overline{f}\cdot\overline{g} + \overline{f'\cdot g'}$；⑧ $\overline{\frac{\partial^n f}{\partial s^n}} = \frac{\partial^n \overline{f}}{\partial s^n}$　$(n = 1,2,\cdots; s = x、y、z、t)$。

由以上讨论可知，湍流运动总是非恒定的。但从时均意义上分析，如果流场中各空间点运动参数的时均值不随时间变化，就可以认为是恒定流动。因此，湍流恒定流是指时间平均的恒定流。在工程实际的一般问题中，只需研究各运动参数的时均值，这样可使问题大大简化。

8.2　湍流的基本方程

湍流运动的实验研究表明，虽然湍流结构十分复杂，但它仍然遵循连续介质的一般力学规律，前面介绍的流体力学基本方程同样适用于湍流。但由于湍流运动相当复杂，求解湍流瞬时流动的全部过程，既不必要也不可能。因为湍流是一种随机过程，每一次单独的过程均不完全相同，没有研究意义，而有意义的是湍流过程总体的统计特性，其中最重要同时也最简单的统计特征值是平均值。本节利用时均法建立湍流运动的控制方程，包括连续性方程、运动方程和能量方程（平均能动方程和焓方程）。

8.2.1　连续性方程

不可压缩流体的连续性方程为

$$\frac{\partial v_i}{\partial x_i}=0 \tag{8-5}$$

将 $v_i=\overline{v}_i+v_i'$ 代入式（8-5），并取时均，得到

$$\frac{\partial\overline{(\overline{v}_i+v_i')}}{\partial x_i}=0$$

利用前面的运算法则，化简得到

$$\frac{\partial\overline{v}_i}{\partial x_i}=0 \tag{8-6a}$$

将 $\overline{v}_i=v_i-v_i'$ 代入式（8-6a），有

$$\frac{\partial v_i'}{\partial x_i}=0 \tag{8-6b}$$

式（8-6a）和式（8-6b）均为湍流的连续性方程，即流速的平均值和脉动值都满足连续性方程。

8.2.2　运动方程——雷诺方程

将 $v_i=\overline{v}_i+v_i'$、$p=\overline{p}+p'$、$f=\overline{f}+f'$ 代入 N-S 方程，有

$$\frac{\partial\left(\overline{v}_i+v_i'\right)}{\partial t}+\left(\overline{v}_j+v_j'\right)\frac{\partial\left(\overline{v}_i+v_i'\right)}{\partial x_j}=(\overline{f}+f')-\frac{1}{\rho}\frac{\partial(\overline{p}+p')}{\partial x_i}+\nu\frac{\partial^2\left(\overline{v}_i+v_i'\right)}{\partial x_j\partial x_j}$$

对上式取时均，得

$$\frac{\partial\overline{v}_i}{\partial t}+\overline{v}_j\frac{\partial\overline{v}_i}{\partial x_j}+\overline{v_j'\frac{\partial v_i'}{\partial x_j}}=\overline{f}-\frac{1}{\rho}\frac{\partial\overline{p}}{\partial x_i}+\nu\frac{\partial^2\overline{v}_i}{\partial x_j\partial x_j}$$

将上式中的 $\overline{v_j'\frac{\partial v_i'}{\partial x_j}}$ 改写为 $\frac{\partial}{\partial x_j}\left(\overline{v_i'v_j'}\right)$ 并移到等号左侧，得到

$$\rho\left(\frac{\partial\overline{v}_i}{\partial t}+\overline{v}_j\frac{\partial\overline{v}_i}{\partial x_j}\right)=\rho\overline{f}-\frac{\partial\overline{p}}{\partial x_i}+\frac{\partial}{\partial x_j}\left(\mu\frac{\partial\overline{v}_i}{\partial x_j}-\rho\overline{v_i'v_j'}\right) \tag{8-7}$$

式（8-7）即不可压缩湍流时均流动的运动方程，由雷诺首先推导得到，故称为雷诺方程。

在直角坐标系下，雷诺方程展开为

$$\begin{cases}\rho\left(\dfrac{\partial\overline{v}_x}{\partial t}+\overline{v}_x\dfrac{\partial\overline{v}_x}{\partial x}+\overline{v}_y\dfrac{\partial\overline{v}_x}{\partial y}+\overline{v}_z\dfrac{\partial\overline{v}_x}{\partial z}\right)\\ =\rho\overline{f_x}-\dfrac{\partial\overline{p}}{\partial x}+\mu\nabla^2\overline{v}_x+\dfrac{\partial}{\partial x}(-\rho\overline{v_x'^2})+\dfrac{\partial}{\partial y}\left(-\rho\overline{v_x'v_y'}\right)+\dfrac{\partial}{\partial z}\left(-\rho\overline{v_x'v_z'}\right)\\ \rho\left(\dfrac{\partial\overline{v}_y}{\partial t}+\overline{v}_x\dfrac{\partial\overline{v}_y}{\partial x}+\overline{v}_y\dfrac{\partial\overline{v}_y}{\partial y}+\overline{v}_z\dfrac{\partial\overline{v}_y}{\partial z}\right)\\ =\rho\overline{f_y}-\dfrac{\partial\overline{p}}{\partial y}+\mu\nabla^2\overline{v}_y+\dfrac{\partial}{\partial x}\left(-\rho\overline{v_x'v_y'}\right)+\dfrac{\partial}{\partial y}\left(-\overline{v_y'^2}\right)+\dfrac{\partial}{\partial z}\left(-\rho\overline{v_y'v_z'}\right)\\ \rho\left(\dfrac{\partial\overline{v}_z}{\partial t}+\overline{v}_x\dfrac{\partial\overline{v}_z}{\partial x}+\overline{v}_y\dfrac{\partial\overline{v}_z}{\partial y}+\overline{v}_z\dfrac{\partial\overline{v}_z}{\partial z}\right)\\ =\rho\overline{f_z}-\dfrac{\partial\overline{p}}{\partial z}+\mu\nabla^2\overline{v}_z+\dfrac{\partial}{\partial x}\left(-\rho\overline{v_x'v_z'}\right)+\dfrac{\partial}{\partial y}\left(-\overline{v_y'v_z'}\right)+\dfrac{\partial}{\partial z}\left(-\rho\overline{v_z'^2}\right)\end{cases} \tag{8-8}$$

将雷诺方程和 N-S 方程比较，发现雷诺方程中多出了一项 $-\rho\overline{v_i'v_j'}$，称为雷诺应力或湍动切应力。同黏性应力类似，雷诺应力也可用对称矩阵表示，即

$$[\boldsymbol{\tau}_t]=\begin{bmatrix}-\rho\overline{v_x'^2} & -\rho\overline{v_x'v_y'} & -\rho\overline{v_x'v_z'}\\ -\rho\overline{v_x'v_y'} & -\rho\overline{v_y'^2} & -\rho\overline{v_y'v_z'}\\ -\rho\overline{v_x'v_z'} & -\rho\overline{v_y'v_z'} & -\rho\overline{v_z'^2}\end{bmatrix} \tag{8-9}$$

雷诺应力张量是对称张量，它的对角线分量为法向应力，非对角线分量为切应力分量，两两对应相等，因此雷诺应力张量的独立分量有 6 个。

式（8-9）表明湍流的切应力是由两部分组成的，一部分是由于时均流速梯度的存在产生的黏性切应力，可用牛顿内摩擦定律表示；另一部分是由湍流脉动而产生的湍动切应力。由于湍流的复杂性，研究由于湍流脉动产生的湍动切应力时主要依靠湍流的半经验理论，下面讨论湍动切应力的物理意义。

为简便起见，这里讨论定常二维均匀平行湍流，如图 8-2 所示。此时 $\overline{v}_x=\overline{v}_x(y)$，$\overline{v}_y=\overline{v}_z=0$，$v_x=\overline{v}_x+v_x'$，$v_y=v_y'$，$v_z=v_z'$。这样只剩下湍动切应力 $-\rho\overline{v_x'v_y'}$ 需要确定。在流动中任取一点 A，取包含 A 点并垂直于 y 轴的微小截面 $\mathrm{d}A_y$。设在 A 点的时均流速为 $\overline{v}_x$，沿 x、y 轴的脉动速度分别为 v_x'、v_y'。当在该处的脉动速度为 $+v_y'$ 时，单位时间就有质量为 $\rho v_y'\mathrm{d}A_y$ 的流体从截面的下层流入该截面的上层，与此同时，也将动量带入。反之，当在该处的脉动速度为 $-v_y'$ 时，就有相应的流体动量从上层带到下层。单位时间内通过截面的 x 轴方向的动量为 $\rho v_y'\mathrm{d}A_y\left(\overline{v}_x+v_x'\right)$。

在较长的时间段内，由于流体质点的横向脉动，通过同一截面既有动量带往上层，又有动量带往下层，而其时均值为 $\rho\overline{v_y'(\overline{v}_x+v_x')}\mathrm{d}A_y=\rho\overline{v_y'\overline{v}_x}\mathrm{d}A_y+\rho\overline{v_y'v_x'}\mathrm{d}A_y=\rho\overline{v_y'v_x'}\mathrm{d}A_y$。

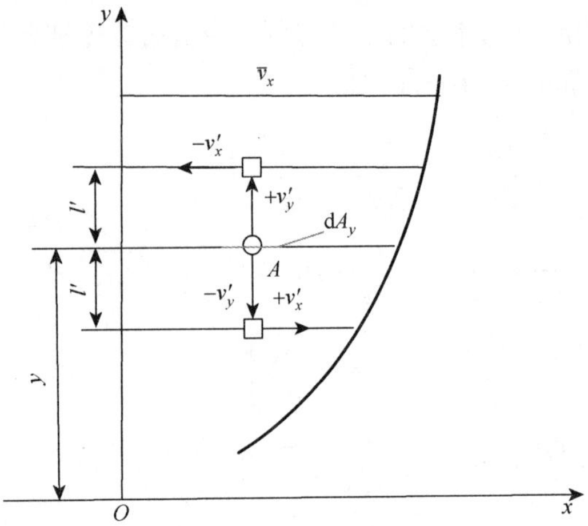

图 8-2　湍动切应力的物理意义

根据动量定理，由于脉动产生的 x 轴方向动量交换的结果相当于在截面上有一个 x 轴方向的作用力 $\rho\overline{v_x'v_y'}\mathrm{d}A_y$，单位面积的作用力即切应力 $\rho\overline{v_x'v_y'}$，接着分析这个切应力的方向。如图 8-2 所示，速度梯度是正的。当 v_y' 为正值时，流体质点从下层往上层传递，因为下层的时均流速小于上层，有减缓上层流体运动的作用，所以可认为 v_x' 为负值，即 $+v_y'$ 与 $-v_x'$ 相对应；同理，$-v_y'$ 与 $+v_x'$ 相对应。因此，无论流体质点向上还是向下运动，$\overline{v_x'v_y'}$ 值总是一个负值。为了与黏性应力的表示方法相一致，以正值出现，所以在 $\overline{v_x'v_y'}$ 前加一个负号，即

$$\overline{\tau}_{yx}=-\rho\overline{v_y'v_x'} \tag{8-10}$$

式（8-10）即湍动切应力与脉动速度之间的关系式。

将流动扩展至三维情况，图 8-2 中作用在 $\mathrm{d}A_y$ 平面的湍动切应力还有沿 y 轴的法应力 $\overline{\tau}_{yy}=-\rho\overline{v_y'v_y'}$ 和沿 z 轴的切应力 $\overline{\tau}_{yz}=-\rho\overline{v_y'v_z'}$。

如果湍流脉动是各向共性的，即脉动没有特殊的取向，则称为各向同性湍流，对应的湍动切应力为零，即 $\overline{v_x'v_y'}=\overline{v_y'v_z'}=\overline{v_x'v_z'}=0$，而法应力相等，即 $\overline{v_x'^2}=\overline{v_y'^2}=\overline{v_z'^2}=\overline{v'^2}$，这里 $\overline{v'^2}$ 只是时间 t 的函数，与空间坐标无关。各向同性湍流是对实际流场的一种近似，虽然严格意义上的各向同性湍流并不存在，但远离地面的大气，以及远离海面和海岸的海洋中的湍流可近似为各向同性湍流。此外，风洞格栅后的均匀流也可视为各向同性湍流。各向同性湍流简单，具有湍流的各种基本属性，并且可以通过实验测量，一直是湍流研究的重要对象。

8.2.3　平均动能方程

不可压缩流体在不存在强烈的热传导时，流动的能量主要指其所具有的机械能。维持流体的脉动将消耗平均流动的能量，研究脉动如何从平均流动中取得能量，以及能量传递、

扩散和耗散的过程，是探讨湍流内部机理及湍流发展与衰变规律的重要内容。下面通过讨论湍流平均动能方程说明湍流能量的生成。

对式（8-7）两边乘以平均流速$\overline{v}_i$，不计质量力时，得到

$$\overline{v}_i\frac{\partial\overline{v}_i}{\partial t}+\overline{v}_i\overline{v}_j\frac{\partial\overline{v}_i}{\partial x_j}=-\overline{v}_i\frac{1}{\rho}\frac{\partial\overline{p}}{\partial x_i}+\overline{v}_i\frac{\partial}{\partial x_j}\left(\nu\frac{\partial\overline{v}_i}{\partial x_j}-\overline{v_i'v_j'}\right)\tag{8-11}$$

将式（8-11）中的$\overline{v}_i\dfrac{\partial\overline{p}}{\partial x_i}$改写为$\dfrac{\partial(\overline{v}_j\overline{p})}{\partial x_j}$，有

$$\begin{aligned}&\underset{\text{I}}{\frac{\partial}{\partial t}\left(\frac{\overline{v}_i\overline{v}_i}{2}\right)}+\underset{\text{II}}{\frac{\partial\overline{v}_i}{\partial x_j}\left(\overline{v}_j\frac{\overline{v}_i\overline{v}_i}{2}\right)}=\underset{\text{III}}{-\frac{\partial}{\partial x_j}\left(\frac{\overline{p}}{\rho}\overline{v}_j\right)}+\underset{\text{IV}}{\frac{\partial}{\partial x_j}\left[\nu\left(\frac{\partial\overline{v}_i}{\partial x_j}+\frac{\partial\overline{v}_j}{\partial x_i}\right)\overline{v}_i\right]}\\&\qquad\underset{\text{V}}{-\nu\left(\frac{\partial\overline{v}_i}{\partial x_j}+\frac{\partial\overline{v}_j}{\partial x_i}\right)\frac{\partial\overline{v}_i}{\partial x_j}}+\underset{\text{VI}}{\frac{\partial}{\partial x_j}\left[\left(-\overline{v_i'v_j'}\right)\overline{v}_i\right]}-\underset{\text{VII}}{\left(-\overline{v_i'v_j'}\right)\frac{\partial\overline{v}_i}{\partial x_j}}\end{aligned}\tag{8-12}$$

式（8-12）中，各项的物理意义如下。

第Ⅰ项：单位质量流体的平均动能的当地变化率，体现平均流动的非定常性。

第Ⅱ项：单位质量流体的平均动能的对流输运，将其改写为$\overline{v}_j\dfrac{\partial}{\partial x_j}\left(\dfrac{\overline{v}_i\overline{v}_i}{2}\right)$，表示平均动能的迁移变化率，体现平均流场的非均匀性。

第Ⅲ项：平均压强的做功率，将其改写为$\dfrac{\overline{v}_j}{\rho}\dfrac{\partial\overline{p}}{\partial x_j}$，表示平均压能的迁移变化率。

第Ⅳ项：平均流场中的黏性应力的做功率，起到输运或扩散能量的作用。

第Ⅴ项：平均流场中的黏性应力所做的变形功率，为黏性耗散项。

第Ⅵ项：雷诺应力的做功率，起到输运或扩散能量的作用。

第Ⅶ项：雷诺应力所做的变形功率，$\left(-\overline{v_i'v_j'}\right)\dfrac{\partial\overline{v}_i}{\partial x_j}$通常为正值，因此$-\left(-\overline{v_i'v_j'}\right)\dfrac{\partial\overline{v}_i}{\partial x_j}$表示能量损失，但该项的能量损失不同于第 V 项，不是变为热量在流动中散失，而是将平均流的能量变成脉动能量的部分，使得平均动能$\left(\dfrac{\overline{v}_i\overline{v}_i}{2}\right)$减小，而脉动动能$\dfrac{\overline{v_i'v_i'}}{2}$增加，因此称为脉动能量的产生项。

8.2.4　焓方程

上述的平均动能方程中不涉及温度，不能用于温度场的求解。关于湍流的温度场的求解，可先由连续性方程和运动方程求出速度场，再用焓方程求出温度场。由前述可知，焓方程为

$$\rho C_p \frac{\mathrm{d}T}{\mathrm{d}t} = \frac{\mathrm{d}p}{\mathrm{d}t} + \Phi + \nabla \cdot (k\nabla T) + \rho q$$

将 $v_i = \overline{v}_i + v_i'$、 $p = \overline{p} + p'$ 、 $T = \overline{T} + T'$ 代入上式，不计其他方式传递的热量，取时均得到

$$\rho C_p \left[\frac{\partial \overline{T}}{\partial t} + \frac{\partial \left(\overline{T}\,\overline{v}_j \right)}{\partial x_j} \right] = \frac{\mathrm{d}\overline{p}}{\mathrm{d}t} + \frac{\partial \left(\overline{p' v_j'} \right)}{\partial x_j} + \overline{\Phi} + \Phi' - \rho C_p \frac{\partial \left(\overline{T' v_j'} \right)}{\partial x_j} + k\nabla^2 T \tag{8-13}$$

式中， $\overline{\Phi} = 2\mu \overline{\varepsilon}_{ij} \overline{\varepsilon}_{ij}$ ； $\overline{\Phi}' = 2\mu \overline{\varepsilon_{ij}' \varepsilon_{ij}'}$ 。

式（8-13）等号左边表示为平均流场内焓值的当地和迁移变化率，等号右边各项依次表示为平均压强的变化率、脉动压强做功率在流场中的变化、能量的耗散、脉动流场中能量的耗散、脉动焓的迁移变化率、平均流场的导热。

8.3 湍流基本方程的导出方程

8.2 节导出了不可压缩流体湍流的基本方程，包括连续性方程、运动方程和能量方程，这些方程中除包含各运动参数的平均值以外，还包含湍流的附加项。接下来，为了进一步得到关于支配湍流现象的重要信息，使问题易于处理，将讨论湍流基本方程的导出方程，如雷诺应力 $\overline{v_i' v_j'}$ 的变化规律、湍动能 $\dfrac{\overline{v_i' v_i'}}{2}$ 和湍流耗散率 $\nu \overline{\dfrac{\partial v_i'}{\partial x_j} \dfrac{\partial v_i'}{\partial x_j}}$ 的变化规律。

8.3.1 雷诺应力输运方程

不计质量力的情况下，瞬时流动的运动方程为

$$\frac{\partial \left(\overline{v}_i + v_i' \right)}{\partial t} + \left(\overline{v}_j + v_j' \right) \frac{\partial \left(\overline{v}_i + v_i' \right)}{\partial x_j} = -\frac{1}{\rho} \frac{\partial (\overline{p} + p')}{\partial x_i} + \nu \frac{\partial^2 \left(\overline{v}_i + v_i' \right)}{\partial x_j \partial x_j}$$

将其展开，有

$$\frac{\partial \overline{v}_i}{\partial t} + \frac{\partial v_i'}{\partial t} + \overline{v}_j \frac{\partial \overline{v}_i}{\partial x_j} + \overline{v}_j \frac{\partial v_i'}{\partial x_j} + v_j' \frac{\partial \overline{v}_i}{\partial x_j} + v_j' \frac{\partial v_i'}{\partial x_j} = -\frac{1}{\rho} \frac{\partial \overline{p}}{\partial x_i} - \frac{1}{\rho} \frac{\partial p'}{\partial x_i} + \nu \frac{\partial^2 \overline{v}_i}{\partial x_j \partial x_j} + \nu \frac{\partial^2 v_i'}{\partial x_j \partial x_j}$$

用上式减去式（8-7），并用角标 k 替代角标 j，得到脉动运动方程 i 方向的投影式为

$$\frac{\partial v_i'}{\partial t} + \overline{v}_k \frac{\partial v_i'}{\partial x_k} + v_k' \frac{\partial \overline{v}_i}{\partial x_k} + v_k' \frac{\partial v_i'}{\partial x_k} = -\frac{1}{\rho} \frac{\partial p'}{\partial x_i} + \nu \frac{\partial^2 v_i'}{\partial x_k \partial x_k} + \frac{\partial (\overline{v_i' v_k'})}{\partial x_k} \tag{8-14}$$

同理，将式（8-14）中的角标 i 换成角标 j，得到脉动运动方程 j 方向的投影式为

$$\frac{\partial v_j'}{\partial t} + \overline{v}_k \frac{\partial v_j'}{\partial x_k} + v_k' \frac{\partial \overline{v}_j}{\partial x_k} + v_k' \frac{\partial v_j'}{\partial x_k} = -\frac{1}{\rho} \frac{\partial p'}{\partial x_j} + \nu \frac{\partial^2 v_j'}{\partial x_k \partial x_k} + \frac{\partial (\overline{v_j' v_k'})}{\partial x_k} \tag{8-15}$$

用 v_j' 乘以式（8-14）， v_i' 乘以式（8-15），然后两式相加，经整理得到

$$\frac{\partial\left(v_i'v_j'\right)}{\partial t}+\overline{v}_k\frac{\partial\left(v_i'v_j'\right)}{\partial x_k}+v_k'v_j'\frac{\partial\overline{v}_i}{\partial x_k}+v_k'v_i'\frac{\partial\overline{v}_j}{\partial x_k}+v_k'\frac{\partial\left(v_i'v_j'\right)}{\partial x_k}$$

$$=-\frac{1}{\rho}\left[\frac{\partial\left(p'v_j'\right)}{\partial x_i}+\frac{\partial\left(p'v_i'\right)}{\partial x_j}\right]+\frac{p'}{\rho}\left(\frac{\partial v_j'}{\partial x_i}+\frac{\partial v_i'}{\partial x_j}\right)$$

$$+v_j'\frac{\partial\left(\overline{v_i'v_k'}\right)}{\partial x_k}+v_i'\frac{\partial\left(\overline{v_j'v_k'}\right)}{\partial x_k}+\nu\frac{\partial^2\left(v_i'v_j'\right)}{\partial x_k\partial x_k}-2\nu\frac{\partial v_i'}{\partial x_k}\frac{\partial v_j'}{\partial x_k}$$

将上式取时均有

$$\frac{\mathrm{d}\left(\overline{v_i'v_j'}\right)}{\mathrm{d}t}=\underset{\text{I}}{\frac{\partial\left(\overline{v_i'v_j'}\right)}{\partial t}}+\underset{\text{II}}{\overline{v}_k\frac{\partial\left(\overline{v_i'v_j'}\right)}{\partial x_k}}$$

$$=\underset{\text{III}}{-\overline{v_k'v_j'}\frac{\partial\overline{v}_i}{\partial x_k}}\underset{\text{IV}}{-\overline{v_k'v_i'}\frac{\partial\overline{v}_j}{\partial x_k}}\underset{\text{V}}{-\frac{\partial\left(\overline{v_i'v_j'v_k'}\right)}{\partial x_k}}\underset{\text{VI}}{-\frac{1}{\rho}\left[\frac{\partial\left(\overline{p'v_j'}\right)}{\partial x_i}+\frac{\partial\left(\overline{p'v_i'}\right)}{\partial x_j}\right]}$$

$$+\underset{\text{VII}}{\overline{\frac{p'}{\rho}\left(\frac{\partial v_j'}{\partial x_i}+\frac{\partial v_i'}{\partial x_j}\right)}}+\underset{\text{VIII}}{\nu\frac{\partial^2\left(\overline{v_i'v_j'}\right)}{\partial x_k\partial x_k}}\underset{\text{IX}}{-2\nu\overline{\frac{\partial v_i'}{\partial x_k}\frac{\partial v_j'}{\partial x_k}}}\tag{8-16}$$

式（8-16）为雷诺应力输运方程，式中各项的物理意义如下。

第 I 项：单位质量流体的雷诺应力的当地变化率。

第 II 项：单位质量流体的雷诺应力的迁移变化率。

第III项和第IV项：雷诺应力对平均流场所做的变形功率，是脉动能量的产生项。

第 V 项：脉动流场中的雷诺应力的对流输运（扩散）。

第VI项：脉动压强做功率在流场中的变化。

第VII项：脉动压强所做的脉动变形功率。

第VIII项：黏性扩散。

第IX项：黏性耗散，消耗湍流的能量，使之转化为热能。

8.3.2　湍动能方程

湍动能方程是湍流的平均脉动动能方程，也称为 K 方程。在式（8-16）中令 $j=i$，式中 $\frac{1}{\rho}\left[\frac{\partial\left(\overline{p'v_j'}\right)}{\partial x_i}+\frac{\partial\left(\overline{p'v_i'}\right)}{\partial x_j}\right]$ 可改写为 $2\frac{\partial}{\partial x_k}\left(\overline{v_k'\frac{p'}{\rho}}\right)$，同时将角标 k 转换为角标 j，经整理得到

$$\frac{\mathrm{d}K}{\mathrm{d}t}=\frac{\partial K}{\partial t}+\overline{v}_j\frac{\partial K}{\partial x_j}=-\frac{\partial}{\partial x_j}\left[\overline{v_j'\left(\frac{p'}{\rho}+\frac{v_i'v_i'}{2}\right)}\right]-\overline{v_i'v_j'}\frac{\partial \overline{v}_i}{\partial x_j}+\nu\frac{\partial^2 K}{\partial x_j\partial x_j}-2\nu\overline{\frac{\partial v_i'}{\partial x_j}\frac{\partial v_i'}{\partial x_j}} \tag{8-17}$$

　　　Ⅰ　　Ⅱ　　　　　Ⅲ　　　　　Ⅳ　　　Ⅴ　　　Ⅵ

式（8-17）为湍动能方程，式中各项的物理意义如下。

第Ⅰ项：单位时间单位质量流体的湍动能的当地变化率。

第Ⅱ项：单位时间单位质量流体的湍动能的迁移变化率。

第Ⅲ项：由湍流脉动速度引起的湍动能的对流输运和脉动压强的对流输运，即湍流脉动总压的对流输运，又称为湍流扩散项，仅引起湍动能重新分配，不消耗能量。

第Ⅳ项：雷诺应力所做的变形功率，与式（8-12）的第Ⅶ项符号相反，是正值，说明由平均运动提供的能量不断转化为湍流脉动能量，以推动和维持湍流运动并补偿湍流运动的耗散，是湍流能量的产生项。需要注意的是，对于各向同性的均匀湍流，由于平均速度梯度 $\frac{\partial \overline{v}_i}{\partial x_j}=0$，湍流能量的生成项为零，从而使湍流运动不断衰减。

第Ⅴ项：湍动能的黏性扩散。

第Ⅵ项：湍动能的黏性耗散，通常称为湍动能耗散率。

8.3.3　湍流耗散方程

湍动能的产生项和耗散项之间的平衡是维持湍流运动的重要因素，有必要建立耗散方程，以了解其变化规律。

将式（8-14）对 x_l 取微分，并交换微分 $\frac{\partial}{\partial x_j}$ 与 $\frac{\partial}{\partial t}$ 的次序，有

$$\frac{\partial}{\partial t}\left(\frac{\partial v_i'}{\partial x_l}\right)+\frac{\partial \overline{v}_k}{\partial x_l}\frac{\partial v_i'}{\partial x_k}+\overline{v}_k\frac{\partial^2 v_i'}{\partial x_l\partial x_k}+\frac{\partial v_k'}{\partial x_l}\frac{\partial \overline{v}_i}{\partial x_k}+v_k'\frac{\partial^2 \overline{v}_i}{\partial x_l\partial x_k}+\frac{\partial v_k'}{\partial x_l}\frac{\partial v_i'}{\partial x_k}+v_k'\frac{\partial^2 v_i'}{\partial x_l\partial x_k}$$

$$=-\frac{1}{\rho}\frac{\partial^2 p'}{\partial x_l\partial x_i}+\nu\frac{\partial^3 v_i'}{\partial x_l\partial x_k\partial x_k}+\frac{\partial^2\left(\overline{v_i'v_k'}\right)}{\partial x_l\partial x_k}$$

用 $2\nu\frac{\partial v_i'}{\partial x_l}$ 乘以上式，把角标 k 换成角标 j，并注意到：

$$2\nu v_j'\frac{\partial v_i'}{\partial x_l}\frac{\partial^2 v_i'}{\partial x_l\partial x_k}=\nu\frac{\partial}{\partial x_j}\left(v_j'\frac{\partial v_i'}{\partial x_l}\frac{\partial v_i'}{\partial x_l}\right)-\nu\frac{\partial v_j'}{\partial x_j}\frac{\partial v_i'}{\partial x_l}\frac{\partial v_i'}{\partial x_l}=\nu\frac{\partial}{\partial x_j}\left(v_j'\frac{\partial v_i'}{\partial x_l}\frac{\partial v_i'}{\partial x_l}\right)$$

$$-\frac{1}{\rho}2\nu\frac{\partial v_i'}{\partial x_l}\frac{\partial^2 p'}{\partial x_l\partial x_i}=-\frac{2\nu}{\rho}\frac{\partial}{\partial x_i}\left(\frac{\partial v_i'}{\partial x_l}\frac{\partial p'}{\partial x_l}\right)+\frac{2\nu}{\rho}\frac{\partial p'}{\partial x_l}\frac{\partial^2 v_i'}{\partial x_l\partial x_i}=-\frac{2\nu}{\rho}\frac{\partial}{\partial x_i}\left(\frac{\partial v_i'}{\partial x_l}\frac{\partial p'}{\partial x_l}\right)$$

$$2\nu^2\frac{\partial v_i'}{\partial x_l}\frac{\partial^3 v_i'}{\partial x_l\partial x_j\partial x_j}=\nu\frac{\partial^2}{\partial x_j^{\,2}}\left(\nu\frac{\partial v_i'}{\partial x_l}\frac{\partial v_i'}{\partial x_l}\right)-2\nu^2\frac{\partial^2 v_i'}{\partial x_l\partial x_j}\frac{\partial^2 v_i'}{\partial x_l\partial x_j}$$

然后取时均，令耗散项 $\nu\overline{\frac{\partial v_i'}{\partial x_l}\frac{\partial v_i'}{\partial x_l}}=\varepsilon$，整理得到

$$
\begin{aligned}
\frac{\partial \varepsilon}{\partial t}+\overline{v}_j\frac{\partial \varepsilon}{\partial x_j}=&\underbrace{-\nu\frac{\partial}{\partial x_j}\left(\overline{v_j'\frac{\partial v_i'}{\partial x_l}\frac{\partial v_i'}{\partial x_l}}\right)-\frac{2\nu}{\rho}\frac{\partial}{\partial x_i}\left(\overline{\frac{\partial v_i'}{\partial x_l}\frac{\partial p'}{\partial x_l}}\right)+\nu\frac{\partial^2\varepsilon}{\partial x_j^2}}_{\text{湍流扩散项}}\\
&\underbrace{-2\nu\left(\overline{v_j'\frac{\partial v_i'}{\partial x_l}}\right)\frac{\partial^2\overline{v}_i}{\partial x_l\partial x_j}-2\nu^2\left(\frac{\partial\overline{v}_i}{\partial x_j}\overline{\frac{\partial v_j'}{\partial x_l}\frac{\partial v_i'}{\partial x_l}}+\frac{\partial\overline{v}_j}{\partial x_l}\overline{\frac{\partial v_i'}{\partial x_l}\frac{\partial v_i'}{\partial x_j}}\right)}_{\text{湍流产生项}}\\
&\underbrace{-2\nu\overline{\frac{\partial v_i'}{\partial x_l}\frac{\partial v_i'}{\partial x_j}\frac{\partial v_j'}{\partial x_l}}-2\nu^2\overline{\frac{\partial^2 v_i'}{\partial x_j\partial x_l}\frac{\partial^2 v_i'}{\partial x_j\partial x_l}}}_{\text{湍流能量耗散项}}
\end{aligned}
\tag{8-18}
$$

式（8-18）称为湍流耗散方程，简称 ε 方程。方程等号左边表示 ε 的变化率，等号右边为湍流扩散项、湍流产生项和湍流能量耗散项。

8.3.4　雷诺传热输运方程

用 T' 乘以不可压缩流体脉动运动方程的 j 投影式（8-15），再用 v_j' 乘以脉动焓方程（8-13），忽略压强做功项，然后两式相加，并利用微分合并，最后取时均，可以得到雷诺传热输运方程：

$$
\begin{aligned}
\frac{\partial\left(\overline{v_j'T'}\right)}{\partial t}+\overline{v}_k\frac{\partial\left(\overline{v_j'T'}\right)}{\partial x_k}=&-\underbrace{\frac{\partial}{\partial x_k}(\overline{v_k'v_j'T'}+\delta_{jk}\frac{\overline{p'T'}}{\rho}}_{\text{湍流扩散项}}\underbrace{-\alpha\overline{v_j'\frac{\partial T'}{\partial x_k}}-\nu\overline{T_j'\frac{\partial v_j'}{\partial x_k}})}_{\text{分子扩散项}}\\
&\underbrace{+\overline{\frac{p'}{\rho}\frac{\partial T'}{\partial x_j}}}_{\text{压强与温度项}}\underbrace{-\left(\overline{v_k'v_j'}\frac{\partial\overline{T}}{\partial x_k}+\overline{v_k'T'}\frac{\partial\overline{v}_j}{\partial x_k}\right)}_{\text{湍流产生项}}\underbrace{-(\alpha+\nu)\overline{\frac{\partial v_j'}{\partial x_k}\frac{\partial T'}{\partial x_k}}}_{\text{湍流能量耗散项}}
\end{aligned}
\tag{8-19}
$$

式中，$\alpha=\dfrac{k}{\rho C_p}$，称为导温系数；等号右端第Ⅰ项为扩散项（包括湍流扩散项和分子扩散项）；第Ⅱ项为压强与温度项；第Ⅲ项为湍流产生项；第Ⅳ项为湍流能量耗散项。

8.4　湍流边界层流动

前面提到的各向同性湍流是理想化的简单湍流模型，工程中和自然界中更常见的湍流一般是平均速度在空间有梯度变化的流动，称为剪切湍流，包括有固体壁面存在的壁面湍流和无固体壁面影响的自由剪切湍流。其中，壁面湍流边界层流动和自由剪切湍流都具有边界层流动特点，即流场变量沿横向的变化远大于沿流动方向的变化，具有较高的横向速度梯度。本节就这两类湍流边界层流动展开讨论。

8.4.1　壁面湍流边界层

1. 二维边界层流动方程

二维定常湍流边界层流动，取流动方向为 x 轴方向，y 轴方向垂直于壁面的方向，由于边界层厚度 $\delta(x) \ll x$，与层流边界层分析一致，有

$$\overline{v}_y \ll \overline{v}_x, \quad \frac{\partial}{\partial x} \ll \frac{\partial}{\partial y}$$

由于平均流动是二维流动，又有

$$\overline{v}_z = 0, \quad \frac{\partial}{\partial z} = 0$$

与平均流动不同，沿 z 轴方向的湍流脉动不为零，$\overline{v_z'^2} \neq 0$，但其沿 z 轴方向的导数为零，因此不可压缩湍流边界层的连续性方程和运动方程可分别近似写作

$$\frac{\partial \overline{v}_x}{\partial x} + \frac{\partial \overline{v}_y}{\partial y} = 0 \tag{8-20}$$

$$\overline{v}_x \frac{\partial \overline{v}_x}{\partial x} + \overline{v}_y \frac{\partial \overline{v}_x}{\partial y} = -\frac{1}{\rho}\frac{\partial \overline{p}}{\partial x} + \frac{1}{\rho}\frac{\partial \tau}{\partial y} \tag{8-21}$$

式中，$\tau = \mu \dfrac{\partial \overline{v}_x}{\partial y} - \rho \overline{v_x' v_y'}$。

与层流边界层方程相比，切应力中包含了雷诺应力项 $-\rho \overline{v_x' v_y'}$。$y$ 轴方向的动量方程可简化为

$$\frac{\partial \overline{p}}{\partial y} = -\rho \frac{\partial \overline{v_y'^2}}{\partial y} \tag{8-22}$$

沿边界层厚度对式（8-22）积分，并注意到 $y = \delta$ 时 $\overline{p} = p_e(x)$，其中 p_e 为边界层外部势流压强，得

$$\overline{p} = \overline{p}_e(x) - \rho \overline{v_y'^2}$$

可见，由于速度脉动，平均压强在垂直于壁面方向上稍有变化，但 v_y' 的均方根值很小，通常可以忽略。在壁面上，$\overline{v_y'^2}=0$，代入上式有

$$\overline{p}(x,0) = \overline{p}_e(x)$$

边界层外部势流满足伯努利方程，因此沿流动方向的压强梯度可计算为

$$\frac{\mathrm{d}p_e}{\mathrm{d}x} = -\rho U_e \frac{\mathrm{d}U_e}{\mathrm{d}x} \tag{8-23}$$

式中，边界层外部势流 U_e 为已知量。

将式（8-23）代入式（8-21），得

$$\overline{v}_x \frac{\partial \overline{v}_x}{\partial x} + \overline{v}_y \frac{\partial \overline{v}_x}{\partial y} = U_e \frac{\mathrm{d}U_e}{\mathrm{d}x} + \frac{1}{\rho}\frac{\partial \tau}{\partial y} \tag{8-24}$$

边界层方程的边界条件为

$$\overline{v}_x(x,0)=\overline{v}_y(x,0)=0\text{，}\quad \overline{v}_x(x,\delta)=U_e(x) \tag{8-25}$$

2. 平均流速的分层结构

壁面边界层沿流动方向发展，靠近壁面前缘的边界层流动是层流，当雷诺数达到临界值后，边界层流动由层流转捩为湍流。与层流边界层速度分布呈现的层状单一结构不同，湍流边界层分为内层和外层。在内层，黏性切应力占主导地位，而在外层，雷诺切应力占主导地位；在内层和外层之间存在一个两种切应力都重要的重叠层，重叠层将内外层光滑地连接起来。

当主要考虑内层区域时，平均流速 $\overline{v}_x$ 与壁面切应力 τ_0、流体密度 ρ、动力黏度 μ、离开壁面的垂直距离 y 和壁面粗糙度 Δ 有关，根据量纲分析法中的 Buckingham π 定理，上述 6 个物理量存在 3 个无量纲组合量：

$$v_x^+=\frac{\overline{v}_x}{v_\tau}\text{，}\quad y^+=\frac{yv_\tau}{\nu}\text{，}\quad \Delta^+=\frac{\Delta v_\tau}{\nu} \tag{8-26}$$

式中，$v_\tau=\sqrt{\dfrac{\tau_0}{\rho}}$，为壁面摩擦速度，具有速度量纲。

无量纲速度 v_x^+ 可以写为其他两个无量纲量的函数：

$$v_x^+=f(y^+,\Delta^+) \tag{8-27}$$

如果壁面光滑，则有

$$v_x^+=f(y^+) \tag{8-28}$$

在湍流边界层的外层区域，壁面的作用是使得 $\overline{v}_x$ 减缓，从而产生一个速度亏损 $U_e-\overline{v}_x$。速度亏损的大小与流体的动力黏度无关，是壁面切应力 τ_0、边界层厚度 δ、势流压强梯度 $\dfrac{\mathrm{d}p_e}{\mathrm{d}x}$、流体密度 ρ 和离开壁面的垂直距离 y 的函数，有

$$U_e-\overline{v}_x=G\left(\tau_0,\rho,y,\delta,\mathrm{d}p_e/\mathrm{d}x\right)$$

依据 Buckingham π 定理，上式可以用无量纲函数予以表述，即

$$\frac{U_e-\overline{v}_x}{v_\tau}=g(\eta,\xi) \tag{8-29}$$

其中 $\eta=\dfrac{y}{\delta}$，$\xi=\dfrac{\delta}{\tau_0}\dfrac{\mathrm{d}p_e}{\mathrm{d}x}$

在式（8-28）和式（8-29）中，速度分布分别采用了不同的函数来表示，同时独立变量 y 进行了不同的无量纲处理：在外层选用边界层厚度 δ 作为长度尺度，在内层采用黏性尺度 ν/v_τ 作为长度尺度。由于黏性尺度非常小，以它作为长度尺度相当于放大了内层的距离。为了使内外层在重叠层衔接，需要使在 $y^+\to\infty$ 和 $\eta\to 0$ 的条件下的内外层的速度相等。为此，可以令内外层速度梯度在重叠层相等，取 ξ 为常数，由式（8-28）和式（8-29），得

$$\frac{\mathrm{d}\overline{v}_x}{\mathrm{d}y}=\frac{v_\tau^2}{\nu}\frac{\mathrm{d}f}{\mathrm{d}y^+}\text{，}\quad \frac{\mathrm{d}\overline{v}_x}{\mathrm{d}y}=\frac{v_\tau}{\delta}\frac{\mathrm{d}g}{\mathrm{d}\delta}$$

令上面两个式子相等，然后同时乘以 y / v_τ，得

$$\eta \frac{\mathrm{d}g}{\mathrm{d}\eta} = y^+ \frac{\mathrm{d}f}{\mathrm{d}y^+}$$

上式左侧是 η 的函数，右侧是 y^+ 的函数，因此两侧必然等于同一个通用常数，设定该常数为 $1/k$（k 称为卡门常数），对其积分有

$$\frac{\overline{v}_x}{v_\tau} = \frac{1}{k}\ln y^+ + B \tag{8-30}$$

$$\frac{U_e - \overline{v}_x}{v_\tau} = -\frac{1}{k}\ln \eta + A \tag{8-31}$$

式（8-30）和式（8-31）即重叠层的速度分布式，重叠层也称为对数律层，对数律适用于 y^+ 很大或 η 很小的情形。式（8-30）和式（8-31）中，对于绕流光滑不可渗透固体壁面的湍流，k 和 B 为通用常数，由实验确定，而 A 的数值取决于压强梯度及其他参数。

3. 内层与壁面律

湍流边界层中与壁面相邻的最内层中，黏性影响占主导作用，过去习惯上称为层流底层，但后来发现该层内仍然存在湍流脉动，只是雷诺应力较小，与黏性应力相比可以忽略，因此改称为黏性底层。

黏性底层非常薄，黏性切应力可视为均匀分布并等于壁面切应力，有

$$\mu \frac{\partial \overline{v}_x}{\partial y} = \tau_0$$

对上式积分，并结合壁面无滑移条件，得到 $\overline{v}_x = \frac{y\tau_0}{\mu}$，写成无量纲形式为

$$v_x^+ = y^+ \tag{8-32}$$

式中，$v_x^+ = \frac{\overline{v}_x}{v_\tau}$。

实验测量发现，线性速度分布可持续到 $y^+ \sim 5$，因此，$y^+=5$ 可视为黏性底层的外缘。在 $30 < y^+ < 300$ 时则适用对数律，对数律区间 y^+ 的上限取决于雷诺数，雷诺数增大，y^+ 也增加，即对数律的适用区间随雷诺数的增大而扩宽。对数律层速度分布式（8-30）中的常数确定如下：对于水力光滑壁面，1930 年，Nikuradse 给出 $k = 0.4$、$B = 5.5$；1955 年，Coles 给出 $k = 0.41$、$B = 5.0$。在对数律层内，雷诺切应力占主导地位，黏性切应力所占比例很小，可以忽略。

在 $5 < y^+ < 30$ 时，速度既不是线性分布，也不是对数分布，只是光滑地由一种分布过渡到另外一种分布，称为缓冲区。1961 年，Spalding 提出如下公式：

$$y^+ = v_x^+ + \mathrm{e}^{-kB}\left[\mathrm{e}^{kv_x^+} - 1 - kv_x^+ - \frac{\left(kv_x^+\right)^2}{2} - \frac{\left(kv_x^+\right)^3}{6}\right] \tag{8-33}$$

式中，$k = 0.4$；$B = 5.5$。

1956 年，van Driest 提出计算湍流边界层整个内层的速度分布，包括黏性底层、过渡层和对数律层，公式为

$$v_x^+=\int_0^{y^+}\frac{2}{1+\sqrt{1+4a(y^+)}}\mathrm{d}y^+ \tag{8-34}$$

式中，$a=(ky^+)^2\left[1-\exp\left(-\frac{y^+}{26}\right)\right]^2$。

图 8-3 所示为 van Driest 公式计算结果和实验值的比较，两者吻合得很好。

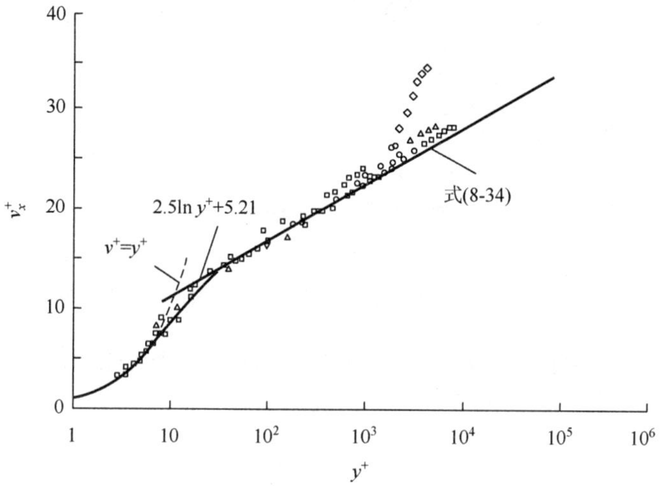

图 8-3　van Driest 公式计算结果与实验值比较

4. 外层与 Coles 尾迹律

对数律仅在整个边界层的 20%范围内（边界层内层）适用。如图 8-3 所示，在外层区域实测数据偏离对数曲线，偏离程度与压强梯度参数 $\xi=\frac{\delta}{\tau_0}\frac{\mathrm{d}p_e}{\mathrm{d}x}$ 有关，因此内层的壁面律推广至外层是很困难的。1956 年，Coles 提出将壁面律和速度亏损率结合起来，找到了适用于外层并可延伸到对数律层的关系式，即

$$\frac{U_e-\overline{v}_x}{v_\tau}=-\frac{1}{k}\ln\left(\frac{y}{\delta}\right)+\frac{\Pi}{k}\left[W(1)-W\left(\frac{y}{\delta}\right)\right] \tag{8-35}$$

式中，Π 为与压强梯度有关的参数，称为型面参数；$W\left(\frac{y}{\delta}\right)$ 表示外层速度剖面对壁面律的偏离，称为尾迹函数，在 $y=\delta$ 处，$W(1)=2$。

关于型面参数 Π，Coles 和 Hirst 于 1968 年统计了实验数据，如图 8-4 所示，包括 13 个近似平衡湍流边界层流动（边界层断面上的压强梯度 $\frac{\mathrm{d}p_e}{\mathrm{d}x}$ 与壁面切应力 τ_0 的比值为 β，

β为常数或近似常数）及一些典型的非平衡流动，拟合得到经验公式：

$$\Pi \approx 0.8(\beta+0.5)^{0.75} \tag{8-36}$$

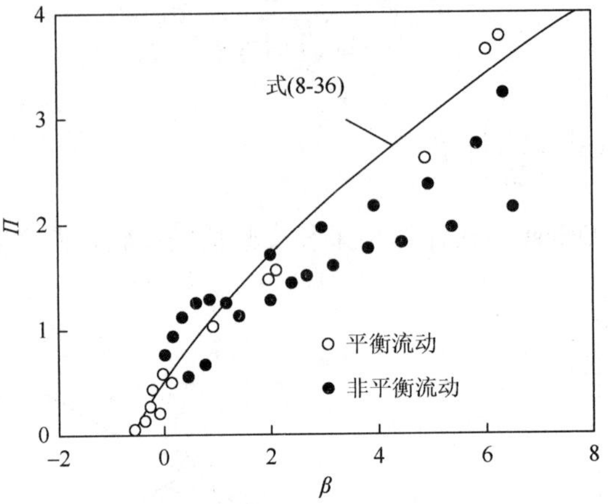

图 8-4　型面参数与压强梯度参数的关系

对于平板边界层，$\dfrac{\mathrm{d}p_e}{\mathrm{d}x}=0$，$\beta=0$，$\Pi=0.476$。由图 8-4 可以看出，对于非平衡边界层，式（8-36）与实验数据偏离较大，如果作为一阶近似仍可采用。

关于尾迹函数，其在内层的值应为零，依据实验结果，得到

$$W\left(\frac{y}{\delta}\right)=1-\cos\left(\pi\frac{y}{\delta}\right) \tag{8-37}$$

例 8.1　平板边界层壁面附近有 $\mu\dfrac{\partial\overline{v}_x}{\partial y}-\rho\overline{v_x'v_y'}=\tau_0$，试利用式（8-21）证明湍动能生成项的最大值为$\dfrac{v_\tau^4}{4\nu}$。

解：对于平板边界层，式（8-21）可以简化为

$$\overline{v}_x\frac{\partial\overline{v}_x}{\partial x}+\overline{v}_y\frac{\partial\overline{v}_x}{\partial y}=\frac{1}{\rho}\frac{\partial\tau}{\partial y} \tag{a}$$

由无滑移条件，$y=0$ 时，$\overline{v}_x=\overline{v}_y=0$，式（a）变为

$$\left(\frac{\partial\tau}{\partial y}\right)_{y=0}=0$$

式（a）对 y 求导，然后利用连续性方程和无滑移条件，得到

$$\left(\frac{\partial^2\tau}{\partial y^2}\right)_{y=0}=0$$

可见，在贴近壁面有一个区域，其总切应力系数为常数：

$$\mu\frac{\partial\overline{v}_x}{\partial y}-\rho\overline{v_x'v_y'}=\tau_0 \tag{b}$$

将式（b）两侧同时乘以$\dfrac{\partial \overline{v}_x}{\partial y}$，并整理得到湍动能生成项：

$$P=-\overline{v_x'v_y'}\frac{\partial \overline{v}_x}{\partial y}=v_\tau^2\frac{\partial \overline{v}_x}{\partial y}-\nu\left(\frac{\partial \overline{v}_x}{\partial y}\right)^2 \tag{c}$$

式中，$v_\tau=\sqrt{\dfrac{\tau_0}{\rho}}$。

由于$\mathrm{d}P/\mathrm{d}\left(\partial \overline{v}_x/\partial y\right)=v_\tau^2-2\nu\left(\dfrac{\partial \overline{v}_x}{\partial y}\right)=0$，可知$\dfrac{\partial \overline{v}_x}{\partial y}=\dfrac{v_\tau^2}{2\nu}$时$P$取最大，有

$$P=v_\tau^2\frac{v_\tau^2}{2\nu}-\nu\left(\frac{v_\tau^2}{2\nu}\right)^2=\frac{v_\tau^4}{4\nu}$$

例 8.2　证明当y^+=60 时黏性切应力约为壁面切应力的 4%。

解：y^+=60 时速度分布满足对数律，即

$$v_x^+=\frac{1}{k}\ln y^+ + B$$

求导得到

$$\frac{\mathrm{d}v_x^+}{\mathrm{d}y^+}=\frac{1}{ky^+}$$

由于$v_x^+=\dfrac{\overline{v}_x}{v_\tau}$，$y^+=\dfrac{yv_\tau}{\nu}$，$v_\tau=\sqrt{\dfrac{\tau_0}{\rho}}$，上式改写为

$$\mu\frac{\mathrm{d}\overline{v}_x}{\mathrm{d}y}=\frac{\tau_0}{ky^+}$$

令$k=0.41$，代入y^+=60，得到

$$\mu\frac{\mathrm{d}\overline{v}_x}{\mathrm{d}y}\approx 0.041\tau_0$$

因此，黏性切应力约为壁面切应力的 4%。

5. *水力粗糙壁面速度分布*

工程实践中,水力粗糙比水力光滑更为普遍,对于边界层流动而言,当$\varDelta^+=\dfrac{\varDelta v_\tau}{\nu}>70$时,称为水力粗糙。湍流粗糙平板边界层与湍流粗糙圆管的区别在于：在管流中边界层的厚度$\delta=r_0$和相对粗糙度$\varDelta/r_0$为定值，黏性底层的厚度约为$5\nu/v_\tau$，且保持不变；但在湍流粗糙平板边界层中，边界层厚度δ沿流程增大，相对粗糙度$\varDelta/\delta$沿流程减小，而黏性底层的厚度沿流程增大（由于δ的增大和τ_0的沿流程减小）。因此，对于粗糙度$\varDelta$一定的粗糙平板，如果在平板前部是完全粗糙的情形，随着流程的增大，经过一段过渡段后，在平板的某处开始可能变为水力光滑。

湍流粗糙平板边界层的速度分布为

$$v_x^+ = \frac{\overline{v}_x}{v_\tau} = \frac{1}{k}\ln\left(\frac{y^+}{\varDelta^+}\right) + B(\varDelta^+) \tag{8-38}$$

式中，$B(\varDelta^+)$ 取决于粗糙度 $\varDelta$ 的大小、形状及分布情况。

图 8-5 为 Clauser 给出的 $\Delta v_x^+ = \dfrac{\Delta\overline{v}_x}{v_\tau}$ 与 $\varDelta^+$ 关系的实验结果，其中 $\Delta\overline{v}_x$ 为由于壁面粗糙引起的速度降低。由图可见，当 $\varDelta^+<5$ 时，均匀粗糙壁面的 $\Delta\overline{v}_x$ 趋近于零，说明均匀粗糙壁面不影响速度剖面；当 $\varDelta$ 的尺寸差别较大时，虽然其平均值可能很小，但仍会使速度降低；在 $\varDelta^+\geqslant 70$ 时的水力粗糙区，Δv_x^+ 与 $\varDelta^+$ 呈现对数规律。

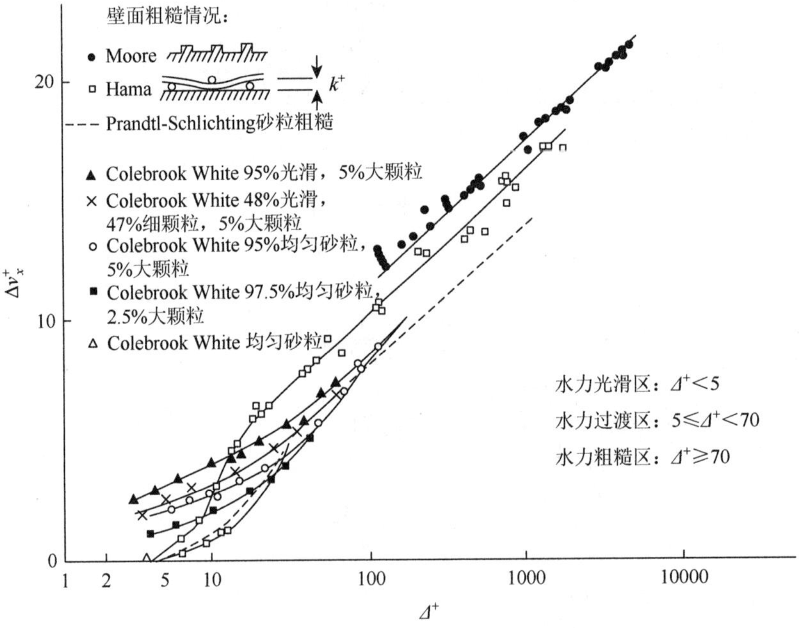

图 8-5 Δv_x^+ 与 $\varDelta^+$ 关系的实验结果

8.4.2 自由剪切湍流

自由剪切湍流不存在固体壁面的影响，包括自由射流、尾流和自由剪切层。如图 8-6（a）所示，自由射流是一种流体从一个喷口或孔口射入另一种静止或运动流体中的流动；如图 8-6（b）所示，尾流是指物体在静止流体中运动或流体绕流一个静止物体时，在物体后方形成的尾迹流区域；如图 8-6（c）所示，自由剪切层通常在两个速度大小不同但运动方向相同的流体之间。这些自由剪切湍流的共同点是都存在一个狭窄的混合区域，在此区域内有较高的横向速度梯度，因此具有边界层流动特点。由于没有固体壁面，自由剪切流的切应力只需要考虑湍流运动引起的雷诺应力，黏性应力可以不计，同时，自由剪切流以外环境压强为常数，压强梯度的影响也可以忽略。

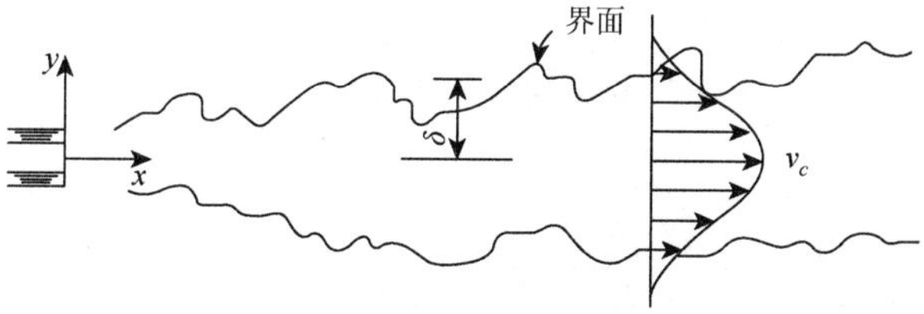

(a) 自由射流

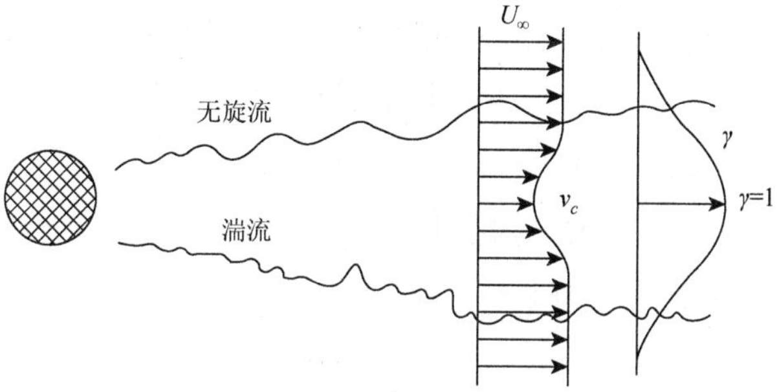

(b) 尾流

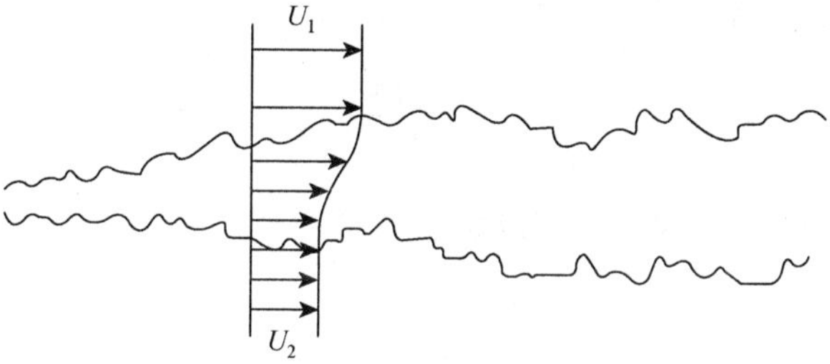

(c) 自由剪切层

图 8-6　自由剪切湍流

与壁面湍流边界层类似，自由剪切湍流也存在湍流与势流间的清晰交界面，且界面呈现一种犬牙交错的不规则状态。由于尾流或射流与周围流体存在较大的速度梯度，能不断地将周围流体卷吸进来，沿流动方向的速度不断减小，宽度不断增加。在自由剪切湍流的下游，沿中心线各断面的速度剖面将出现相似性，即将平均速度和空间坐标无量纲化，则沿中心线不同断面上的无量纲速度具有相同的分布函数。速度相似的特性称为自保存特性（self-preservation），具有自保存特性的流动的其他湍流特征量，如雷诺应力和湍流强度等也具有相似性。

依据相似性，自由剪切湍流的平均速度分布可以表示如下。

射流：

$$\frac{\overline{v}_x}{\overline{v}_c}=f\left(\frac{y}{\delta}\right) \tag{8-39}$$

式中，$\overline{v}_c$ 为中心线上 x 方向的平均速度。

尾流：

$$\frac{U_\infty - \overline{v}_x}{U_\infty - \overline{v}_c} = f\left(\frac{y}{\delta}\right) \tag{8-40}$$

自由剪切层：

$$\frac{\overline{v}_x - U_1}{U_2 - U_1} = f\left(\frac{y}{\delta}\right) \tag{8-41}$$

接下来，分析$\overline{v}_c$和δ沿流动方向的变化规律。沿流动方向，射流质量流量增加，但依据动量定理可知，单位时间通过任意单位宽度断面的流体动量M保持不变，即

$$M = \int_{-\infty}^{\infty} \rho \overline{v}_x{}^2 \mathrm{d}y = C \tag{8-42}$$

将式（8-39）代入式（8-42），有

$$M = \rho \overline{v}_c^2 \delta \int_{-\infty}^{\infty} f^2(y/\delta)\,\mathrm{d}(y/\delta)$$

上式右侧积分为常数，而M也是常数，即

$$\overline{v}_c^2 \delta = 常数 \tag{8-43}$$

另外，自由剪切湍流在大雷诺数下，$\overline{v}_c$与黏性无关，而只依赖于x、ρ、M，即$\overline{v}_c = \overline{v}_c(x, \rho, M)$，根据量纲分析，得到

$$\overline{v}_c \sim \sqrt{\frac{M}{\rho x}} \tag{8-44}$$

比较式（8-43）和式（8-44），可得如下公式。

射流：

$$\delta \sim x \tag{8-45}$$

可以证明，存在相似性时，对于尾流和自由剪切层有如下公式。

尾流：

$$(U_\infty - \overline{v}_c) \sim 1/\sqrt{x}, \quad \delta \sim \sqrt{x} \tag{8-46}$$

自由剪切层：

$$(U_1 - U_2) = c, \quad \delta \sim x \tag{8-47}$$

8.4.3　边界层内湍流量的测量结果

1955年，Klebanoff利用热线探针对零压梯度平壁湍流边界层内的湍流脉动特性进行了测量，图8-7所示为无量纲脉动速度在测量截面上的分布情况。湍流边界层内的脉动相当高，约等于自由来流速度的11%。尽管边界层流动是二维的，但湍流脉动速度却是三维的。从图8-7可以看出，沿流动方向的湍流强度$\sqrt{\overline{v_x'^2}}/U$远大于另外两个方向的湍流强度$\sqrt{\overline{v_y'^2}}/U$和$\sqrt{\overline{v_z'^2}}/U$，而$y$轴方向的湍流强度$\sqrt{\overline{v_y'^2}}/U$最小，因为壁面对该方向的限制较大。各方向的湍流强度在壁面附近取最大值，沿y轴方向逐渐减弱。三个方向湍流强度的不同说明边界层内的湍流是各向异性的，越接近边界层外缘，就越趋于各向同性。

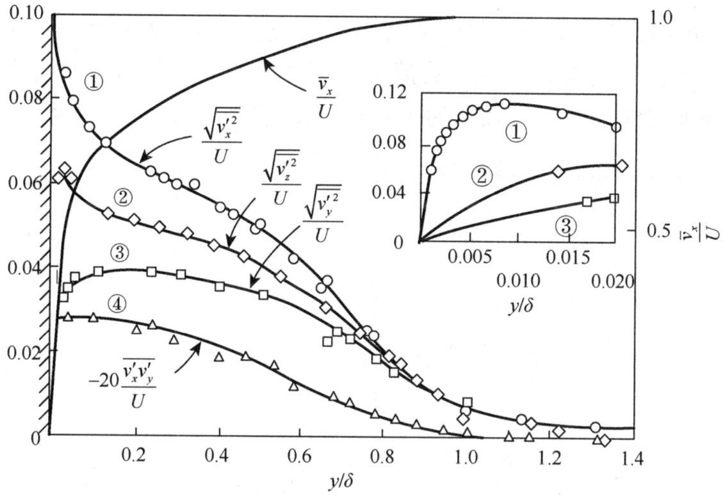

图 8-7　平壁湍流边界层内无量纲脉动速度分布

由于黏附条件的约束，所有的湍流脉动速度在壁面上均应等于零，但在大尺度图中可以看到平均速度 $\overline{v}_x$ 趋于零，而湍动在壁面处趋于零的趋势只有在放大的局部图上才看得到。湍流对壁面有非常强的阻尼作用，在比较厚的边界层内的测量表明，即使在 $y/\delta=0.0001$ 处仍有显著的脉动现象。

图 8-8 给出了雷诺应力在平壁湍流边界层壁面附近的分布情况，与无量纲的脉动速度相比，无量纲的雷诺应力小得多。与湍流强度的分布规律对应，边界层内的雷诺应力沿 y 轴方向也逐渐减小。当 $y^+<20$ 时，雷诺应力随 y^+ 减小开始降低，当 $y^+\to 0$ 时，雷诺应力完全消失，在此区域分子黏性起主导作用。在邻近壁面的一个区域内，雷诺应力基本保持为常数。

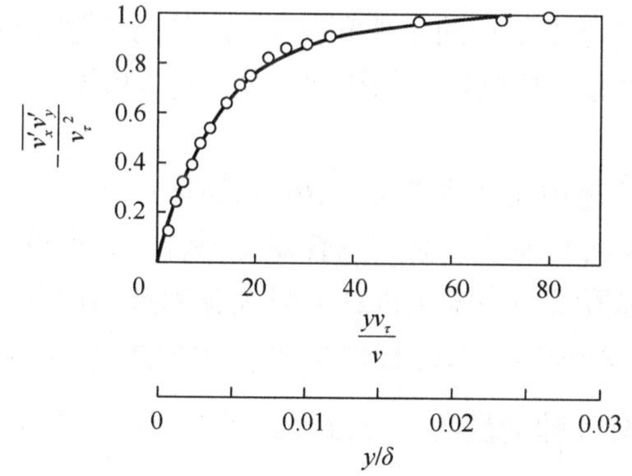

图 8-8　平壁湍流边界层壁面附近雷诺应力的分布

图 8-9 显示了边界层外缘的间歇性。Klebanoff 的测量结果表明湍流与势流之间存在一个清晰的界面，这一点与层流边界层不同，因为层流边界层与势流之间没有明显的界限。定义某一给定点上流动保持为湍流的时间分数为间歇因子 γ，测量数据表明，当 $y/\delta<0.4$

时，$\gamma = 1$；当 $y/\delta > 1.2$ 时，$\gamma = 0$；当 $0.4 \leqslant y/\delta \leqslant 1.2$ 时，γ 从 1 减小到 0，这表明外部势流可以深深地嵌入边界层内部，湍流和势流交界面呈现犬牙交错的不规则状态。Klebanoff 测量的间歇呈高斯曲线分布，可表示为 $\gamma = [1 + 5(y/\delta)^6]^{-1}$。

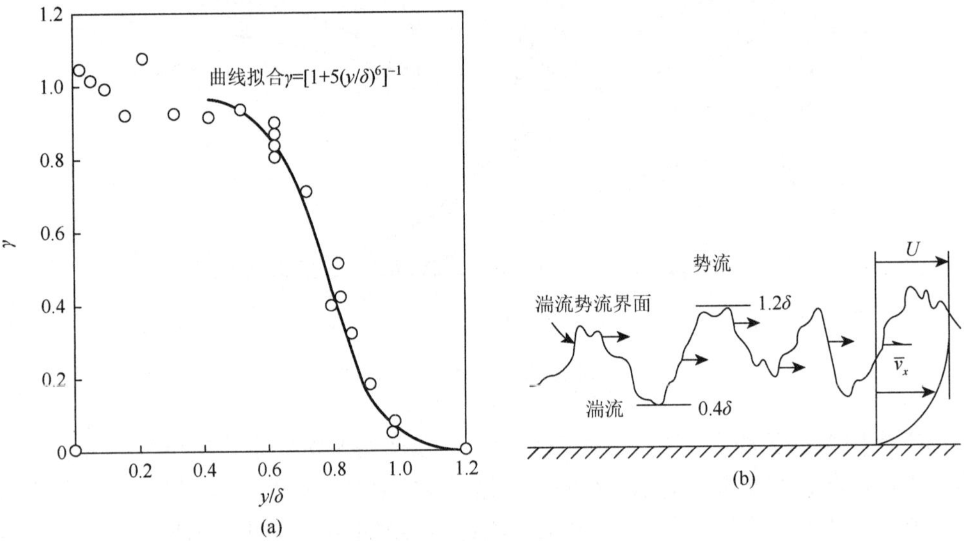

图 8-9　湍流边界层外缘的间歇性

8.5　湍 流 模 型

不可压缩流体的湍流运动，在忽略温度影响时，流动的控制方程组包括连续性方程（8-6）和雷诺方程（8-7），未知量包括 3 个时均速度分量、1 个时均压强和 6 个雷诺应力，共 10 个，超过了方程的数目，因此方程组不封闭，无法求解。

根据湍流的运动规律寻求附加的条件和关系式，使得方程组封闭可解，就是近年来所形成的各种湍流模型。随着计算机技术的迅速发展，湍流模型已成为解决工程实际问题的一个有效手段。

最初的湍流模型理论是由布西内斯克（Boussinesq）提出的用涡黏度将雷诺应力和时均速度场联系起来，后来又发展了一系列以普朗特混合长度理论为代表的半经验理论，并得到广泛的应用，这些湍流模型中未引入任何有关脉动量的微分方程，因而称为零方程模型。之后，又发展了一方程模型、二方程模型和多方程模型等，即除雷诺方程和时均的连续性方程以外，增加了有关脉动量的微分方程。增加一个关于湍动能 $K\left(K = \dfrac{1}{2}\overline{v_i'v_i'}\right)$ 的微分方程，称为 K 方程，进一步再增加一个关于能量耗散率 $\varepsilon\left(\varepsilon = \nu\overline{\dfrac{\partial v_i'\partial v_i'}{\partial x_j \partial x_j}}\right)$ 的方程，称为 ε 方程。这样的二方程模型统称为 K-ε 模型，近年来应用十分普遍。下面将对重要的湍流模型予以介绍，为利用湍流模型进行数值计算提供理论基础。

8.5.1　涡黏性模型

涡黏性模型最早是 1877 年由布西内斯克提出的湍流半经验理论，他将雷诺应力与黏性应力相比较，认为黏性应力既然等于运动黏度与变形率的乘积，即 $\nu\left(\dfrac{\partial\overline{v}_i}{\partial x_j}+\dfrac{\partial\overline{v}_j}{\partial x_i}\right)$，那么雷诺应力也可以用类似的形式表示，即

$$\tau_t=-\rho\overline{v_i'v_j'}=\rho\nu_t\left(\frac{\partial\overline{v}_i}{\partial x_j}+\frac{\partial\overline{v}_j}{\partial x_i}\right) \tag{8-48}$$

式中，ν_t 称为湍动黏度。

湍动黏度 ν_t 和运动黏度 ν 之间有本质的区别：湍动黏度 ν_t 反映湍动特性，与流动状况和边界条件密切相关，一般不能视为常数；运动黏度 ν 表示的是流体的一种物理属性，其值取决于流体的性质，而与流动状况无关。涡黏性模型形式简单，但存在某些缺陷：如当 $i=j$ 时，$\overline{v_i'v_i'}=2\nu_t\dfrac{\partial\overline{v}_i}{\partial x_i}$，对于不可压缩流体，$\dfrac{\partial\overline{v}_i}{\partial x_i}=0$，$\nu_t$ 为有限值，则有 $\tau_t=0$，而 $\overline{v_i'v_i'}$ 为两倍的湍动能，一般不为零。

虽然涡黏性模型有不合理之处，但它在解决一些简单流动问题中有一定的作用，之后人们在涡黏性模型的基础上发展了许多改进的模型，如接下来将要介绍的混合长度模型、一方程模型和二方程模型。

8.5.2　混合长度模型

混合长度模型是普朗特于 1952 年提出的半经验模型。普朗特借用气体分子运动自由行程的概念，设想流体质点在横向脉动过程中，动量保持不变，直到抵达新的位置时，才与周围流体质点相混合，动量才突然改变，并与新位置上原有流体质点所具有的动量一致。

设有一个定常均匀的二维平行湍流，由于横向脉动，流体质点在 y 轴方向移动某一距离 l'，在移动过程中该流体质点不与其他质点相碰撞，所具有的属性（如流速、动量等）保持不变，l'称为混合长度。但当移动到新的位置后，该流体质点与周围质点相混掺，产生动量交换，立即失去原有的属性，从而具有新位置处原有流体质点的属性。如图 8-10（a）所示，对于某一给定点 y，流体质点由 $y-l'$和 $y+l'$处各以随机的时间间隔到达 y 点，流体质点由 $y+l'$到达 y 点，它们的时均流速差 $\Delta\overline{v}_{x1}$ 可以看作引起 y 点脉动速度 v_{x1}' 的一种扰动，可表示为

$$\Delta\overline{v}_{x1}=\overline{v}_{x(y+l')}-\overline{v}_{x(y)}=\left(\overline{v}_{x(y)}+\frac{\mathrm{d}\overline{v}_x}{\mathrm{d}y}l'\right)-\overline{v}_{x(y)}=\frac{\mathrm{d}\overline{v}_x}{\mathrm{d}y}l'\propto v_{x1}'$$

同理，流体质点由 $y-l'$到达 y 点，引起 y 点处的脉动速度 v_{x2}' 为

$$\Delta\overline{v}_{x2}=\overline{v}_{x(y-l')}-\overline{v}_{x(y)}=\left(\overline{v}_{x(y)}-\frac{\mathrm{d}\overline{v}_x}{\mathrm{d}y}l'\right)-\overline{v}_{x(y)}=-\frac{\mathrm{d}\overline{v}_x}{\mathrm{d}y}l'\propto v_{x2}'$$

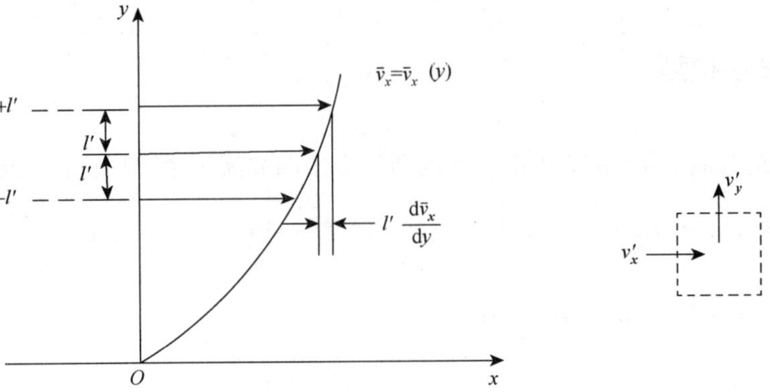

(a)　(b)

图 8-10　混合长度理论

到达 y 点处的流体质点是由它的上、下层流体质点随机移动的，在一段时间内两者的机会是相等的。假设 y 点处的脉动速度 v'_x 与以上两种扰动幅度的平均值成正比，且是同一数量级，即

$$\overline{|v'_x|} \propto \frac{1}{2}\left(|\Delta\bar{v}_{x1}| + |\Delta\bar{v}_{x2}|\right) = \frac{d\bar{v}_x}{dy}l'$$

在湍流中，取一个封闭边界的流体块，如图 8-10（b）所示。根据质量守恒关系，横向脉动速度 v'_y 和纵向脉动速度 v'_x 是相关的，大小成比例，且为同一数量级，即

$$\overline{|v'_y|} \propto \overline{|v'_x|} = \frac{d\bar{v}_x}{dy}l'$$

因 $+v'_y$ 与 $-v'_x$ 相对应，$-v'_y$ 与 $+v'_x$ 相对应，$\overline{v'_x v'_y}$ 与 $\overline{|v'_x|}\cdot\overline{|v'_y|}$ 不相等，但可认为两者成正比，且符号相反，有

$$\overline{v'_x v'_y} \propto -\overline{|v'_x|}\cdot\overline{|v'_y|} = -cl'^2\left(\frac{d\bar{v}_x}{dy}\right)^2 = -l^2\left(\frac{d\bar{v}_x}{dy}\right)^2$$

式中，c 为比例系数，$cl'^2 = l^2$，l 也称为混合长度。

将上式代入式（8-48），得

$$-\rho\overline{v'_x v'_y} = \rho l^2\left(\frac{d\bar{v}_x}{dy}\right)^2 \tag{8-49a}$$

或

$$-\rho\overline{v'_x v'_y} = \rho l^2\left|\frac{d\bar{v}_x}{dy}\right|\frac{d\bar{v}_x}{dy} \tag{8-49b}$$

应用式（8-49）时，还需确定混合长度 l。根据实测资料，固定边界附近的流动混合长度 l 的关系式为

$$l = ky \tag{8-50}$$

式中，k 称为卡门常数，实验表明 $k = 0.36$～0.435，常取 $k = 0.4$；y 为从壁面算起的横向距离。

对于时均定常二维均匀平行湍流，两流层间的切应力为

$$\tau = \mu \frac{d\overline{v}_x}{dy} + \rho l^2 \left(\frac{d\overline{v}_x}{dy} \right)^2 \tag{8-51}$$

层流时，流体质点无横向混掺现象，$l=0$，流层间只有黏性切应力，即 $\tau = \mu \frac{d\overline{v}_x}{dy}$；在雷诺数相当大的情况下，$\mu \frac{d\overline{v}_x}{dy}$ 比 $\rho l^2 \left(\frac{d\overline{v}_x}{dy} \right)^2$ 小得多，可以忽略不计，流层间的切应力只有湍动切应力，即 $\tau = \rho l^2 \left(\frac{d\overline{v}_x}{dy} \right)^2$。

混合长度理论使雷诺方程组封闭，且能结合实验解决一些实际问题，已成功应用于多种湍流剪切流动的研究中，如管道和明渠的均匀流、边界层流动等。但由于其属于湍流的半经验理论，有些假设还不是很严格，例如，假定流体质点要经过一定距离才发生其他质点相混掺，这与实际混掺（是一个连续过程）不符。

零方程模型的优点是应用方便，此外，将雷诺应力与当地平均速度梯度联系起来，在大多数情况下是正确的。从实际应用情况看，对于有适度压强梯度的二维边界层能获得较好效果，对于压强梯度大的情况及自由湍流剪切流，其效果并不理想。

8.5.3　一方程模型——*K* 方程模型

混合长度模型适用于简单的一维剪切流动，流动只有一个特征长度的场合，复杂流动不适用。接下来，介绍一方程模型，即 K 方程模型。相应的雷诺方程中的雷诺应力采用涡黏性模型的改进形式：

$$-\overline{v_i' v_j'} = \nu_t \left(\frac{\partial \overline{v}_i}{\partial x_j} + \frac{\partial \overline{v}_j}{\partial x_i} \right) - \frac{2}{3} K \delta_{ij} \tag{8-52}$$

式中，δ_{ij} 为克罗内克符号，即 $\begin{cases} i=j, & \delta_{ij}=1 \\ i \neq j, & \delta_{ij}=0 \end{cases}$；湍动能 $K = \frac{1}{2}\overline{v_i' v_i'}$。

采用柯尔莫哥洛夫-普朗特表达式将湍动黏度 ν_t 与湍动能 K 联系起来，即

$$\nu_t = C_\mu' \sqrt{K} L \tag{8-53}$$

式中，C_μ' 为经验常数；L 为特征尺度。

为此，需要补充一个 K 的微分方程，即式（8-17）：

$$\frac{\partial K}{\partial t} + \overline{v}_j \frac{\partial K}{\partial x_j} = \underbrace{-\frac{\partial}{\partial x_j}\left[\overline{v_j' \left(\frac{p'}{\rho} + \frac{v_i' v_i'}{2} \right)} \right]}_{\text{湍流扩散项}} \underbrace{- \overline{v_i' v_j'} \frac{\partial \overline{v}_i}{\partial x_j}}_{\text{湍流产生项}} + \underbrace{\nu \frac{\partial^2 K}{\partial x_j \partial x_j}}_{\text{黏性扩散项}} \underbrace{- 2\nu \overline{\frac{\partial v_i'}{\partial x_j} \frac{\partial v_i'}{\partial x_j}}}_{\text{黏性耗散项}}$$

式中，可以认为湍流扩散项与其自身梯度成正比，有

$$-\frac{\partial}{\partial x_j}\left[\overline{v_j'\left(\frac{p'}{\rho}+\frac{v_i'v_i'}{2}\right)}\right]=\frac{\partial}{\partial x_j}\left(\frac{\nu_t}{\sigma_K}\frac{\partial K}{\partial x_j}\right)$$

雷诺应力采用式（8-52），黏性耗散项采用如下假设：

$$\nu\overline{\frac{\partial v_i'}{\partial x_j}\frac{\partial v_i'}{\partial x_j}}=\varepsilon=C_D\frac{K^{3/2}}{L}$$

因此，K 方程可改写为

$$\frac{\partial K}{\partial t}+\overline{v}_j\frac{\partial K}{\partial x_j}=\frac{\partial}{\partial x_j}\left(\frac{\nu_t}{\sigma_K}\frac{\partial K}{\partial x_j}\right)+\left[\nu_t\left(\frac{\partial \overline{v}_i}{\partial x_j}+\frac{\partial \overline{v}_j}{\partial x_i}\right)-\frac{2}{3}K\delta_{ij}\right]\frac{\partial \overline{v}_i}{\partial x_j}+\nu\frac{\partial^2 K}{\partial x_j\partial x_j}-C_D\frac{K^{3/2}}{L} \quad (8\text{-}54)$$

式中，σ_K、C_D、C'_μ 为经验系数；L 为特征长度，可用类似于混合长度的经验关系计算。

由于 K 方程模型考虑了湍动能的迁移和扩散的传递，以及湍流速度尺度的历史影响，较混合长度模型优越。但此模型只限于简单的剪切层，因为对于复杂的流动，由经验确定特征长度的分布较为困难。

8.5.4　二方程模型——K-ε 方程模型

在 K 方程之外，再加上一个确定特征长度 L 的偏微分方程，即二方程模型。下面介绍应用最广泛的 K-ε 方程模型。

依据前面的假设 $\varepsilon=C_D\dfrac{K^{3/2}}{L}$，有 $L=C_D\dfrac{K^{3/2}}{\varepsilon}$，代入式（8-53），得到

$$\nu_t=C_\mu\frac{K^2}{\varepsilon} \quad (8\text{-}55)$$

将式（8-55）代入式（8-54），其中

$$\frac{\partial}{\partial x_j}\left(\frac{\nu_t}{\sigma_K}\frac{\partial K}{\partial x_j}\right)=\frac{\partial}{\partial x_j}\left(\frac{C_\mu}{\sigma_K}\frac{K^2}{\varepsilon}\frac{\partial K}{\partial x_j}\right)=\frac{\partial}{\partial x_j}\left(C_K\frac{K^2}{\varepsilon}\frac{\partial K}{\partial x_j}\right)$$

式中，C_K 为经验系数，由实验确定，一般可取 C_K=0.09～0.11。

同时雷诺应力依然采用涡黏性模型，即

$$-\overline{v_i'v_j'}=C_\mu\frac{K^2}{\varepsilon}\left(\frac{\partial \overline{v}_i}{\partial x_j}+\frac{\partial \overline{v}_j}{\partial x_i}\right)-\frac{2}{3}K\delta_{ij}$$

式中，C_μ 也为经验系数，由实验确定，一般可取 C_μ=0.09。

因此，K 方程模型写作

$$\frac{\partial K}{\partial t}+\overline{v}_j\frac{\partial K}{\partial x_j}=C_K\frac{\partial}{\partial x_j}\left(\frac{K^2}{\varepsilon}\frac{\partial K}{\partial x_j}\right)-\overline{v_i'v_j'}\frac{\partial \overline{v}_i}{\partial x_j}+\nu\frac{\partial^2 K}{\partial x_j\partial x_j}-\varepsilon \quad (8\text{-}56)$$

对湍流耗散率 ε 的方程（8-18）逐项模型化，有

$$\frac{\partial \varepsilon}{\partial t}+\overline{v}_j\frac{\partial \varepsilon}{\partial x_j}=\underbrace{-\nu\frac{\partial}{\partial x_j}\left(\overline{v_j'\frac{\partial v_i'}{\partial x_l}\frac{\partial v_i'}{\partial x_l}}\right)-\frac{2\nu}{\rho}\frac{\partial}{\partial x_i}\left(\overline{\frac{\partial v_i'}{\partial x_l}\frac{\partial p'}{\partial x_l}}\right)+\nu\frac{\partial^2 \varepsilon}{\partial {x_j}^2}}_{\text{湍流扩散项}}$$

$$\underbrace{-2\nu\left(\overline{v_j'\frac{\partial v_i'}{\partial x_l}}\right)\frac{\partial^2 \overline{v}_i}{\partial x_l \partial x_j}-2\nu^2\left(\frac{\partial \overline{v}_i}{\partial x_j}\overline{\frac{\partial v_j'}{\partial x_l}\frac{\partial v_i'}{\partial x_l}}+\frac{\partial \overline{v}_j}{\partial x_l}\overline{\frac{\partial v_i'}{\partial x_l}\frac{\partial v_i'}{\partial x_j}}\right)}_{\text{湍流产生项}}$$

$$\underbrace{-2\nu\overline{\frac{\partial v_i'}{\partial x_l}\frac{\partial v_i'}{\partial x_j}\frac{\partial v_j'}{\partial x_l}}-2\nu^2\overline{\frac{\partial^2 v_i'}{\partial x_j \partial x_l}\frac{\partial^2 v_i'}{\partial x_j \partial x_l}}}_{\text{湍流能量耗散项}}$$

湍流扩散项与其自身梯度有关，可写作

$$-\nu\frac{\partial}{\partial x_j}\left(\overline{v_j'\frac{\partial v_i'}{\partial x_l}\frac{\partial v_i'}{\partial x_l}}\right)-\frac{2\nu}{\rho}\frac{\partial}{\partial x_i}\left(\overline{\frac{\partial v_i'}{\partial x_l}\frac{\partial p'}{\partial x_l}}\right)+\nu\frac{\partial^2 \varepsilon}{\partial {x_j}^2}=\frac{\partial}{\partial x_j}\left(C_\varepsilon\frac{K^2}{\varepsilon}\frac{\partial \varepsilon}{\partial x_j}+\nu\frac{\partial \varepsilon}{\partial x_j}\right)$$

对湍流产生项进行模型化：

$$-2\nu\left(\overline{v_j'\frac{\partial v_i'}{\partial x_l}}\right)\frac{\partial^2 \overline{v}_i}{\partial x_l \partial x_j}-2\nu^2\left(\frac{\partial \overline{v}_i}{\partial x_j}\overline{\frac{\partial v_j'}{\partial x_l}\frac{\partial v_i'}{\partial x_l}}+\frac{\partial \overline{v}_j}{\partial x_l}\overline{\frac{\partial v_i'}{\partial x_l}\frac{\partial v_i'}{\partial x_j}}\right)=C_{\varepsilon 1}\frac{\varepsilon}{K}\left(-\overline{v_i'v_j'}\right)\frac{\partial \overline{v}_i}{\partial x_j}$$

对湍流能量耗散项进行模型化：

$$-2\nu\overline{\frac{\partial v_i'}{\partial x_l}\frac{\partial v_i'}{\partial x_j}\frac{\partial v_j'}{\partial x_l}}-2\nu^2\overline{\frac{\partial^2 v_i'}{\partial x_j \partial x_l}\frac{\partial^2 v_i'}{\partial x_j \partial x_l}}=-C_{\varepsilon 2}\frac{\varepsilon^2}{K}$$

将模型化后的各项代入式（8-18），得到

$$\frac{\partial \varepsilon}{\partial t}+\overline{v}_j\frac{\partial \varepsilon}{\partial x_j}=\frac{\partial}{\partial x_j}\left(C_\varepsilon\frac{K^2}{\varepsilon}\frac{\partial \varepsilon}{\partial x_j}+\nu\frac{\partial \varepsilon}{\partial x_j}\right)+C_{\varepsilon_1}\frac{\varepsilon}{K}\left(-\overline{v_i'v_j'}\right)\frac{\partial \overline{v}_i}{\partial x_j}-C_{\varepsilon_2}\frac{\varepsilon^2}{K} \tag{8-57}$$

式中，C_ε、$C_{\varepsilon 1}$、$C_{\varepsilon 2}$为经验系数，由实验确定，一般可取C_ε=0.07～0.09、$C_{\varepsilon 1}$=1.43～1.45、$C_{\varepsilon 2}$=1.91～1.92。

式（8-56）和式（8-57）是未计入质量力的K-ε方程模型，连同连续性方程、雷诺方程共计 6 个方程和 6 个未知量（3 个时均速度分量、时均压强，湍动能K和耗散率ε），方程组是封闭的，可以求解。

上述K-ε模型称为标准K-ε模型，又称为高雷诺数模型，适用于离开壁面一定距离的充分发展湍流。在贴近壁面的黏性底层中，雷诺数很低，如采用标准K-ε模型时可用壁面函数法来考虑壁面的影响，也可采用低雷诺数K-ε模型。当采用壁面函数法时，黏性底层不布置节点，而把与壁面相邻的第一个节点布置在对数律层。采用低雷诺数K-ε模型时，壁面附近需要布置足够密集的节点，直接到黏性底层内部，要求第一个节点的$y^+<1$，并调整C_μ、$C_{\varepsilon 1}$、$C_{\varepsilon 2}$等系数，同时在K方程（8-56）中增加各向异性的耗散项。

工程实践表明，标准K-ε模型可以用来计算比较复杂的湍流，如无浮力的平面射流、平壁边界层流动、通道内流动、喷管内流动，以及二维和三维无旋或弱旋回流流动等。但

对边界层分离点附近的流动、大曲率流动、非圆截面管道流动、明渠流动等的预测精度较低。由此，出现了一些改进的 K - ε 模型以提高计算精度，如非线性 K - ε 模型（non-linear K - ε model）、多尺度 K - ε 模型（multiscale K - ε model）、重整化群 K - ε 模型（renormalization K - ε model）、可实现 K - ε 模型（realizable K - ε model）等，可查阅计算流体力学类相关书籍。

例 8.3　ε 方程中的常数 $C_{\varepsilon 2}$ 可通过风洞栅格后的各向同性湍流测量确定。设速度为 U 的均匀流通过风洞栅格，风洞栅格下游远处的流动可近似看作各向同性。已知湍动能沿流动方向的衰减规律为 $K=Ax^n$，其中 $n=-1.08$，x 是风洞栅格后沿流动方向的距离，试确定 $C_{\varepsilon 2}$ 的值。

解： 对于各向同性湍流，K 和 ε 只是 x 的函数，式（8-56）化简为

$$U\frac{\partial K}{\partial x}=-\varepsilon \tag{a}$$

式（8-57）化简为

$$U\frac{\partial \varepsilon}{\partial x}=-C_{\varepsilon 2}\frac{\varepsilon^2}{K} \tag{b}$$

将 K 的衰减规律代入式（a），得

$$UAnx^{n-1}=-\varepsilon \tag{c}$$

再将式（c）代入式（b），得

$$-U^2An(n-1)x^{n-2}=-C_{\varepsilon 2}\frac{U^2A^2n^2x^{2(n-1)}}{Ax^n}=-C_{\varepsilon 2}U^2An^2x^{n-2}$$

化简，有

$$C_{\varepsilon 2}=\frac{n-1}{n}$$

将 $n=-1.08$ 代入，得到

$$C_{\varepsilon 2}=1.93$$

8.5.5　雷诺应力模型

混合长度模型和 K - ε 模型都基于涡黏性假设，通过求解代数方程或微分方程确定湍动黏度 ν_t，然后再求解运动方程和连续性方程获得速度场和其他变量，二者统称为雷诺统计平均模型。上述模型将雷诺应力与平均变形速率之间的联系用一个标量湍动黏度 ν_t 表示，对于强各向异性的湍流，如分层流或强旋流等不适用。

鉴于涡黏性模型不能预测强各向异性湍流，无法顾及湍流应变的历史效应，学者们考虑抛弃涡黏度概念，尝试直接从雷诺应力输运方程出发求解雷诺应力，这就是雷诺应力模型（Reynolds stress model，RSM）。

这里将前面导出的雷诺应力输运方程（8-16）直接写出：

$$\frac{\partial\left(\overline{v_i'v_j'}\right)}{\partial t}+\overline{v}_k\frac{\partial\left(\overline{v_i'v_j'}\right)}{\partial x_k}=\underbrace{-\overline{v_k'v_j'}\frac{\partial\overline{v}_i}{\partial x_k}-\overline{v_k'v_i'}\frac{\partial\overline{v}_j}{\partial x_k}}_{\text{湍流产生项}}$$

$$\underbrace{-\frac{\partial\left(\overline{v_i'v_j'v_k'}\right)}{\partial x_k}-\frac{1}{\rho}\left[\frac{\partial\left(\overline{p'v_j'}\right)}{\partial x_i}+\frac{\partial\left(\overline{p'v_i'}\right)}{\partial x_j}\right]}_{\text{湍流扩散项}}$$

$$+\underbrace{\overline{\frac{p'}{\rho}\left(\frac{\partial v_j'}{\partial x_i}+\frac{\partial v_i'}{\partial x_j}\right)}}_{\text{脉动压强应变速率项}}+\underbrace{\nu\frac{\partial^2\left(\overline{v_i'v_j'}\right)}{\partial x_k\partial x_k}}_{\text{黏性扩散项}}-\underbrace{2\nu\overline{\frac{\partial v_i'}{\partial x_k}\frac{\partial v_j'}{\partial x_k}}}_{\text{黏性耗散项}}$$

接下来，对上式逐项模型化。

湍流扩散项可写作

$$-\frac{\partial\left(\overline{v_i'v_j'v_k'}\right)}{\partial x_k}-\frac{1}{\rho}\left[\frac{\partial\left(\overline{p'v_j'}\right)}{\partial x_i}+\frac{\partial\left(\overline{p'v_i'}\right)}{\partial x_j}\right]=\frac{\partial}{\partial x_k}\left[C_K\frac{K^2}{\varepsilon}\left(\overline{v_l'v_k'}\right)\frac{\partial\left(\overline{v_i'v_j'}\right)}{\partial x_l}\right]$$

黏性耗散项的处理方式为：当雷诺数 $Re\gg 1$ 时，认为耗散是各向同性的，即当 $i\neq j$ 时，$\overline{\frac{\partial v_i'}{\partial x_k}\frac{\partial v_j'}{\partial x_k}}=0$，雷诺应力不耗散，而当 $i=j$ 时，雷诺应力的耗散项不为零。因此，黏性耗散项可写作

$$-2\nu\overline{\frac{\partial v_i'}{\partial x_k}\frac{\partial v_j'}{\partial x_k}}=-\frac{2}{3}\delta_{ij}\varepsilon$$

式中，$\varepsilon=\nu\overline{\frac{\partial v_i'}{\partial x_k}\frac{\partial v_j'}{\partial x_k}}$；$\delta_{ij}=\begin{cases}1, & i=j\\ 0, & i\neq j\end{cases}$。

对于脉动压强应变速率项的模型化方式不止一种，这里给出陈景仁的方法，即

$$\overline{\frac{p'}{\rho}\left(\frac{\partial v_j'}{\partial x_i}+\frac{\partial v_i'}{\partial x_j}\right)}=-C_1\frac{\varepsilon}{K}\left(\overline{v_i'v_j'}-\frac{2}{3}\delta_{ij}K\right)-C_2\left(P_{ij}-\frac{2}{3}\delta_{ij}P\right)$$

式中，$P_{ij}=-\left(\overline{v_i'v_j'}\frac{\partial\overline{v}_j}{\partial x_k}+\overline{v_j'v_k'}\frac{\partial\overline{v}_i}{\partial x_k}\right)$；$P=-\overline{v_j'v_k'}\frac{\partial\overline{v}_i}{\partial x_k}$。

湍流产生项和黏性扩散项只包含雷诺应力和平均速度，不需要模型化。

模型化后的雷诺应力输运方程，即雷诺应力模型为

$$\begin{aligned}\frac{\partial\left(\overline{v_i'v_j'}\right)}{\partial t}+\overline{v}_k\frac{\partial\left(\overline{v_i'v_j'}\right)}{\partial x_k}&=-\overline{v_k'v_j'}\frac{\partial\overline{v}_i}{\partial x_k}-\overline{v_k'v_i'}\frac{\partial\overline{v}_j}{\partial x_k}\\&\quad+\frac{\partial}{\partial x_k}\left[C_K\frac{K^2}{\varepsilon}\left(\overline{v_l'v_k'}\right)\frac{\partial\left(\overline{v_i'v_j'}\right)}{\partial x_l}+\nu\frac{\partial\left(\overline{v_i'v_j'}\right)}{\partial x_k}\right]\\&\quad-\frac{2}{3}\delta_{ij}\varepsilon-C_1\frac{\varepsilon}{K}\left(\overline{v_i'v_j'}-\frac{2}{3}\delta_{ij}K\right)-C_2\left(P_{ij}-\frac{2}{3}\delta_{ij}P\right)\end{aligned}\qquad(8\text{-}58)$$

式中，$C_K=0.09$；$C_1=2.2$；$C_2=0.4$。

雷诺应力模型需和连续性方程、运动方程、K-ε 方程模型联立求解，共 12 个方程和 12 个未知量，包括 3 个平均速度分量、平均压强、6 个雷诺应力分量、湍动能 K 和耗散率 ε。在计算突然扩大流动分离区和湍流各向异性较强的流动时，雷诺应力模型要优于 K-ε 模型，但其计算工作量大。

雷诺应力模型与涡黏性模型相比，需多求解 6 个雷诺应力传输方程，计算工作量大。如果用代数关系计算雷诺应力，计算工作量将大幅减少。罗德（Rodi）在 1967 年提出如下关系式：

$$\overline{v_i'v_j'}=K\left[\frac{2}{3}\delta_{ij}+\left(\frac{1-C_{A2}}{C_{A1}}\right)\frac{P_{ij}-\frac{2}{3}\delta_{ij}/\varepsilon}{1+\frac{1}{C_{A1}}(P/\varepsilon-1)}\right] \tag{8-59}$$

式中，$P_{ij}=-\left(\overline{v_i'v_j'}\frac{\partial\overline{v}_j}{\partial x_k}+\overline{v_j'v_k'}\frac{\partial\overline{v}_i}{\partial x_k}\right)$；$P=\frac{1}{2}P_{ij}$；$C_{A1}=1.5$；$C_{A2}=0.6$。

代数应力模型（algebraic stress model，ASM）正在发展，已出现多种形式，可参阅相关资料。对于方形管道和三角形管道内的扭曲流和二次流的模拟，使用该模型非常有效。

8.5.6 雷诺传热输运方程模型

这里将前面导出的雷诺传热输运方程（8-19）直接写出：

$$\frac{\partial\left(\overline{v_j'T'}\right)}{\partial t}+\overline{v}_k\frac{\partial\left(\overline{v_j'T'}\right)}{\partial x_k}=\underbrace{-\frac{\partial}{\partial x_k}(\overline{v_k'v_j'T'}+\delta_{jk}\frac{\overline{p'T'}}{\rho}}_{\text{湍流扩散项}}\underbrace{-\alpha\overline{v_j'\frac{\partial T'}{\partial x_k}}-\nu\overline{T_j'\frac{\partial v_j'}{\partial x_k}})}_{\text{分子扩散项}}$$
$$+\underbrace{\overline{\frac{p'}{\rho}\frac{\partial T'}{\partial x_j}}}_{\text{压强与温度项}}\underbrace{-\left(\overline{v_k'v_j'}\frac{\partial\overline{T}}{\partial x_k}+\overline{v_k'T'}\frac{\partial\overline{v}_j}{\partial x_k}\right)}_{\text{湍流产生项}}\underbrace{-(\alpha+\nu)\overline{\frac{\partial v_j'}{\partial x_k}\frac{\partial T'}{\partial x_k}}}_{\text{湍流能量耗散项}}$$

将上式中各项进行模型化处理。

将分子扩散项和湍流能量耗散项一并省去，并将湍流扩散项模型化，得到

$$-\frac{\partial}{\partial x_k}(\overline{v_k'v_j'T'}+\delta_{jk}\frac{\overline{p'T'}}{\rho})=C_T\frac{K}{\varepsilon}\left(\overline{v_k'v_l'}\right)\frac{\partial\left(\overline{v_j'T'}\right)}{\partial x_l}$$

压强与温度项模型化，得

$$\overline{\frac{p'}{\rho}\frac{\partial T_j'}{\partial x_j}}=-C_{T1}\frac{\varepsilon}{K}\left(\overline{v_j'T'}\right)+C_{T2}\left(\overline{v_k'T'}\right)\frac{\partial\overline{v}_j}{\partial x_k}$$

最终，得到雷诺传热输运方程模型：

$$\frac{\partial\left(\overline{v_j'T'}\right)}{\partial t}+\overline{v}_k\frac{\partial\left(\overline{v_j'T'}\right)}{\partial x_k}=C_T\frac{K}{\varepsilon}\left(\overline{v_k'v_l'}\right)\frac{\partial\left(\overline{v_j'T'}\right)}{\partial x_l}-\left(\overline{v_k'v_j'}\frac{\partial\overline{T}}{\partial x_k}+\overline{v_k'T'}\frac{\partial\overline{v}_j}{\partial x_k}\right)$$
$$-C_{T1}\frac{\varepsilon}{K}\left(\overline{v_j'T'}\right)+C_{T2}\left(\overline{v_k'T'}\right)\frac{\partial\overline{v}_j}{\partial x_k}\tag{8-60}$$

式中，$C_T=0.07$；$C_{T1}=3.2$；$C_{T2}=0.5$。

由连续性方程、运动方程、湍动能 K 方程、耗散率 ε 方程及雷诺传热输运方程模型组成封闭方程组，可以求解带传热的流体力学问题。

8.5.7　直接数值模拟

上述湍流模型虽然取得了长足的发展，可以模拟多种实际流动，但都在不同程度上带有经验成分，其经验系数由实验值确定，适用范围有限。然而包括脉动运动在内的湍流瞬时流动满足 N-S 方程，N-S 方程本身是封闭的，因此可以不引入任何湍流模型，直接对三维非定常流动的 N-S 方程进行数值求解，称为直接数值模拟（direct numerical simulation，DNS）。

湍流脉动中包含大大小小不同尺度的涡运动，其最大尺度 l 可与平均流动的特征长度一致，而最小尺度与科氏微尺度 η 相当。为了保证模拟小尺度涡运动的准确性，网格长度必须小于 η，同时计算区域又必须足够大以包含最大尺度的涡，经推算，三维总网格数 N 应大于 $Re_l^{9/4}$，（$Re_l=vl/v$）。如果 $Re_l=10^4$，则总的网格数 $N=10^9$，另外计算的时间尺度也需要大于大涡的时间尺度，而时间步长又应该小于最小涡的时间尺度，得到时间步数 $N_t > Re_l^{3/4}$。这样就对计算机的内存和运算速度提出了非常高的要求。目前，直接数值模拟还仅限于较低雷诺数的实际工程问题和简单几何边界流场，主要用于湍流的基础研究，具有较高雷诺数的实际工程问题还无法实现。

大涡模拟（large eddy simulation，LES）是一种介于直接数值模拟和一般湍流模型之间的折中方法，基本思想是：将脉动运动在内的湍流瞬时流动通过某种滤波方法分解为大尺度和小尺度两部分。大尺度涡对湍流能量和雷诺应力的产生及各种量的扩散起主要作用，大涡的行为强烈依赖于边界条件，随流动类型而异；小涡对上述职能贡献较小，最小的涡主要对耗散起作用，小涡受流动边界条件的影响甚微，且近似各向同性。就目前的计算能力，还不能计算到耗散尺度。因此，只能通过 N-S 方程直接计算大涡的行为，对小涡则采用较通用的模型去模拟。大涡模拟法可以概括为“大涡计算，小涡模拟”，用于三维非定常湍流时，同样需要高运算速度和大容量的计算机，目前也仅限于较为简单的湍流。关于大涡模拟的基本方程，可查阅相关文献资料。

习　题

8.1　简述雷诺应力的定义和物理意义。

8.2　什么是湍动能？分析不可压缩湍动能方程中各项物理意义。

8.3　什么是湍动能耗散率？分析建立湍动能耗散率方程的必要性。

8.4　比较湍流中的湍动黏度 ν_t 和动力黏度 μ 的物理意义，二者有何联系和区别？对流动各有何影响？

8.5　大涡模拟的基本思想是什么？与直接数值模拟方法有怎样的区别和联系？

8.6　证明在静止的封闭容器中湍动能随时间的变化率为

$$\frac{\mathrm{d}}{\mathrm{d}t}\int_\tau \rho K \mathrm{d}\tau = -\int_\tau \rho \overline{v_i' v_j'} \frac{\partial \overline{v}_i}{\partial x_j}\mathrm{d}\tau - \mu\int_\tau \rho \overline{\frac{\partial v_i'}{\partial x_j}\frac{\partial v_i'}{\partial x_j}}\mathrm{d}\tau$$

式中，$K=\dfrac{\overline{v_i' v_j'}}{2}$，为湍动能，质量力忽略不计。

8.7　以瞬时量表示的平均定常管流运动方程为

$$\rho\frac{\partial v_i}{\partial t} + \rho \overline{v}_j \frac{\partial v_i}{\partial x_j} = \Sigma F_i \tag{a}$$

式中，ΣF_i 代表压力和黏性力的总和。

式（a）两侧乘以 v_i 得到湍动能方程：

$$\rho\frac{\partial}{\partial t}\left(\frac{v_i v_i}{2}\right) + \rho v_j \frac{\partial}{\partial x_j}\left(\frac{v_i v_i}{2}\right) = \Sigma F_i v_i \tag{b}$$

（1）对式（b）进行平均运算，证明式（c）成立。

$$\rho\overline{v}_j \frac{\partial}{\partial x_j}\left(\frac{\overline{v}_i\overline{v}_i}{2} + \frac{\overline{v_i' v_i'}}{2}\right) + \overline{\rho v_j' \frac{\partial}{\partial x_j}\left(\frac{v_i' v_i'}{2}\right)} = \frac{\partial}{\partial x_j}\left(\overline{v}_i \tau_{ij}'\right) + \sum \overline{F_i v_i} \tag{c}$$

（2）从式（a）和式（c）出发，证明

$$\rho\overline{v}_j \frac{\partial}{\partial x_j}\left(\frac{\overline{v}_i\overline{v}_i}{2}\right) = \overline{v}_i \frac{\partial \tau_{ij}'}{\partial x_j} + \Sigma \overline{F}_i \overline{v}_i \tag{d}$$

$$\rho\overline{v}_j \frac{\partial}{\partial x_j}\left(\frac{\overline{v_i' v_i'}}{2}\right) + \overline{\rho v_j' \frac{\partial}{\partial x_j}\left(\frac{v_i' v_i'}{2}\right)} = \tau_{ij}' \frac{\partial \overline{v}_i}{\partial x_j} + \sum \overline{F_i v_i} - \sum \overline{F}_i \overline{v}_i \tag{e}$$

也就是说，$\overline{v}_i \dfrac{\partial \tau_{ij}'}{\partial x_j}$ 为平均流动能的源项，$\tau_{ij}' \dfrac{\partial \overline{v}_i}{\partial x_j} = \tau_{ij}'\overline{\varepsilon}_{ij}$ 为湍动能的源项，$\dfrac{\partial}{\partial x_j}(\overline{v}_i \tau_{ij}')$ 可看作平均流动能和湍动能的共同源项。

8.8　令 $\Omega_i = \overline{\Omega}_i + \Omega_i'$，$v_i = \overline{v}_i + v_i'$，如果 $\overline{\Omega}_i=0$，$v_i=0$，则涡量方程为

$$\frac{\partial \Omega_i}{\partial t} + v_j \frac{\partial \Omega_i}{\partial x_j} = \Omega_j \frac{\partial v_i}{\partial x_j} + \nu \frac{\partial^2 \Omega_i}{\partial x_j \partial x_j}$$

可化简为

$$\frac{\partial \Omega_i'}{\partial t} + v_j' \frac{\partial \Omega_i'}{\partial x_j} - \Omega_j' \frac{\partial v_i'}{\partial x_j} = \nu \nabla^2 \Omega_i'$$

这里，$\Omega_i' = \varepsilon_{ijk}\dfrac{\partial v_k'}{\partial x_j}$，用 Ω_i' 乘以上式两侧，令 $\psi = \Omega'\Omega' = \Omega^2$，$\phi = \overline{\Omega}^2$（$\phi$ 称为涡量密度函数），对于各向同性湍流，ψ 和 ϕ 都只是时间的函数。试证明对于各向同性湍流，下式成立：

$$\frac{\partial \phi}{\partial t}=2\overline{\Omega_i'\Omega_j'\frac{\partial v_i'}{\partial x_j}}-2\nu\overline{\left(\frac{\partial \Omega_i'}{\partial x_j}\right)^2}$$

上式中，等号右侧第 I 项表示由于涡线的拉伸导致的涡量增长，第 II 项表示黏性耗散。

8.9　展开湍动能耗散率 $\varepsilon=\nu\overline{\frac{\partial v_i'}{\partial x_j}\frac{\partial v_i'}{\partial x_j}}$，写出其在直角坐标系中的表达式。

8.10　考虑平壁附近的定常湍流，设时均流速分布为 $\overline{v}=c\left(\frac{y}{b}\right)^{\frac{1}{n}}$，其中 b 为一个具有长度量纲的常数，c 为具有速度量纲的常数，y 为垂直于平板的坐标，求混合长度。

8.11　设光滑圆管中的定常湍流的时均流速为 $\overline{v}=\overline{v}_{\max}\left(\frac{a-r}{a}\right)^{\frac{1}{7}}$，其中 a 为圆管半径，$\overline{v}_{\max}$ 是轴线上的速度，求混合长度。

8.12　如题 8.12 图所示，两无限大平板各自在自身平面内沿相反方向运动，两板之间的流动为库埃特湍流，即不考虑沿流动方向的压强梯度，此时 x 轴方向的时均流速只是 y 的函数，混合长度可表示为 $l(y)=\frac{k}{2h}(h^2-y^2)$。

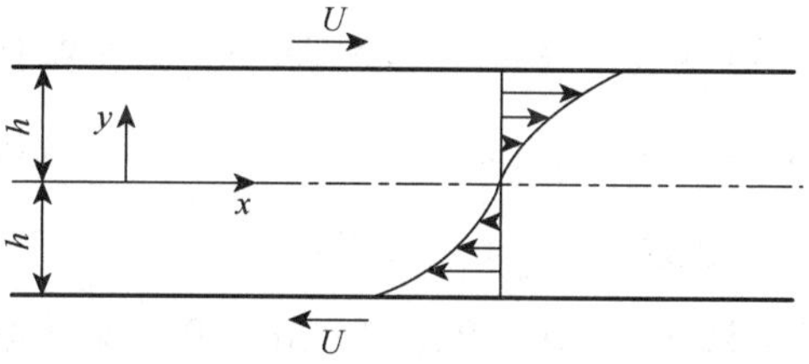

题 8.12 图

（1）利用混合长度理论求湍流附加应力 τ_t；（2）库埃特流动中，$\overline{p}=$ 常数，$\mu\frac{d\overline{v}_x}{dy}-\rho\overline{v_x'v_y'}=\rho u_*^2=$ 常数，其中 u_* 为摩擦速度。在黏性底层外部，黏性切应力 $\mu\frac{d\overline{v}_x}{dy}$ 可以忽略，试计算黏性底层外的时均流速分布 $\overline{v}_x$（提示：由于速度对称分布，$\overline{v}_x(0)=0$）。

习 题 答 案

第2章

2.1 （1） $x=(x_0+2)e^3-8$， $y=(y_0+2)e^3-8$；

（2） $x=4e^t-2t-2$， $y=4e^t-2t-2$；

（3） $a_x=(x_0+2)e^t$， $a_y=(y_0+2)e^t$。

2.2 $v_x=10t$， $v_y=\frac{10}{t^3}$； $a_x=10$， $a_y=\frac{30}{t^4}$。

2.3 $v_x=1$， $v_y=3$， $v_z=2$， $a_x=3$， $a_y=9$， $a_z=4$。

2.4 $v_x=-x_0e^{-t}$， $v_y=y_0e^t$， $a_x=x_0e^{-t}$， $a_y=y_0e^t$。

2.5 $x^2+y^2=c$。

2.6 （1） $x=y^{1+\ln y}$；（2） $x=y$。

2.7 （1） $xy=1$， $z=1$；（2） $x=e^{-2t}$， $y=(1+t)^2$， $z=e^{2t}(1+t)^{-2}$。

2.8 $v_r=\frac{c}{r}$， $v_\theta=0$， $v_z=0$； $\theta=c_1$， $z=c_2$； $r^2/2=ct+c_3$。

2.9 （1） $v_x=0$， $v_y=-2xe^{-2t}$， $v_z=-3xe^{-3t}$；

（2） $a_x=0$， $a_y=4x_0e^{-2t}$， $a_z=9x_0e^{-3t}$； $a_x=0$， $a_y=4xe^{-2t}$， $a_z=9xe^{-3t}$；

（3） $x=1$， $y=2/3(z-1)e^t+1$； $x=1$， $y=e^{-2t}$， $z=e^{-3t}$；

（4） $\nabla\cdot\boldsymbol{v}=0$； $\nabla\times\boldsymbol{v}=3e^{-3t}\boldsymbol{j}-2e^{-2t}\boldsymbol{k}$；

（5） $\varepsilon_{ij}=\begin{bmatrix}0 & -e^{-2t} & -\frac{3}{2}e^{-3t}\\ -e^{-2t} & 0 & 0\\ -\frac{3}{2}e^{-3t} & 0 & 0\end{bmatrix}$， $a_{ij}=\begin{bmatrix}0 & e^{-2t} & \frac{3}{2}e^{-3t}\\ -e^{-2t} & 0 & 0\\ -\frac{3}{2}e^{-3t} & 0 & 0\end{bmatrix}$。

2.10 （1） $\frac{\partial v_x}{\partial y}=-\frac{\omega}{h}z$， $\frac{\partial v_x}{\partial z}=-\frac{\omega}{h}y$， $\frac{\partial v_y}{\partial x}=\frac{\omega}{h}z$， $\frac{\partial v_y}{\partial z}=\frac{\omega}{h}x$；

（2） $\varepsilon_{13}=\varepsilon_{31}=-\frac{\omega}{2h}y$， $\varepsilon_{23}=\varepsilon_{32}=\frac{\omega}{2h}x$；

（3） $\boldsymbol{\omega}=-\frac{\omega}{2h}x\boldsymbol{i}-\frac{\omega}{2h}y\boldsymbol{j}+\frac{\omega}{h}z\boldsymbol{k}$。

2.11 （1） $\Gamma=-50$；

（2） $\boldsymbol{\Omega}=z^2\boldsymbol{i}-\boldsymbol{k}$， $\int_A \Omega\cdot\boldsymbol{n}\mathrm{d}A=-50$。

2.12 $\Gamma=4\pi$。

2.13 $\Omega_z=-2\omega_0$；$\varepsilon_{11}=c$，$\varepsilon_{22}=c$，$\varepsilon_{12}=\varepsilon_{21}=\omega_0$。

2.14 （1）$\boldsymbol{\tau}_n=4\boldsymbol{i}-\dfrac{10}{3}\boldsymbol{j}$；（2）$\tau_{nn}=\dfrac{44}{9}$。

2.15 $\boldsymbol{\tau}_n=\dfrac{1}{\sqrt{11}}\left(\dfrac{3}{2},\dfrac{31}{2},0\right)$，$\tau_{nn}=\dfrac{48}{11}$，$\tau_{nt}=\sqrt{\dfrac{727}{242}}$。

2.16 $\tau_{r\varphi}=0$，$\tau_{rr}=-p_0+\dfrac{3\mu}{2a}U\cos\theta$，$\tau_{r\theta}=-\dfrac{3\mu}{2a}U\sin\theta$。

2.17 $\tau_{xy}=\tau_{yx}=0.02zt$，$\tau_{xz}=\tau_{zx}=0.01yt$，$\tau_{yz}=\tau_{zy}=0.01xt$。

2.18 $\tau_{xy}=\tau_{yx}=0.024$，$\tau_{xz}=\tau_{zx}=0.04$，$\tau_{yz}=\tau_{zy}=0.056$。

2.19 （1）$\tau=-\mu\dfrac{\mathrm{d}v_x}{\mathrm{d}y}=\mu v_{x,\max}\dfrac{2y}{b^2}$；（2）$\tau=\dfrac{\mu v_{x,\max}}{b}$。

2.20 $\varepsilon_{xx}=\varepsilon_{yy}=\varepsilon_{zz}=0$，$\varepsilon_{xy}=\varepsilon_{yx}=\dfrac{v_0\pi}{4a}$，$\varepsilon_{xz}=\varepsilon_{zx}=\varepsilon_{yz}=\varepsilon_{zy}=0$，$\tau_{xx}=\tau_{yy}=\tau_{zz}=-p$，$\tau_{xy}=\tau_{yx}=\dfrac{\mu v_0\pi}{2a}$，$\tau_{xz}=\tau_{zx}=\tau_{yz}=\tau_{zy}=0$。

第 3 章

3.3 $v_x(x,t)=U-\dfrac{\omega\sin\omega t}{2-\cos\omega t}x$。

3.4 $\rho(t)=\dfrac{\rho_0 t_0^{3/2}}{(t_0+t)\sqrt{t_0+2t}}$。

3.5 $v_y=-2axy$。

3.6 $v_z=-2z$。

3.7 （1）$\tau_{xy}=\tau_{yx}=\mu(a-2bz)$，$\tau_{yz}=\tau_{zy}=\mu c$；

（2）$\nabla p=-2\mu b\boldsymbol{i}$。

3.10 $\rho\dfrac{\mathrm{d}e}{\mathrm{d}t}=\mu\left(\dfrac{U}{h}\right)^2$。

3.11 $\rho\dfrac{\mathrm{d}e}{\mathrm{d}t}=\dfrac{1}{12\mu}\left(\dfrac{\mathrm{d}p}{\mathrm{d}x}\right)^2h^3$。

第 4 章

4.1 $\Omega_r=-ar$，$\Omega_\theta=0$，$\Omega_z=2az$。

4.10 $\boldsymbol{v}=\left(\dfrac{\Gamma}{2a}+\dfrac{\Gamma a^2}{2(a^2+h^2)^{3/2}}\right)\boldsymbol{e}_z$。

第 5 章

5.1 $\varphi=\dfrac{x^3}{3}-xy^2+\dfrac{x^2-y^2}{2}$， $\psi=x^2y+xy-\dfrac{y^3}{3}$。

5.2 $\psi_A=3$， $\psi_B=6$。

5.3 $q=-2a$。

5.4 $v_x=\dfrac{q}{\pi}\dfrac{x}{x^2+y^2}+\dfrac{q}{2\pi}\dfrac{x-a}{(x-a)^2+y^2}$， $v_y=\dfrac{q}{\pi}\dfrac{y}{x^2+y^2}+\dfrac{q}{2\pi}\dfrac{y}{(x-a)^2+y^2}$。

5.5 $v_x=v_\infty-\dfrac{\Gamma}{\pi h}$， $v_y=0$。

5.6 $x=-\dfrac{q}{2\pi v_\infty}$， $y=0$， $v_\infty y+\dfrac{q}{2\pi}\arctan\left(\dfrac{y}{x}\right)=0$。

5.7 $x=\pm\sqrt{2/5\pi+1}$， $y=0$。

5.8 （1）位于 $z=\pm1$ 强度为 $2\pi m$ 的点源和位于原点强度为 $2\pi m$ 的点汇组成；

（2）$(x^2+y^2+1)y=cx(x^2+y^2-1)$；

（3）$Q=-\pi m/2$。

5.10 （1）$xy=c$；

（3）$v_x=-2ax$， $v_y=0$， $p=p_0-2\rho a^2x^2$。

5.11 $p=C-\dfrac{\rho\Gamma^2}{8\pi^2a^2}-2\rho U^2\sin^2\theta-\dfrac{\rho\Gamma U\sin\theta}{\pi a}$； $F_y=\rho\Gamma U$， $F_x=0$。

5.12 $y=\pm a$ 时速度最大， $y=a$， $v=\dfrac{m}{2\pi a}$； $y=-a$， $v=-\dfrac{m}{2\pi a}$。

5.14 $\psi=\dfrac{2My(1-x^2-y^2)}{(x^2+y^2)^2+2(x^2-y^2)+1}$。

5.15 $W(z)=U\left(z+\dfrac{a^2}{z}\right)+\dfrac{\Gamma}{2\pi\mathrm{i}}\ln\left[\left(\dfrac{z-\bar{z}_0}{z-z_0}\right)\left(\dfrac{a^2-z\bar{z}_0}{a^2-zz_0}\right)\right]$。

5.16 （1）$W(z)=\dfrac{m}{2\pi}\ln(x^2+h^2)$；

（2）$p=p_0-\dfrac{1}{2}\dfrac{\rho m^2}{\pi^2}\dfrac{x^2}{(x^2+h^2)^2}$；

（3）$F=\dfrac{\rho m^2}{4\pi h}$。

5.17 （1）$F_x=\dfrac{\rho q^2}{2\pi}\dfrac{a^2}{(l^2-a^2)l}$， $F_y=0$；

（2）$F_x=\dfrac{\rho\Gamma^2}{2\pi}\dfrac{a^2}{(l^2-a^2)l}$， $F_y=0$。

5.18 平板上表面 $v_x = -\dfrac{xU}{\sqrt{4c^2 - x^2}}$，$v_y = 0$；

平板下表面 $v_x = \dfrac{xU}{\sqrt{4c^2 - x^2}}$，$v_y = 0$；

$p = p_\infty + \dfrac{\rho}{2}U^2\left(1 - \dfrac{x^2}{4c^2 - x^2}\right)$，$C_p = 1 - \dfrac{x^2}{4c^2 - x^2}$。

5.19 代表实轴上一根长为 $4c$ 的直线；$C_L = \dfrac{L}{\frac{1}{2}\rho v_\infty^2 b} = 2\pi\sin\alpha$。

第 6 章

6.1 $u_1 = \dfrac{\mu_2 U}{\mu_1 h_2 + \mu_2 h_1} y + \dfrac{\mu_2 U}{\mu_1 h_2 + \mu_2 h_1} h_1$，$u_2 = \dfrac{\mu_1 U}{\mu_1 h_2 + \mu_2 h_1} y + \dfrac{\mu_2 U}{\mu_1 h_2 + \mu_2 h_1} h_1$。

6.2 略。

6.3 $u = \dfrac{1}{4\mu}\dfrac{\mathrm{d}p}{\mathrm{d}x}(r^2 - b^2) + \left[U - \dfrac{1}{4\mu}\dfrac{\mathrm{d}p}{\mathrm{d}x}(a^2 - b^2)\right]\dfrac{\ln r - \ln b}{\ln a - \ln b}$；$u = U(r-b)/h$。

6.4 $U = -\dfrac{1}{3\mu}\left(\dfrac{4Mg}{\pi D^2 L} - \rho g\right)\dfrac{\delta^3}{D}$。

6.5 $u = \dfrac{g}{\nu}\left(\dfrac{y^2}{2} - hy\right) + U$；$h = \sqrt{\dfrac{2\nu U}{g}}$。

6.6 $\dfrac{1}{h^2} - \dfrac{1}{h_0^2} = \dfrac{16Ft}{3\pi R_0^4 \mu}$。

6.7 $Q = \dfrac{\pi(p_0 - p_L)a_0^{\ 2}}{8\mu L}\left[1 - \dfrac{1 + (a_L/a_0) + (a_L/a_0)^2 - 3(a_L/a_0)^3}{1 + (a_L/a_0) + (a_L/a_0)^2}\right]$。

6.8 $3.64 \times 10^{-5}\,\mathrm{m}$。

6.9 $v_\varphi = \left(\omega_0 a^3 / r^2\right)\sin\theta$。

6.10 $F = 6\pi\mu_0 U a \dfrac{1 + 2m/3}{1+m}\left(m = \dfrac{\mu_0}{\mu_i}\right)$，$U_{平衡} = \dfrac{2}{9}(\rho_i - \rho_0)g\dfrac{a^2}{\mu_0}\dfrac{1+m}{1+2m/3}$。

6.11 $v_x = \dfrac{1}{2\mu}\dfrac{\partial p}{\partial x}(z^2 - \delta^2/4)$，$v_y = \dfrac{1}{2\mu}\dfrac{\partial p}{\partial y}(z^2 - \delta^2/4)$。

6.12 $\dfrac{p - p_2}{p_2 - p_1} = \dfrac{\ln(r/R_2)}{\ln(R_2/R_1)}$，$v_r = -\dfrac{k}{\mu}\dfrac{p_2 - p_1}{\ln(R_2/R_1)}\dfrac{1}{r}$，$Q_m = -2\pi\rho h\dfrac{k}{\mu}\dfrac{p_2 - p_1}{\ln(R_2/R_1)}$。

6.13 $Q = \dfrac{A(p_1 - p_2)k_1 k_2}{\mu\left[k_2 L_1 + k_1(L_2 - L_1)\right]}$。

6.14 （1）$K_1 = K_2 \dfrac{c^2 - d^2}{a^2 - c^2}$；

（2）$Q = \dfrac{K_1}{4b}\left(a^2 - c^2\right) + \dfrac{K_2}{4b}\left(c^2 - d^2\right)$。

第 7 章

7.1 $k = 4.605$，$\delta^*/\delta=0.215$，$\delta^{**}/\delta=0.106$。

7.2 $\delta^{**}=0.989\dfrac{x}{\sqrt{Re_x}}$，$\tau_0=\dfrac{0.495\rho U^2}{\sqrt{Re_x}}$ $\left(Re_x=\dfrac{\rho Ux}{\mu}\right)$。

7.4 $\dfrac{\delta}{x}=\dfrac{4.975}{\sqrt{Re_x}}$，$\dfrac{\delta^*}{x}=\dfrac{1.743}{\sqrt{Re_x}}$，$\dfrac{\delta^{**}}{x}=\dfrac{0.655}{\sqrt{Re_x}}$；$C_\tau=\dfrac{\tau_0}{\frac{1}{2}\rho U^2}=\dfrac{0.655}{\sqrt{Re_x}}$。

7.5 $\dfrac{\delta}{x}=\dfrac{3.464}{\sqrt{Re_x}}$，$\dfrac{\delta^*}{x}=\dfrac{1.732}{\sqrt{\mathrm{Re}_x}}$，$\dfrac{\delta^{**}}{x}=\dfrac{0.577}{\sqrt{Re_x}}$；$C_\tau=\dfrac{\tau_0}{\frac{1}{2}\rho U^2}=\dfrac{0.577}{\sqrt{Re_x}}$。

7.6 $\dfrac{\delta}{x}=\dfrac{4.641}{\sqrt{Re_x}}$，$\dfrac{\delta^*}{x}=\dfrac{1.740}{\sqrt{Re_x}}$，$\dfrac{\delta^{**}}{x}=\dfrac{0.646}{\sqrt{Re_x}}$；$C_\tau=\dfrac{\tau_0}{\frac{1}{2}\rho U^2}=\dfrac{0.646}{\sqrt{Re_x}}$。

7.7 $\dfrac{\delta^{**}}{x}=\dfrac{0.4954}{\sqrt{Re_x}}$，$\tau_0=\dfrac{0.578\rho U^2}{\sqrt{Re_x}}$。

7.8 $x/L=0.158$。

7.9 $\varphi=103°$。

7.10 $U = cx^{-0.0875}$。

第 8 章

8.10 $l = \dfrac{v_\tau nb}{c}\left(\dfrac{y}{b}\right)^{\frac{n-1}{n}}$。

8.11 $l = 7a\dfrac{v_\tau}{\overline{v}_{\max}}\left(\dfrac{a-r}{a}\right)^{\frac{6}{7}}\left(\dfrac{r}{a}\right)^{\frac{1}{2}}$。

8.12 （1）$\tau_t = \rho\left[\dfrac{k}{2h}(h^2 - y^2)\right]\left(\dfrac{\mathrm{d}v_x}{\mathrm{d}y}\right)^2$；

（2）$\dfrac{\overline{v}_x}{u_*} = \dfrac{1}{k}\ln\left(\dfrac{h+y}{h-y}\right)$。

参 考 文 献

陈懋章，2002. 粘性流体力学基础[M]. 北京：高等教育出版社.

高学平，2005. 高等流体力学[M]. 天津：天津大学出版社.

罗惕乾，2011. 流体力学[M]. 3 版. 北京：机械工业出版社.

潘文全，1980. 流体力学基础[M]. 北京：机械工业出版社.

陶文铨，2001. 数值传热学 [M]. 2 版. 西安：西安交通大学出版社.

王福军，2004. 计算流体动力学分析——CFD 软件原理与应用[M]. 北京：清华大学出版社.

王洪伟，2014. 我所理解的流体力学[M]. 北京：国防工业出版社.

王松岭，2011. 高等工程流体力学[M]. 北京：中国电力出版社.

王献孚，熊鳌魁，2003. 高等流体力学[M]. 武汉：华中科技大学出版社.

吴望一，1995. 流体力学[M]. 北京：北京大学出版社.

张鸣远，2010. 流体力学[M]. 北京：高等教育出版社.

张鸣远，景思睿，李国君，2012. 高等工程流体力学[M]. 北京：高等教育出版社.

张兆顺，2002. 湍流 [M]. 北京：国防工业出版社.

张兆顺，崔桂香，许春晓，2005. 湍流理论与模拟[M]. 北京：清华大学出版社.

章梓雄，董曾南，1998. 粘性流体力学[M]. 北京：清华大学出版社.

周光炯，严宗毅，许世雄，等，2000. 流体力学[M]. 北京：高等教育出版社.

周云龙，郭婷婷，2008. 高等流体力学[M]. 北京：中国电力出版社.

朱克勤，许春晓，2009. 粘性流体力学[M]. 北京：高等教育出版社.

邹高万，贺征，顾璇，2013. 粘性流体力学[M]. 北京：国防工业出版社.

Currie I G，2003. Fundamental mechanics of fluids [M]. 3rd ed. New York：Marcel Dekker.

Frank M. White，2004. Fluid Mechanics[M]. 北京：清华大学出版社.

Graebel W P，2007. Advanced fluid mechanics [M]. San Diego：Elsevier.

Kundu P K，Cohen I M，2008. Fluid mechanics [M]. 4th ed. San Diego：Elsevier.

Laudau L D，Lifshitz E M，1999. Fluid mechanics [M]. 2nd ed. 北京：世界图书出版公司.

Schliching H，Grestern K，2015. Boundary layer theory [M]. 8th ed. 北京：世界图书出版公司.

Spurk J H，1997. Fluid mechanics [M]. 北京：世界图书出版公司.

White F M，2005. Viscous fluid flow [M]. New York：McGraw-Hill Companies.

White F M，2008. Fluid mechanics [M]. 6th ed. New York：McGraw-Hill Companies.